21世纪全国本科院校电气信息类创新型应用人才培养规划教材

移 动 通 信

主　编　刘维超　时　颖
副主编　张洪全　陈义平
参　编　王艳营
主　审　隋晓红

内 容 简 介

本书系统地阐述了现代移动通信的基本原理、基本技术和当前广泛应用的典型移动通信系统,较充分地反映了当代移动通信发展的最新技术。

全书共 11 章:绪论、移动信道、数字调制技术、信源编码与信道编码、多址接入技术、分集接收与均衡技术、移动通信网的组网技术、GSM 移动通信系统、CDMA 移动通信系统、第三代移动通信系统、移动通信系统的未来展望。每章末均附有习题。

本书可作为高等院校工科通信专业及其相关专业的高年级本科生教材,也可供通信工程技术人员和科研人员参考使用。

图书在版编目(CIP)数据

移动通信/刘维超,时颖主编. —北京:北京大学出版社,2011.8
(21 世纪全国本科院校电气信息类创新型应用人才培养规划教材)
ISBN 978-7-301-19320-4

Ⅰ.①移… Ⅱ.①刘…②时… Ⅲ.①移动通信—高等学校—教材 Ⅳ.①TN929.5

中国版本图书馆 CIP 数据核字(2011)第 154890 号

书　　　名:	移动通信
著作责任者:	刘维超　时　颖　主编
策划编辑:	程志强
责任编辑:	程志强
标准书号:	ISBN 978-7-301-19320-4/TN·0075
出 版 者:	北京大学出版社
地　　　址:	北京市海淀区成府路 205 号　100871
网　　　址:	http://www.pup.cn　http://www.pup6.com
电　　　话:	邮购部 62752015　发行部 62750672　编辑部 62750667　出版部 62754962
电子邮箱:	pup_6@163.com
印 刷 者:	河北滦县鑫华书刊印刷厂
发 行 者:	北京大学出版社
经 销 者:	新华书店
	787mm×1092mm　16 开本　20.75 印张　486 千字
	2011 年 8 月第 1 版　2011 年 8 月第 1 次印刷
定　　价:	39.00 元

未经许可,不得以任何方式复制或抄袭本书之部分或全部内容。
版权所有,侵权必究　　举报电话:010-62752024
　　　　　　　　　　　　电子邮箱:fd@pup.pku.edu.cn

前　　言

随着社会的发展，移动通信得到了越来越广泛的应用，并取得了巨大的进步。从传统的单基站大功率到蜂窝移动通信系统，从本地覆盖到区域、全国覆盖，它实现了国内和国际漫游；从提供话音业务到提供综合业务，从模拟移动通信系统到数字移动通信系统，它得到了进一步的发展和演变。随着第三代移动通信技术的实现以及移动通信和互联网的融合，移动通信推动全球向着移动信息时代迈进。未来移动通信将为无处不在的互联网提供全方位的、无缝的移动性接入。在这种情况下，通信工程等专业的学生和科技人员迫切需要一本移动通信教材。本书以编者多年来为本科生、研究生讲授移动通信的讲稿为基础，参考国内外最新的书籍和文献资料编写而成。

全书共分 11 章，主要讲述现代移动通信的基本概念、基本组成、基本原理、基本技术和典型移动通信系统，其内容以当前广泛应用的移动通信系统和代表发展趋势的移动通信新技术为背景，力求能反映近年来国内外移动通信的发展状况。第 1 章全面概述移动通信的特点、类型、发展现状及发展趋势；第 2 章讨论移动通信信道，移动通信与其他通信相比，最大的特点是能实现"动中通"，其信道条件往往是十分复杂的，为此，编者在第 2 章中详细讲述了移动信道的特征和传播损耗计算；第 3 章讲述数字调制技术，主要介绍了移动通信对数字调制的要求、线性调制技术、恒包络调制技术以及扩频调制技术；第 4 章讲述信源编码与信道编码，主要内容包括无失真信源编码和几种常见的信道编码技术；第 5 章讲述多址接入技术，主要包括 4 种多址接入方式的原理和多信道共用的相关问题；第 6 章讲述分集接收与均衡技术；第 7、8、9、10 章分别讲述移动通信网的组网技术、GSM 移动通信系统、CDMA 移动通信系统和第三代移动通信系统的相关问题；第 11 章对未来移动通信的发展趋势进行展望。

本书在内容上与时俱进，反映科技发展的现状，注重基本核心内容，符合专业人才培养方案知识结构的要求。本书可作为高等院校通信、电子信息专业学生的教材，也可作为从事移动通信以及相关专业的工程技术人员的参考书。

本书由黑龙江科技学院电信学院的老师编写。刘维超和时颖担任主编，张洪全和陈义平担任副主编，王艳营担任参编，隋晓红担任主审，全书由刘维超负责统稿。其中，刘维超编写了第 1、9、10、11 章，时颖编写了第 4、5、6 章，张洪全编写了第 2、8 章，陈义平编写了第 3、7 章，王艳营负责收集和整理资料。

由于编者水平有限，书中难免有不妥之处，欢迎读者批评指正！

编　者
2011 年 5 月

目 录

第1章 绪论 … 1
1.1 移动通信的基本概念 … 3
1.1.1 移动通信的组成 … 3
1.1.2 移动通信的特点 … 4
1.2 移动通信的分类及工作方式 … 4
1.2.1 移动通信的分类 … 4
1.2.2 移动通信的工作方式 … 5
1.3 移动通信的发展概况 … 6
1.3.1 移动通信的发展现状 … 6
1.3.2 移动通信的发展趋势 … 11
1.3.3 我国移动通信的发展 … 12
1.4 移动通信的使用频段 … 12
1.5 标准化组织 … 13
本章小结 … 15
习题1 … 15

第2章 移动信道 … 16
2.1 无线电波传播特性 … 18
2.2 移动信道的特点 … 20
2.2.1 移动通信信道的3个主要特点 … 20
2.2.2 移动通信信道中的电磁波传播 … 20
2.3 三类主要快衰落 … 21
2.3.1 空间选择性衰落 … 21
2.3.2 频率选择性衰落 … 22
2.3.3 时间选择性衰落 … 22
2.4 多径效应对数字传输的影响 … 23
2.5 多径延时和相关带宽及信道模型 … 28
2.5.1 多径延时和相关带宽 … 28
2.5.2 多径信道的脉冲响应特性与信道模型 … 31
2.5.3 数字无线信道的测试方法 … 32
2.6 陆地移动信道的传输损耗 … 33
2.6.1 接收机输入电压、功率与场强的关系 … 33
2.6.2 地形、地物分类 … 35
2.6.3 中等起伏地形上传播损耗的中值 … 35
2.6.4 不规则地形上传播损耗的中值 … 38
2.6.5 任意地形地区的传播损耗的中值 … 41
本章小结 … 42
习题2 … 42

第3章 数字调制技术 … 44
3.1 数字调制技术基础 … 46
3.2 线性调制技术 … 48
3.2.1 二进制移相键控 … 48
3.2.2 差分移相键控 … 49
3.2.3 正交四相移相键控 … 51
3.2.4 交错正交四相移相键控 … 53
3.2.5 $\pi/4$-QPSK … 55
3.3 恒包络调制技术 … 60
3.3.1 最小频移键控 … 60
3.3.2 高斯滤波最小频移键控 … 64
3.4 扩频调制技术 … 67
3.4.1 扩频调制的理论基础 … 67
3.4.2 PN码序列 … 68
3.4.3 直接序列扩频 … 68
3.4.4 直扩的性能 … 69
3.4.5 跳频扩频技术 … 71
3.4.6 跳频扩频的性能 … 72
本章小结 … 73
习题3 … 74

第4章 信源编码与信道编码 … 75
4.1 信息传输概述 … 77
4.2 无失真信源编码 … 79
4.2.1 编码的有关概念 … 79
4.2.2 等长码与等长信源编码定理 … 81

	4.2.3	变长码与变长信源编码	
		定理	83
	4.2.4	霍夫曼码	85
4.3	信道编码		90
	4.3.1	信道编码的定义	90
	4.3.2	信道编码的分类	90
	4.3.3	线性分组码	90
	4.3.4	循环码	92
	4.3.5	检错码	93
	4.3.6	卷积码	94
	4.3.7	级联码	95
	4.3.8	Turbo 码	97
	4.3.9	交织编码	100
本章小结			101
习题 4			101

第5章 多址接入技术 103

- 5.1 多址接入技术的基本概念 104
- 5.2 多址接入方式 105
  - 5.2.1 频分多址 105
  - 5.2.2 时分多址 106
  - 5.2.3 码分多址 108
  - 5.2.4 空分多址 111
- 5.3 多信道共用 112
  - 5.3.1 话务量与呼损率的定义 112
  - 5.3.2 完成话务量的性质与计算 113
  - 5.3.3 呼损率的计算 114
  - 5.3.4 用户忙时的话务量与用户数 115
  - 5.3.5 空闲信道的选取 117
- 本章小结 119
- 习题 5 119

第6章 分集接收与均衡技术 120

- 6.1 分集接收 122
  - 6.1.1 分集接收原理 122
  - 6.1.2 分集合并性能的分析与比较 125
  - 6.1.3 数字化移动通信系统的分集性能 130
  - 6.1.4 RAKE 接收 132
- 6.2 均衡技术 134
  - 6.2.1 均衡概念及原理 134
  - 6.2.2 线性均衡技术 138
  - 6.2.3 非线性均衡技术 140
- 本章小结 146
- 习题 6 146

第7章 移动通信网的组网技术 148

- 7.1 移动通信网的基本概念 150
- 7.2 区域覆盖和信道配置 150
  - 7.2.1 区域覆盖 150
  - 7.2.2 信道(频率)分配 156
- 7.3 网络结构 158
  - 7.3.1 基本网络结构 158
  - 7.3.2 模拟蜂窝网与数字蜂窝网 159
  - 7.3.3 多服务区的蜂窝网 160
  - 7.3.4 移动通信系统的网络接口 161
- 7.4 信令系统 162
  - 7.4.1 接入信令 163
  - 7.4.2 网络信令 166
- 7.5 越区切换 168
- 本章小结 170
- 习题 7 170

第8章 GSM 移动通信系统 172

- 8.1 系统概述 174
  - 8.1.1 GSM 系统的发展历程 174
  - 8.1.2 系统基本特点 175
  - 8.1.3 网络结构 176
  - 8.1.4 GSM 区域与号码 181
  - 8.1.5 GSM 承担业务 185
- 8.2 GSM 的无线接口 189
  - 8.2.1 无线传输特征 190
  - 8.2.2 GSM 的帧结构 191
  - 8.2.3 GSM 的信道类型 195
  - 8.2.4 语音和信道编码 200
  - 8.2.5 跳频和间断传输技术 202
- 8.3 GSM 系统的控制与管理 203
  - 8.3.1 位置登记 203
  - 8.3.2 鉴权与加密 207
  - 8.3.3 呼叫接续 211
  - 8.3.4 越区切换与漫游 213
- 8.4 通用分组无线业务 218

目 录

  8.4.1 GPRS 概述 …………… 218
  8.4.2 GPRS 网络总体结构 …… 218
  8.4.3 GPRS 的业务 ………… 220
  8.4.4 GPRS 系统的移动性
     管理 …………………… 221
 本章小结 …………………………… 223
 习题 8 ……………………………… 223

第 9 章　CDMA 移动通信系统 …… 225
 9.1 系统概述 ……………………… 227
  9.1.1 CDMA 技术的标准化 … 227
  9.1.2 CDMA 系统的基本
     特性 …………………… 227
  9.1.3 CDMA 技术的优点 …… 228
 9.2 CDMA 蜂窝系统的无线链路 … 231
  9.2.1 前向信道 ……………… 231
  9.2.2 反向信道 ……………… 241
 9.3 CDMA 自动功率控制 ………… 248
  9.3.1 反向开环功率控制 …… 248
  9.3.2 反向闭环功率控制 …… 249
  9.3.3 前向功率控制 ………… 250
 9.4 CDMA 蜂窝系统的控制功能 … 251
  9.4.1 登记注册 ……………… 251
  9.4.2 切换 …………………… 253
  9.4.3 呼叫处理 ……………… 255
 本章小结 …………………………… 256
 习题 9 ……………………………… 257

第 10 章　第三代移动通信系统 …… 258
 10.1 第三代移动通信系统综述 … 259
  10.1.1 第三代移动通信
      系统的主要特点 …… 259
  10.1.2 第三代移动通信的
      发展 ………………… 260
  10.1.3 第三代移动通信标准
      之争 ………………… 263
  10.1.4 第二代移动通信系统
      向第三代的过渡 …… 263

  10.1.5 未来移动通信业务 … 264
 10.2 3G 系统的 4 个标准 ………… 264
  10.2.1 WCDMA …………… 264
  10.2.2 CDMA2000 ………… 268
  10.2.3 TD－SCDMA ……… 272
  10.2.4 WiMAX …………… 275
  10.2.5 三大 CDMA 标准
      比较 ………………… 279
 10.3 第三代移动通信系统的关键
   技术 ………………………… 280
  10.3.1 软件无线电 ………… 280
  10.3.2 智能天线 …………… 289
  10.3.3 多用户检测 ………… 295
 本章小结 …………………………… 298
 习题 10 …………………………… 299

第 11 章　移动通信系统的未来展望 … 300
 11.1 第四代移动通信系统 ……… 302
  11.1.1 4G 的产生背景 …… 302
  11.1.2 4G 的定义及其技术
      要求 ………………… 303
  11.1.3 4G 的特点 ………… 303
  11.1.4 网络结构及关键
      技术 ………………… 304
  11.1.5 国内外对 4G 的研究
      现状 ………………… 313
  11.1.6 第四代移动通信系统
      发展面临的问题 …… 314
 11.2 认知无线电 CR ……………… 315
  11.2.1 引言 ………………… 315
  11.2.2 认知无线电基本
      原理 ………………… 315
  11.2.3 认知无线电发展
      现状与趋势 ………… 318
 本章小结 …………………………… 318
 习题 11 …………………………… 319

参考文献 ……………………………… 320

第 1 章 绪　论

本章知识架构

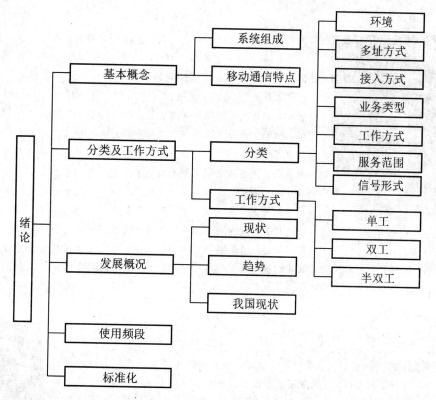

本章教学目标与要求

- 掌握移动通信系统的组成及其特点
- 掌握移动通信的分类及工作方式

移动通信

- 了解移动通信的发展现状及发展趋势
- 了解移动通信的频率分配及主要的标准化组织

引言

随着社会的发展,人们对通信的需求日益迫切,对通信的要求也越来越高。人们的理想目标是在任何时候、在任何地方、与任何人都能及时沟通联系、交流信息。显然,没有移动通信,这种愿望是无法实现的。顾名思义,移动通信是指通信双方至少有一方在移动中(或者停留在某一非预定的位置上)进行信息传输和交换,这包括移动体(车辆、船舶、飞机或行人)和移动体之间的通信、移动体和固定点(固定无线电台或有线用户)之间的通信。常见的移动通信系统有蜂窝通信系统、集群移动通信系统、卫星通信系统、无线寻呼系统、无绳电话系统等。

本章将简要介绍移动通信系统的组成、特点、分类、工作方式、频率分配及发展情况等内容。

案例 1.1

图 1.1 大哥大电话

人们从封闭走向开放,仅仅只有激情和想法肯定是不够的,还要借助工具。1987 年进入中国的移动电话,无疑成为了加速人们信息沟通和社会交往的重要工具。移动电话刚刚进入我国内陆的时候,有一个奇怪的名称,叫"大哥大"。这其实是香港广东一带,称呼帮会头目的谐音。帮会一般管小头目叫大哥,而龙头老大自然叫"大哥大"了。据说,手机获得此名称,和影星洪金宝等香港较早拥有移动电话的人不无关系。据说洪金宝在片场当导演时,移动电话更是从不离手,并常用手机发号施令。洪金宝本来就是香港影坛大师兄级别的人物,别人尊称他为大哥大。因他拿手机的照片见报多了,香港媒体索性用"大哥大"来称呼手机,并由此叫开来。无论此源头是否属实,"大哥大"这 3 个字所携带的信息是明确的,在那个年代它便是身份、地位和财富的象征。对于不久前还认为"楼上楼下,电灯电话"就是共产主义的国人来说,它所带来的震撼是必然的。这不仅因为它的昂贵,也因为它所展示的高科技的神奇。"大哥大"的出现,意味着中国步入了移动通信时代。图 1.1 为大哥大电话照片。

案例 1.2

图 1.2 4G 手机

4G 通信技术并没有脱离以前的通信技术,而是以传统通信技术为基础,并利用了一些新的通信技术,来不断提高无线通信的网络效率和功能。如果说 3G 能为人们提供一个高速传输的无线通信环境的话,那么 4G 通信会是一种超高速无线网络,一种不需要电缆的信息超级高速公路。与传统的通信技术相比,4G 通信技术最明显的优势在于通话质量及数据通信速度。然而,在通话品质方面,移动电话消费者还是能接受的。随着技术的发展与应用,现有移动电话网中手机的通话质量还在进一步提高。数据通信速度的高速化的确是一个很大的优点,它的最大数据传输速率达到 100Mbps,这简直是不可思议的事情。另外,技术的先进性确保了成本投资的大大减少。图 1.2 为 4G 手机图片。

第1章 绪 论

1.1 移动通信的基本概念

1.1.1 移动通信的组成

根据用途需要,移动通信系统有很多种形式,其成本、复杂度、性能和服务类型有很大的差别。例如,小型调度系统可以只由一个控制台和若干个MS组成,而公众移动通信系统一般由MS、BS、移动业务交换中心(MSC)以及与PSTN相连接的中继线等组成,如图1.3所示。图中,MS是在不确定的地点并在移动中使用的终端,它可以是便携的手机,也可以是安装在车辆等移动体上的设备。BS是移动无线系统中的固定站台,用来和MS进行无线通信,它包含无线信道和架在高建筑物上的发射、接收天线。每个BS都有一个可靠的无线小区服务范围,其大小主要由发射功率和基站天线的高度决定。MSC是在大范围服务区域中协调呼叫路由的交换中心,其功能主要是处理信息的交换和对整个系统进行集中控制管理。

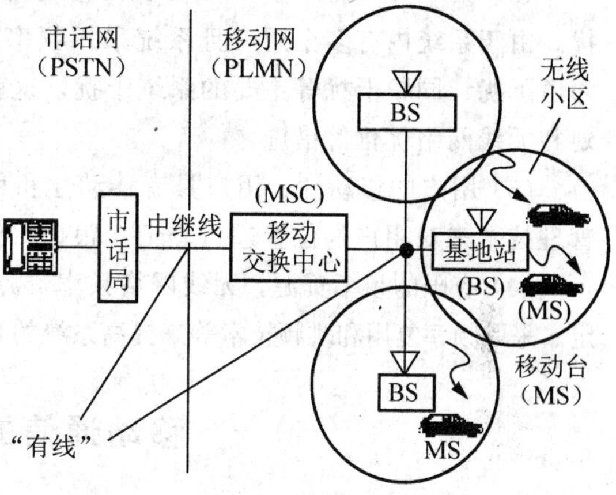

图1.3 公众移动通信系统

大容量移动电话系统可以由多个具有一定服务小区的BS构成,通过BS、MSC可以实现在整个服务区内任意两个移动用户之间的通信;也可以通过中继线与市话局连接,实现移动用户与市话用户之间的通信,从而构成一个有线、无线综合的移动通信系统。图1.4是一个目前通用的蜂窝移动通信系统的构成示意图。

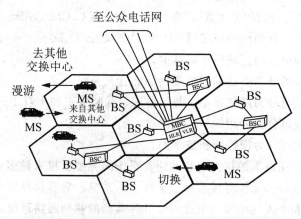

图1.4 蜂窝移动通信系统的构成示意图

BSC:基站控制器   BS:基站
HLR:归属/原籍位置寄存器 MSC:移动交换中心
MS:移动终端(手机)   VLR:访问用户位置寄存器

1.1.2 移动通信的特点

（1）无线电波传播环境复杂。移动通信的电波处在特高频（300～3000MHz）频段，即分米波段，其传播的主要方式是空间传播，又称视距传播。电磁波在传播时不仅有直射信号，而且还会经地面、建筑群或障碍物等产生反射、折射、绕射传播，从而产生由多径传播引起的快衰落和阴影效应引起的慢衰落等衰落，以及多普勒频移。因此移动通信系统要有分集接收等抗衰落措施，才能保证正常运行。

（2）噪声和干扰严重。移动台在移动时既受到环境噪声的干扰，又要受到系统的干扰。由于系统内有多个用户且系统采用频率复用技术，因此，移动通信系统有互调干扰、邻道干扰、同频干扰等主要的系统干扰，这就要求移动通信系统需要有合理的同频复用规划和无线网络优化等措施。

（3）用户的移动性。用户具有移动性和移动的不可预知性，因此，系统中要有完善的管理技术来对用户的位置进行登记、跟踪，使用户不会因位置的改变而中断通信。

（4）有限的频率资源。无线网络频率资源是有限的，ITU对无线频率的划分有严格的规定。采取频率复用和跳频技术等来提高系统的频率利用率是移动通信系统的又一个重要特点。

1.2 移动通信的分类及工作方式

1.2.1 移动通信的分类

移动通信按用途、制式、频段以及入网方式等的不同，可以有不同的分类方法。常见的一些分类方法如下。

（1）按使用环境可分为陆地通信、海上通信和空中通信；
（2）按使用对象可分为民用设备和军用设备；
（3）按多址方式可分为频分多址（FDMA）、时分多址（TDMA）和码分多址（CDMA）等；
（4）按接入方式可分为频分双工（FDD）和时分双工（TDD）；
（5）按覆盖范围可分为宽域网和局域网；
（6）按业务类型可分为电话网、数据网和综合业务网；
（7）按工作方式可分为同频单工、异频单工、异频双工和半双工；
（8）按服务范围可分为专用网和公用网；
（9）按信号形式可分为模拟网和数字网。

随着移动通信应用范围的扩大，移动通信系统的类型也越来越多。常用的移动通信系统有蜂窝移动通信系统、无线寻呼系统、无绳电话系统、集群移动通信系统、卫星通信系统、汽车调度通信和个人通信等。下面对这几种典型的移动通信系统进行简要介绍。

（1）蜂窝移动通信系统：这是与公用市话网相连的公众移动电话网。大中城市一般为蜂窝小区制，村镇或业务量不大的小城市常采用大区制。用户有车载台和手持台（手机）两类。

（2）集群移动通信系统：集群移动通信系统又称集群调度系统。它实际上是把若干个原各自用单独频率的单工工作调度系统集合到一个基台工作，这样，原来一个系统单独用的频率现在可以为几个系统共用,故称集群系统。它是专用调度无线通信系统的一种新体制,是专用移动通信系统的高级发展阶段。

(3) 无绳电话系统:这是一种接入市话网的无线话机。它将普通话机的机座与手持收发话器之间的连接导线取消,而代之以用电磁波的无线信道在两者之间进行连接,故称之为无绳电话。为了控制无线电频率的相互干扰,它对无线电信道的发射功率做出了限制,通常可在 50~200m 的范围内接收或拨打电话。

(4) 无线寻呼系统:寻呼系统是一种单信道的单向无线通信,主要起寻人呼叫的作用。当有人寻找配有寻呼机的个人时,可用一般电话拨通寻呼中心,中心的操作员将被寻呼人的寻呼机号码由中心台的无线寻呼发射机发出,只要被寻呼人在该中心台的覆盖范围之内,其所配的寻呼机(俗称 BP 机)收到信号后就会立即发出 Bi-Bi 响声。由于蜂窝移动通信的快速发展,该系统现已停用。

(5) 汽车调度通信:出租汽车公司或大型车队建有汽车调度台,车上有汽车电台,可以随时在调度员与司机之间保持通信联系。

(6) 卫星移动通信:这是把卫星作为中心转发台,各移动台通过卫星转发通信。它特别适合海上移动的船舶通信和地形复杂而人口稀疏的地区通信,也适合航空通信。

(7) 个人通信:个人在任何时候、任何地点与其他人通信,只要有一个个人号码,不管其身在何处,都可以通过这个个人号码与其通信。

1.2.2 移动通信的工作方式

从传输方式的角度,无线通信分单向传输(广播式)和双向传输(应答式)。单向传输主要用于无线电寻呼系统。双向传输有单工、双工和半双工 3 种工作方式。

1. 单工方式

单工通信是指通信双方电台交替地进行收信和发信。单工通信根据收、发频率的异同,又可分为同频单工和异频单工。单工通信常用于点到点通信,如图 1.5 所示。

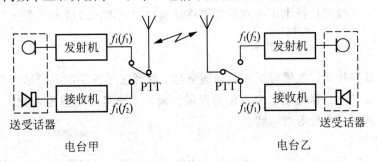

图 1.5 单工通信方式

2. 双工方式

双工通信是指通信双方可同时进行传输消息的工作方式,有时亦称全双工通信,如图 1.6 所示。

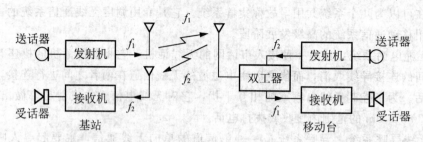

图1.6 双工通信方式

3. 半双工方式

半双工通信的组成与图1.6相似,移动台采用类似单工的"按讲"方式,即按下按讲开关,发射机才工作,而接收机总是工作的。

1.3 移动通信的发展概况

1.3.1 移动通信的发展现状

2009年1月7日,中华人民共和国工业和信息化部正式向中国移动、中国联通和中国电信3家运营商分别发放了 TD-SCDMA、WCDMA 和 CDMA 2000 的 3G 牌照,至此,国内 3G 市场全面商用的大门终于开启。移动通信技术于20世纪80年代开始商用,以传输语音信号为主,到了2002年,全球的移动用户已经超过固定电话用户,移动通信成为用户最多、使用最广泛的通信手段。此后,移动数据业务发展迅速,以无所不在和个人化服务为特征的移动通信已渗透到人们的生活、工作、学习和娱乐的方方面面。无线移动通信产业凭借其强大的渗透性和带动性,成为带动国民经济其他产业形成和发展的先导产业。我国中长期科技发展规划已将"新一代宽带无线通信系统研究"正式列为十六个重点发展专项之一,无线通信技术正在向着宽带移动通信和宽带无线接入两个方向并行发展。

1. 无线移动通信技术发展特点

无线移动通信技术的发展将促使移动通信与互联网在更高层次上的结合与发展,其代表了信息技术宽带化、移动化、个人化的发展方向,主要呈现传输宽带化、业务多样化、体制并存化和网络泛在化等技术特点。

1) 传输宽带化

无论频分、时分、码分还是多种多址技术的混合应用,无线技术发展的核心动力是追求更高的频谱利用效率和更大的数据传输能力,数据传输能力已从早期的 Kbps 逐步发展到如今的 Gbps。1G、2G 系统数据传输速率量级从 1Kbps 到 10Kbps;2.5G 系统数据传输速率量级为 100Kbps;3G 系统(HSDPA、EVDO)数据传输速率量级从 1Mbps 到 10Mbps;3G 演进(E3G 及 4G)计划中,3GPP 的 LTE(Long Term Evolution,长期演进)数据传输速率下行 100Mbps、上行 50Mbps;3GPP2 的 AIE(Air Interface Evolution,空

第1章 绪 论

中接口演进)数据传输速率第一阶段下行 46.5Mbps、上行 27Mbps，第二阶段下行 100Mbps～1Gbps、上行 50～100Mbps。

2) 业务多样化

无线通信经历了从仅支持单一语音业务逐渐发展到支持语音、数据、图像等多种业务的历程。1G 仅支持模拟语音业务，2G 支持数字语音和一些简单的数据业务，如短信业务。3G 不是以技术体制区分，而是把支持多媒体和高速数据业务作为分代的标志，手机音乐、手机邮件、手机电视等层出不穷，从人与人通信逐步发展到人与机器以及机器与机器之间的通信。随着无线传感器网络、射频识别(Radio Frequency Identification，RFID)等技术的发展，通信业务从以支持人与人之间的通信业务为主转向更为注重支持 M2M(Machine to Machine)、M2P(Machine to Person)、P2M(Person to Machine)业务发展。

3) 体制并存化

早期无线通信体制比较单一，进入新世纪以来，多种体制标准纷纷提出，众多体制并存成为无线通信不得不面对的一个重要发展趋势。3G 包含 3 种主流体制 TD-SCDMA、WCDMA 和 CDMA2000，与其竞争的还有 WiMAX、WLAN 等宽带无线接入技术。短距离无线通信方面，Bluetooth、ZigBee、UWB 多种体制竞争趋势也十分明显。可以设想在将来的信息终端上，同时存在十几种无线通信体制是完全可能的，这也进一步刺激了软件无线电(Software Defined Radio，SDR)和认知无线电等技术的发展。

4) 网络泛在化

利用无处不在的无线网络服务建立人与周边环境之间的联系是人们对无线通信的期望。1991 年施乐实验室的计算机科学家 Mark Weiser 首次提出泛在计算(Ubiquitous Computing)的概念。在此基础上，日韩衍生出了泛在网络(Ubiquitous Network)，欧盟提出了环境感知智能(Ambient Intelligence)，北美提出了普适计算(Pervasive Computing)等。我国 2004 年提出移动泛在业务环境(Mobile Ubiquitous ServiceEnvironment，MUSE)的概念，其核心思想是网络协同融合，终端泛在智能，向用户提供最佳的业务体验 ABE(Always Best Experience)。在各种无线网络技术走向融合的大背景下，依托泛在网络，通信服务对象将从人逐步扩展到任何一件东西，移动的不只是单个终端，还可能是多个子网。特别是随着 RFID 技术、传感技术和短距离无线通信技术的发展和普及，具备无线通信功能的传感器和控制芯片将可以附着在任何物体乃至动物、植物上。人们可以在任意时间、任意地点与任何客户端(包括人、手机、计算机、电视、冰箱、电子音响等任何设备或物品)实现无线连接并交换信息，人类将迈进网络应用无所不在的"泛网时代"。

2. 3G 技术及其后续演进

为与 WiMAX 等宽带无线接入技术相抗衡，3GPP2 和 3GPP 组织也加紧了 3G 后期增强型技术以及长期演进(AIE 和 LTE)技术的研究和标准化工作，并将一些所谓的"4G 技术"应用于 3G 的后续演进标准之中，用以进一步提高 3G 系统的频谱效率和数据传输速率。EVDO 版本 0 和 HSDPA 的基本思想是更有效地利用和分配前向资源(包括功率和码字)，为此引入速率控制来取代 CDMA(Code Division Multiple Access，码分多址)中传统的功率控制，通过自适应调制编码(Adaptive Modulation and Coding，AMC)、物理层调度和重传将重传和信道编码与混合自动重传请求（HybridAutomatic Repeat Request，HARQ）、多用户分集等技术有机结合，使下行峰值速率、系统吞吐量、时延等性能得到大幅提高。

EVDO 版本 A 和 HSUPA 则是为了更好地利用反向资源，即更好地利用基站观察到的因用户发送造成的 ROT(Rise Over Thermal，噪声增量)。为了有效地分配 ROT，主要采用基站调度来集中控制各用户的反向发送速率和格式，这是通过控制用户被允许发送的业务信道和控制信道导频的功率比例来实现的。两者均采用了 AMC、物理层调度和重传、HARQ 等关键技术。自适应传输和 HARQ 等技术在 EVDO 版本 0/版本 A 和 HSDPA/HSUPA 中的使用，使得很多先进接收技术（如均衡器、多天线收分集、干扰相消、多用户检测等）的应用可以直接带来系统容量的进一步提升，且不需要修改已有协议。

EVDO 版本 B 主要引入多载波捆绑、载波间调度、可选的非对称前反向双工方式、灵活的频率复用模式等特性，能达到更高的聚合峰值速率和更高的系统容量。HSPA＋的目标是在 5MHz 相同带宽下进一步提高 HSDPA/HSUPA 系统的峰值速率和系统容量，更好地支持 VOIP 等实时业务，提高小区边缘的性能和节省终端耗电等，目前考虑的物理层关键技术有更高级调制、MIMO、下行干扰相消、支持非连续工作模式等。

在 3G 的长期演进上，3GPP 正在开展 LTE 的标准化工作，3GPP2 则在进行 AIE 中松耦合后向兼容(Loose Backward Coupling，LBC)技术的标准化。LTE 和 LBC 在关键技术上有很多相似之处：均支持灵活的多种可变带宽，复用方式均基于正交频分复用(Orthogonal Frequency Division Multiplexing，OFDM)技术。另外 LTE 的反向采用 SC－FDMA(Single Carrier Frequency Division Multiple Access，单载波频分多址)技术，可以把它看成是对用户信号的频域信息进行 OFDMA，目的是降低峰均比。AlE 的反向对控制信道仍使用 CDMA 进行复用，业务信道可使用正交的 OFDMA 方式或准正交的 LS－OFDMA 方式，支持子载波和子带间调度，支持 MIMO、SDMA，考虑使用 LDPC(Low Density Parity Check，低密度奇偶校验)信道编码，引入小区间干扰协调和抑制机制，基于更小 TTI 的基站快速调度，使用 AMC 和 HARQ 等。

3G 的长期演进技术(LTE 和 AlE)是以 OFDM 和 FDMA 为核心的技术，与其说是 3G 技术的"演进"(Evolution)，不如说是"革命"(Revolution)。这种技术和 WiMAX 等由于已经具有某些"4G"特征，可以被看作"准 4G"技术。国际电信联盟(ITU)从 2000 年启动与超 3G(Beyond 3G，B3G)有关的研究。超 3G 或称 4G 是指静态传输速率达到 1Gbps、高速移动状态下达到 100Mbps 的移动通信技术。2005 年 10 月 18 日 ITU－RWP8F 的第 17 次会议给 B3G 技术一个正式的名称 IMT－Advanced。按照国际电信联盟的定义，IMT2000 技术和 IMT－Advanced 技术拥有一个共同的前缀"IMT"，表示移动通信。当前的 WCDMA、HSDPA 等技术统称为 IMT2000 技术；未来的空中接口技术，称为 IMT－Advanced 技术。IMT－Advanced 的空中接口，在设计思想上基于 ITU－RM.1645 建议，其设计目标是以用户为中心、技术上灵活而且成本上可行。

IMT－Advanced/4G 系统中典型应用场景有 3 种：广域场景，其小区覆盖大，业务量中等；大城市场景，其小区覆盖中等，业务量高；本地场景，其小区覆盖小，业务量高。IMT－Advanced 系统根据不同的应用场景，对空中接口提出了不同的性能要求。

第1章 绪 论

4G技术的重点是融合无线技术、移动技术和宽带技术于一体,新一代开放无线结构平台将满足未来信息化建设对无线通信的要求。自2002年以来,有关4G技术方面的专利申请数量快速增加,预计到2010年底,全球将有近1万项4G技术专利,其中核心专利(系统结构型、频谱管理型、总体设计型等)将近2000项,非核心专利(产品型、标准定位型、生产型等)近5 000项,其他为跨行业4G技术专利。

4G技术将不再局限于电信行业,而是广泛应用于汽车通信业、民航业、广播电视业、国防工业、政府信息化系统、教育系统、医疗系统和金融系统等领域,传统的电信设备商、网络设备商、软件商运输设备商、汽车商等都将介入。

3. 宽带无线接入技术的发展

宽带无线接入WLAN802.11系列的数据传输速率从数Mbps发展到上百Mbps,WiMAX802.16e支持最高数据传输速率70Mbps,在最新的IEEE802.16m标准中将支持1Gbps。目前,WLAN在热点覆盖、家庭网络中的应用已日渐成熟,继承VoWLAN和移动功能的手机终端已商用,给传统语音业务带来了一定的冲击。802.11n技术将进一步扩展WLAN的应用,其物理层速率可达到150Mbps,有效速率近100Mbps,QoS机制的引入和足够的带宽保证,使WLAN可以提供数据、语音和视频等多种业务。Mesh网技术在国外的实际应用日渐增多。

4. WiMAX发展趋势

全球微波接入互操作性(Worldwide Interoperability for Microwave Access,WiMAX)技术,是IEEE802.16标准定义的一种无线宽带技术。最早的IEEE802.16标准发布于2001年12月,此后连续有多个修订版和新版本出炉,然而真正使得WiMAX成为一项世界瞩目的技术的是最后两个版本,即IEEE802.16-2004(802.16d)和IEEE802.16-2005(802.16e)。

802.16-2004即802.16d,采用正交频分复用技术,支持视距(Line of Sight)和非视距(Non Line of Sight)环境。在视距环境下,它的工作频率范围为10~66GHz;在非视距环境情况下,802.16d可以在小于11GHz的频率范围工作。802.16d可以采用的终端形式为室内和室外移动台。目前,WiMAX论坛制定的802.16dWiMAX的工作频点为3.5GHz和5.8GHz。2005年底,WiMAX论坛认证的第一批产品已经实现商用上市。

802.16-2005基于IEEE802.16e,能够提供切换和漫游。它通过采用可扩展的正交频分复用(Scalable Orthogonal Frequency Division Multiplexing Access,SOFDMA)技术,实现将不同的子信道分给不同的用户,支持多个用户同时上网的场景。在非视距情况下,802.16e可以在小于6GHz的频率范围工作。采用802.16e技术建网的运营商,不但可以提供固定、游牧场景下的业务,同时可以提供便携及移动应用。

2006年4月,韩国运营商KT正式启动基于802.16e标准的无线宽带互联网(Wireless Broadband Access Service,WiBro)业务,对WiMAX而言这是一个里程碑;同年8月,美国第三大电信运营商Sprint Nextel宣布将采用WiMAX/WiBro无线技术部署其无线宽带网络,同时英特尔于2006年下半年推出2.3~2.5GHz的移动WiMAX卡,2008年初把

WiMAX整合到笔记本产品上。尽管如此，目前WiMAX依然还有许多问题没有得到解决，如市场定位、运营模式、频谱获得和频谱统一等，多数运营商对这项技术仍处于测试阶段。运营商在确定了3G的发展路线之后，对WiMAX究竟是怎样的态度难以预计。从中国市场来看，WiMAX难以在短期内取得突破性发展。

5. McWiLL发展概况

在以英特尔的WiMAX为代表的OFDM技术成为全球瞩目的焦点时，基于SCDMA技术的新型无线宽带接入技术McWiLL(Multi-Carrier Wireless Information Local Loop，多载波无线信息本地环路)又悄然诞生了。McWiLL是一种集窄带语音业务和宽带数据业务为一体的宽带无线接入技术，其系统由SCDMA宽带基站、塔顶放大器、系统网管、无线宽带终端等设备组成。由于采用了可跳频的多载波技术，基站与宽带终端之间可以在非视距的环境下传播。在实际测试中发现，在目前典型的城市环境下，McWiLL的单基站覆盖半径为1~3km。而在传输速度方面，McWiLL的宽带无线终端的传送已实现了2Mbps的速率，通过PCMCIA无线上网卡在移动状态下传输速率也可达1Mbps。在多个性能指标方面，McWiLL完全可以与目前主要的3G技术相媲美。SCDMA无线接入系统(R3)已经达到了大规模商用水平，在国内外多个地区进行了商业运行。R4版本在R3版本的基础上采用多载波技术提供数据接入，产品已初步商用。R5版本采用OFDM+SCDMA技术，最大传输带宽为5MHz，频谱利用率最高可达到3bps/Hz，终端最大移动速率可达120km/h，支持同频组网。

6. 多种技术的比较和演进关系

1) 移动通信与宽带无线接入的互补

比较宽带无线接入和宽带移动通信，应着眼于宽带无线接入与宽带移动通信协调发展，体现出宽带无线接入的特点，定位于热点区域内和行业用户的宽带数据接入服务，同时提供便携的移动支持能力。对IMT-Advance中的宽带新技术而言，两种技术是互补而不是重合的领域。从宽带无线接入技术的传统特性考虑，其长远的发展应定位于更大的传输带宽和更高速率的数据接入能力。

2) 网络融合、业务融合和接入综合

随着移动通信和互联网的迅猛发展以及固定和移动宽带化的发展趋势，通信网络和业务正发生着根本性的变化。这体现在两大方面：一是提供的业务将从以传统的语音业务为主向提供包括高速无线数据传输技术的综合信息服务方向发展；二是通信的主体将从人与人之间的通信，扩展到人与物、物与物之间的通信，渗透到人们日常生活的方方面面。顺应这一发展趋势，相关行业将逐步融合，通过一系列新技术、新业务和新应用来满足市场的需求。融合将是全方位多层次的，包括网络融合、业务融合和终端的融合。特别是固定网与移动网的融合，通信、计算机、广播电视和传感器网络的融合成为发展的大趋势，而且已经在技术、市场需求和设备方面逐渐具备条件。同时，采用多种无线接入技术和固定接入技术将是实现上述目标的必由之路，包括蜂窝移动通信技术(广域网)、宽带无线接入技术(城域网)和各种短距离无线技术(如RFID、UWB和蓝牙等技术)，它们共同接入基于

第1章 绪 论

IP 的同一个核心网络平台,通过网络的无缝切换,实现无处不在的最佳服务。

1.3.2 移动通信的发展趋势

目前,第三代移动通信(3G)的各种标准和规范已经达成协议,并且正处于商用化的阶段,他将解决目前存在的频率短缺问题,能够提供语音、数据、视频等多媒体业务,能真正实现全球漫游。但 3G 系统尚有很多需要改进的地方,如 3G 缺乏全球统一标准;3G 所采用的语音交换构架仍沿袭了第二代(2G)的电路交换,而不是纯 IP 方式,流媒体(视频)的应用不尽如人意;数据传输速率也只接近于普通拨号接入的水平,更赶不上 xDSL 等。

当第三代移动通信系统方兴未艾之时,对于第四代(4G)或者超三代(Beyond 3G)移动通信技术的讨论已如火如荼地展开,国际上通信技术发达的国家已着手研制 4G 的标准和产品。4G 的概念可称为宽带接入(broadband)和分布网络,并在任何地方宽带接入互联网(包括卫星通信和平流层通信),提供信息通信以外的定位定时、数据采集和远程控制等综合功能,比第三代移动通信更接近于个人通信。4G 的特点主要有如下几个。

(1) 更高的通信速率。对大范围高速移动用户(250km/h)数据速率为 2Mbps;对中速移动用户(60km/h)数据速率为 20Mbps;对于低速移动用户(室内或步行者)数据速率为 100Mbps。

(2) 更宽的网络频谱。4G 网络在通信带宽上比 3G 网络的带宽高出许多。据研究,每个 4G 信道将占有约 100MHz 的频谱,相当于 WCDMA 3G 网络的 20 倍。

(3) 灵活性较强。4G 系统拟采用智能技术使其能自适应地进行资源分配,能够调整系统对通信过程中变化的业务流大小进行相应处理而满足通信要求。采用智能信号处理技术,对信道条件不同的各种复杂环境都能进行信号的正常发送与接收,有很强的智能性、适应性和灵活性。

(4) 业务的多样性。在未来的全球通信中,个人通信、信息系统、广播和娱乐等各业务将会结合成一个整体,提供给用户比以往更广泛的服务与应用;系统的使用会更加安全、方便且更加照顾用户的个性。

(5) 高度自组织、自适应的网络。4G 系统的网络将是一个完全自治、自适应的网络。它可以自动管理、动态改变自己的结构,以满足系统变化和发展的要求。

在 4G 之后,个人通信系统将成为未来移动通信系统的大趋势。"个人通信系统"的概念在 20 世纪 80 年代后期就已出现,当时便引起了世界范围内的巨大兴趣。个人通信系统是一个要求任何人能在任何时间、任何地点与任何人进行各种通信的通信系统。这里指的个人通信是既能提供终端移动性,又能提供个人移动性的通信方式。终端移动性指用户携带终端连续移动时也能进行通信,个人移动性是指用户能在网中任何地理位置上根据他的通信要求选择或配置任意一个移动的或固定的终端进行通信。可见个人通信的实现将使人类彻底摆脱现有通信网的束缚,达到无约束自由通信的最高境界。总之,当今世界电信的发展体现出 4 大趋势,即无线、多媒体、宽带和 IP(因特网电话)。最终,上述技术将会融合在一起,形成宽带多媒体移动电话系统,与固定通信网综合成全球一网,实现人类通信的最高境界——个人通信。

1.3.3 我国移动通信的发展

移动通信早期在我国主要应用于军事通信,把无线台用于舰船、飞机的通信早已有之,但主要是在短波段工作的普通调幅电台。至于陆地上的移动通信,除了军队的坦克通信(从建立坦克部队就有无线通信)之外,民用的陆上通信是专用的早于公用的,如20世纪60年代起我国列车上使用的机车调度无线电话。汽车调度电话到20世纪70年代才随着出租汽车的发展而出现。公用的移动通信系统建立较晚,第一个大区制公用移动通信系统(150MHz频段)由邮电部第一研究所研制,于1980年在上海建立试用。我国蜂窝制移动网则在1987年冬,广州市第一个开通蜂窝移动电话业务。随后,北京、重庆及珠江三角洲地区的蜂窝网成为最大的网络,覆盖广州、深圳和珠海等地,采用瑞典Ericsson(爱立信)公司的CMS88移动通信系统,于1988年开通。1993年在浙江嘉兴地区引入第二代数字移动蜂窝网GSM系统,开始试运转,并从1994年下半年开始建设GSM网,1995年GSM扩展到15个省,1996年后扩展到全国,已成为承载移动用户的主体网络。2002年5月,中国移动在全国正式投入GPRS(通用分组无线业务)系统商用。这意味着,现阶段世界范围内最先进、应用最成熟的移动通信技术——GPRS在中国实现大规模应用。

1998年,北京电信长城CDMA数据移动蜂窝网商用试验网——133网,在北京、上海、广州、西安投入试验。2002年,在中国联通,"新时空"CDMA网络正式开通。2002年下半年,中国联通开始建设CDMA2000 1X数字移动蜂窝网,已在2003年上半年在全国投入运营。中国联通已逐步建成一个覆盖全国、总容量达到5000万户的CDMA网络,成为世界最大、最好的CDMA网。这标志着,我国CDMA和GSM数字移动蜂窝网真正迈入一个新的时代。

1999年10月底,在芬兰赫尔辛基举行的国际电信联盟(ITU)会议上,由信息产业部电信科学技术研究院代表中国提出的TD-SCDMA标准提案被国际电信联盟采纳为世界第三代移动通信(3G)无线接口技术规范建议之一。2000年5月,国际电信联盟无线(ITU-R)大会上又正式将TD-SCDMA列入世界3G无线传输标准之一。作为中国享有知识产权的3G通信标准,TD-SCDMA的研发工作自1998年标准提出以来取得了极大的进步,为扭转中国移动通信制造业长期以来的被动局面提供了十分难得的机遇。目前,TD-SCDMA技术论坛的成员已突破270家。

我国的移动通信虽然起步较晚,但是发展很快,自1987年投入运营以来,用户数一直保持较高的增长率,经过二十几年的快速增长,中国的移动手机总数已超过美国,跃居全球第一。从1997年开始,以华为、中兴、大唐、广东金鹏集团等为代表的一批国内通信设备制造企业研制成功一系列GSM和CDMA系统,开始陆续装备我国移动通信网。第一代和第二代移动通信为我国培育了世界第一的移动通信市场,相信在巨大的市场需求和新技术的牵引下,我国移动通信产业必将在第三代移动通信的发展上实现新的突破,使我国的移动通信业真正步入良性循环。

1.4 移动通信的使用频段

无线电频谱资源十分有限,能用作移动通信的频段也就更有限。频率作为一种资源并

第1章 绪 论

不是取之不尽的,且在同一时间、同一场所、同一方向上不能使用相同的频率,否则将形成干扰,无法进行通信,因而频率的利用就必须以一定的规则有序地进行。这个原则就是国际电信联盟(ITU)召开的世界无线电管理大会上制定的国际频率分配表。国际频率分配表按照大区域和业务种类给定。各国可根据具体国情作些调整。

(1) 1979年,ITU首次给陆地移动通信划分出主要频段。根据ITU的规定,1980年我国国家无线电管理委员会制定出陆地移动通信使用的频率(以900MHz为中心)。① 集群移动通信:806~821MHz(上行);851~866MHz(下行);② 军队:825~845MHz(上行);870~890MHz(下行);③ 大容量公用陆地移动通信:890~915MHz(上行);935~960MHz(下行)。

此时,我国大容量公用陆地移动通信采用的是TACS体制的模拟移动通信系统,相邻频道间隔为25kHz。

(2) 为支持个人通信发展,1992年,ITU在世界无线电管理大会上,对工作频段做了进一步划分。

1) 未来移动通信频段

1710~2690MHz在世界范围内可灵活应用,并鼓励开展各种新的移动业务。

1885~2025MHz和2110~2200MHz用于第三代移动通信(ITU-2000)系统,以实现世界范围的移动通信。

2) 移动卫星通信频段

小低轨道移动卫星通信:148~149.9MHz(上行);137~138MHz、400.15~401MHz(下行)。

大低轨道移动卫星通信:1610~1626.25MHz(上行);2483.5~2500MHz(下行)。

第三代移动卫星通信:1980~2010MHz(上行);2160~2200MHz(下行)。1995年,修改为1980~2025MHz(上行);2160~2200MHz(下行)。

此时,我国大容量公用陆地移动通信采用的是GSM体制的数字移动通信系统,相邻频道间隔为200kHz。上行链路采用890~915MHz频段,下行链路采用935~960MHz频段。

随着移动通信业务的发展,我国开通了IS-95CDMA数字移动通信系统,上行链路采用824~849MHz频段,下行链路采用869~894MHz频段。国家无线电委员会对2000MHz的部分地面无线电业务频率进行了重新规划。

公众蜂窝移动通信1(1800MHz频段)的频率为:1710~1755MHz(上行);1805~1850MHz(下行)。

公众蜂窝移动通信2(1900MHz频段)的频率为:1865~1880MHz(上行);1945~1960MHz(下行)。

(3) 2000年,ITU在世界无线电管理大会(WARC'2000)上,为IMT-2000重新分配了频段,标志着建立全球无线系统新时代的到来。这些频段是805~960MHz、1710~1885MHz和2500~2690MHz。

1.5 标准化组织

随着移动通信新技术的不断涌现,一代又一代的新系统开发,各种通信技术形形色色、日新月异，为了使通信系统的技术水平能综合体现整个通信技术领域已经发展的高度，移动通信的标准化就显得十分重要。通信的本质就是人类社会按照公认的协定传递信息。如果不按照公认的协定随意传递发信者的信息，收信者就可能收不到这个信息；或者虽收到，但不能理解，这也就达不到传递信息的目的；没有技术体制的标准化就不能把多种设备组成互连的移动通信网络，没有设备规范和测试方法的标准化，也就无法进行大规模生产。移动通信系统公认的协定，就是通信标准化的内容之一。随着通信技术的高度发展，人类社会的活动范围也日益扩大，国际上对移动通信的标准化工作历来都非常重视，标准的制定也超越了国界，具有广泛的国际性，更具有全球的统一性。

1. 国际无线电标化组织

国际无线电标准化工作主要由国际电信联盟(ITU)负责，它是设于日内瓦的联合国组织，下设 4 个永久性机构：综合秘书处、国际频率登记局(IFRB)、国际无线电咨询委员会(CCIR)以及国际电话电报咨询委员会(CCITT)。

国际频率登记局(IFRB)有两个职责：一是管理国际性的频率分配；二是组织世界管理无线电会议(WARCs)。WARCs 是为了修正无线电规程和审查频率注册工作而举行的，作出涉及无线通信发展的有关决定。

国际无线电咨询委员会(CCIR)为 ITU 提供无线电标准的建议，研究的内容着重于无线电频谱利用技术和网间兼容的性能标准和系统特性。

国际电话电报咨询委员会(CCITT)开发设备建议，如在有线电信网络中工作的数据调制解调器(modem)；还通过其不同的研究小组开发了许多与移动通信有关的建议，如编号规划、位置登记程序和信令协议等。

1993 年 3 月 1 日，国际电信联盟进行了一次组织调整。调整后的 ITU 分为 3 个组。

(1) 无线通信组(以前的 CCIR 和 IFRB)；

(2) 电信标准化组(以前的 CCITT)；

(3) 电信开发组(BDT)。

经过调整后，ITU 的标准化工作实际上都落到 ITU 电信标准化组的管理下，现在常常把这个组称为 ITU－T，而把无线通信组称为 ITU－R。

2. 欧洲共同体(EC)的通信标准化组织

欧洲邮电管理协会(CEPT)曾经是欧洲通信设施的主要标准化组织。其任务是协调欧洲的电信管理和支持 CCITT 和 CCIR 的标准化活动。近年来，CEPT 在这方面的工作已经越来越多地被欧洲共同体(EC)管理下的其他标准化组织所取代。

隶属于欧洲共同体的标准化组织主要是欧洲电信标准协会(ETSI)。它成立于 1988 年，已经取得许多以往由 CEPT 领导的标准化职责。其下设服务与设备、无线电接口、网络形式和数据等分会，如 GSM、无绳电话(cordless phone)和欧洲无线局域网(HIPER-LAN)等许多标准都是由 ESTI 所制定。

3. 北美地区的通信标准化组织

在美国负责移动通信标准化的组织是电子工业协会(EIA)和电信工业协会(TIA)(后者

第1章 绪 论

是前者的一个分支)。此外,还有一个蜂窝电信工业协会(CTIA)。1988 年末,TIA 应 CTIA 的请求组建了数字蜂窝标准的委员会 TR45,来自美国、加拿大、欧洲和日本的制造商参加了这个组织。TR45 下属的各个分会主要是对用户需求、通信技术等方面的建议进行评估。1992 年 1 月 EIA 和 TIA 发布了数字蜂窝通信系统的标准——IS-45(TDMA)暂时标准,它定义了用于蜂窝移动终端和基站之间的空中接口标准(EIA92)。

基于码分多址(CDMA)的数字蜂窝移动通信系统已被美国 Qualcomm(高通)公司开发出来,并与 1993 年 7 月被电信工业协会(TIA)标准化成为 IS-95(CDMA)标准。

4. 太平洋地区的通信标准化

太平洋数字蜂窝移动通信系统(PDC)标准发布于 1993 年,也称为日本数字蜂窝移动通信系统(JDC)。PDC 有些类似于 IS-54 标准。

国际上有关移动通信系统的标准和建议,通常是全球或地区范围内的许多研究部门、生产部门、运营部门和使用部门中的专家集体创作制定的,它标志着移动通信的发展方向,也体现了移动通信市场需求和综合技术水平,具有巨大的技术和商业价值,为世界各国制定移动通信发展规划和标准提供了重要的依据。

本 章 小 结

本章概况性地介绍了移动通信的组成、特点、分类以及工作方式,并对移动通信的发展历史、发展现状及其发展趋势进行了阐述,最后还给出了移动通信的频带划分及主要的标准化组织。绪论部分是对移动通信技术的一个整体概况,对学习后续的章节起到了铺垫作用。

习 题 1

1.1 什么叫移动通信?
1.2 简述移动通信的特点。
1.3 移动通信的几种工作方式是什么?它们各自有什么特点?
1.4 什么是集群移动通信系统?它采用何种工作方式?
1.5 目前常用的移动通信系统包括哪几种类型?
1.6 简述移动通信的发展趋势。

第 2 章 移动信道

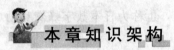
本章知识架构

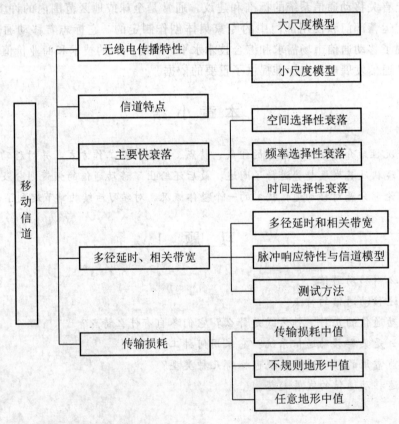

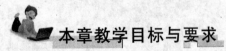
本章教学目标与要求

- 掌握无线电传播特性

第2章 移动信道

- 了解无线信道的特点
- 了解3类主要快衰落
- 了解多径效应对数字传输的影响
- 掌握多径延时和相关带宽
- 掌握陆地无线信道的传输损耗计算方法

➡ 引言

信道是信号的传输媒质,可分为有线信道和无线信道两类。有线信道包括明线、对称电缆、同轴电缆及光纤等。无线信道有地波传播、短波电离层反射、超短波或微波视距中继、人造卫星中继以及各种散射信道等。如果我们把信道的范围扩大,它还可以包括有关的变换装置,例如:发送设备、接收设备、馈线与天线、调制器、解调器等,我们称这种扩大的信道为广义信道,而称前者为狭义信道。

在电信或光通信(光也是一种电磁波)场合,信道可以分为两大类:一类是电磁波的空间传播渠道,如短波信道、超短波信道、微波信道、光波信道等;另一类是电磁波的导引传播渠道,如明线信道、电缆信道、波导信道、光纤信道等。前一类信道是具有各种传播特性的自由空间,所以习惯上称为无线信道;后一类信道是具有各种传输能力的导引体,习惯上称为有线信道。信道的作用是把携有信息的信号(电的或光的)从它的输入端传递到输出端,因此,它的最重要特征参数是信息传递能力(也叫信息通过能力)。在典型的情况(即所谓高斯信道)下,信道的信息通过能力与信道的通过频带宽度、信道的工作时间、信道的噪声功率密度(或信道中的信号功率与噪声功率之比)有关:频带越宽,工作时间越长,信号与噪声功率比越大,则信道的通过能力越强。

案例 2.1

1870年的一天,英国物理学家丁达尔到皇家学会的演讲厅讲光的全反射原理,他做了一个简单的实验:在装满水的木桶上钻个孔,然后用灯从桶上边把水照亮。结果使观众们大吃一惊。人们看到,放光的水从水桶的小孔里流了出来,水流弯曲,光线也跟着弯曲,光居然被弯弯曲曲的水俘获了。人们曾经发现,光能沿着从酒桶中喷出的细酒流传输;人们还发现,光能顺着弯曲的玻璃棒前进。这些现象引起了丁达尔的注意,经过他的研究,发现这是全反射的作用,即光从水中射向空气,当入射角大于某一个角度时,折射光线消失,全部光线都反射回水中。表面上看,光好像在水流中弯曲前进。实际上,在弯曲的水流里,光仍沿直线传播,只不过在内表面上发生了多次全反射,光线经过多次全反射向前传播。后来人们造出一种透明度很高、粗细像蜘蛛丝一样的玻璃丝——玻璃纤维,当光线以合适的角度射入玻璃纤维时,光就沿着弯弯曲曲的玻璃纤维前进。由于这种纤维能够用来传输光线,所以称它为光导纤维,如图2.1所示。

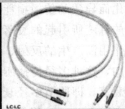

图2.1 光纤

光导纤维可以用在通信技术里。1979年9月,一条3.3千米的120路光缆通信系统在北京建成,几年后上海、天津、武汉等地也相继铺设了光纤线路,利用光导纤维进行通信。

案例 2.2

同轴电缆也是局域网中最常见的传输介质之一。它用来传递信息的一对导体是按照一层圆筒式的外导体套在内导体（一根细芯）外面，两个导体间用绝缘材料互相隔离的结构制造，外层导体和中心轴芯线的圆心在同一个轴心上，所以叫做同轴电缆，如图 2.2 所示。同轴电缆之所以设计成这样，也是为了防止外部电磁波干扰异常信号的传递。

图 2.2 同轴电缆

2.1 无线电波传播特性

移动通信的首要问题就是研究电波的传播特性，掌握移动通信电波传播特性对移动通信无线传播技术的研究、开发和移动通信的系统设计具有十分重要的意义。移动通信的信道是指基站天线、移动用户天线和两副天线之间的传播路径。从某种意义上说，移动无线电波传播特性的研究就是对移动信道特性的研究。移动信道的基本特性就是衰落特性。这种衰落特性取决于无线电波的传播环境，不同的传播环境，其传播特性也不尽相同。而传播环境的复杂，就导致了移动信道特性的复杂。总体来说，这些传播环境包括地貌、人工建筑、气候特性、电磁干扰情况、通信体移动速度情况和使用的频段等。无线电波在此环境下传播表现出几种主要传播方式：直射、反射、绕射和散射以及他们的合成。图 2.3 描述了一种典型的信号传输环境。

移动信道是一种时变信道。无线电波通过这种信道，在这种传播环境下所表现出的衰落一般表现为：随信号传播距离变化而导致的传播损耗和弥散；由于传播环境中的地形起伏、建筑物及其他障碍物对电磁波的遮蔽所引起的衰落，一般称为阴影衰落；无线电波在传播路径上受到环境中地形地物的作用而产生的反射、绕射和散射，使得其到达接收机时是从多条路径传来的多个信号的叠加，这种多径传播所引起的信号在接收端幅度、相位和到达时间的随机变化将导致严重的衰落，即所谓多径衰落。

另外，移动台在电波传播路径方向上的运动将使接收信号产生多普勒（Doppler）效应，其结果会导致接收信号在频域的扩展，同时改变了信号电平的变化率。这就是所谓的多普勒频移，它的影响会产生附加的调频噪声，出现接收信号的失真。

通常人们在分析研究无线信道时，常常将无线信道分为大尺度（Large-Scale）传播模

第2章 移动信道

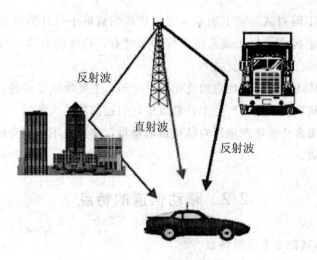

图 2.3 典型的信号传播环境

型和小尺度传播模型两种。大尺度模型主要是用于描述发射机与接收机(T-R)之间的长距离(几百或几千米)上信号强度的变化。小尺度模型用于描述短距离(几个波长)或短时间(秒级)内信号强度的快速变化。然而这两种衰落并不是独立的,在同一个无线信道中既存在大尺度衰落,也存在小尺度衰落,如图 2.4 所示。另外根据发送信号与信道变化快慢程度的比较,无线信道的衰落又分为长期慢衰落和短期快衰落。一般而言,大尺度表征了接收信号在一定时间内的均值随传播距离和环境的变化而呈现的缓慢变化,小尺度表征了接收信号短时间内的快速波动。

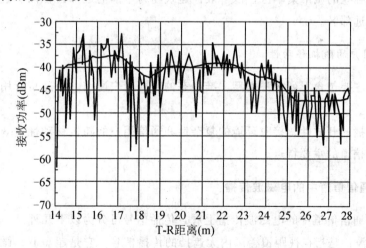

图 2.4 无线信道中的大尺度和小尺度衰落

无线信道的衰落特性可用下式描述

$$r(t) = m(t) \times r_0(t) \tag{2-1}$$

式中,$r(t)$ 表示信道的衰落因子;$m(t)$ 表示大尺度衰落;$r_0(t)$ 表示小尺度衰落。

大尺度衰落是由移动通信信道路径上的固定障碍物(建筑物、山丘、树林等)的阴影引起的,衰落特性一般服从 d^{-n} 律,平均信号衰落和关于平均衰落的变化域有对数正态分布的特征。利用不同测试环境下的移动通信信道的衰落中值计算公式，可以计算移动通信系统的业务覆盖区域。从无线系统工程的角度看，传播的衰落主要影响到无线区域的覆盖。

小尺度衰落由移动台运动和地点的变化而产生的，主要特征是多径。多径产生时间扩散，引起信号符号间干扰；运动产生多普勒效应，引起信号随机调频。不同的测试环境有不同的衰落特性。而多径衰落严重影响信号传输质量，并且是不可避免的，只能采用抗衰落技术来减小其影响。

2.2 移动信道的特点

2.2.1 移动通信信道的 3 个主要特点

1. 传播的开放性

一切无线信道都是基于电磁波在空间的传播来实现开放式信息传输的。它不同于固定的有线通信，它是基于全封闭式的传输线来实现信息传输的。

2. 接收环境的复杂性

是指接收点地理环境的复杂性与多样性。一般可将接收点地理环境划分为下列 3 类典型区域：高楼林立的城市繁华区；以一般性建筑物为主体的近郊区；以山丘、湖泊、平原为主的农村及远郊区。

3. 通信用户的随机移动性

移动通信主要包含下列 3 种类型：准静态的室内用户通信、慢速步行用户通信和高速车载用户通信。

总之，传播的开放性、接收环境的复杂性和通信用户的随机移动性这 3 个特性共同构成了移动通信信道的主要特点。

2.2.2 移动通信信道中的电磁波传播

若从移动通信信道中的电磁波传播上看，传播信号可分为以下几种。

（1）直射波：是指在视距覆盖区内无遮挡的传播信号。它是超短波、微波的主要传输方式，经直射波传播的信号最强。

（2）反射波：从较大的建筑物或其他反射体反射后到达接收点的传播信号，其信号强度较直射波弱。

（3）绕射波：从较大的建筑物与山丘绕射后到达接收点的传播信号。但是，它需要满足电波产生绕射的条件，其信号强度较直射波弱。

另外，还有穿透建筑的传播信号及空气中离子受激后二次发射的漫反射产生的散射波,它们的信号强度相对于直射波、反射波、绕射波都比较弱。所以从电磁波传播上看,直射、反射、绕射是主要的,但有时穿透的直射波与散射波的影响也是需要进一步考虑的。

2.3 三类主要快衰落

移动通信中最难克服的是快衰落引起的时变特性。下面对快衰落的现象、原理及成因加以剖析。

2.3.1 空间选择性衰落

所谓空间选择性衰落,是指在不同的地点与空间位置衰落特性不一样。空间选择性衰落的现象、成因与机理可以用图 2.5 所示的直观图形来表示。

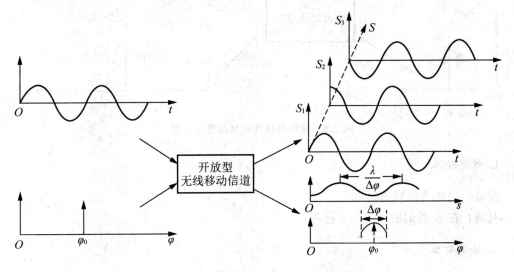

图 2.5 空间选择性衰落信道原理图

1. 信道输入

射频:单频等幅载波。

角度域:在 φ_0 角上送入一个 δ 脉冲式的点波束。

2. 信道输出

时空域:在不同节后点 S_1、S_2、S_3,时域上衰落特性是不一样的,即同一时间、不同地点(空间)衰落期是不一样的,这样,从空域上看,其信号包络的起伏周期为 T_1。

3. 结论

由于开放型的时变信道使天线的点波束产生了扩散而引起了空间选择性衰落,其衰落

周期 $T_1 \approx \lambda/\varphi$，其中 λ 为波长。

空间选择性衰落，通常又称为平坦瑞利衰落。这里的平坦特性是指在时域、频域中不存在选择性衰落。

2.3.2 频率选择性衰落

所谓频率选择性衰落，是指在不同频段上衰落特性不一样。其现象、成因与机理如图2.6所示。

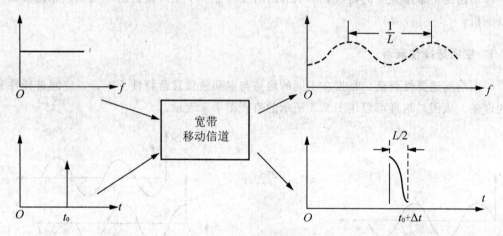

图 2.6 频率选择性衰落信道原理图

1. 信道输入

频域：白色等幅频谱。

时域：在 t_0 时刻输入一个 δ 脉冲。

2. 信道输出

频域：衰落期为负的有色谱。

时域：t_0+t 瞬间，δ 脉冲在时域产生了扩散，其扩散宽度为 $L/2$。其中，Δt 为绝对时延。

3. 结论

由于信道在时域的时延扩散，引起了在频域的频率选择性衰落，且其衰落周期 $T_2 = 1/L$，即与时域中的时延扩散程度成正比。

2.3.3 时间选择性衰落

所谓时间选择性衰落，是指不同的时间衰落特性是不一样的。其现象、成因与机理如图2.7所示。

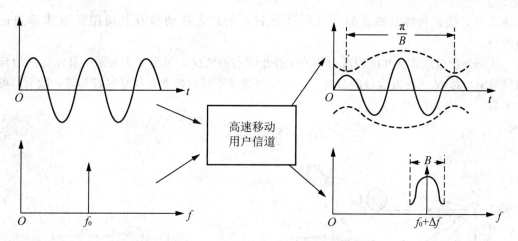

图 2.7 时间选择性衰落信道原理图

1. 信道输入

时域：单频等幅载波。
频域：在单一频率 f_0 上单根谱线（δ 脉冲）。

2. 信道输出

时域：包络起伏不平。
频域：以 f_0+f 为中心产生频率扩散，其宽度为 B。其中，其中 Δf 为绝对多普勒频移，B 为相对值。

3. 结论

由于用户的高速移动在频域引起多普勒频移，在相应的时域其波形产生时间选择性衰落。

2.4 多径效应对数字传输的影响

陆地移动通信系统中，移动台主要工作在城市建筑群和其他地形地物较为复杂的环境中，基地台和移动台之间的电波传播再不是单纯的空间波形式，而出现多个路径的反射。所以，多径衰落是移动无线电传播中的普遍现象，也是移动无线电系统设计中所要考虑的主要因素。

为了定量地估计移动通信信道，首先假定载频信号 $s_0(t)$ 可用下列表达式中任一形式表示。

$$s_0(t)=a_0 \exp [j(\omega t+\varphi_0)] \qquad (2-2)$$
$$s_0(t)=\mathrm{Re}\{a_0 \exp [j(\omega t+\varphi_0)]\} \qquad (2-3)$$
$$s_0(t)=a_0 \cos (\omega t+\varphi_0) \qquad (2-4)$$

分析多径衰落现象时可分别对下列 3 种情况进行说明：①移动体和周围反射体都

是静止的；②移动体是静止的而反射体是运动的；③移动体及其周围反射体都是运动的。

首先分析移动体及其周围反射体处于静止状态的情况，如图2.8所示。移动台所收到的信号 $s(t)$ 是 N 个反射信号的合成。由于反射路径不同，各支路信号时延不等，故 $s(t)$ 可表示为

$$s(t) = \sum_{i=1}^{N} a_i s_0(t-\tau_i) \tag{2-5}$$

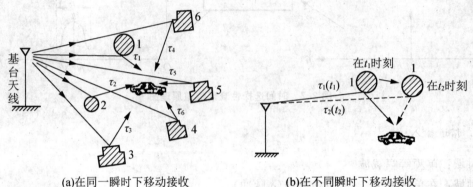

(a) 在同一瞬时下移动接收　　　　　(b) 在不同瞬时下移动接收

图 2.8 多径现象

第 i 条路径的总传输时延由下式表示

$$\tau_i = \bar{\tau} + \overline{\tau}_i \tag{2-6}$$

这里 $\overline{\tau}_i$ 是 i 支路上附加相对延迟，相对于平均值来说，它可能是正值或负值，而 τ_i 的平均值 $\bar{\tau} = \frac{1}{N}\sum_{i=1}^{N}\tau_i$，在式(2-5)中，$a_i$ 是第 i 支路的传输衰减因子，它可能是一个复数。如果我们用 $s_0(t) = a_0 \exp[j(\omega t + \varphi_0)]$ 代替式(2-5)中的 $s_0(t-\tau_i)$，那么

$$s_0(t) = x(t-\bar{\tau}) \exp[j(2\pi f_0(t-\bar{\tau}) + \varphi_0)] \tag{2-7}$$

$x(t)$ 为接受信号包络由下式表示

$$x(t) = a_0 \left[\sum_{i=1}^{N} a_i \exp(-j2\pi f_0 \overline{\tau}_i)\right] \tag{2-8}$$

a_0 是常数，式(2-8)右边描述多径现象。由于式(2-8)与时间 T 是无关的，所以 $x(t)$ 也是时间常数。只要移动体及其附近的散射体始终固定静止，所接收的 $s(t)$ 信号包络就保持不变。

在此种情况中，移动体是静止的，而周围的散射体(如行驶的汽车)是移动的，时延 τ_i 和衰减 a_i 在第 i 路径全程的任何瞬间都是不同的。在这种情况下，式(2-5)中的接收信号 $s(t)$ 必然变化为

$$s(t) = x(t) \exp(j\varphi_0) \exp(j2\pi f_0 t) \tag{2-9}$$

式中

$$x(t) = \sum_{i=1}^{N} a_0 a_i(t) \exp[-j2\pi f_0 \tau_i(t)] \tag{2-10}$$

第2章 移动信道

令

$$R = \sum_{i=1}^{N} a_i(t) \exp[-j2\pi f_0 \tau_i(t)] \tag{2-11}$$

$$S = \sum_{i=1}^{N} a_i(t) \sin[2\pi f_0 \tau_i(t)] \tag{2-12}$$

则

$$x(t) = a_0\{R - jS\} = A(t)\exp[-j\Psi(t)] \tag{2-13}$$

在这里,$x(t)$ 的幅度和相位可以表示成与时间相关的变量

$$\Psi(t) = \sqrt{S^2 + R^2} \tag{2-14}$$

$$\Psi(t) = \tan^{-1}\frac{S}{R} \tag{2-15}$$

由于要分清和识别每个反射波的路径是不可能的,因此,当散射体处于运动状态时,对式(2-12)的幅度时间相关变量和式(2-13)的相位时间相关变量进行统计分析是必要的。

移动体处于运动状态时,有 3 种极端情况必须考虑到:①不存在散射体;②存在单个散射体;③在移动体周围存在许多散射体。我们假定移动体沿着 x 轴的方向以速度 v 运动,接收信号跟 x 轴平面成一角度关系。图 2.9(a)阐明了处于运动状态的移动体的特性,其接收信号由下式表达

$$s(t) = a_0 \exp[j(\omega t + \varphi_0 - \beta vt\cos\theta)] \tag{2-16}$$

这里 $\beta = 2\pi/\lambda$,λ 是波长。附加频率是由于移动体运动导致的多普勒效应。此种附加多普勒频率为

$$f_d = f_m \cos\theta \tag{2-17}$$

其中:$f_m = v/\lambda$ 是最大多普勒频率。多普勒频率 f_d 可能是正的或负的,它取决于电波到达角 θ。多普勒频移造成的后果是使传输波形频谱发生小范围晃动。从单频信号来看,由于多普勒频移的缘故,接收到的信号已是一个占据一定频带的随机调相信号,这种现象也被称为频率弥散或色散。在空对地的无线通信中,多普勒效应产生的频率调制是很显著的,这是因为飞机的飞行速度相对很高。多普勒频移对低速调相数字信号的传输不利,而对高速数字波形传输影响不大。

为了理解多径现象的影响,说明无线电信号的驻波概念是必要的。如果无线电信号从某一个方向到达并被对面方向的全反射体反射,如图 2.9(b)所示,则以速度 v 运动的移动体接收信号由式(2-18)表示。为简单起见,我们可假定到达角 $\theta = 0$。则

$$\begin{aligned}s(t) &= a_0 \exp[j(\omega_0 t + \varphi_0 - \beta vt)] - a_0 \exp[j(\omega_0 t + \varphi_0 + \beta vt - \omega_0 \tau)] \\ &= -j2a_0 \sin\left(\beta vt - \frac{\omega_0 \tau}{2}\right)\exp\left[j\left(\omega_0 t + \varphi_0 - \frac{\omega_0 \tau}{2}\right)\right]\end{aligned} \tag{2-18}$$

这里 τ 是电波传到散射体并返回到 $T=0$ 的时间。式(2-18)的包络是合成驻波型,它可用来解释简单的衰落现象。当 $\beta vt = n\pi + \omega_0 \tau/2$ 时,包络幅度衰落为零。进行平方律检波后,式(2-18)包络被平方后由下式表达

$$x^2(t) = 4a_0^2 \sin^2(\beta vt - \omega_0\tau/2) = 2a_0^2 [1-\cos(2\beta vt - \omega_0\tau)] \qquad (2-19)$$

从上式可直观的看出，此时随路频率为 $2v/\lambda$。从此可见，移动天线所收到的多普勒频率通过不同的检波器，在输出端得到不同的衰落频率输出值。式(2-19)中平方律检波方法测定的衰落频率是式(2-18)用线性检波法测量时的二倍。

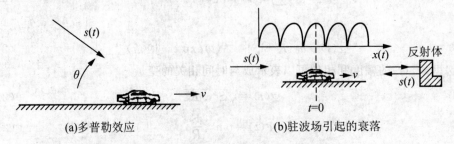

图 2.9 运动状况移动体的信号接收

在第三种情况下，移动体和周围反射体都是运动着的，合成接收信号是所有不用到达角 θ_i 的反射波的总和，θ_i 依赖于不同反射体的瞬时状态，而直接信号传输路径被阻塞。这种复杂情况可用下式表达

$$s(t) = \sum_{i=1}^{N} a_0 a_i \exp[j(\omega_0 t + \varphi_0 - \beta vt \cos\theta_i + \varphi_i)] = A_i \exp(j\psi_i)\exp[j(\omega_0 t + \varphi_0)] \qquad (2-20)$$

其中

$$A_i = \left[\left(a_0 \sum_{i=1}^{N} a_i \cos\psi_i\right)^2 + \left(a_0 \sum_{i=1}^{N} a_i \sin\psi_i\right)^2\right]^{1/2} \qquad (2-21)$$

$$\psi_i = \tan^{-1}\frac{\sum_{i=1}^{N} a_i \sin\psi_i}{\sum_{i=1}^{N} a_i \cos\psi_i} \qquad (2-22)$$

$$\psi_i = \varphi_i - \beta vt \cos\theta_i$$

显而易见，式(2-21)和式(2-22)是相似的，这说明散射体的运动和移动体的运动对接收信号的影响是一致的。

综合以上分析可见，在移动通信中，由于建筑物和其他地物的反射作用，信号(场强)矢量合成的结果形成驻波分布，即在不同地点的场强不同。当移动台在驻波场中运动时，接收场强就会出现快速、大幅度的周期性变化。这种变化称为多径快衰落，也称小区间瞬时值变动。为了研究这种变化规律，可将小段距离 ($10\lambda \leq r \leq 10^3\lambda$) 当作一个样本区，求出该小区间内场强变化的累积分布，图2.10(a)、(b)就是实测的例子。统计表明，在障碍均匀的城市街道及树林中，信号包络的起伏近似为瑞利分布，故多径快衰落也称为瑞利衰落。衰落幅度与地形地物有关，可达 $10 \sim 30\text{dB}$，而衰落频率和每次的衰落时间与车速有关。例如，车速为 40km/h、工作频率为 400MHz 时，衰落速率为每秒 $30 \sim 40$ 次。

第2章 移动信道

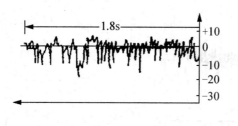
(a) 40MHz信号的RMS值及衰落

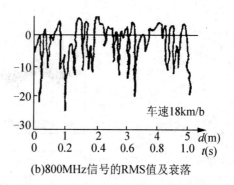
(b) 800MHz信号的RMS值及衰落

图 2.10 多径快衰落

在郊区和不规则地形上,当障碍物有空隙时,一般来说,场强的 dB 值近似于对数正态分布,其标准偏差 $\sigma = 6 \sim 7dB$。

大量研究结果表明,移动体接收信号除瞬时值出现快速瑞利衰落外,其场强中值随着地区位置改变而出现较慢的变化。这种由于阴影效应引起的变化成为慢衰落。电波在传播的路径上遇到有建筑物、森林等障碍物的阻挡,则会产生电磁场的阴影。当移动台通过不同障碍物阴影时,就造成接收场强中值的变化。变化幅度取决于障碍物状况及使用频率。变化速率不仅和障碍物有关,而且和车速有关。造成中值变化的另一个原因是由于气象条件的变化,大气相对介电常数垂直梯度发生缓变,导致电波折射系数随时间而变化,因此多径传播到达固定接收点的场强中值电平随时间慢变化。这种变化远小于前面所讲的衰落,因此可以忽略。

为研究这种慢衰落规律,可以把同一类地形地物中某一段距离(1~2km)作为样本区,每隔 20m 的区间(小区间)观测接收信号的电平变动,求出平均值 X,其变化规律如图 2.11(a) 所示。若用数学式表示,在城市接收信号平均值 X 的累积分布服从于对数正态分布(图 2.11(b)),即

$$p(X) = \frac{1}{\sqrt{2\pi}\sigma X} e^{-\frac{1}{2\sigma^2}\ln^2(X/X_m)} \tag{2-23}$$

式中 X_m 为大区间平均值(区间内的 X 平均值),也称为期望值。决定于发射台功率及移动台离发射台距离的大小。标准偏差 σ 取决于地形地物、工作频率等因素,在市区街道 $\sigma = 5 \sim 7dB$。

在郊区和丘陵地的信号中值分部形式虽然复杂,但平均来看,也近似服从对数正态分布(图 2.11(c))。

瑞利衰落和对数正态衰落是由相互独立的原因产生的,随着移动台的移动,瑞利衰落是瞬时值的快速变动,而对数正态衰落是信号平均值(中值)的变动,这二者都是导致移动通信接收信号不稳定的因素。所以,为了确保通信的可靠性,当移动台工作于城市中时,利用一般散射公式算得的场强值要乘以一个约 0.25~0.4 的系数。若要考虑气候条件导致的中值慢衰落时,传播距离每增加一公里,接收电平还要增加 0.1~0.2dB 的余量。

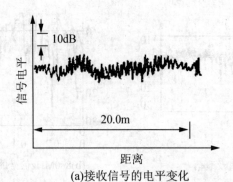

(a) 接收信号的电平变化

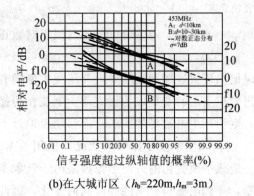

(b) 在大城市区（h_b=220m, h_m=3m）

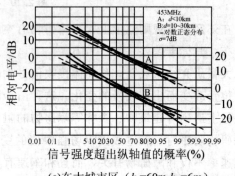

(c) 在大城市区（h_b=60m, h_m=6m）

图 2.11　信号慢衰落及中值分布

目前，美国有些学者从实际测试的统计中得到这样的看法：若以自由空间传播损耗为标准，城市传输损耗在 30km 距离范围内基本比自由空间损耗大 25～30dB，超过 30km 后损耗逐渐增减，到 50km 处约比自由空间传输损耗大 50dB 左右，此后传输损耗大约和距离的 4 次方成比例，超过 50km 时，损耗大致和距离的 5～6 次方成比例。诸如这些分析都可作为工程计算上的参考。

2.5　多径延时和相关带宽及信道模型

2.5.1　多径延时和相关带宽

无线电波通过媒质除产生传输损耗外，还会产生失真——振幅失真和相位失真。一般说来产生失真的原因有两个，一个是媒质的色散效应，另一个是随机多径传输效应。

所谓色散效应，是由不同频率的无线电波在媒质中的传播速度有差别而引起的信号失真，载有信息的无线电信号总是占据一定频带的，当电波通过媒质传到接收点时，各频率成分传播速度不同而不能保持原来信号中的相位关系，引起波形失真。具有色散效应的媒质称为色散媒质。对流层对 20GHz 以下的无线电波呈非色散性质，电离层对频率远大于 30MHz 的无线电波呈非色散性。

对工作在 VHF 和 UHF 频段的移动通信系统来说，多径效应除引起信号负的衰落外，还会引起信号畸变。

多径效应在时域上会造成数字波形展宽,如图 2.12 所示。基地台向移动台传输的信号为 $s_i(t)$,相对延时差为 $\tau_i(t)$,则接收到的信号为几个不同路径传来的信号之和。即

$$s(t) = \sum_{i=1}^{N} a_i s_i[t - \tau_i(t)] \qquad (2-24)$$

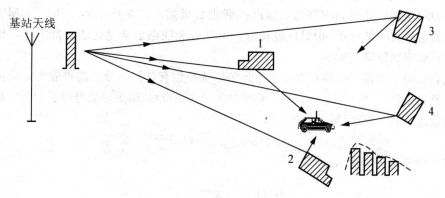

图 2.12 延时扩展图解

由于路径长度不同,它们到达接收点的时间延迟(简称时延)也不同,我们称最大传输时延和最小传输时延的差值为多径时延,以 Δ 表示。由于多径时延 Δ 的存在,使原先发送的宽度为 T 的波形展宽为 $(T+\Delta)$,信号波形展宽加长的部分成为时间扩展,所以 Δ 也称为延迟扩展。而这种由于多径时延造成波形展宽的现象叫做时间弥散。波形展宽势必造成数字信号码间干扰,极限的多径延时值是一个数字信号周期,所以,在瑞利衰落信道中,要求信号速率低于 $1/\Delta$,否则就会造成符号间干扰。

根据统计测试结果,移动通信中接收端接收到的延迟信号包络是按指数衰减的。$E(t)$ 为归一化的包络特性曲线,D 为平均延时,Δ 为延迟扩展,它们定义为

$$d = \int_0^\infty t E(t) \mathrm{d}t \qquad (2-25)$$

$$\Delta^2 = \int_0^\infty t^2 E(t) \mathrm{d}t - d^2 \qquad (2-26)$$

延迟包络参数的典型范围见表 2-1。

表 2-1 平均延时数值

参数	市区	郊区
平均延时时间 d	1.5～2.5μs	0.1～2.0μs
对应路径距离	450～750m	30～600m
最大延时时间(-30dB)	5.0～12μs	0.2～0.7μs
对应路径距离	1.5～3.6km	0.9～2.1km
延时扩展范围	1.0～3.0μs	0.2～2.0μs
平均延时扩展	1.3μs	0.5μs
最大有效延时扩展	3.5μs	2.0μs

由表可见，市区延迟扩散与郊区的最大延时都是以最高包络电平下降 30dB 来测定的，它最多能至 $12\mu s$，郊区的平均延迟扩展为 $0.5\mu s$。在移动无线电信道中，多径延时会引起性能下降，因此要求信号速率必须低于 $1/\Delta$。降低速率是为了降低接收端比特误码率，通常认为延迟扩展跟传输频率是无关的。还有两个事实可说明这一点：一是移动体周围散射范围（面积）增加，即使频率降低，延迟扩展仍是增加；二是移动体工作于 30MHz 频率，且局部散射体尺寸接近于 30MHz 波长时，大部分无线电波能量能透过散射体，延迟扩展随着工作频率的下降而减少。

从频域观念来说，时间扩散现象导致频率选择性衰落。为分析简单起见，我们假定只有两条路径传播信号，一个为 $s(t)$，相对时延差为 $\Delta(t)$，则延时信号可表示为 $s_i(t)e^{j\omega\Delta(t)}$。于是接收点信号 $s_0(t)$ 为两者之和，即

$$s_0(t) = s_i(t) + s_i(t)e^{j\omega\Delta(t)} \tag{2-27}$$

于是信道传递函数为

$$K(t) = \frac{s_0(t)}{s_i(t)} = 1 + e^{j\omega\Delta(t)} \tag{2-28}$$

用欧拉公式展开 $e^{j\omega\Delta(t)}$，可得 $K(t)$ 模值为

$$|K(t)| = 1 + \cos\omega\Delta(t) + j\sin\omega\Delta(t)$$
$$= 2\left|\sqrt{\left[\cos^2\frac{\omega\Delta(t)}{2}\right]^2 + \left[\sin\frac{\omega\Delta(t)}{2}\cos\frac{\omega\Delta(t)}{2}\right]^2}\right| = 2\left|\cos\frac{\omega\Delta(t)}{2}\right| \tag{2-29}$$

图 2.13 为式(2-29)的图解，由此可见，接收点信号是两条路径的信号矢量合成，其相位差为 $\psi = \omega\Delta(t)$。对所传信号中的每个频率成分而言，相同的 Δ 值却引起不同的相位差，造成信号不同的衰落，在 $\omega\Delta(T) = 2N\pi$ 时（N 为整数），双径信号同相叠加，出现信号峰点；而在 $\omega\Delta(T) = 2(N+1)\pi$ 时，双径信号反向抵消，出现信号零点。很明显，由于多径效应，信道对不同频率成分有着不同的响应。显然，若信号带宽过大，就会引起较为明显的失真，这种失真叫做选择性衰落。

由图 2.13 可见，相邻两个信号最小点的相位差 $\Delta\psi = \Delta\omega \times \Delta(t) = 2\pi$，则 $\Delta\omega = 2\pi/\Delta t$ 或 $B_c = \Delta f = 1/\Delta(t)$，由此可见，两相场强为最小值时的频率间隔是与多径延时 $\Delta(T)$ 成反比的。通常称 Δf 为多径传播媒质的相关带宽。若所传输的信号带宽很宽，以至与 B_c 可比拟时，则所传输的信号波形将产生较为明显的畸变。

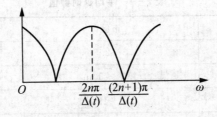

图 2.13 多径传输函数

相关带宽也可以从数学角度进行解释，如果对多径延时信号包络 $E(t)$ 进行拉普拉斯变换，就可得到信号相关函数 $C(f)$，其曲线如图 2.14 所示。

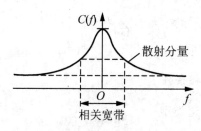

图 2.14 多径延时信号相关函数曲线

相关带宽的精确定义应当是两个信号相关函数下降到某一数值时的频率间隔。实际上,移动通信系统中的传输路径不止两条,而是多条路径,相邻场强最小的频率间隔是小于 $1/\Delta$ 的,而且由于移动体处于不停地运动状态,相对延时差 $\Delta(T)$ 是随时间而变的量。所以信号合成场强的零点和极点在频率轴上的位置也随时间而变化,信道传递函数 $K(t)$ 会呈现更复杂的情况,即传输媒质对不同的频率成分有不同的、随机的响应,这种现象就成为频率选择性衰落。在这种情况下,就很难准确地分析出相关带宽的大小。例如,有的资料提出:$B_c = \Delta f = 1/2\Delta$,而 M. J. Gans 定义 $B_c = \Delta f = 1/8\Delta$,并认为相关带宽和调制方式有关,对幅度调制而言,$B_c = \Delta f = 1/2\pi\Delta$,对角度调制来讲,$B_c = \Delta f = 1/4\pi\Delta$。

由以上分析可见,由于多径延时效应的原因,就提出了相关带宽的限制,它直接限制了信道传输带宽,这是移动通信信号设计中应当注意的问题。例如,当 $\Delta = 3.5\mu s$ 时,$\Delta f = 1/2\Delta = 140 kHz$,选择 25kHz 窄带,由延时扩展引起的选择性衰落将不会有影响。

2.5.2 多径信道的脉冲响应特性与信道模型

1. 建立数字移动通信信道模型的意义

建立数字移动通信信道模型,为在实验室内对数字移动通信设备或系统的性能测试提供了信道方针环境,其具有以下的步骤。

(1) 寻找最佳调制解调方案;
(2) 找出最佳信道编码方案;
(3) 设计最佳信道均衡方案;
(4) 实际制作信道模拟器,检验系统各个模块的性能。

2. 数字移动通信模型

窄带(低速率话音)数字无线移动通信系统可借模拟信号(CW)传播的时延数据来建立信道模型。宽带数字无线移动通信系统的信号传播可用线性滤波及其冲激响应来表示。

信道模型的条件是:①在若干码元期间对时间 t 的衰落统计特性是平稳的;②电波到达角 θ 与传播的延时 τ 是非相关的。因此,称为高斯广义平稳非相关散播信道。

若 $h(t,\tau)$ 为信道的冲激响应,$x(t)$ 为输入,则有信道输出

$$y(t) = \int_{-\infty}^{\infty} h(t,\tau) x(t-\tau) d\tau \tag{2-30}$$

$h(t,\tau)$ 的离散表示为:$h(t,\tau) = \sum_{k=1}^{K} h_k(t) \delta(\tau - \tau_k)$,所以有

$$y(t) = \sum_{k=1}^{K} h_k(t) x(t - t_k) \tag{2-31}$$

其中，τ 为延时，h 为冲激响应。

3. GSM05.05 建议的传播条件

1) GSM05.05 建议的信道类型

(1) 典型乡村地区(RAx)；

(2) 典型山区(HTx)；

(3) 典型城市地区(Tux)。

2) GSM05.05 建议的信道模型参数

在 GSM05.05 建议中，给出的信道模型参数有如下 3 个。

(1) 多径支路数目：12 或 6 个多径支路；

(2) 每一路径的信道参数：路径的时延和平均功率；

(3) 每一路径的幅度分布：瑞利分布，其变化依据多普勒频谱 $s(f)$。

3) 多普勒频谱 $s(f)$

在 GSM05.05 建议中，多普勒频谱 $s(f)$ 有两种类型。

(1) 典型多普勒频移，通常用于除乡村最短路径外的所有环境；

(2) 莱斯(Rice)多普勒频移，只适用于多村最短路种的环境。

4) GSM05.05 建议的传播模型

(1) 典型乡村地形：6 支路典型乡村地区模型；

(2) 典型山区：12 支路典型城市地区传播模型；6 支路典型山区传播模型；

(3) 典型城市地区：12 支路典型城市地区传播模型，6 支路典型城市地区传播模型。

在研究多径信道的脉冲响应时，所关切的问题是：最大延时；路径数目的概率分布；多种信号的强度分布；路径强度(对数)的散播图及其相关系数，即延时扩展与路径损耗的相关性；路径损耗的积累分布；多普勒频移及扩展。

2.5.3 数字无线信道的测试方法

1. 数字通信的信道特性

表征数字信道特性的参数，是对数字信号传输具有重大影响的参数，主要有多径带来的传播路径损耗、信号到达时间延迟扩展和移动体快速运动带来的多普勒频谱扩展。

2. 数字无线移动信道特性的测试方法

数字无线移动信道特性的测试，除信号场强测试和误码率测试外，主要还有对信道脉冲响应的测试。信道脉冲响应的测试方法主要有：单脉冲、序列相关法和扫频法，分述如下。

1) 单脉冲法

测试方法：发端发射窄脉冲信号，脉冲信号宽度为 $100\mu s$（半功率法），一般应小于 $500\mu s$，脉冲信号周期为 1s。在接收端利用高稳定度的铯原子钟定时，钟精度为 $10\sim$

20μs/h,使收发端时钟差小于25μs。利用示波器(跟踪时间10ps)观察的波形则为信道的脉冲响应。

单脉冲法简单直观,但是需要高精度、高稳定度的定时时钟,大功率窄脉冲信号源,动态范围大的宽带接收机,快速跟踪的显示和记录设备。例如,当脉冲信号宽度为500μs时,接收机带宽需4MHz。对数字蜂窝移动信道特性的测试,发射信号源的峰值功率须有50W,接收机(中频放大器)动态范围需达60dB。

2) 序列相关法

测试方法:发射窄脉冲序列信号,接收端利用相关接收来获得多径信号波形,观察并记录之。发送信号采用9级移位寄存器发生的周期为511位的脉冲序列。码片序列的速率为10MHz。发送的窄脉冲序列信号为PSK调制方式。接收端采用RAKE-like接收机进行相关接收。利用示波器(跟踪窗口为15μs)观察的波形则为信道的脉冲响应。延迟分辨率为0.1μs(10MHz射频带宽)。

序列相关法发送的是周期性的PN序列直接扩频信号,接收端相关解扩后,其相关峰波形底宽为0.2μs,而周期序列相关峰的间距为51.1μs(相当于单脉冲法中的信号周期为51.1μs),或重复周期为20kHz。由此可见,序列相关法和单脉冲法是一脉相承的。但是,序列相关法利用扩频和解扩带来的处理增益,一方面具有抗干扰性,提高脉冲信号检测的可靠性,另一方面可降低发射功率,如仅需10W平均发射功率。

3) 扫频法

发送信号为扫频信号,测试信道的频率选择性衰落特性,再从频率选择性衰落特性映射到时域,得到时域延时扩展特性。

2.6 陆地移动信道的传输损耗

2.6.1 接收机输入电压、功率与场强的关系

1. 接收机输入电压的定义

参见图2.15。将电势为U_s和内阻为R_s的信号源(如天线)接到接收机的输入端,若接收机的输入电阻为R_i且$R_i=R_s$,则接收机输入端的端电压$U=U_s/2$,相应的输入功率$P=U_s^2/4R$。由于$R_i=R_s=R$是接收机和信号源满足功率匹配的条件,因此$U_s^2/4R$是接收机输入功率的最大值,常称为额定输入功率。

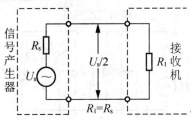

图2.15 接收机输入电压的定义

为了计算方便，电压或功率常以分贝计。其中，电压常以 $1\mu V$ 作基准，功率常以 $1mW$ 作基准，因而有

$$[U_s] = 20\lg U_s + 120 \quad (dB\mu V) \tag{2-32}$$

$$[P] = 10\lg \frac{U_s^2}{4R} + 30 \quad (dBm) \tag{2-33}$$

式中，U_s 以 V 计。

2. 接收场强与接收电压的关系

当采用天线时，接收场强 E 是指有效长度为 $1m$ 的天线所感应的电压值，常以 $\mu V/m$ 作为单位。为了求出基本天线即半波振子所产生的电压，必须先求半波振子的有效长度（图 2.16）。

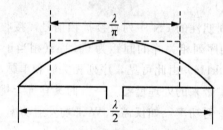

图 2.16 半波振子天线的有效长度

半波振子天线上的电流分布呈余弦函数，中点的电流最大，两端电流均为零。如果将中点电流作为高度构成一个矩形，如图中虚线所示，并假定图中虚线与实线所围面积相等，则矩形的长度即为半波振子的有效长度。经过计算，半波振子天线的有效长度为 λ/π。这样半波振子天线的感应电压 U_s 为

$$U_s = E \times \frac{\lambda}{\pi} \tag{2-34}$$

$$[U_s] = [E] + 20\lg \frac{\lambda}{\pi} \quad (dB\mu V) \tag{2-35}$$

在实际中，接收机的输入电路与接收天线之间并不一定满足上述的匹配条件（$R_s = R_i = R$）。在这种情况下，为了保持匹配，在接收机的输入端应加入一个阻抗匹配网络与天线相连接，如图 2.17 所示。在图中，假定天线阻抗为 73.12Ω，接收机的输入阻抗为 50Ω。接收机输入端的端电压 U 与天线上的感应电势 U_s 有以下关系

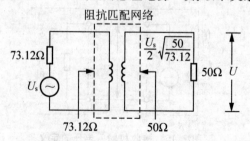

图 2.17 半波振子天线的阻抗匹配电路

$$U = \frac{1}{2}U_s\sqrt{\frac{R_i}{R_s}} = \frac{1}{2}U_s\sqrt{\frac{50}{73.12}} = 0.41U_s \qquad (2-36)$$

2.6.2 地形、地物分类

1. 地形的分类与定义

为了计算移动信道中信号电场强度中值(或传播损耗中值),可将地形分为两大类,即中等起伏地形和不规则地形,并以中等起伏地形作传播基准。所谓中等起伏地形,是指在传播路径的地形剖面图上,地面起伏高度不超过20m,且起伏缓慢,峰点与谷点之间的水平距离大于起伏高度。其他地形如丘陵、孤立山岳、斜坡和水陆混合地形等统称为不规则地形。

由于天线架设在高度不同的地形上,天线的有效高度是不一样的。例如,把20m的天线架设在地面上和架设在几十层的高楼顶上,通信效果自然不同。因此,必须合理规定天线的有效高度,其计算方法如图2.18所示。若基站天线顶点的海拔高度为h_{ts},从天线设置地点开始,沿着电波传播方向的3km到15km之内的地面平均海拔高度为h_{ga},则定义基站天线的有效高度h_b为

$$h_b = h_{ts} - h_{ga} \qquad (2-37)$$

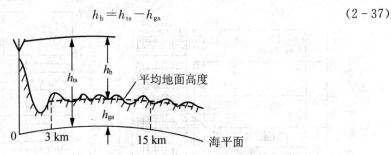

图2.18 基站天线有效高度(h_b)

2. 地物(或地区)分类

不同地物环境其传播条件不同,按照地物的密集程度不同可分为3类地区:①开阔地。在电波传播的路径上无高大树木、建筑物等障碍物,呈开阔状地面,如农田、荒野、广场、沙漠和戈壁滩等;②郊区。在靠近移动台近处有些障碍物但不稠密,例如,有少量的低层房屋或小树林等;③市区。有较密集的建筑物和高层楼房。

自然,上述3种地区之间都有过渡区,但在了解了以上3类地区的传播情况之后,对过渡区的传播情况就可以大致地做出估计。

2.6.3 中等起伏地形上传播损耗的中值

1. 市区传播损耗的中值

在计算各种地形、地物上的传播损耗时,均以中等起伏地上市区的损耗中值或场强中值作为基准,因而把它称为基准中值或基本中值。

由电波传播理论可知,传播损耗取决于传播距离 d、工作频率 f、基站天线高度 h_b 和移动台天线高度 h_m 等。在大量实验、统计分析的基础上,可做出传播损耗基本中值的预测曲线。图 2.19 给出了典型中等起伏地上市区的基本中值 $A_m(f,d)$ 与频率、距离的关系曲线。

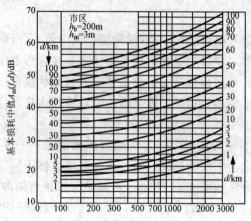

(a) 中等起伏地上市区基本损耗中值

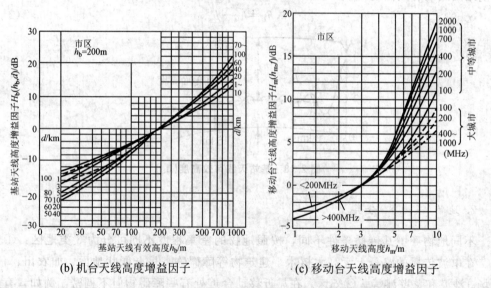

(b) 机台天线高度增益因子　　　　　(c) 移动台天线高度增益因子

图 2.19　准平滑地形、市区场强衰耗中值预测曲线

另外,市区场强中值还和街道走向(相对于电波传播方向)有关。特别是在与电波传播方向一致的街道(称纵向线路)和与电波传播方向垂直的街道(称横向线路)上的场强中值有明显的差别。前者高于基准场强中值,后者低于基准场强中值。图 2.20 绘出了这种修正曲线。从曲线上可以得出这样的结论,随着距离的增加,这种市区街道走向的绝对修正值越来越小。

至此,我们可以写出场强基准中值的公式

$$E_p = E_0(\text{dB}) - A_m(f,d) + H_b(h_b,d) + H_m(h_m,f) \qquad (2-38)$$

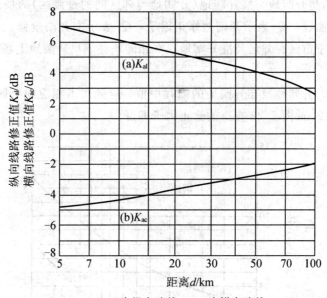

(a)为纵向路线K_{al};(b)为横向路线K_{ac}

图 2.20 街道走向修正曲线

2. 郊区和开阔地损耗的中值

郊区的建筑物一般是分散、低矮的，故电波传播条件优于市区。郊区场强中值与基准场强中值之差称为郊区修正因子，记为 K_{mr}，它与频率和距离的关系如图 2.21 所示。

由图可知，郊区场强中值大于市区场强中值。或者说，郊区的传播损耗中值比市区传播损耗中值要小。

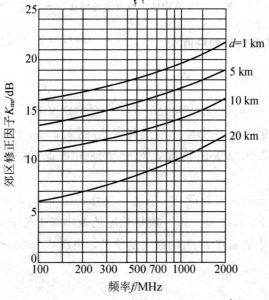

图 2.21 郊区修正因子

图 2.22 给出的是开阔地、准开阔地(开阔地与郊区间的过渡区)的场强中值相对于基准场强中值的修正曲线。Q_o 表示开阔地修正因子,Q_r 表示准开阔地修正因子。显然,开阔地的传播条件优于市区、郊区及准开阔地,在相同条件下,开阔地上场强中值比市区高近 20dB。

为了求出郊区、开阔地及准开阔地的损耗中值,应先求出相应的市区传播损耗中值,然后再减去由图 2.21 或图 2.22 查得的修正因子即可。

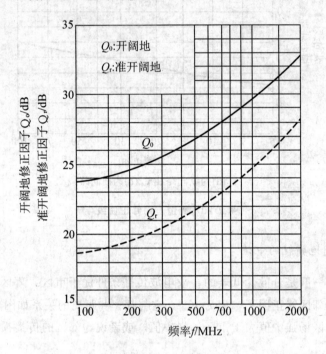

图 2.22 开阔地、准开阔地修正因子

2.6.4 不规则地形上传播损耗的中值

1. 丘陵地的修正因子 K_h

丘陵地的地形参数用地形起伏高度 Δh 表征。它的定义是:自接收点向发射点延伸 10km 的范围内,地形起伏的 90% 与 10% 的高度差(图 2.23(a)上方)即为 Δh。这一定义只适用于地形起伏达数次以上的情况,对于单纯斜坡地形将用后述的另一种方法处理。

丘陵地修正因子分成两项来处理:一项为丘陵修正因子 K_h,表示丘陵地场强中值与基准中值的差,由图 2.23(a)查测。另一项是丘陵地微小修正值 K_{hf},它表示接收点处于起伏顶部或谷点的场强中值偏移 K_h 值的最大变化量,由图 2.23(b)查测。

第2章 移动信道

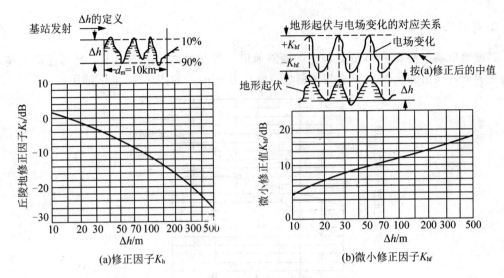

图 2.23 丘陵地场强中值修正因子

2. 孤立山岳修正因子 K_{js}

当电波传播路径上有近似刃形的单独山岳时,若求山背后的电场强度,一般从相应的自由空间场强中的损耗减去刃峰绕射损耗即可。但对天线高度较低的陆上移动台来说,还必须考虑障碍物的阴影效应和屏蔽吸收等附加损耗。由于附加损耗不易计算,故仍采用统计方法给出的修正因子 K_{js} 曲线。

图 2.24 给出的是适用于工作频段为 450～900MHz、山岳高度在 110～350m 范围、由实测所得的孤立山岳地形的修正因子 K_{js} 的曲线。

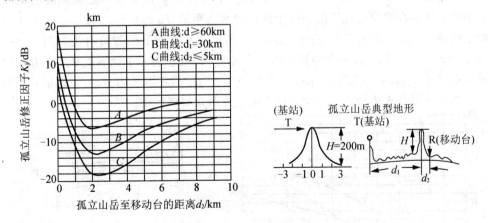

图 2.24 孤立山岳修正因子 K_{js}

其中,d_1 是发射天线至山顶的水平距离,d_2 是山顶至移动台的水平距离。图 2.24 中,K_{js} 是针对山岳高度 $H=200m$ 所得到的场强中值与基准场强的差值。如果实际的山岳高度不为 200m,则上述求得的修正因子 K_{js} 还需乘以系数 α,计算 α 的经验公式为

$$\alpha = 0.07\sqrt{H} \tag{2-39}$$

式中,H 的单位为 m。

3. 斜坡地形修正因子 K_{sp}

斜坡地形系指在 5～10km 范围内的倾斜地形。若在电波传播方向上，地形逐渐升高，称为正斜坡，倾角为 $+\theta_m$；反之为负斜坡，倾角为 $-\theta_m$，如图 2.25 的下部所示。

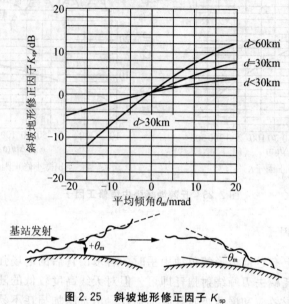

图 2.25　斜坡地形修正因子 K_{sp}

4. 水陆混合路径修正因子 K_S

在传播路径中如遇有湖泊或其他水域，接收信号的场强往往比全是陆地时的场强要高。为估算水陆混合路径情况下的场强中值，用水面距离 d_{SR} 与全程距离 d 的比值作为地形参数。此外，水陆混合路径修正因子 K_S 的大小还与水面所处的位置有关。图 2.26 中，曲线 A 表示水面靠近移动台一方的修正因子，曲线 B（虚线）表示水面靠近基站一方时的修正因子。在同样 d_{SR} 和 d 情况下，水面位于移动台一方的修正因子 K_S 较大，即信号场强中值较大。如果水面位于传播路径中间，则应取上述两条曲线的中间值。

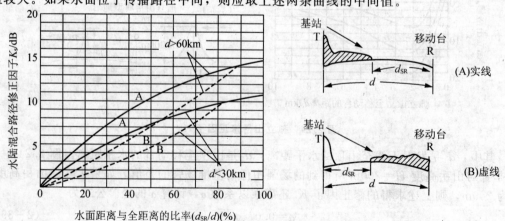

图 2.26　水陆混合路径修正因子

2.6.5 任意地形地区的传播损耗的中值

1. 中等起伏地市区中接收信号的功率中值 P_P

中等起伏地市区接收信号的功率中值 P_P（不考虑街道走向）可由下式确定

$$[P_P] = [P_0] - A_m(f, d) + H_b(h_b, d) + H_m(h_m, f) \qquad (2-40)$$

式中，P_0 为自由空间传播条件下的接收信号的功率，即

$$P_0 = P_T \left(\frac{\lambda}{4\pi d}\right)^2 G_b G_m \qquad (2-41)$$

式中　P_T——发射机送至天线的发射功率，W；
　　　λ——工作波长，m；
　　　d——收发天线间的距离，m；
　　　G_b——基站天线增益，dB；
　　　G_m——移动台天线增益，dB。

$A_m(f, d)$ 是中等起伏地市区的基本损耗中值，即假定自由空间损耗为 0dB，基站天线高度为 200m，移动台天线高度为 3m 的情况下得到的损耗中值，它可由图 2.17 给出。

$H_b(h_b, d)$ 是基站天线高度增益因子，它是以基站天线高度 200m 为基准得到的相对增益。

$H_m(h_m, f)$ 是移动台天线高度增益因子，它是以移动台天线高度 3m 为基准得到的相对增益。

2. 任意地形地区接收信号的功率中值 P_{PC}

任意地形地区接收信号的功率中值以中等起伏地市区接收信号的功率中值 P_P 为基础，加上地形、地物修正因子 K_T，即

$$[P_{PC}] = [P_P] + K_T \qquad (2-42)$$

地形、地物修正因子 K_T 一般可写成

$$K_T = K_{mr} + Q_o + Q_r + K_h + K_{hf} + K_{js} + K_{sp} + K_S \qquad (2-43)$$

式中　K_{mr}——郊区修正因子，可由图 2.21 求得；
　　Q_o、Q_r——开阔地或准开阔地修正因子，可由图 2.22 求得；
　　K_h、K_{hf}——丘陵地修正因子及微小修正因子，可由图 2.23 求得；
　　　K_{js}——孤立山岳修正因子，可由图 2.24 求得；
　　　K_{sp}——斜坡地形修正因子，可由图 2.25 求得；
　　　K_S——水陆混合路径修正因子，可由图 2.26 求得。

任意地形、地区的传播损耗中值

$$L_A = L_T - K_T \qquad (2-44)$$

式中，L_T 为中等起伏地市区传播损耗中值，即

$$L_T = L_{fs} + A_m(f, d) - H_b(h_b, d) - H_m(h_m, f) \qquad (2-45)$$

【例 2-1】 设基地台天线有效高度为 40m，移动台天线高度为 1.5m，工作频率为 400MHz，在市区工作，传播路径为准平滑地形，通信距离为 5km。求传播路径衰耗

中值。

解： 根据已知条件 $K_T=0$，故

$$L_A=L_T=L_{bs}+A_m(f,d)-H_b(h_b+d)-H_m(h_m,d)$$

$$L_{bs}=32.45+20\lg 400+20\lg 5=32.45+52+13.98=98.43(\text{dB})$$

查图得

$$A_m(f,d)=24\text{dB},\quad H_b(h_b,d)=-9.7\text{dB},\quad H_m(h_m,f)=-3\text{dB}$$

所以

$$L_A=98.43+24+9.7+3=124.33(\text{dB})$$

按照反射公式计算：

$$L_A=L_{bs}+20\lg\frac{d\lambda}{4\pi h_b h_m}=98.43+25.9=124.33(\text{dB})$$

本章小结

本章对移动信道的相关内容进行了详细阐述，具体包括：电波传播特性、信道特点、快衰落、多径效应以及陆地移动信道的传输损耗。无线移动通信系统的性能主要受到无线信道的影响，具有较强的随机性。复杂的信道特性对于无线通信来说是不可避免的，因此要保证信号的传输质量，必须采用各种措施来减小信道对通信质量造成的不利影响。

习 题 2

2.1 试简述移动信道中电波传播的方式及其特点。

2.2 试比较 10dBm、10W 及 10dB 之间的差别。

2.3 假设接收机输入电阻为 50Ω，灵敏度为 $1\mu V$，问：接收功率为多少 dBm？

2.4 在标准大气折射下，发射天线高度为 200m，接收天线高度为 2m，试求视线传播极限距离。

2.5 某移动信道，传播路径如图 2.27 所示，假设 $d_1=10$km，$d_2=5$km，工作频率为 450MHz，$|x|=82$m，试求电波传播损耗值。

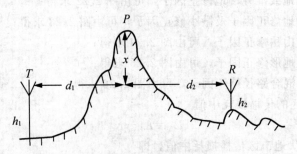

图 2.27 障碍物与余隙

2.6 某移动通信系统，基站天线高度为 100m，天线增益 $G_b=6$dB，移动台天线高度为 3m，$G_m=0$dB，市区为中等起伏地，通信距离为 10km，工作频率为 150MHz，试求：

①传播路径上的损耗中值;②基站发射机送至天线的功率为10W,试计算移动台天线上的信号功率中值。

2.7 若上题的工作频率改为450MHz,试求传播损耗中值。

2.8 某移动通信系统工作在800MHz,基站建在准开阔地区,发射机频率为835MHz,发射功率为75W。基站天线高度$h_b=100m$,基站的天线增益为10dB,移动台天线高度$h_m=1.5m$,其天线增益为$-11.3dB$。求基站的覆盖半径r为多少?

2.9 已知某天线覆盖区域边缘的通信概率为50%时,所需发射机的输出功率为10dBW。若要求无线覆盖区边缘处的通信概率(位置概率)增加到90%,则系统余量为多大?发射机的输出功率应增加多少?

2.10 已知某150MHz移动通信系统的$\Delta h=100m$,在利用现有设备参数及其相应条件下,其通信概率为50%,这时的中值路径损耗为153.5dB。试求通信概率增加到90%,而无线设备参数不变时的通信距离。

第3章 数字调制技术

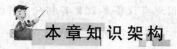
本章知识架构

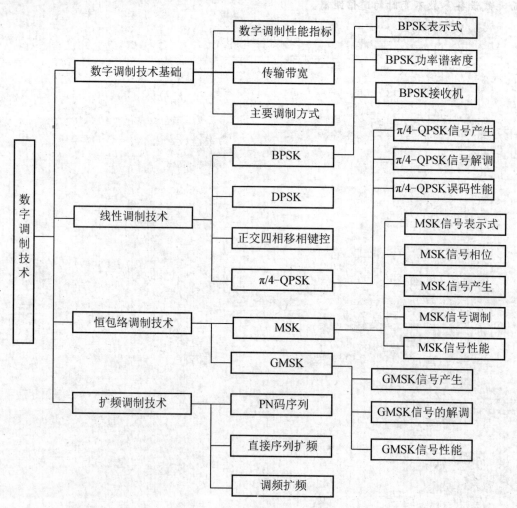

第3章 数字调制技术

本章教学目标与要求

- 了解移动通信的对数字调制的要求
- 掌握线性调制技术
- 掌握恒包络调制技术
- 掌握扩频调制技术

引言

移动通信的数字调制要求是：①必须采用抗干扰能力较强的调制方式（采用恒包络角调制方式以抵抗严重的多径衰落影响）；②尽可能提高频谱利用率：占用频带要窄，带外辐射要小（采用 FDMA、TDMA 调制方式）；占用频带尽可能宽，但单位频谱所容纳的用户数多（采用 CDMA 调制方式）；③具有良好的误码性能。数字调制方式应考虑如下因素：抗扰性、抗多径衰落的能力、已调信号的带宽以及使用、成本等因素。好的调制方案应在低信噪比的情况下具有良好的误码性能，具有良好的抗多径衰落能力，占有较小的带宽，使用方便，成本低。

无线通信系统所采用的调制方式是多种多样的，本章主要介绍移动通信对数字调制的要求、线性调制技术、恒包络调制技术以及扩频调制技术。

案例 3.1

Comtech EF Data 公司的 SLM-5650 卫星调制解调器（图 3.1）的设计符合 MIL-STD-188-165A 和 I、II、IV、V 与 VI 型调制解调器方面国防卫星通信系统（DSCS）的严格要求。政府机构和军队最常采用这种高端调制解调器，其支持 64Kbps 至 155Mbps 的数据率和 32Ksps 至 64Msps 的符号率。调制解调器提供标准 MIL-STD-188-114（EIA-530/RS-422）和 EIA-613（HSSI）串行接口，并且可选择配置支持 G.703 和低电压差分信号（LVDS）串行接口。也可以选择配备 4-port 10/100/1000BaseT Ethernet 网络处理器模块，支持切换、路由以及先进的服务质量协议。SLM-5650A 可以与 Vipersat 管理系统（VMS）集成以提供全自动网络和容量管理。符合 FIPS-140-2 NIST 标准的 AES-256TRANSEC 模块也可以作为可用选项。使用 TRANSEC 模块时，所有流量（包括开销和所有 VMS 控制流量）都被加密。高级前向纠错性能是 Comtech EF Data 公司的一项标准特性。支持维特比（Viterbi）、Trellis、级联 RS 和 Turbo 乘积码。IF 接口支持：52～88、104～176 和 950～2000MHz 频率范围。

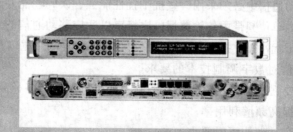

图 3.1 SLM-5650 卫星调制解调器

案例 3.2

CDM-625 高级卫星调制解调器(图 3.2)以 Comtech EF Data 公司的"提供最高效的卫星调制解调器"的传统理念为基础,它是第一款配备高级前向纠错(FEC)技术的调制解调器,如低密度奇/偶校检(LDPC)编码,带有创新的 DoubleTalk®Carrier-in-Carrier®带宽压缩级数,可以在任何情况下实现成本节约最大化。先进技术的融合使多向优化成为可能。

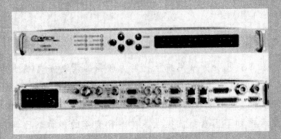

图 3.2 CDM-625 高级卫星调制解调器

3.1 数字调制技术基础

调制就是对信号源的信息进行处理,使其变为适合传输的形式的过程。调制的目的是使所传送的信息能更好地适应信道特性,以达到最有效和最可靠的传输。从信号空间观点来看,调制实质上是从信道编码后的汉明空间到调制后的欧氏空间的映射或变换。移动通信系统的调制技术包括用于第一代移动通信系统的模拟调制技术和用于现今及未来系统的数字调制技术。由于数字通信具有建网灵活,容易采用数字差错控制和数字加密,便于集成化,并能够进入 ISDN 等优点,所以通信系统都在由模拟方式向数字方式过渡,所以现代的移动通信系统都使用数字调制方式。

1. 移动通信对数字调制的要求

在移动通信中,由于信号传播的条件恶劣和快衰落的影响,接收信号的幅度会发生急剧的变化。因此,在移动通信中必须采用一些抗干扰性能强、误码性能好、频谱利用率高的调制技术,尽可能地提高单位频带内传输数据的比特率以适应移动通信的要求。数字调制方式应考虑如下因素:抗干扰性能、抗多径衰落的能力、已调信号的带宽以及使用成本等。

下面给出移动通信对数字调制技术的要求。

(1) 抗干扰性能要强,如采用恒包络角调制方式以抗严重的多径衰落影响;
(2) 要尽可能地提高频谱利用率;
(3) 占用频带要窄,带外辐射要小;
(4) 在占用频带宽的情况下,单位频谱所容纳的用户数要尽可能多;
(5) 同频复用的距离小;
(6) 具有良好的误码性能;

(7) 能提供较高的传输速率,使用方便、成本低。

2. 数字调制的性能指标

数字调制的性能常用它的功率效率 η_P 和带宽效率 η_B 来衡量。功率效率 η_P 反映调制技术在低功率情况下保持数字信号正确传送的能力,可表述成在接收机端特定的误码率下,每比特的信号能量与噪声功率谱密度之比,即

$$\eta_P = \frac{E_b}{N_0} \tag{3-1}$$

带宽效率 η_B 描述了调制方案在有限的带宽内容纳数据的能力,它反映了对分配的带宽是如何有效利用的,可表述成在给定带宽内每赫兹数据速率的值,即

$$\eta_B = \frac{R}{B} \tag{3-2}$$

式中:R 是数据速率,bps;B 是已调射频信号占用的带宽,Hz。

带宽效率有一个基本的上限。由香农(Shannon)定理

$$C = B \log_2 \left(1 + \frac{S}{N}\right) \tag{3-3}$$

可知,在一个任意小的错误概率下,最大的带宽效率受限于信道内的噪声,从而可推导出最大可能的 $\eta_{B\max}$ 为

$$\eta_{B\max} = \frac{C}{B} = \log_2 \left(1 + \frac{S}{N}\right) \tag{3-4}$$

在数字通信系统当中,对于功率效率和带宽效率的选择通常是一个折中方案。例如,我们对信息信号增加差错控制编码,提高了占用带宽,即降低了带宽效率,但同时对于给定的误比特率所必需的接收功率却降低了,即以带宽效率换取了功率效率。另一方面,现今更多的调制技术降低了占用带宽,却增加了所必需的接收功率,即以功率效率换取了带宽效率。

3. 数字调制信号所需的传输带宽

信号带宽的定义通常都是基于信号功率谱密度(PSD)的某种变量,并没有一个能够完全适用于所有情况的定义。

随机信号 $w(t)$ 的功率谱密度被定义为

$$P_w(f) = \lim_{T \to \infty} \left(\overline{\frac{|W_T(f)|^2}{T}} \right) \tag{3-5}$$

式中,$W_T(f)$ 是 $w_T(t)$ 的傅里叶变换;$w_T(t)$ 是信号 $w(t)$ 的截断式,定义为

$$w_T(t) = \begin{cases} w(t) & -T/2 < t < T/2 \\ 0 & 其他 \end{cases} \tag{3-6}$$

而对于已调(带通)信号,它的功率谱密度与基带信号的功率谱密度有关。假设一个基带信号

$$s(t) = \text{Re}\{g(t)\exp(j2\pi f_c t)\} \tag{3-7}$$

式中:$g(t)$ 是基带信号,设 $g(t)$ 的功率谱密度为 $P_g(f)$,则带通信号的功率谱密度为

$$P_s(f) = \frac{1}{4}[P_g(f - f_c) + P_g(-f - f_c)] \tag{3-8}$$

信号的绝对带宽定义为信号的非零值功率谱在频率上占据的范围。最为简单和广泛使用的带宽度量是零点—零点带宽。半功率带宽被定义为功率谱密度下降到一半时或者比峰值低3dB时的频率范围。联邦通信委员会(FCC)采用的定义为占用频带内有用信号99%带宽。

4. 主要调制方式

目前所使用的主要调制方式有线性调制技术中的 QPSK 调制、恒包络调制技术中的 GMSK 调制、扩频调制技术中的直接序列扩频与跳频、与编码调制相结合技术中的 TCM 调制，下面将针对这些调制技术进行介绍。

3.2 线性调制技术

数字调制技术通常可以分为线性和非线性调制两类。在线性调制技术当中，传输信号 $s(t)$ 的幅度随调制信号 $m(t)$ 的变化呈线性变化。线性调制技术带宽效果高，所以非常适用于在有限频带要求下，容纳尽可能多的用户的无线通信系统。

在线性调制技术中，传输信号 $s(t)$ 可表示为

$$s(t) = \text{Re}[Am(t)\exp(j2\pi f_c t)] \quad (3-9)$$
$$= A[m_R(t)\cos(2\pi f_c) - m_I(t)\sin(2\pi f_c t)] \quad (3-10)$$

式中：A 是载波振幅；f_c 是载波频率；$m(t)$ 通常为复数形式的已调信号的复包络。

从上面的式子可以看出，载波信号的包络随调制信号呈线性变化。线性调制通常都不是恒包络的。线性调制技术具有很好的频谱效率，但是在传输当中必须使用功率效率较低的线性放大器，如果使用功率非常高的非线性放大器则会造成严重的邻道干扰。目前，移动通信系统使用的最普遍的线性调制技术有二进制移相键控(BPSK)、差分移相键控(DPSK)、四相相移键控(QPSK)、偏移四相相移键控(OQPSK)和 $\pi/4$-QPSK。

3.2.1 二进制移相键控

1. BPSK 信号的表示式 $S_{\text{BPSK}}(t)$

$$s_{\text{BPSK}}(t) = \begin{cases} \sqrt{\dfrac{2E_b}{T_b}}\cos(2\pi f_c t + \theta_c) & 0 \leqslant t \leqslant T_b \\ -\sqrt{\dfrac{2E_b}{T_b}}\cos(2\pi f_c t + \theta_c) & 0 \leqslant t \leqslant T_b \end{cases} \quad (3-11)$$

或写成

$$s_{\text{BPSK}}(t) = a(t)\sqrt{\dfrac{2E_b}{T_b}}\cos(2\pi f_c t + \theta_c) \quad (3-12)$$

$$E_b = 0.5 A_c^2 T_b$$

式中：T_b 为码元宽度，$a(t)$ 为调制信号。所以，BPSK 可采用平衡调制器产生。

2. BPSK 的功率谱密度 P_{BPSK}

$$s_{\text{BPSK}}(t) = \text{Re}\{g_{\text{BPSK}}(t)\exp(j2\pi f_c t)\} \quad (3-13)$$

式中：g_{BPSK} 为信号复包络。

$$g_{BPSK} = \sqrt{\frac{2E_b}{T_b}} a(t) e^{j\theta_c} \tag{3-14}$$

信号复包络的功率谱密度为

$$P_{g_{BPSK}} = 2E_b \left(\frac{\sin \pi f T_b}{\pi f T_b} \right)^2 \tag{3-15}$$

$$s_{BPSK}(t) = \text{Re}\{g_{BPSK}(t) \exp(j2\pi f_c t)\} \tag{3-16}$$

$$P_{BPSK} = \frac{1}{4} [P_{g_{BPSK}}(f - f_c) + P_{g_{BPSK}}(-f - f_c)]$$

所以，BPSK 的功率谱密度 P_{BPSK} 为

$$P_{BPSK} = \frac{E_b}{2} \left[\left(\frac{\sin \pi (f-f_c) T_b}{\pi (f-f_c) T_b} \right)^2 + \left(\frac{\sin \pi (-f-f_c) T_b}{\pi (-f-f_c) T_b} \right)^2 \right] \tag{3-17}$$

3. BPSK 接收机

BPSK 接收原理如图 3.3 所示。

如果信道无多径传输出现，接收端的 BPSK 信号可表示为

$$s_{BPSK}(t) = a(t) \sqrt{\frac{2E_b}{T_b}} \cos(2\pi f_c t + \theta_c + \theta_{ch})$$

$$= a(t) \sqrt{\frac{2E_b}{T_b}} \cos(2\pi f_c t + \theta) \tag{3-18}$$

式中：θ_{ch} 是相对于信道时延有关的相位。

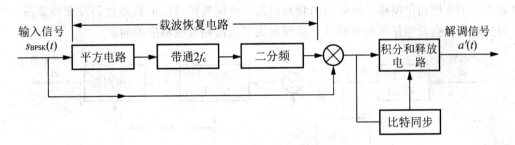

图 3.3 BPSK 接收机原理框图

$$a(t) \sqrt{\frac{2E_b}{T_b}} \cos^2(2\pi f_c t + \theta) = a(t) \sqrt{\frac{2E_b}{T_b}} \left[\frac{1}{2} + \frac{1}{2} \cos^2(2\pi f_c t + \theta) \right] \tag{3-19}$$

$$P_{e,BPSK} = Q\left(\sqrt{\frac{2E_b}{N_0}} \right) = Q(x)$$

式中

$$Q(x) = \int_x^\infty \frac{1}{\sqrt{2\pi}} \exp\left(-\frac{x^2}{2} \right) dx \tag{3-20}$$

3.2.2 差分移相键控

DPSK 避免了接收机需要相干参考信号这种情况。这在非相干接收机中比较容易实现，

且价格低廉,因而广泛应用于无线通信系统。DPSK 调制器框图如图 3.4 所示。图中有

$$d_k = \overline{a_k \oplus d_{k-1}} \tag{3-21}$$

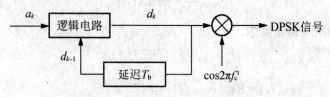

图 3.4 DPSK 调制器原理框图

DPSK 信号差分编码实现过程如图 3.5 所示,首先对二进制数字基带信号进行差分编码,将绝对码表示二进制信息变换为用相对码表示二进制信息,然后再进行绝对调相,从而产生二进制差分相位键控信号。

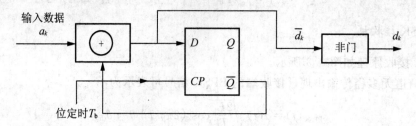

图 3.5 差分编码实现框图

DPSK 接收机框图如图 3.6 所示。对 DPSK 信号进行相干解调,恢复出相对码,再通过码反变换器变换为绝对码,从而恢复出发送的二进制数字信息。在解调过程中,若相干载波产生 180 度相位模糊,解调出的相对码将产生倒置现象,但是经过码反变换器后,输出的绝对码不会发生任何倒置现象,从而解决了载波相位模糊度的问题。

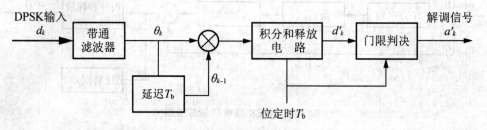

图 3.6 DPSK 接收机框图

DPSK 的编码和译码见表 3-1。

表 3-1 DPSK 的编码和译码

输入数据系列 $\{a_k\}$	1 0 0 1 1 0 1 0 0 1
差分编码输出 $\{d_k\}$	1 0 0 0 1 1 0 1 1
发送(接收)载波相位	0 0 π π π 0 0 π 0 0
相位比较结果	+ − − + + − + + − +
回复的数据序列	1 0 1 1 0 1 0 0 1

在加性白噪声情况下，DPSK 的误码率为

$$P_{e,\text{DPSK}} = \frac{1}{2}\exp\left[-\frac{E_b}{E_0}\right] \quad (3-22)$$

3.2.3 正交四相移相键控

为了提高频谱利用率，人们提出多进制相移键控(MPSK)。M 进制基带信号对应于载波相位差 $\frac{2\pi}{M}$ 的 M 个相位值。4PSK(QPSK)在一个调制符号中发送 2bit，因此，QPSK 的频谱利用率是 BPSK 的频带利用率的两倍。载波相位取 4 个空间相位 0、$\pi/2$、π 和 $3\pi/2$ 中的一个，每个空间相位代表一对唯一的信息比特。处于这个符号状态集的 QPSK 信号定义如下

$$S_{\text{QPSK}}(t) = \sqrt{\frac{2E_s}{T_s}}\cos\left[2\pi f_c t + (i-1)\frac{\pi}{2}\right] \quad 0 \leqslant t \leqslant T_s \quad (3-23)$$

式中：T_s 是符号间隙，等于两个比特周期，上式可进一步写成

$$S_{\text{QPSK}}(t) = \sqrt{\frac{2E_s}{T_s}}\left\{\cos(2\pi f_c t)\cos\left[(i-1)\frac{\pi}{2}\right] - \sin(2\pi f_c t)\sin\left[(i-1)\frac{\pi}{2}\right]\right\}$$

$$(3-24)$$

假设 QPSK 信号集的基元函数如下

$$\phi_1(t) = \sqrt{\frac{2}{T_s}}\cos(2\pi f_c t) \quad 0 \leqslant t \leqslant T_s \quad (3-25)$$

$$\phi_2(t) = \sqrt{\frac{2}{T_s}}\sin(2\pi f_c t) \quad 0 \leqslant t \leqslant T_s \quad (3-26)$$

则信号集内的 4 个信号可以由基元信号表示为

$$S_{\text{QPSK}}(t) = \left\{\sqrt{E_s}\cos\left[(i-1)\frac{\pi}{2}\right]\phi_1(t) - \sqrt{E_s}\sin\left[(i-1)\frac{\pi}{2}\right]\phi_2(t)\right\} \quad (3-27)$$

在 QPSK 实现过程中，首先把输入数据做串并变换，即将二进制数据的每 2bit 分成一组。共有 4 种组合：00、01、11、10。每组又分为同相分量和正交分量，分别对两个正交的载波进行 BPSK 调制，再叠加而成为 QPSK。

QPSK 的相位每隔 $2T_b$ 跳变一次，其相位矢量图如图 3.7 所示。

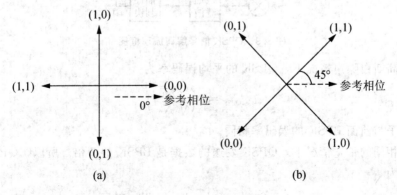

图 3.7 QPSK 相位矢量图

在图 3.8 中，给出典型的调相法产生 QPSK 的方框图。单极性二进制信息流比特率为

R_b，首先用一个单极性－双极性转换器将它转换为双极性非零序列。然后将比特流 $m(t)$ 分为两个比特流 $m_1(t)$ 和 $m_Q(t)$（同相和正交流），每一个的比特率为 $R_s = R_b/2$。两个二进制序列分别用两个正交的载波 $\phi_1(t)$ 和 $\phi_2(t)$ 进行调制。两个已调信号每一个都可以被看成是一个 BPSK 信号，对它们求和产生一个 QPSK 信号。解调器输出端的滤波器将 QPSK 信号的功率谱限制在分配的带宽内。这样可以防止信号能量的泄漏到相邻的信道，还能去除在调制过程中产生的带外杂散信号。在绝大多数实现方式中，脉冲形成在基带进行，并在发射机的输出端提供适当的 RF 滤波。

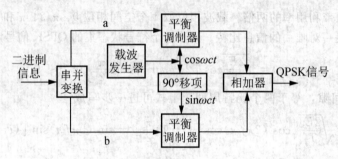

图 3.8　调相法产生 QPSK 的方框图

在图 3.9 中，给出相干 QPSK 信号解调原理框图。前置带通滤波器可以去除带外噪声和相邻信道的干扰。滤波后的输出端分为两个部分，分别用同相和正交载波进行解调。解调器的输出提供一个判决电路，产生同相和正交二进制流。这两个部分复用后，再产生出原始二进制序列。

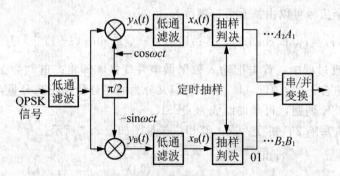

图 3.9　QPSK 信号解调原理框图

在加性高斯白噪声情况下，QPSK 的平均误码率为

$$P_{e,\text{QPSK}} = Q\left(\sqrt{\frac{2E_b}{N_0}}\right) \tag{3-28}$$

这个式子与前面 BPSK 的误码率相同。

由于在相同的带宽情况下，QPSK 发送的数据是 BPSK 的 2 倍。所以，QPSK 信号的功率谱密度为

$$P_{\text{QPSK}}(t) = E_b\left[\left(\frac{\sin 2\pi(f-f_c)T_b}{2\pi(f-f_c)T_b}\right)^2 + \left(\frac{\sin 2\pi(-f-f_c)T_b}{2\pi(-f-f_c)T_b}\right)^2\right] \tag{3-29}$$

符号包络为矩形脉冲和余弦脉冲的 QPSK 信号的归一化功率谱密度如图 3.10 所示。

第3章 数字调制技术

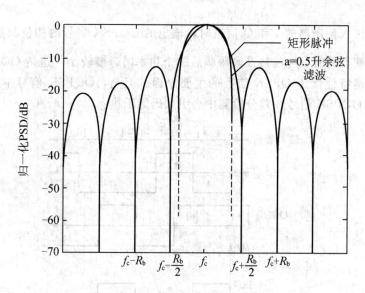

图 3.10　QPSK 信号的功率谱密度图

3.2.4　交错正交四相移相键控

QPSK 信号限定每个符号的包络是矩形，即信号包络是恒定的，此时，已调信号的频谱是无限宽的。然而，实际信道总是带限的，因此在发送 QPSK 信号时常常经过带通滤波。带限后的 QPSK 已不能保持恒包络。相邻符号之间发生 180°相移时，经带限后会出现包络过零的现象。反映在频谱方面，出现旁瓣和频谱加宽现象。为防止出现这种情况，QPSK 使用效率低的线性放大器进行信号放大是必要的。QPSK 的一种改进型是交错 QPSK，即 OQPSK。由于 QPSK 两个信道上的数据沿对齐，所以在码元转换点上，当两个信道上只有一路数据改变极性时，QPSK 信号调制器框图的相位将发生 90°突变；当两个信道上数据同时改变极性时，QPSK 信号的相位将发生 180°的突变。OQPSK 信号产生时，是将输入数据 a_k 经数据分路器分成奇偶两路，并使其在时间上相互错开一个码元时间间隔 T_s（这是与 QPSK 不同的地方），然后再对两路信号进行 BPSK 正交调制，叠加成为 OQPSK 信号，OQPSK 信号调制器框图如图 3.11 所示。

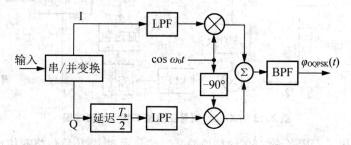

图 3.11　OQPSK 信号调制器图

OQPSK 的 I 信道和 Q 信道上的数据流（信号波形和相位路径）如图 3.12 所示。由图可见，I 信道和 Q 信道的两个数据流，每次只有其中一个可能发生极性转换，所以每当一个新的输入比特进入调制器的 I 和 Q 信道时,输出的 OQPSK 信号的相位只有 $\pm\frac{\pi}{2}$ 相跳变,而没有 π 相跳变,同时,经滤波及硬限幅后的个功率谱旁瓣较小,这是 OQPSK 信号在实际信道中的频谱特性优于 QPSK 信号的主要原因。但是,OQPSK 信号不能接受差分检测,这是因为 OQPSK 信号在差分检测中会引入码间干扰。

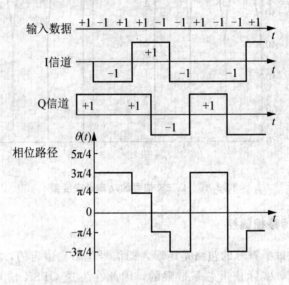

图 3.12　OQPSK 波形和相位路径

OQPSK 信号可以采用正交相干解调方式解调,其原理如图 3.13 所示。由图可以看出,它与 QPSK 信号的解调原理基本相同,其差别仅在于对 Q 支路信号抽样判决时间比 I 支路延迟了 $T_s/2$,这是因为在调制时 Q 支路信号在时间上偏移了 $T_s/2$,所以抽样判决时刻也应偏移 $T_s/2$,以保证对两支路交错抽样。

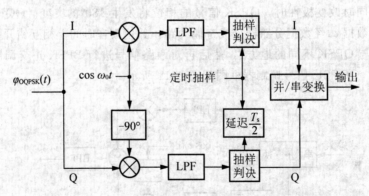

图 3.13　OQPSK 信号正交相干解调原理框图

OQPSK 克服了 QPSK 的 180°的相位跳变,信号通过 BPF 后包络起伏小,性能得到了改善,因此受到了广泛重视。但是,当码元转换时,相位变化不连续,存在 90°的相位跳变,因而高频滚降慢,频带仍然较宽。OQPSK 已被 IS-95 CDMA 移动通信系统所采用。

OQPSK 不仅功率优于 QPSK,而且两个错位 $T_s/2$ 的支路独立于 2PSK 信道,可以分别进行差分编码和相干差分解码。由于 QPSK 等同于 QAM，因此，OQPSK 也称为交错 QAM 或 SQAM。

3.2.5 π/4-QPSK

π/4-QPSK 调制是对 OQPSK 和 QPSK 在最大相位变化上进行折中。它可以用相干或非相干方法进行解调。在 π/4-QPSK 中，最大相位变化限制在 ±135°。因此，带宽受限的 QPSK 信号在恒包络性能方面较好，但是在包络变化方面比 OQPSK 要敏感。非常吸引人的一个特点是，π/4-QPSK 可以采用非相干检测解调，这将大大简化接收机的设计。在采用差分编码后，π/4-QPSK 可成为 π/4-DQPSK。设已调信号为

$$s(t)=\cos[\omega_c t+\theta_k] \tag{3-30}$$

式中，θ_k 为 $kT \leqslant t \leqslant (k+1)T$ 间的附加相位。上式展开为

$$s(t)=\cos\theta_k \cos\omega_c t - \sin\theta_k \sin\omega_c t \tag{3-31}$$

式中，θ_k 是前一码元附加相位 θ_{k-1} 与当前码元相位跳变量 $\Delta\theta_k$ 之和。当前相位的表示如下

$$\theta_k = \theta_{k-1} + \Delta\theta_k \tag{3-32}$$

设当前码元两正交信号分别为

$$\begin{aligned}U_I(t) &= \cos\theta_k = \cos(\theta_{k-1}+\Delta\theta_k) \\ &= \cos\Delta\theta_k \cos\Delta\theta_{k-1} - \sin\Delta\theta_k \sin\Delta\theta_{k-1}\end{aligned} \tag{3-33}$$

$$\begin{aligned}U_Q(t) &= \sin\theta_k = \sin(\theta_{k-1}+\Delta\theta_k) \\ &= \cos\Delta\theta_k \sin\theta_{k-1} + \sin\Delta\theta_k \cos\theta_{k-1}\end{aligned} \tag{3-34}$$

令前一码元两正交信号幅度为 $U_{qm}=\sin\theta_{k-1}$，$U_{im}=\cos\theta_{k-1}$，则有

$$U_I(t) = U_{Im}\cos\Delta\theta_k - U_{Qm}\sin\Delta\theta_k \tag{3-35}$$

$$U_Q(t) = U_{Qm}\cos\Delta\theta_k + U_{Im}\sin\Delta\theta_k \tag{3-36}$$

1. π/4-QPSK 信号的产生

表 3-2 给出了双比特信息 I_k、Q_k 和相邻码元间相位跳变 $\Delta\theta_k$ 之间的对应关系。由表可见，码元转换时刻的相位跳变只有 $\pm\pi/4$ 和 $\pm 3\pi/4$ 4 种取值，所以信号的相位也必定在如图 3.14 所示的组之间跳变，而不可能产生如 QPSK 信号一样的 $\pm\pi$ 的相位跳变。信号的频谱特性得到了较大的改善。同时也可以看到 U_Q 和 U_I 只可能有 0、$\pm 1/\sqrt{2}$、± 1 这 5 种取值，且 0、± 1 和 $\pm 1/\sqrt{2}$ 相隔出现。π/4-QPSK 调制电路如图 3.15 所示。

表 3-2 I_k，Q_k 与 $\Delta\theta_k$ 的对应关系

I_k	Q_k	$\Delta\theta_k$	$\cos\Delta\theta_k$	$\sin\Delta\theta_k$
1	1	$\pi/4$	$1/\sqrt{2}$	$1/\sqrt{2}$
-1	1	$3\pi/4$	$-1/\sqrt{2}$	$-1/\sqrt{2}$
-1	-1	$-3\pi/4$	$-1/\sqrt{2}$	$-1/\sqrt{2}$
1	-1	$-\pi/4$	$1/\sqrt{2}$	$-1/\sqrt{2}$

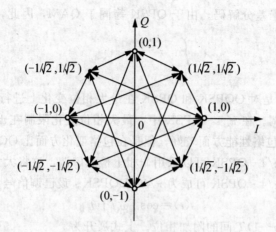

图 3.14 π/4-QPSK 的相位关系图

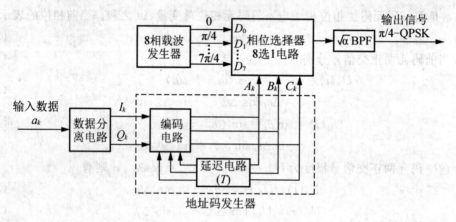

图 3.15 π/4-QPSK 调制电路

2. π/4-QPSK 信号的解调

1) 基带差分检测

基带差分检测电路如图 3.16 所示。

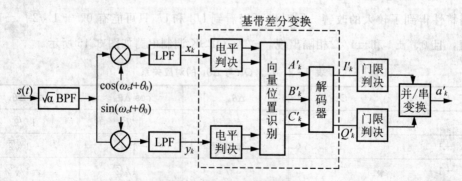

图 3.16 基带差分检测电路

设接收信号为

$$s(t) = \cos(\omega_c t + \theta_k) \quad kT \leq t \leq (k+1)T \tag{3-37}$$

$s(t)$ 经高通滤波器($\sqrt{\alpha}$BPF)、相乘器、低通滤波器(LPF)后的两路输出 x_k、y_k 分别为

$$x_k = \frac{1}{2}\cos(\theta_k - \theta_0)$$
$$y_k = \frac{1}{2}\sin(\theta_k - \theta_0) \tag{3-38}$$

式中，θ_0 是本地载波信号的固有相位差。x_k、y_k 取值为 ± 1、0、$\pm 1/\sqrt{2}$。
令基带差分变换规则为

$$I'_k = x_k x_{k-1} + y_k y_{k-1} \tag{3-39}$$
$$Q'_k = y_k x_{k-1} - x_k y_{k-1} \tag{3-40}$$

由此可得

$$I'_k = \frac{1}{4}\cos \Delta\theta_k \tag{3-41}$$
$$Q'_k = \frac{1}{4}\sin \Delta\theta_k \tag{3-42}$$

θ_0 对检测信息无影响。接收机接收信号码元携带的双比特信息判断如下

$Q'_k > 0$ 判为 "1"
$Q'_k < 0$ 判为 "0"
$I'_k > 0$ 判为 "1"
$I'_k < 0$ 判为 "0"

2) 中频延迟差分检测

中频延迟差分检测电路如图 3.17 所示。

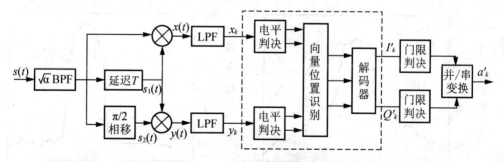

图 3.17 中频延迟差分检测电路

该检测电路的特点是在进行基带差分变换时无须使用本地相干载波。

$$s(t) = \cos(\omega_c t + \theta_k) \quad kT \leq t \leq (k+1)T \tag{3-43}$$

经延时电路和 $\pi/2$ 相移电路后输出电压为

$$s_1(t) = \cos(\omega_c t + \theta_{k-1}) \quad kT \leq t \leq (k+1)T \tag{3-44}$$
$$s_2(t) = -\sin(\omega_c t + \theta_k) \quad kT \leq t \leq (k+1)T \tag{3-45}$$

$s(t)$ 经 $\sqrt{\alpha}$BPF 分别与 $s_1(t)$、$s_2(t)$ 经相乘后的输出电压为

$$x(t) = \cos(\omega_c t + \theta_k)\cos(\omega_c t + \theta_{k-1}) \tag{3-46}$$
$$y(t) = -\sin(\omega_c t + \theta_k)\cos(\omega_c t + \theta_{k-1}) \tag{3-47}$$

$x(t)$、$y(t)$ 经 LPF 滤波后输出电压为

$$x_k = \frac{1}{2}\cos\Delta\theta_k \qquad (3-48)$$

$$y_k = \frac{1}{2}\sin\Delta\theta_k \qquad (3-49)$$

此后的基带差分及数据判决过程与基带差分检测相同。

3) 鉴频器检测(Fmdiscriminator)

图 3.18 给出了 $\pi/4$-QPSK 信号的鉴频器检测工作原理框图。输入信号先经过带通滤波器，而后经过限幅去掉包络起伏。鉴频器取出接收相位的瞬时频率偏离量。通过一个符号周期的积分和释放电路，得到两个样点的相位差。该相位差通过四电平的门限比较得到原始信号。相位差可以用模 2 检测器进行检测。

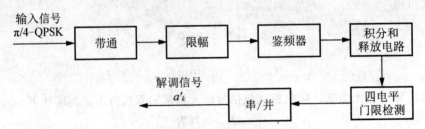

图 3.18 $\pi/4$-QPSK 信号的鉴频器检测工作原理框图

3. $\pi/4$-QPSK 信号的误码性能

1) 频谱特性

$\pi/4$-QPSK 信号的频谱如图 3.19 所示。

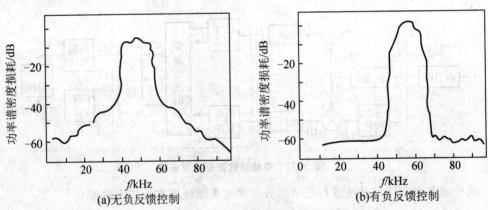

图 3.19 $\pi/4$-QPSK 信号的功率谱密度曲线

2) 误码性能

$\pi/4$-QPSK 误码性能与所采用的检测方式有关。采用基带差分检测方式的误比特率与比特能量噪声功率密度比 E_b/N_0 之间的关系式为

$$P_e = e^{\frac{2E_b}{N_0}}\sum_{k=0}^{\infty}(\sqrt{2}-1)^k I_k\left(\sqrt{2}\frac{E_b}{N_0}\right) - \frac{1}{2}I_0\left(\sqrt{2}\frac{E_b}{N_0}\right)e^{-\frac{2E_b}{N_0}} \qquad (3-50)$$

式中，$I_k(\sqrt{2E_b/N_0})$ 是参量为 $\sqrt{2E_b/N_0}$ 的 K 阶修正第一类贝塞尔函数。

在稳态高斯信道中，根据式(3-50)可做出 π/4-QPSK 基带差分检测误码性能曲线，如图 3.20 所示。它比实际的差分检测曲线高 2dB 的功率增益，比 QPSK 相干检测曲线差 3dB 功率增益。

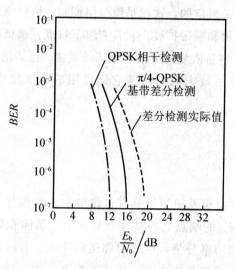

图 3.20 稳态高斯信道中的误码性能曲线

在快瑞利衰落信道条件下，误码性能曲线如图 3.21 所示。它是以多普勒频移 f_D 作为参量的一组曲线。由图可见，当 $f_D=80\text{Hz}$ 时，只要 $E_b/N_0=26\text{dB}$，可得误码率 $\text{BER} \leqslant 10^{-3}$，其性能仍优于一般的恒包络窄带数字调制技术。

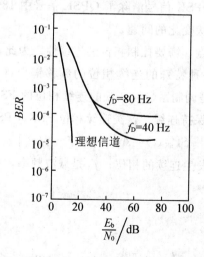

图 3.21 快衰落信道条件下的误码性能曲线

实践证明，π/4-QPSK 信号具有频谱特性好、功率效率高、抗干扰能力强等特点。可以在 25kHz 带宽内传输 32Kbps 的数字信息，从而有效地提高了频谱利用率，增大了系统容量。对于大功率系统，易引入非线性，从而破坏线性调制的特征。因而 π/4-QPSK 信号在数字移动通信中，特别是低功率系统中得到应用。

3.3 恒包络调制技术

许多实际的移动无线通信系统都使用非线性调制方法,这时不管调制信号到底怎样变化,必须保证载波的幅值是恒定的,这就是恒包络调制。恒包络调制是为了消除由于相位跃变带来的峰均功率比增加和频带扩展,它具有以下特点:极低的旁瓣能量;可使用高效率的 C 类高功率放大器;容易恢复用于相干解调的载波;已调信号峰平比低。恒包络调制具有上面的多个优点,但是最大的问题是它们占用的带宽比线性调制大,且实现相对复杂。

3.3.1 最小频移键控

1. 引言

在实际应用中,有时要求发送信号具有包络恒定、高频分量较小的特点。而相移键控信号 PSK(4PSK、8PSK)的缺点之一是没有从根本上消除在码元转换处的载波相位突变,使系统产生强的旁瓣功率分量,造成对邻道的干扰;若将此信号通过带限系统,由于旁瓣的滤除,会产生信号的起伏变化,为了不失真传输,对信道的线性特性要求就非常高。

两个独立信源产生的 2FSK 信号,一般来说在频率转换处相位不连续,同样使功率谱产生很强的旁瓣分量,若通过带限系统也会产生包络起伏变化。

虽然 OQPSK 和 $\pi/4$-QPSK 信号消除了 QPSK 信号中 $180°$ 的相位突变,但也没能从根本上解决消除信号包络起伏变化的问题。

为了克服上面所述的缺点,需要控制相位的连续性。为此,人们提出了最小频移键控(MSK)。最小频移键控是一种特殊的连续相位的频移键控(CPFSK)。事实上,MSK 是 2FSK 的一种特殊情况,它是调制系数为 0.5 的连续相位的 FSK。它具有正交信号的最小频差,在相邻符号的交界处保持连续。这类连续相位 FSK(CPSK)可表示为

$$S_{\text{MSK}}(t) = A\cos\left[2\pi f_c + \phi(t)\right] \tag{3-51}$$

式中,$\phi(t)$ 是随时间变化而发生连续的相位;f_c 是载波频率,A 为已调信号幅度。

2. MSK 信号

MSK 信号可以表示为

$$S_{\text{MSK}}(t) = \cos\left(\omega_c t + \frac{\pi a_k}{2T_s}t + \phi_k\right) \quad kT_s \leqslant t \leqslant (k+1)T_s \tag{3-52}$$

式中,ω_c 为载波;$\frac{\pi a_k}{2T_s}$ 为偏频,ϕ_k 为第 k 个码元的相位常数;a_k 为第 k 个码元的数据,取值分别为 $+1$ 和 -1,分别表示二进制信息 1 和 0。

当码元为 ± 1 时,MSK 信号分别为

$$s(t) = s_m(t) = \cos(\omega_m t + \phi_k) \quad a_k = 1 \tag{3-53}$$

$$s(t) = s_s(t) = \cos(\omega_s t + \phi_k) \quad a_k = -1 \tag{3-54}$$

式中，ω_m 和 ω_s 分别为 MSK 信号的传号角频率和空号角频率。

我们定义两个信号 ω_m 和 ω_s 的波形相关系数为

$$\rho = \frac{1}{E_b} \int_0^{T_b} s_m(t) s_s(t) dt \tag{3-55}$$

式中，E_b 为信号的能量，其表达式为

$$E_b = \int_0^{T_b} s_s^2(t) dt = \int_0^{T_b} s_m^2(t) dt \tag{3-56}$$

可求得

$$\rho = \frac{\sin(\omega_m - \omega_s) T_b}{(\omega_m - \omega_s) T} + \frac{\sin(\omega_m + \omega_s) T_b}{(\omega_m + \omega_s) T} \tag{3-57}$$

3. MSK 信号的相位

MSK 信号的相位连续性有利于压缩已调信号所占的频谱宽度和减小带外辐射，因此需要讨论在每个码元转换的瞬间信号相位的连续性问题。由上面式子可知，附加相位函数 $\phi(t)$ 与时间 t 的关系是直线方程，其斜率为 $a_k \pi / 2T_b$，截距为 ϕ_k。因为 a_k 的取值是 ± 1，ϕ_k 是 0 或 π 的整数倍。所以，附加相位函数 $\phi(t)$ 在码元期间的增量为

$$\phi(t) = \pm \frac{\pi}{2T_b} t = \pm \frac{\pi}{2T_b} T_b = \pm \frac{\pi}{2} \tag{3-58}$$

式中，正负号取决于数据序列 a_k。

根据 $a_k = \{+1 -1 -1 -1 +1 +1 +1 -1 +1 -1\}$，可以画出附加相位路径图，如图 3.22 所示。

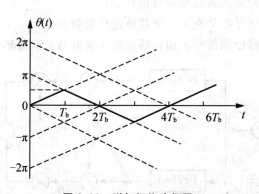

图 3.22 附加相位路径图

由图可见，为保证相位的连续性，必须要求前后两个码元在转换点上的相位相等。若在每个码元内均增加或减少 $\pi/2$，那么在每个码元终点处，相位必定是 $\pi/2$ 的整数倍。此外，由于 a_k 的取值是 ± 1，则截距 ϕ_k 也必定为 π 的整数倍。

4. MSK 信号的产生

MSK 信号的产生可以用正交调幅合成方式来实现，其调制器框图如图 3.23 所示。

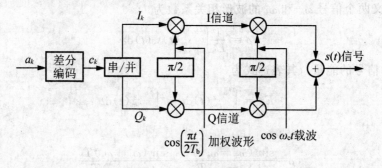

图 3.23　MSK 调制器

对于 MSK 信号的产生，其电路形式不是唯一的，但均必须具有 MSK 信号的基本特点。

(1) 恒包络，频偏为 $\pm 1/4T_b$，调制指数 $h=1/2$；
(2) 附加相位在一个码元时间的线性变化为 $\pm \pi/2$，相邻码元转换时刻的相位连续；
(3) 一个码元时间是 1/4 个载波周期的整数倍。

5. MSK 信号的调制

MSK 调制器的框图如图 3.24 所示，其工作过程如下。

(1) 对输入的二进制信号进行差分编码；
(2) 经串/并转换，分成相互交错的一个码元宽度的两路信号；
(3) 用加权函数分别对两路数据信号进行加权；
(4) 加权后的两路信号再分别对正交载波进行调制；
(5) 将所得到的两路已调信号相加，通过带通滤波器，就得到 MSK 信号。

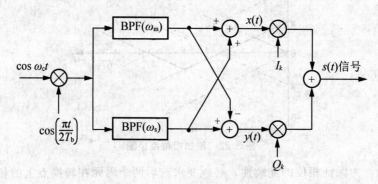

图 3.24　MSK 调制器原理框图

MSK 的解调可以分为相干和非相干两种，图 3.25 给出了 MSK 相干解调器的原理框图。

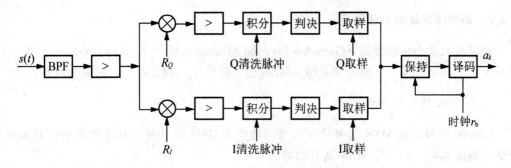

图 3.25 平方环相干解调器

6. MSK信号的性能

1) 功率谱密度

MSK 信号不仅具有恒包络和连续相位的优点,而且功率谱密度特性也优于一般的数字调制器。下面分别列出 MSK 信号和 QPSK 信号功率谱密度的表达式,以作比较。

$$W(f)_{\text{MSK}} = \frac{16A^2 T_b}{\pi^2} \left\{ \frac{\cos 2\pi(f-f_c)T_b}{1-[4(f-f_c)T_b]^2} \right\}^2 \tag{3-59}$$

$$W(f)_{\text{QPSK}} = 2A^2 T_b \left[\frac{\sin 2\pi(f-f_c)T_b}{2\pi(f-f_c)T_b} \right] \tag{3-60}$$

它们的功率谱密度曲线如图 3.26 所示。MSK 信号的主瓣比较宽,第一零点在 $0.75/T_b$ 处,第一旁瓣峰值比主瓣低约 23dB,旁瓣下降比较快。

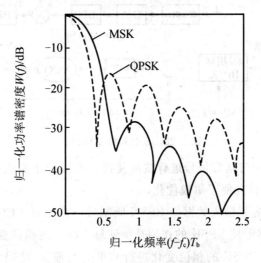

图 3.26 MSK 与 QPSK 信号功率谱密度

2) 误比特率性能

在高斯白噪声(AWGN)信道下,MSK 信号的误比特率为

$$P_e = Q\left\{ \sqrt{\frac{1.7E_b}{N_0}} \right\} \tag{3-61}$$

3.3.2 高斯滤波最小频移键控

高斯滤波最小频移键控（Gaussian Filtered Minimum Shift Keying，GMSK）是 GSM 系统采用的调制方式。下面分别介绍 GMSK 信号的产生、相位路径、解调和性能。

1. GMSK 信号的产生

GMSK 信号是由 MSK 信号演变而来。产生 GMSK 信号时，只要将原始信号通过高斯低通滤波器后，再进行 MSK 调制即可。

GMSK 信号的产生有很多方式。产生 GMSK 信号最简单的方法是将输入的信息比特流通过高斯低通滤波器(GLPF)，而后进行 FM 调制，如图 3.27 所示。

图 3.27 简单的 GMSK 发射机的原理框图

GMSK 信号的产生也可采用如图 3.28 所示的正交调制和锁相环调制两种方法，其中图 3.28(a)是正交调制，图 3.28(b)是锁相环调制。

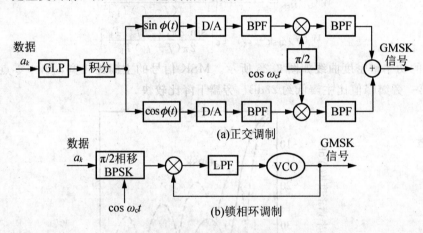

图 3.28 正交和锁相环调制

在图 3.28(a)中，先对基带信号进行波形变换，再进行正交调制。这种调制器电路简单、体积小、容易制作，且便于集成优化。

在图 3.28(b)中，先将输入数据经 BPSK 调制后，直接对 VCO 进行调频，得到 GMSK 信号。π/2 二相相移键控 BPSK 的作用是保证每个码元的相位变化在＋π/2 或－π/2 之间，锁相环的作用是对 BPSK 的相位变化进行"平滑处理"，使码元在转换过程中相位保持连续，而且无尖角。这种调制方式的电路简单、调制灵敏度高、线性较好，但是对 VCO 的频率稳定度要求较高。

2. GMSK 信号的相位路径

高斯低通滤波器的输出脉冲经 MSK 调制得到 GMSK 信号，其相位路径由脉冲形状决定，或者说在一个码元期间内，GMSK 信号相位变化值取决于在此期间脉冲的面积，由于脉冲宽度大于 T_b，即相邻脉冲间出现重叠，因此在决定一个码元内脉冲面积时要考虑相邻码元的影响。为了简单，近似认为脉冲宽度为 $3T_b$，脉冲波形的重叠只考虑相邻一个码元的影响。

当 GMSK 输入的 3 个相邻码元为 +1、+1、+1 时，一个码元内相位增加 $\pi/2$，当 GMSK 输入的相邻 3 个码元为 -1、-1、-1 时，则一个码元内相位减少 $\pi/2$。其他码流图案由于正负性的抵消，叠加后脉冲波形面积比上述两种情况要小，即相位变化值小于 $\pm\pi/2$。

图 3.29 给出了当输入数据为 $\{+1-1-1-1+1+1+1-1+1-1\}$ 时的 MSK 和 GMSK 信号的相位路径。由图可见，GMSK 信号在码元转换时刻其信号和相位不仅是连续的，而且是平滑的。这样就确保了 GMSK 信号比 MSK 信号具有更优良的频谱特性。

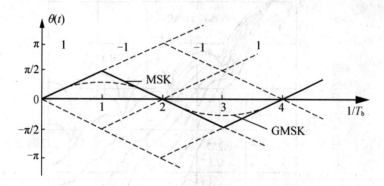

图 3.29 MSK 和 GMSK 信号的相位路径

3. GMSK 信号的解调

GMSK 信号的解调可以采用 MSK 信号的正交相干解调电路，也可采用非相干解调电路。在数字移动通信系统的信道中，由于多径干扰和深度瑞利衰落，引起接收机输入电平明显变化，因此要构成准确而稳定的产生参考载波的同步再生电路并非易事。所以，进行相干检测往往比较困难。而使用非相干检测技术，可以避免因恢复载波而带来的复杂问题。简单的非相干检测可采用标准的鉴频器检测。图 3.30 给出了 GMSK 相干解调原理框图。

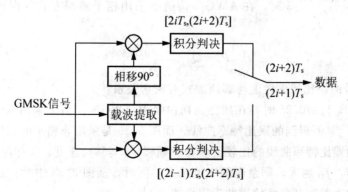

图 3.30 GMSK 相干解调原理框图

4. GMSK 信号性能

1) 功率谱密度

用计算机模拟得到的 GMSK 信号功率谱密度曲线如图 3.31 所示。图中，纵坐标是以分贝表示的归一化功率谱密度；横坐标是归一化频率 $(f-f_c)T_b$；参数 B_bT_b 是归一化 3dB 带宽。

由图 3.31 可见，当 B_bT_b 值越小，即 LPF 带宽越窄时，GMSK 信号的高频滚降越快，主瓣也越窄。当 $B_bT_b=0.2$ 时，GMSK 信号的功率谱密度在 $(f-f_c)T_b=1$ 处已下降到 -60 dB。当 $B_bT_b\to\infty$ 时，GMSK 信号的功率谱密度与 MSK 信号的相同。

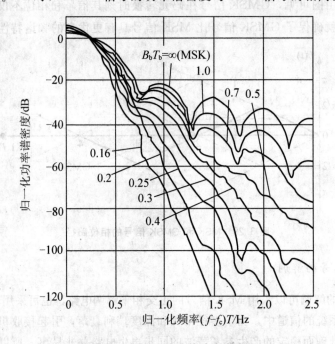

图 3.31 GMSK 信号的功率谱密度

2) 误比特率性能

首先给出 $B_bT_b=0.25$ 时，在 AWGN 信道下采用相干解调方式的误比特率计算公式如下

$$P_e = Q\left\{\sqrt{\frac{1.36E_b}{N_0}}\right\} \qquad (3-62)$$

GMSK 信号的误比特率性能与解调方式有密切关系。

图 3.32 是 $B_bT_b=0.25$ 时，在加性高斯白噪声 AWGN 信道下采用相干解调方式，考虑了多普勒频移 f_D 而得到的误比特率曲线。而图 3.33 是采用非相干的二比特延迟差分检测与相干检测的误比特率曲线的比较。多普勒频移 f_D 与移动速度、工作频率等因素有关。从图中可以看出，f_D 越大，剩余误码率也越大。同时，从图 3.33 中我们还可看出，采用延迟差分检测对改善瑞利衰落信道的误码性能有利。

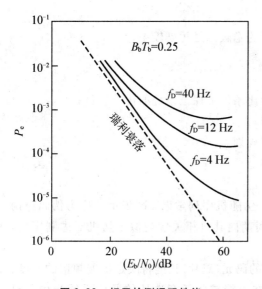

图 3.32 相干检测误码性能

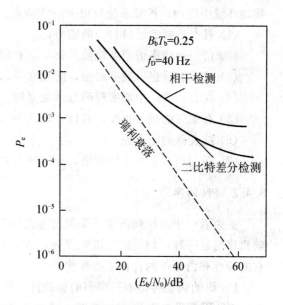

图 3.33 二比特延迟差分检测误码性能

3.4 扩频调制技术

3.4.1 扩频调制的理论基础

目前为止，我们所研究的所有调制和解调技术都是争取在静态加性高斯白噪声信道中有更高的功率效率和带宽效率。因此，目前所有调制的方案主要设计的立足点就在于如何减小传输带宽，即传输带宽最小化。但是带宽是一个有限的资源，随着窄带化调制接近极限，到最后则只有压缩信息本身的宽度了。而扩频调制技术正好相反，它所采用的带宽比最小信道传输带宽要大出好几个数量级，所以该调制技术向着宽带调制技术发展，即以信道带宽来换取信噪比的改善。扩频调制系统对于单位用户来说很不经济，但是在多用户接入环境中，它可以保证有许多用户同时通话而不会相互干扰。

扩展频谱(简称扩频)的精确定义为：扩频(Spread Spectrum)是指用来传输信息的信号带宽远远大于信息本身带宽的一种传输方式。频带的扩展由独立于信息的码来实现，在接收端用同步接收实现解扩和数据恢复。这样的技术就称为扩频调制，而传输这样信号的系统就为扩频系统。

目前，最基本的展宽频谱的方法有两种。

(1) 直接序列调制，简称直接扩频(DS)，这种方法采用比特率非常高的数字编码的随机序列去调制载波，使信号带宽远大于原始信号带宽。

(2) 频率跳变调制，简称跳频(FH)，这种方法则是用较低速率编码序列的指令去控制载波的中心频率，使其离散地在一个给定频带内跳变，形成一个宽带的离散频率谱。

对于上述基本调制方法还可以进行不同的组合，形成各种混合系统，如跳频/直扩系统等。扩频调制系统具有许多优良的特性，系统的抗干扰性能非常好，特别适合于在无线移动环境中应用。扩频系统有以下一些特点。

(1) 具有选择地址(用户)的能力;
(2) 信号的功率谱密度较低,信号具有较好的隐蔽性且污染较小;
(3) 比较容易进行数字加密,防止窃听;
(4) 在共用信道中能实现码分多址复用;
(5) 有很强的抗干扰性,可以在较低的信噪比条件下保证系统的传输质量;
(6) 抗衰落的能力强;
(7) 多用户共享相同的频谱,无须进行频率规划。

3.4.2　PN 码序列

扩频通信中,扩频码常常采用伪随机序列。伪随机序列常以 PN 表示,称为伪码。伪随机序列是一种自相关的二进制序列,在一段周期内其自相关性类似于随机二进制序列,它的特性和白噪声的自相关特性相似。

PN 码的码型将影响码序列的相关性,序列的码元(码片)长度将决定扩展频谱的宽度。所以 PN 码的设计直接影响扩频系统的性能。在直接扩频任意选址的通信系统当中,对 PN 码有如下的要求。

(1) PN 码的比特率应能够满足扩展带宽的要求;
(2) PN 码的自相关要大,且互相关小;
(3) PN 码应具有近似噪声的频谱性质,即近似连续谱,且均匀分布。

PN 码通常是通过序列逻辑电路得到的。通常应用当中的 PN 码有 m 序列、Gold 序列等多种伪随机序列。在移动通信的数字信令格式中,PN 码常被用做帧同步编码序列,利用相关峰来启动同步脉冲以实现帧同步。

3.4.3　直接序列扩频

直接序列调制系统亦称为直接扩频系统(DS－SS),或称为伪噪声系统,记为 DS 系统。直接序列扩频的实质是用一组编码序列调制载波,其调制过程可以简化为将信号通过速率很高的伪随机序列进行调制将其频谱展宽,再进行射频调制(通常多采用 PSK 调制),其输出就是扩展频谱的射频信号,最后经天线辐射出去。

而在接收端,射频信号经过混频后变为中频信号,将它与发送端相同的本地编码序列反扩展,使得宽带信号恢复成窄带信号,这个过程就是解扩。解扩后的中频窄带信号经普通信息解调器进行解调,恢复成原始的信号。

如果将扩频和解扩这两部分去掉的话,那么图 3.34 所示的系统就仅仅是一个普通的数字调制系统。所以扩频和解扩是扩展频谱调制的关键过程。

下面我们具体分析一下扩频和解扩的过程,如图 3.34 所示,是二进制进行调制的 DS 系统功能框图。这是一个普遍使用的直接序列扩频的实现方法。同步数据符号位有可能是信息位也有可能是为二进制编码符号位。在相位调制前以模 2 加的方式形成码片。接收端则可能会才采用相干或者非相干的 PSK 解调器。

则单用户接收到的扩频信号可能表示如下。

第3章 数字调制技术

$$S_{ss}(t) = \sqrt{\frac{2E_s}{T_s}} m(t)\rho(t)\cos(2\pi f_c t + \theta) \tag{3-63}$$

式中：$m(t)$ 为数据系列；$\rho(t)$ 为 PN 码序列；f_c 为载波频率；θ 为载波初始相位。

数据波形是一串在时间序列上非重叠的矩形波形，每个波形的幅度等于 +1 或者 -1。在 $m(t)$ 中，每个符号代表一个数据符号且其持续周期为 T_s。PN 码序列 $\rho(t)$ 中每个脉冲代表一个码片，通常也是幅度等于 +1 或者 -1、持续周期为 T_c 的矩形波，T_s/T_c 是一个整数。若扩频信号 $S_{ss}(t)$ 的带宽是 W_{ss}，$m(t)\cos(2\pi f_c t + \theta)$ 的带宽是 B，由于 $\rho(t)$ 扩频，则有 W_{ss} 大于 B。

而对于图 3.24 中的 DS 接收机，我们假设接收机已经达到了码元同步，接收到的信号通过宽带滤波器，然后与本地的 PN 序列 $\rho(t)$ 相乘。如果 $\rho(t)=+1$ 或 -1，则 $\rho(t)^2=1$，这样经过乘法运算得到中频扩频信号

$$s_1(t) = \sqrt{\frac{2E_s}{T_s}} m(t)\cos(2\pi f_c t + \theta) \tag{3-64}$$

把这个信号作为解调器的输入端。因为 $s_1(t)$ 是 BPSK 信号，相应地通过相关的解调就可提出原始的数据信号 $m(t)$。

这里不做具体分析，只给出接收端的处理增益：

$$G = \frac{T_s}{T_c} = \frac{R_c}{R_s} = \frac{W_{ss}}{2R_s} \tag{3-65}$$

式(3-65)表明系统的处理增益越大，压制带内干扰的能力越强。

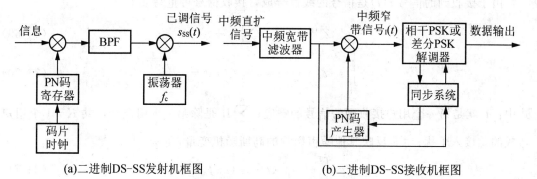

(a) 二进制DS-SS发射机框图　　　(b) 二进制DS-SS接收机框图

图 3.34　二进制调制 DS－SS 发射机和接收机框图

3.4.4 直扩的性能

k 个用户接入的直扩系统如图 3.35 所示。假设每个用户都有一个 PN 序列，每个符号位含有 N 个时间片，每个时间片占时 T_c，$NT_c=T$。第 k 个用户的传输信号表达式如下

$$s_k(t) = \sqrt{\frac{2E_s}{T_s}} m_k(t) p_k(t)\cos(2\pi f_c t + \phi_k) \tag{3-66}$$

式中：$p_k(t)$ 为第 k 个用户的 PN 码；$m(t)$ 为第 k 个用户的传输数据。接收机接收到共 K 个不同的信号，只有一个是所需的，其他都是不需要的。接收过程是通过对适宜的信号序列进行参变量估计得出的。对于第一个用户的第 i 个符号进行的变量估计为

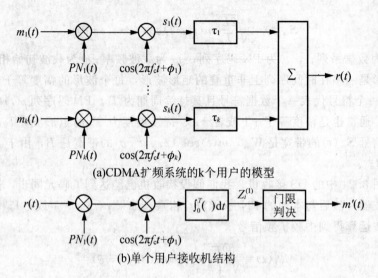

(a) CDMA 扩频系统的 k 个用户的模型

(b) 单个用户接收机结构

图 3.35　CDMA 扩频系统 k 个用户的模型和单个用户接收机结构

$$Z_i^{(1)} = \int_{(i-1)T+\tau_i}^{iT+\tau_i} r(t) p_1(t-\tau_1) \cos\left[2\pi f_c(t-\tau_1) + \phi_1\right] dt \tag{3-67}$$

如果 $m_{1,i} = -1$，$Z_i^{(1)} > 0$，那么接收到的信号出错。错误的概率可用下式表示

$$P_r \left[Z_i^{(1)} > 0 \mid m_{1,i} = -1 \right] \tag{3-68}$$

由于接收到的信号 $r(t)$ 是信号的线性合成，接收信号可重写如下

$$Z_i^{(1)} = I_1 + \sum_{k=2}^{K} I_k + \xi \tag{3-69}$$

$$I_1 = \int_0^T s_1(t) p_1(t) \cos(2\pi f_c t) dt = \sqrt{\frac{E_s T}{2}} \tag{3-70}$$

式中：I_1 就是第一个用户接收到的信号的响应；$\sum_{k=2}^{K} I_k$ 是除第一个用户外，共 $K-1$ 个用户造成的总接入干扰；ξ 是反映其他噪声影响的高斯随机变量，ξ 为

$$\xi = \int_0^T n(t) p_1(t) \cos(2\pi f_c t) dt \tag{3-71}$$

式中：$n(t)$ 为加性噪声。

由式(3-71)可见，ξ 变量的均值为零，它的方差为

$$E[\xi^2] = \frac{N_0 T}{4} \tag{3-72}$$

式(3-72)中，I_k 表示来自第 k 个用户的干扰，有

$$I_k = \int_0^T s_k(t-\tau_k) p_1(t) \cos(2\pi f_c t) dt \tag{3-73}$$

假设 I_k 是由第 k 个干扰在某一符号整位 N 个时间片的随机组成。大数定理告诉我们这些随机信号产生的总和仍是随机过程。$(K-1)$ 个用户作为完全独立的干扰，总的接入干扰可表示为 $I = \sum_{k=2}^{K} I_k$。采用高斯表达式可以推导得到平均错误比特率 Pe 的简单表

达式为

$$P_e = Q\left[\sqrt{\frac{1}{\frac{K-1}{3N} + \frac{N_0}{2E_b}}}\right] \quad (3-74)$$

对于单个用户来说，以上的平均错误比特率表达式就可转变为 BPSK 调制的错误比特率 BER 表达式。(对于干扰受限系统来讲，热噪声并不是唯一因素。)如果 E_b/N_0 趋向于无穷大，式(3-74)可改写如下

$$P_e = Q\left[\sqrt{\frac{3N}{K-1}}\right] \quad (3-75)$$

3.4.5 跳频扩频技术

跳频扩频技术(FH-SS)通过看似随机的载波跳频达到传输数据的目的。跳频伴随射频的一个周期而改变，一个跳频可以看成是一列调制数据的突发，它是具有时变、伪随机的载频。如果将载频置于一个固定的频率上，那么这个系统就是一个普通的数字调制系统，其射频为一个窄带谱。当利用伪随机码扩频后，发射机的振荡频率在很宽的频率范围内不断地变换，从而使得射频载波在一个很宽的范围内变化，于是形成了一个宽带离散谱。在接收端必须以同样的伪码设置本地频率合成器，使其与发送端的频率作相同改变，即收发跳频必须同步，只有这样，才能保证通信的建立，所以对于同步和定时的解决是实际跳频系统的一个关键问题。

我们在图 3.36 当中说明一个单信道跳频扩频技术。所谓单信道调制就是在跳跃中对每条信道采用一个基数载波频率。跳变之间的时间称为跳频持续时间，用 T_h 表示，若跳变总带宽和基带信号带宽由 W_{ss} 和 B 表示，则处理增益为 W_{ss}/B。

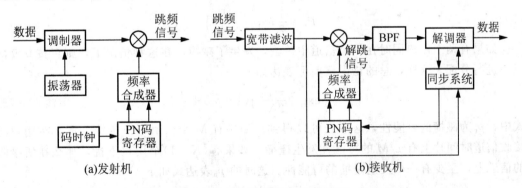

图 3.36 单信道调制 FH 系统框图

如果跳频的序列能被接收机产生并且和接收信号同步，那么就可以得到固定的差频信号，然后再进入传统的接收机当中。在 FH 系统当中，一旦一个没有预测到的信号占据单跳频信道，就会在该信道中带入干扰和噪声并因此而进入解调器。这就是在相同的时间和相同的信道上与没有预测到的信号发生冲突的原因。

跳频技术可以分为快和慢两种。快跳频在发送每一个符号时发生多次跳变。因此，快跳频的速率将远远大于信道信号的传输速率。而慢跳频发生在传送一个或者多个符号位后

的时间间隔内。

FH-SS 系统的跳频速率取决于接收机合成器的频率跳变的灵敏性、发射信号的类型、用于防碰撞编码的冗余度和最近的潜在干扰的距离等。

跳频系统处理增益的定义与直接扩频系统的扩频增益是相同的，即

$$PG = \frac{T_s}{T_c} = \frac{R_c}{R_s} = \frac{W_{ss}}{2R_s} \tag{3-76}$$

式(3-76)同样表明系统的处理增益越大，压制带内干扰的能力越强。

由于跳频系统对载波的调制方式并无限制，并且能与现有的模拟调制兼容，所以在军用短波和超短波电台中得到了广泛的应用。

移动通信中采用跳频调制系统虽然不能完全避免"远—近"效应带来的干扰，但是能大大减小它的影响，这是因为跳频系统的载波频率是随机改变的。例如，跳频带宽为 10MHz，若每个信道占 30kHz 带宽，则有 333 个信道。采用跳频调制系统时，333 个信道可同时供 333 个用户使用。若用户的跳变规律相互正交，则可减小网内用户载波频率重叠在一起的概率，从而减弱"远—近"效应的干扰影响。

当给定跳频带宽及信道带宽时，该跳频系统的用户同时工作的数量就被唯一确定。网内同时工作的用户数与业务覆盖区的大小无关。当按蜂窝式构成频段重复使用时，除本区外，应考虑邻区移动用户的"远—近"效应引起的干扰。

3.4.6 跳频扩频的性能

在 FH-SS 系统中，几个用户独立地采用 BFSK 调制系统在它们的频带上跳跃。假设任何两个用户不会在同一个信道中发生冲突，那么 BFSK 系统的错误比特率 BER 表达如下

$$P_e = \frac{1}{2}\exp\left(\frac{-E_b}{2N_0}\right) \tag{3-77}$$

如果有两个用户同时在一个信道中传输，发生了碰撞，在这种情况下，则可按 0.5 的概率进行分配。这样，总的错误概率可表达如下

$$P_e = \frac{1}{2}\exp\left(\frac{-E_b}{2N_0}\right)(1-p_h) + \frac{1}{2}P_h \tag{3-78}$$

式中，p_h 为碰撞的可能性，这事先可以得到。如果有 M 个信道可以传输，那么在用户的接收信道时间片上有 $1/M$ 的可能性发生碰撞。如果有 $(K-1)$ 个用户干扰，那么在所接收的信道上，至少有一个发生碰撞的可能性。这时的 p_h 表达式如下

$$p_h = 1 - \left(1 - \frac{1}{M}\right)^{K-1} \approx \frac{K-1}{M} \tag{3-79}$$

假设 M 很大，则错误率 P_e 的表达式如下

$$P_e = \frac{1}{2}\exp\left(\frac{-E_b}{2N_0}\right)\left(1 - \frac{K-1}{M}\right) + \frac{1}{2}\frac{K-1}{M} \tag{3-80}$$

现在考虑下一个特殊情况。如果 $K=1$，错误概率是一个标准的 BFSK 错误概率。同样假设 E_b/N_0 趋向于无穷大，式(3-80)可改写如下

$$\lim_{E_b/N_0 \to \infty}(P_e) = \frac{1}{2}\left[\frac{K-1}{M}\right] \tag{3-81}$$

第3章 数字调制技术

以上的分析都是假设用户的跳频会同步发生,这称为时隙跳频(slotted frequency hopping)。但对于许多FH-SS系统来说,实际情况并非如此。即使两个独立用户的时钟能够同步,不同的传输路径也会造成不同的时延。在这种异步的情况下,发生碰撞的可能性为

$$p_h = 1 - \left\{1 - \frac{1}{M}\left(1 + \frac{1}{N_b}\right)\right\}^{K-1} \tag{3-82}$$

将式(3-82)和以前的式子比较,可以看出异步情况下发生碰撞的可能性增加了。在异步情况下发生错误的可能性为

$$P_e = 0.5\exp\left(\frac{-E_b}{2N_0}\right)\left\{1 - \frac{1}{M}\left(1 + \frac{1}{N_b}\right)\right\}^{K-1} + 0.5\left[1 - \left\{1 - \frac{1}{M}\left(1 + \frac{1}{N_b}\right)\right\}^{K-1}\right] \tag{3-83}$$

与DS-SS系统相比,FH-SS系统优越的地方在于它更能抗远—近效应。由于信号一般不会同时使用同样的频率,接收机的功率就不会像DS-SS那样要求严格。但远—近效应并不能完全避免,这是由于滤波过程中并不能避免强信号干扰弱信号。为此,在传输中要求有纠错码。通过应用较强的RS码以及其他抗突发错误的码,可以在即使发生了偶然碰撞的情况下,也能较好地提高性能。

本 章 小 结

本章详细讨论了数字调制技术的相关内容,具体包括线性调制技术、恒包络调制技术和扩频调制技术。数字调制与解调是数字通信系统的基本组成部分,数字信号经过模拟信道传输必须调制。

相移键控就是用同一个载波的不同相位来传送数字信号,相移键控分为绝对相移和相对相移两种。2PSK信号的产生有直接调相法和相位选择法,其频谱中没有载频分量,带宽与2ASK信号相同,也为数字基带信号带宽的两倍。2PSK信号的解调只能采用相干解调。由于2PSK系统存在倒频现象,所以实际应用时均采用2DPSK系统。2DPSK信号的产生、解调方法、功率谱结构及带宽与2PSK均相同,但输入输出信号都要完成绝对码到相对码和相对码到绝对码的转换。2DPSK信号的解调还可采用相位比较法(差分相干解调法)。

为了提高通信系统信息传输速率(或频带利用率),常采用多进制数字调制及改进型数字调制技术。多进制数字调制与二进制数字调制相同,分为多进制幅移键控(MASK)、多进制频移键控(MFSK)及多进制相移键控(MPSK)。

交错正交相移键控(OQPSK)是在QPSK(即4PSK)基础上发展起来的一种恒包络数字调制技术。最小频移键控(MSK)是FSK的一种改进形式,其突出优点是信号具有恒定的振幅及信号的功率谱在主瓣以外衰减较快。高斯最小频移键控(GMSK)是针对某些场合对信号带外辐射功率的限制非常严格而提出的一种改进型的调制方式。

掌握了各种调制系统的性能及调制解调方法后,在应用中结合实际的需要综合考虑各方面因素后可选择合适的调制系统。

习 题 3

3.1 移动通信中对调制解调技术的要求是什么？

3.2 已调信号的带宽是如何定义的？FM 信号的带宽如何计算？

3.3 什么是调频信号解调时的门限效应？它的形成机理如何？

3.4 试证明采用包络检测时，FSK 的误比特率为 $\frac{1}{2}e^{-r/2}$。

3.5 设输入数据速率为 16Kbps，载频为 32kHz，若输入序列为 {0010100011100110}，试画出 MSK 信号的波形，并计算其空号和传号对应的频率。

3.6 设输入序列为 {00110010101111000001}，试画出 GMSK 在 $B_b T_b = 0.2$ 时的相位轨迹，并与 MSK 的相位轨迹进行比较。

3.7 与 MSK 相比，GMSK 的功率谱为什么可以得到改善？

3.8 若 GMSK 利用鉴频器解调，其眼图与 FSK 的眼图有何异同？

3.9 试说明 GMSK 的一比特延迟差分检测和二比特延迟差分检测的工作原理。

3.10 QPSK、OQPSK 和 π/4-DPSK 的星座图和相位转移图有何异同？

3.11 试述 π/4-DQPSK 调制框图中基分相位编码的功能，以及输入输出信号的关系表达式。

第4章 信源编码与信道编码

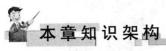
本章知识架构

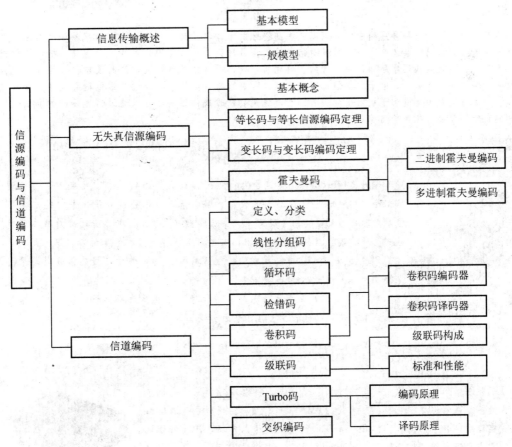

移动通信

本章教学目标与要求

- 掌握信息传输的基本概念及模型
- 掌握信宿获得信息量的计算方法与原理
- 理解信源编码的概念和信源编码定理
- 理解和掌握霍夫曼编码方法
- 理解和掌握信道编码的基本原理
- 理解抗干扰信道编码定理
- 理解和掌握卷积码原理
- 理解和掌握 Turbo 码原理
- 理解和掌握交织原理

引言

为了减少信源输出符号序列中的剩余度、提高符号的平均信息量，对信源输出的符号序列所施行的变换就称为信源编码。具体来说，就是针对信源输出符号序列的统计特性来寻找某种方法，把信源输出符号序列变换为最短的码字序列，使后者的各码元所载荷的平均信息量最大，同时又能保证无失真地恢复原来的符号序列。另外，由于通信信道固有的噪声和衰落特性，信号在经过信道传输到达通信接收端的过程中不可避免地会受到干扰而出现失真。为避免失真所造成的误码，可以通过信道编码的方法来检测和纠正传输错误，实现差错控制。

案例 4.1

编码器（encoder）是将信号（如比特流）或数据进行编制、转换为可用于通信、传输和存储的信号形式的设备。编码器把角位移或直线位移转换成电信号，前者称为码盘，后者称码尺。按照读出方式编码器可以分为接触式和非接触式两种。接触式采用电刷输出，以电刷接触导电区或绝缘区来表示代码的状态是"1"还是"0"；非接触式的接收敏感元件是光敏元件或磁敏元件，采用光敏元件时以透光区和不透光区来表示代码的状态是"1"还是"0"，通过"1"和"0"的二进制编码将采集来的物理信号转换为机器码可读取的电信号用以通信、传输和储存。图 4.1 所示为编码器。

图 4.1 编码器

案例 4.2

视频编解码器，是指一个能够对数字视频进行压缩或者解压缩的程序或者设备。通常这种压缩属于有损数据压缩。历史上，视频信号是以模拟形式存储在磁带上的。随着 Compact Disc 的出现并进入市场，音频信号以数字化方式进行存储，视频信号也开始使用数字化格式，一些相关技术也开始随之发展起来。很多视频编解码器可以很容易地在个人计算机和消费电子产品上实现，这使得在这些设备上有可能同时实现多种视频编解码器，这避免了由于兼容性的原因使得某种占优势的编解码器影响其他编解码器的发展和推广。最后可以说，并没有哪种编解码器可以替代其他所有的编解码器。图 4.2 为音视频编解码器。

图 4.2 音视频编解码器

第4章 信源编码与信道编码

4.1 信息传输概述

1. 信息传输的基本模型

信息传输的实质是信息脱离源事物而附着于一个物理载体并通过载体的运动将信息在空间中从一点传送到另一点。为了便于研究信息传输的一般规律，人们将各种信息传输系统中具有共同特性的部分抽取出来，概括成一个统一的理论模型，如图4.3所示，通常称为信息传输的基本模型。这个模型主要分为5个部分。

图4.3　信息传输的基本模型

1）信息源（简称信源）

信源是产生消息和消息序列的来源，可以是人、生物、机器或其他事物。它是事物各种运动表征的集合。人的大脑思维活动也是一种信源。信源的输出是消息，消息是具体的，但它不是信息本身，消息是信息的表达者。

2）变换（编码）

变换是指把要传输的信息从信源映射到某种物理载体上，在源事物的运动表征与载体的某种物理量之间建立恰当的映射关系的过程。这种映射关系必须能够还原，如一一对应关系。这个变换的过程实际就是编码的过程，通过编码把消息变换成适合信道传输的信号。编码可分为两种，即信源编码和信道编码。信源编码是对信源输出的信息进行适当的变换和处理，目的是为了提高信息传输的效率。而信道编码是为了提高信息传输的可靠性而对消息进行的变换和处理。

3）信道

信道是指通信系统中把载荷消息的信号从甲地传输到乙地的媒介。在狭义的通信系统中，实际信道有明线、电缆、波导、光纤、无线电波传播空间等，这些都是属于传输电磁波能量的信道。当然，对广义的通信系统来说，信道还可以是其他的传输媒介。

在信道中引入噪声和干扰，这是一种简化的表达方式。为了方便分析，把在系统其他部分产生的干扰和噪声都等效地折合成信道干扰，看成是由一个噪声源产生的，它将作用于所传输的信号上。这样，信道输出的是已叠加了干扰的信号。由于干扰或噪声往往具有随机性，所以信道的特性也可以用概率空间来描述。

4）还原变换（译码）

还原变换就是变换的逆过程。实际上就是译码，把信道输出的编码信号（已叠加了干扰）反变换为信息。一般认为这种变换是可逆的。译码也可分成信源译码和信道译码两种。

5）信宿

信宿是消息传送的对象，即接收消息的人或机器。

在该模型中,信源产生的信息记为 U,信息经过变换后成为信号,记为 X,信号在信道中传输,并在信道中受到噪声 N 的干扰,在信道输出端得到 Y,它与 X 既有联系,又有区别,联系的程度和区别的大小,取决于噪声 N 对信号 X 的影响程度。因为噪声 N 的影响,使通过信道的信号 X 变成信号 Y,为了使最终还原出来的信息 V 尽可能与信息 U 保持一致,必须要根据噪声 N 的特性和信号的特点,采取适当的措施来消除噪声的影响。因此,"还原变换"不是简单的"变换"之逆,它比"变换"更为复杂。

2. 信息传输的一般模型

近年来,以计算机为核心的大规模信息网络,尤其是互联网的建立和发展,对信息传输的质量要求更高了。不但要求快速、有效、可靠地传递信息,而且要求信息传递过程中保证信息的安全保密,不被伪造和窜改。因此,在编码这一环节还需加入加密编码。相应地,在译码中加入解密译码。

为此,把图 4.3 的信息传输的基本模型更改为信息传输的一般模型,如图 4.4 所示。

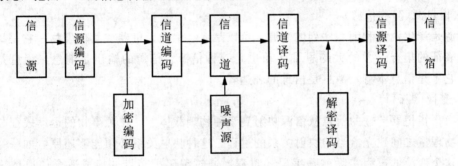

图 4.4 信息传输的一般模型

研究这样一个概括性很强的模型,其目的是要找到信息传输过程的共同规律,以提高信息传输的可靠性、有效性、保密性和认证性,以实现信息传输系统的最优化。下面简要分析信息传输的这 4 个性质。

1) 可靠性

信息传输的可靠性,就是要使信源发出的消息经过信道传输以后,尽可能准确地、不失真地再现在接收端。信道编码就是以提高信息传输的可靠性为目的的编码,它通常通过增加信源的冗余度来实现。采用的一般方法是增大平均比特数或(通过扩频通信)增加带宽。

2) 有效性

信息传输的有效性,是指信息传输的效率,即用尽可能短的时间和尽可能少的设备来传送一定数量的信息,实现好的经济效果。

信源编码就是以提高信息传输的有效性为目的的编码,它通常通过压缩信源的冗余度来实现。采用的方法一般是压缩每个信源符号的平均比特数或信源码率,使传输同样多的信息能用较少的码率来实现,从而使单位时间内传送的平均信息量增加。

提高可靠性和提高有效性常常会发生矛盾,这就需要统筹兼顾。例如,为了兼顾有效性(考虑经济效果),有时就不一定要求绝对准确地在接收端再现原来的消息,而是可以允许一定的误差或一定的失真,或者说允许近似地再现原来的消息。

第4章 信源编码与信道编码

3) 保密性

所谓保密性，就是隐蔽和保护通信系统中传送的消息，使它只能被授权接收者获取，而不能被未授权者接收和理解。信息的加密和解密就是以提高信息传输的保密性为目的的有效方法。

4) 认证性

所谓认证性，是指接收者能正确判断所接收的消息的正确性，验证消息的完整性，而不是伪造的和被窜改的。数字签名和密钥管理就是以提高信息传输的认证性为目的的有效方法。

4.2 无失真信源编码

通信的实质是信息的传输，其目的就是高速度、高质量地传送信息。将信息从信源通过信道传送到信宿，怎样才能做到尽可能不失真而又快速呢？这就需要解决以下两个问题。

(1) 在不失真或允许一定失真的条件下，如何用尽可能少的符号来传送信源信息，以便提高信息传输率？

(2) 在信道受干扰的情况下，如何增加信号的抗干扰能力，同时又保证最大的信息传输率？

为了解决这两个问题，人们引入了信源编码和信道编码。一般来说，提高抗干扰能力（降低失真或错误概率）往往是以降低信息传输率为代价的；反之，要提高信息传输率，又常常会使抗干扰能力减弱。因此，提高抗干扰能力和提高信息传输率是相矛盾的。然而，在信息论的编码定理中，已从理论上证明，至少存在某种最佳的编码或信息处理方法，能够解决上述矛盾，做到既可靠又有效地传输信息。本节将着重讨论对离散信源进行无失真信源编码的要求、方法及理论极限，并得出一个重要的极限定理——香农第一定理。

4.2.1 编码的有关概念

编码实质上是对信源的原始符号按一定规则进行的一种变换。为了分析方便和突出问题的重点，当研究信源编码时，将信道编码和译码看成是信道的一部分，而突出信源编码。同样，研究信道编码时，将信源编码和译码看成是信源和信宿的一部分，而突出信道编码。下面，给出一些码的定义，并举例说明。

1. 二元码

若码符号集为 $X=\{0,1\}$，所得码字都是二元序列，则称为二元码。若将信源通过一个二元信道进行传输，为使信源适合信道传输，必须把信源符号变换成0、1符号组成的二元码。二元码是数字通信和计算机系统中最常用的一种码。

2. 等长码

若一组码中所有码字的码长都相同，则称为等长码。

3. 变长码

若一组码中所有码字的码长各不相同，则称为变长码。

4. 非奇异码

若一组码中所有码字都不相同，即所有信源符号映射到不同的码符号序列
$$s_i \neq s_j \Rightarrow W_i \neq W_j, \quad s_i, s_j \in S, \quad W_i, W_j \in C \tag{4-1}$$
则称码 C 为非奇异码。

5. 奇异码

若一组码中有相同的码字，即
$$s_i \neq s_j \Rightarrow W_i = W_j, \quad s_i, s_j \in S, \quad W_i, W_j \in C \tag{4-2}$$
则称码 C 为奇异码。

6. 同价码

若码符号集 $X:\{x_1, x_2, \cdots, x_r\}$ 中每个码符号 x_i 所占的传输时间都相同，则所得的码 C 为同价码。一般二元码是同价码。对同价码来说，等长码中每个码字的传输时间都相同；而变长码中每个码字的传输时间不一定相同。电报中常用的莫尔斯码是非同价码，其码符号点(·)和划(—)所占的传输时间不相同。

7. 码的 N 次扩展码

假定某码 C，它把信源 S 中的符号 s_i 一一变换成码 C 中的码字 W_i，则码 C 的 N 次扩展码是所有 N 个码字组成的码字序列的集合。

若码 $C = \{W_1, W_2, \cdots, W_q\}$，其中
$$s_i \in S \leftrightarrow W_i = (x_{i_1}, x_{i_2}, \cdots, x_{i_{l_i}}), \quad x_{i_{l_i}} \in X \tag{4-3}$$
则 N 次扩展码
$$B = \{B_i \mid B_i = W_{i_1}, W_{i_2}, \cdots, W_{i_N}\}, \quad i_1, i_2, \cdots, i_N = 1, 2, \cdots, q; \quad i = 1, 2, \cdots, q^N \tag{4-4}$$

可见，N 次扩展码 B 中，每个码字 $B_i (i = 1, 2, \cdots, q^N)$ 与 N 次扩展信源 S^N 中每个信源符号序列 $S_i = (S_{i_1} S_{i_2} \cdots S_{i_N})$ 一一对应。

8. 唯一可译码

若码的任意一串有限长的码符号序列只能被唯一地译成所对应的信源符号序列，则此码称为唯一可译码，或单义可译码。否则，就称为非唯一可译码或非单义可译码。

若要所编的码是唯一可译码，不但要求编码时不同的信源符号变换成不同的码字，而且必须要求任意有限长的信源序列所对应的码符号序列各不相同，即要求码的任意有限长 N 次扩展码都是非奇异码。因为只有任意有限长的信源序列所对应的码符号序列各不相

第4章 信源编码与信道编码

同,才能把该码符号序列唯一地分割成一个个对应的信源符号,从而实现唯一的译码。

下面分别讨论等长码和变长码的最佳编码问题,即是否存在一种唯一可译编码方法,使得平均每个信源符号所需的码符号最短,即寻找无失真信源压缩的极限值。

4.2.2 等长码与等长信源编码定理

一般说来,若要实现无失真的编码,不但要求信源符号 $S_i(i=1,2,\cdots,q)$ 与码字 $W_i(i=1,2,\cdots,q)$ 是一一对应的,而且要求码符号序列的反变换也是唯一的。也就是说,所编的码必须是唯一可译码。如果所编的码不具有唯一可译码性,就会引起译码错误与失真。

对于等长码来说,若等长码是非奇异码,则它的任意有限长 N 次扩展码一定也是非奇异码。因此等长非奇异码一定是唯一可译码。在表4-1中,码2显然不是唯一可译码。因为信源符号 s_2 和 s_4 都对应于同一码字11,当接收到码符号11后,既可译成 s_2,也可译成 s_4,所以不能唯一地译码。而码1是等长非奇异码,因此,它是一个唯一可译码。

表4-1 二元编码

信源符号	码1	码2
s_1	00	00
s_2	01	11
s_3	10	10
s_4	11	11

若对信源 S 进行等长编码,则必须满足

$$q \leqslant r^l \tag{4-5}$$

其中 l 是等长码的码长,r 是码符号集中的码元数。

例如,表4-1中信源 S 共有 $q=4$ 个信源符号,现进行二元等长编码,其中码符号个数为 $r=2$。根据式(4-5)可知,信源 S 存在唯一可译等长码的条件是码长 l 必须不小于2。

如果对信源 S 的 N 次扩展信源进行等长编码。设信源 $S=\{s_0, s_1, \cdots, s_q\}$,有 q 个符号,那么它的 N 次扩展信源 $S^N=(a_1, a_2, \cdots, a_{q^N})$ 共有 q^N 个符号,其中

$$a_i=(s_{i_1}, s_{i_2}, \cdots, s_{i_N}), \quad s_{i_k} \in S, \; k=1, \cdots, N$$

是长度为 N 的信源符号序列。又设码符号集为 $X=\{x_0, x_1, \cdots, x_r\}$。现在需要把这些长为 N 的信源符号序列 $a_i(i=1,2,\cdots,q^N)$ 变换成长度为 l 的码符号序列

$$W_i=(x_{i_1}, x_{i_2}, \cdots, x_{i_l}), \quad x_{i_k} \in X, \; k=1, \cdots, l$$

根据前面的分析,若要求编得的等长码是唯一可译码必须满足

$$q^N \leqslant r^l \tag{4-6}$$

式(4-6)表明,只有当 l 长的码符号序列数(r^l)大于或等于 N 次扩展信源的符号数(q^N)时,才可能存在等长非奇异码。

对式(4-6)两边取对数,则得

$$Nlogq \leq llogr$$

或

$$\frac{l}{N} \geq \frac{\log q}{\log r} \qquad (4-7)$$

如果 $N=1$，则有

$$l \geq \frac{\log q}{\log r} \qquad (4-8)$$

式(4-7)中 $\frac{l}{N}$ 是平均每个信源符号所需要的码符号个数。式(4-8)表明：对于等长唯一可译码，每个信源符号至少需要用 $\log q/\log r$ 个码符号来变换，即每个信源符号所需最短码长为 $\log q/\log r$ 个。

当 $r=2$(二元码)时，$\log r=1$，则式(4-7)成为

$$\frac{l}{N} \geq \log q \qquad (4-9)$$

这结果表明：对于二元等长唯一可译码，每个信源符号至少需要用 $\log q$ 个二元符号来变换。这也表明，对信源进行二元等长不失真编码时，每个信源符号所需码长的极限值为 $\log q$ 个。

例如，英文电报有 32 个符号(26 个英文字母加上 6 个字符)，即 $q=32$。若 $r=2$，$N=1$(即对信源 S 的逐个符号进行二元编码)，由式(4-8)得

$$l \geq \frac{\log q}{\log r} = \log 32 = 5 \qquad (4-10)$$

这就是说，每个英文电报符号至少要用 5 位二元符号编码。在前面的讨论中没有考虑符号出现的概率，以及符号之间的依赖关系。当考虑了信源符号的概率关系后，在等长编码中每个信源符号平均所需的码长就可以减少。

下面举一个例子来阐明为什么每个信源符号平均所需的码符号个数可以减少。

设信源 S

$$\begin{bmatrix} S \\ P(S) \end{bmatrix} = \begin{bmatrix} s_1, & s_2, & s_3, & s_4 \\ P(s_1), & P(s_2), & P(s_3), & P(s_4) \end{bmatrix} \quad \sum_{i=1}^{4} P(s_i) = 1$$

而其依赖关系为 $P(s_2|s_1) = P(s_1|s_2) = P(s_4|s_3) = P(s_3|s_4) = 1$，其余 $P(s_j|s_i) = 0$。

若不考虑符号之间的依赖关系，此信源 $q=4$，那么，进行等长二元编码，由式(4-9)可知 $l=2$。若考虑符号之间的依赖关系，此特殊信源的二次扩展信源为

$$\begin{bmatrix} S^2 \\ P(S_iS_j) \end{bmatrix} = \begin{bmatrix} s_1s_2, & s_2s_1, & s_3s_4, & s_4s_3 \\ P(s_1s_2), & P(s_2s_1), & P(s_3s_4), & P(s_4s_3) \end{bmatrix}, \sum_{ij} P(s_is_j) = 1$$

又 $P(s_is_j) = P(s_i) \cdot P(s_j|s_i) (i, j=1, 2, 3, 4)$

由上述依赖关系可知，除 $P(s_1s_2)$、$P(s_2s_1)$、$P(s_3s_4)$ 和 $P(s_4s_3)$ 不等于零外，其余 s_is_j 出现的概率皆为零。因此，二次扩展信源 S_2 由 16 个符号缩减到只有 4 个符号。此时，对二次扩展信源 S_2 进行等长编码，所需码长仍为 $l'=2$。但平均每个信源符号所需码符号为 $\frac{l'}{N} = 1 < l$。

第4章 信源编码与信道编码

由此可见,当考虑符号之间的依赖关系后,有些信源符号序列不会出现,这样信源符号序列个数会减少,再进行编码时,所需平均码长就可以缩短。

等长编码定理给出了信源进行等长编码所需码长的理论极限值。

定理1(等长信源编码定理):一个熵为$H(S)$的离散无记忆信源,若对信源长为N的符号序列进行等长编码,设码字是从r个字母的码符号集中,选取l个码元组成。对于任意$\varepsilon>0$,只要满足

$$\frac{l}{N} \geq \frac{H(S)+\varepsilon}{\log r} \tag{4-11}$$

则当N足够大时,可实现几乎无失真编码,即译码错误概率能为任意小。反之,若

$$\frac{l}{N} \leq \frac{H(S)-2\varepsilon}{\log r} \tag{4-12}$$

则不可能实现无失真编码,而当N足够大时,译码错误概率近似等于1。但是,等长信源编码要实现无失真编码是非常困难的,在实际中往往很难实现。因此,一般来说,当N有限时,高传输效率的等长码往往要引入一定的失真和错误,它不能像变长码那样可以实现无失真编码。

4.2.3 变长码与变长信源编码定理

本节讨论对信源进行变长编码的问题。变长码往往在N不很大时就可以编出效率很高而且无失真的码。同样,变长码必须是唯一可译码,才能实现无失真编码。对于变长码,要满足唯一可译性,不但码本身必须是非奇异的,而且其任意有限长N次扩展码必须是非奇异的。对于变长码,引入码的平均长度的概念作为衡量标准。

设信源为

$$\begin{bmatrix} S \\ P(S) \end{bmatrix} = \begin{bmatrix} s_1, & s_2, & \cdots, & s_q \\ P(s_1), & P(s_2), & \cdots, & P(s_q) \end{bmatrix}$$

编码后的码字为

$$W_1, W_2, \cdots, W_q$$

其码长分别为

$$l_1, l_2, \cdots, l_q$$

因为对唯一可译码来说,信源符号与码字是一一对应的,所以有

$$P(W_i) = P(s_i) \qquad (i=1, 2, \cdots, q)$$

则这个码的平均长度为

$$\overline{L} = \sum_{i=1}^{q} P(s_i) l_i$$

$\overline{L}$的单位是"码符号/信源符号"。它是每个信源符号平均需用的码元数。从工程观点来看,总希望通信设备经济、简单,并且单位时间内传输的信息量越大越好。当信源给定时,信源的熵就确定了,其熵为$H(S)$比特每信源符号,而编码后每个信源符号平均用$\overline{L}$个码元来变换。平均每个码元携带的信息量,即编码后信道的信息传输率为

$$\eta = \frac{H(s)}{\overline{L}} \quad (比特/码符号) \tag{4-13}$$

若传输一个码符号平均需要 t s，则编码后信道每秒钟传输的信息量为

$$\eta_t = \frac{H(S)}{t\overline{L}} \text{（比特/秒）} \tag{4-14}$$

由此可见，$\overline{L}$ 越短，η_t 越大，信息传输效率就越高。为此，人们感兴趣的码是使平均码长 $\overline{L}$ 为最短的码。

对于某一信源和某一码符号集来说，若有一个唯一可译码，其平均长度 $\overline{L}$ 小于所有其他唯一可译码的平均长度，则该码称为紧致码，或称最佳码。无失真信源编码的基本问题就是要找紧致码。

现在不加证明地给出紧致码的平均码长 $\overline{L}$ 可能达到的理论极限。

定理 2：若一个离散无记忆信源 S 具有熵为 $H(S)$，对它的 r 个码元的码符号集

$$X = \{x_1, x_2, \cdots, x_r\}$$

则总可找到一种无失真编码方法，构成唯一可译码，使其平均码长满足

$$\frac{H(S)}{\log r} \leqslant \overline{L} \leqslant 1 + \frac{H(S)}{\log r} \tag{4-15}$$

定理 2 告诉我们码字的平均长度 $\overline{L}$ 不能小于极限值 $\frac{H(S)}{\log r}$，否则唯一可译码不存在。

定理 2 还给出了平均码长的上界。但并不是说大于这个上界就不能构成唯一可译码，而是因为我们希望 $\overline{L}$ 尽可能短。定理 2 说明当平均码长小于上界时，唯一可译码也存在，因此，它给出了紧致码的最短平均码长，并指出这个最短的平均码长 $\overline{L}$ 与信源熵是有关的。另外，还可以看到这个极限值与等长信源编码定理中的极限值是一致的。

定理 3（无失真变长信源编码定理（香农第一定理））：离散无记忆信源 S 的 N 次扩展信源 $S^N = (a_1, a_2, \cdots, a_{q^N})$，其熵为 $H(S^N)$，并有码符号集 $X = \{x_1, \cdots, x_r\}$。对信源 S^N 进行编码，总可以找到一种编码方法，构成唯一可译码，使信源 S 中每个信源符号所需的平均码长满足

$$\frac{H(S)}{\log r} + \frac{1}{N} > \frac{\overline{L}_N}{N} \geqslant \frac{H(S)}{\log r} \tag{4-16}$$

或者

$$H_r(S) + \frac{1}{N} > \frac{\overline{L}_N}{N} \geqslant H_r(S)$$

当 $N \to \infty$ 时，则得

$$\lim_{N \to \infty} \frac{\overline{L}_N}{N} = H_r(S) \tag{4-17}$$

式中

$$\overline{L}_N = \sum_{i=1}^{q^N} P(a_i)\lambda_i \tag{4-18}$$

其中 λ_i 是 a_i 所对应的码字长度。因此，$\overline{L}_N$ 是无记忆扩展信源 S^N 中每个符号 a_i 的平均码长，可见 $\overline{L}_N/N$ 仍是信源 S 中每一单个信源符号所需的平均码长。这里要注意 $\overline{L}_N/N$ 和 $\overline{L}$ 的区别。两者都是每个信源符号所需的码符号的平均数，但是，$\overline{L}_N/N$ 的含义是：为了得到这个平均值，不是对单个信源符号 s_i 进行编码，而是对 N 个信源符号的序列 a_i 进行编码。

第4章 信源编码与信道编码

无失真变长信源编码定理也称香农第一定理,它说明离散无记忆无噪声平稳信源存在有效的编码方法,人们可以通过这种编码来提高信息传输效率,而不会引起失真。

4.2.4 霍夫曼码

霍夫曼码是一种效率比较高的变长、无失真信源编码方法。首先介绍二进制霍夫曼码的方法,其编码步骤如下。

(1) 将信源符号按概率从大到小的顺序排列,为方便起见,令

$$p(x_1) \geqslant p(x_2) \geqslant \cdots \geqslant p(x_n) \tag{4-19}$$

(2) 给两个概率最小的信源符号 $p(x_{n-1})$ 和 $p(x_n)$ 各分配一个码位"0"和"1",将这两个信源符号合并成一个新符号,并用这两个最小的概率之和作为新符号的概率,结果得到一个只包含 $(n-1)$ 个信源符号的新信源。称为信源的第一次缩减信源,用 S_1 表示。

(3) 将缩减信源 S_1 的符号仍按概率从大到小的顺序排列,重复步骤(2),得到只含 $(n-2)$ 个符号的缩减信源。

(4) 重复上述步骤,直至缩减信源只剩两个符号为止,此时所剩两个符号的概率之和必为1。然后从最后一级缩减信源开始,依编码路径向前返回,就得到各信源符号所对应的码字。

【例 4.1】 设单符号离散无记忆信源如下,要求对信源编二进制霍夫曼码。

$$\begin{bmatrix} X \\ p(x_i) \end{bmatrix} = \begin{Bmatrix} x_1 & x_2 & x_3 & x_4 & x_5 & x_6 & x_7 & x_8 \\ 0.4 & 0.18 & 0.1 & 0.1 & 0.07 & 0.06 & 0.05 & 0.04 \end{Bmatrix}$$

解:编码过程如图 4.5 所示。将图 4.5 左右颠倒过来重画一下,即可得到二进制霍夫曼码的码树,如图 4.6 所示。

需要特别强调的是,在图 4.5 中读取码字的时候,一定要从上往下读取,此时编出来的码字才是可分离的。若从下往上读取码字,则码字不可分离。以 x_8 为例,从下往上读取,它的编码链的概率顺序为 $0.04 \rightarrow 0.09 \rightarrow 0.19 \rightarrow 0.37 \rightarrow 0.6$;从上往下读取,它的编码链的概率顺序为 $0.6 \rightarrow 0.37 \rightarrow 0.19 \rightarrow 0.09 \rightarrow 0.04$,对应的编码链顺序为 $0 \rightarrow 0 \rightarrow 0 \rightarrow 1 \rightarrow 1$;从上往下读取,$x_7$ 的编码链的概率顺序为 $0.6 \rightarrow 0.37 \rightarrow 0.19 \rightarrow 0.09 \rightarrow 0.04$,对应的编码链顺序为 $0 \rightarrow 0 \rightarrow 0 \rightarrow 1 \rightarrow 0$。

在本例中,信源的熵为

$$H(X) = -\sum_{i=1}^{8} p(x_i) \log_2 p(x_i) = 2.55 (\text{比特}/\text{符号})$$

平均码长为

$$\overline{L} = \sum_{i=1}^{8} p(x_i) l_i = 0.4 \times 1 + (0.18 + 0.1) \times 3 + (0.10 + 0.07 + 0.06) \times 4 + (0.05 + 0.04) \times 5 = 2.61$$

编码效率

$$\eta = \frac{H(X)}{\overline{L}} = \frac{2.55}{2.61} = 97.7\%$$

若采用定长编码,码长 $L = 3$,则编码效率

$$\eta = \frac{2.55}{3} = 85\%$$

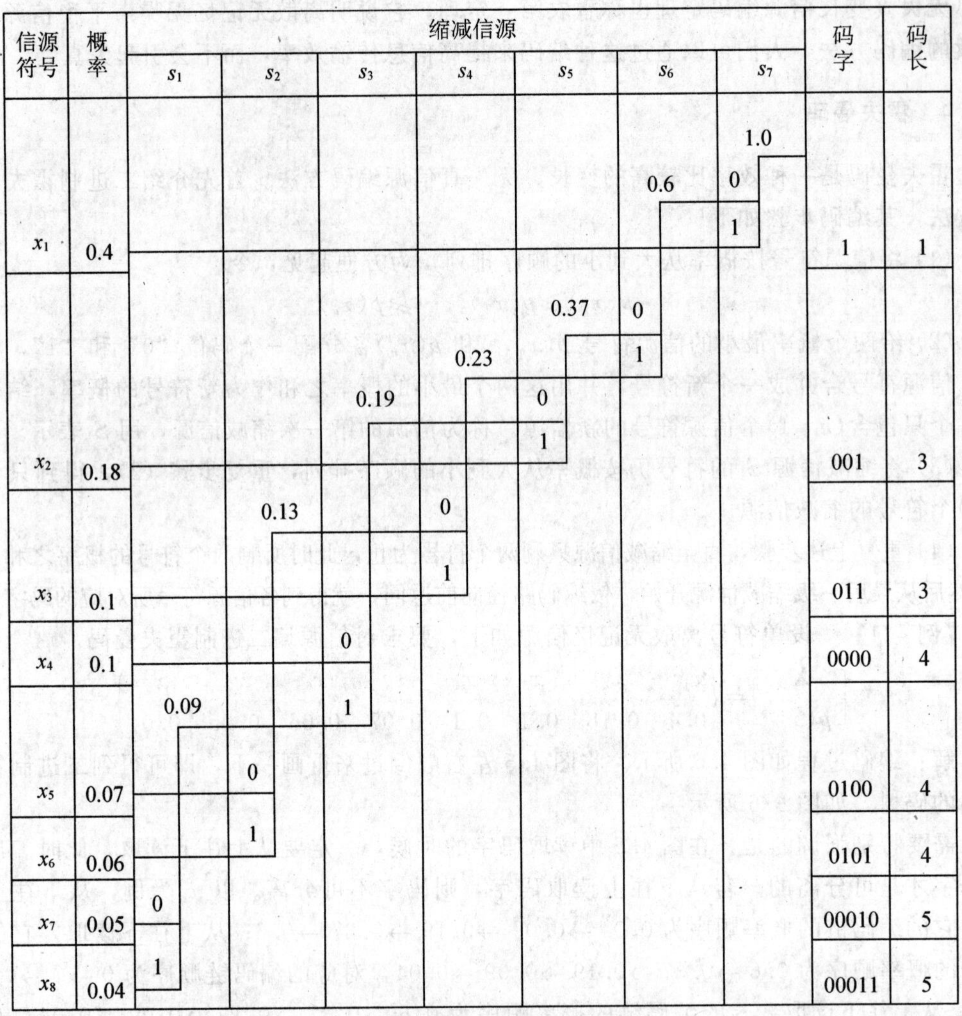

信源符号	概率	缩减信源							码字	码长
		s_1	s_2	s_3	s_4	s_5	s_6	s_7		
x_1	0.4						0.6 0	1.0 1	1	1
x_2	0.18				0.19 0	0.23 0	0.37 1		001	3
x_3	0.1			0.13 0		1			011	3
x_4	0.1		0.09 0	1	0 1				0000	4
x_5	0.07		0						0100	4
x_6	0.06		1						0101	4
x_7	0.05	0							00010	5
x_8	0.04	1							00011	5

图 4.5 二进制霍夫曼码编码过程

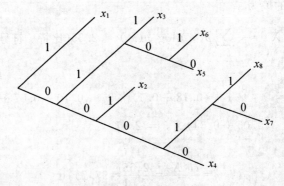

图 4.6 二进制霍夫曼树

可见霍夫曼码的编码效率提高了 12.7%。

霍夫曼码的编法并不是唯一的。首先,每次对缩减信源两个概率最小的符号分配"0"

第4章 信源编码与信道编码

和"1"码元是任意的,所以可得到不同的码字。只要在各次缩减信源中保持码元分配的一致性,即能得到可分离码字。不同的码元分配,得到的具体码字不同,但码长 l_i 不变,平均码长 $\bar{L}$ 也不变,所以没有本质区别。其次,缩减信源时,若合并后的新符号概率与其他符号概率相等,从编码方法上来说,这几个符号的次序可任意排列,编出的码都是正确的,但得到的码字不相同。不同的编法得到的码字长度 l_i 也不尽相同。

【例 4.2】 对单符号离散无记忆信源

$$\begin{bmatrix} X \\ P(X) \end{bmatrix} = \begin{Bmatrix} x_1 & x_2 & x_3 & x_4 & x_5 \\ 0.4 & 0.2 & 0.2 & 0.1 & 0.1 \end{Bmatrix},$$

用两种不同的方法对其编二进制霍夫曼码。

解:(1)方法一:合并后的新符号排在其他相同概率符号的后面,编码过程如图 4.7 所示。相应的码树如图 4.8 所示。

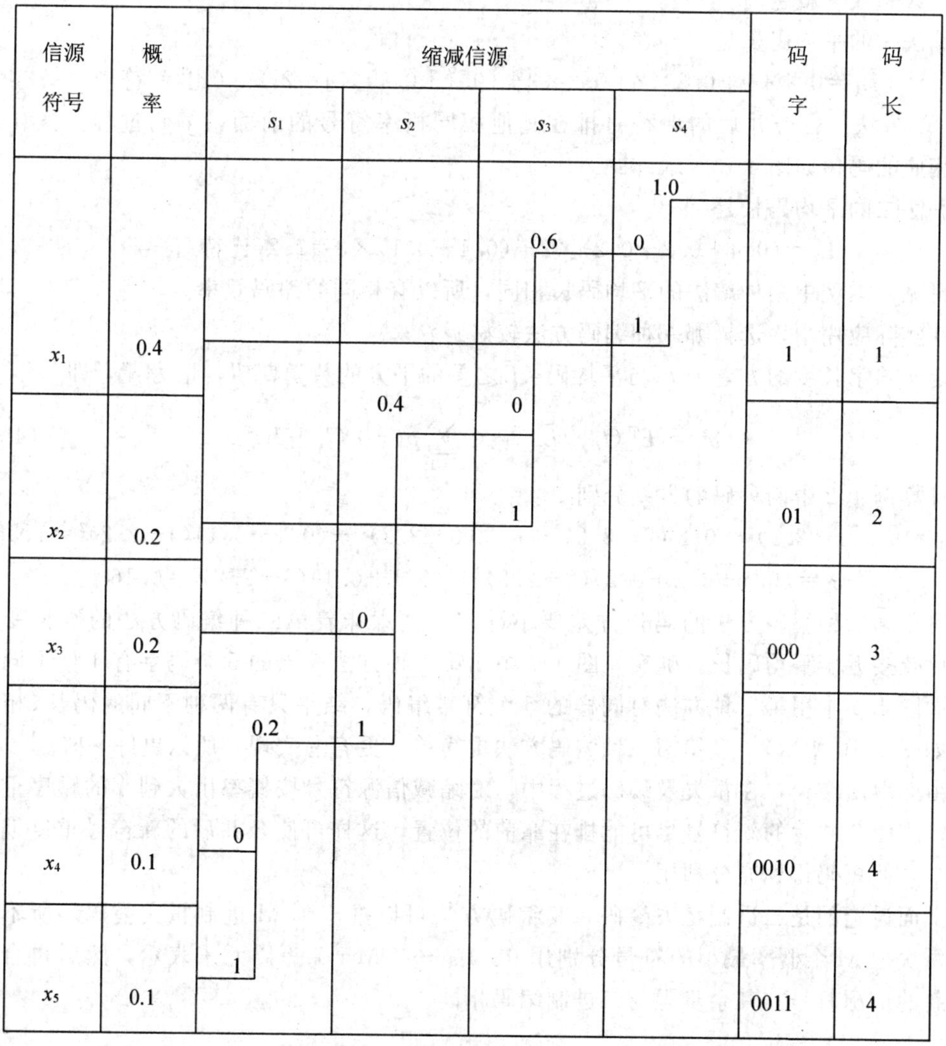

信源符号	概率	缩减信源				码字	码长
		s_1	s_2	s_3	s_4		
x_1	0.4			0.6 → 0	1.0 → 0	1	1
x_2	0.2		0.4 → 0		1	01	2
x_3	0.2	0	1			000	3
x_4	0.1	0.2 → 0	1			0010	4
x_5	0.1	1				0011	4

图 4.7 霍夫曼码的编法一

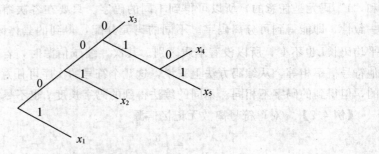

图 4.8 霍夫曼码的编码树一

对于单符号信源编二进制霍夫曼码,编码效率主要取决于信源熵和平均码之比。对相同的信源编码,其熵是一样的。采用不同的编法,得到的平均码长可能不同。显然,平均码长越短,编码效率就越高。

编法一的平均码长是

$$\overline{L}_1 = 0.4 \times 1 + 0.2 \times 2 + 0.2 \times 3 + (0.1 + 0.1) \times 4 = 2.2 \quad (比特/符号)$$

(2) 方法二:合并后的新符号排在其他相同概率符号的前面,编码过程如图 4.7 所示,相应的码树如图 4.8 所示。

编法二的平均码长是

$$\overline{L}_2 = (0.4 + 0.2 + 0.2) \times 2 + (0.1 + 0.1) \times 3 = 2.2 (比特/符号)$$

可见,本例中两种编法的平均码长相同,所以有相同的编码效率。

在实际应用中,选择哪一种编码方法较好呢?

定义码字长度的方差为 l_i 与平均码长 $\overline{L}$ 之差的平方的数学期望,记为 σ^2,即

$$\sigma^2 = E[(l_i - \overline{L})^2] = \sum_{i=1}^{n} p(x_i)(l_i - \overline{L})^2 \quad (4-20)$$

计算例 4.2 中两种码的方差分别得

$$\sigma_1^2 = 0.4(1-2.2)^2 + 0.2(2-2.2)^2 + 0.2(3-2.2)^2 + (0.1+0.1)(4-2.2)^2 = 1.36$$

$$\sigma_2^2 = (0.4+0.2+0.2)(2-2.2)^2 + (0.1+0.1)(3-2.2)^2 = 0.16$$

可见第二种编码方法的码长方差要小许多。这意味着第二种编码方法的码长变化较小,比较接近于平均码长。确实,图 4.7 中用第一种方法编出的 5 个码字有 4 种不同的码长,而图 4.9 中用第二种方法对同样的 5 个符号编码,结果只有两种不同的码长(相应的码树如图 4.10 所示)。显然第二种编码方法更简单、更容易实现,所以更好一些。

由此得出结论,在霍夫曼编码过程中,对缩减信源符号按概率由大到小的顺序重新排列时,应使合并后的新符号尽可能排在靠前的位置,这样可使合并后的新符号重复编码次数减少,使短码得到充分利用。

上面讨论的是二进制霍夫曼码,其编码方法可以推广到 M 进制霍夫曼码。所不同的只是每次把 M 个概率最小的符号分别用 0、1、…、M-1 等码元来表示,然后再合并成一个新的信源符号。其余步骤与二进制编码相同。

信源符号	概率	缩减信源				码字	码长
		s_1	s_2	s_3	s_4		
x_1	0.4	0.2	0.4	0.6	1.0	00	2
x_2	0.2		0	0		10	2
x_3	0.2		1			11	2
x_4	0.1	0				010	3
x_5	0.1	1				011	3

图 4.9 霍夫曼码的编法二

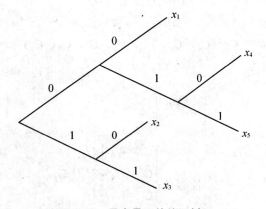

图 4.10 霍夫曼码的编码树二

4.3 信道编码

4.3.1 信道编码的定义

信道编码是为了保证通信系统的传输可靠性,克服信道中的噪声和干扰,专门设计的一类抗干扰技术和方法。它根据一定的(监督)规律在待发送的信息码元中(人为地)加入一些必要的(监督)码元,在接收端利用这些监督码元与信息码元之间的(监督)规律,发现和纠正差错,以提高信息码元传输的可靠性。称待发送的码元为信息码元,人为加入的多余码元为监督(或校验)码元。信道编码的目的是:试图以最少的监督码元为代价,最大程度地换取可靠性提高。

4.3.2 信道编码的分类

(1) 从功能上看可以分为以下3类。①仅具有发现差错功能的检错码,如循环冗余校验 CRC 码、自动请求重传 ARQ 等;②具有自动纠正差错功能的纠错码,如循环码中 BCH 码、RS 码以及卷积码、级联码、Turbo 码等;③既能检错又能纠错的信道编码,最典型的是混合 ARQ,又称为 HARQ。

(2) 从结构和规律上分两大类。①线性码:监督关系方程是线性方程的信道编码称为线性码,目前大部分实用化的信道编码均属于线性码,比如线性分组码、线性卷积码都是经常采用的信道编码;②非线性码:一切监督关系方程不满足线性规律的信道编码均称为非线性码。

4.3.3 线性分组码

以最简单的(7,3)码线性分组码为例说明。这种信息码元以每3位一组进行编码,即输入编码器的信息位长度 $k=3$ 完成编码后输出编码器的码组长度为 $n=7$,显然监督位长度 $n-k=7-3=4$ 位,编码效率 $\eta=k/n=3/7$。(7,3)线性分组码的编码方程输入信息码组为

$$\boldsymbol{U}=(U_0, U_1, U_2) \tag{4-21}$$

输出的码组为

$$\boldsymbol{C}=(C_0, C_1, C_2, C_3, C_4, C_5, C_6) \tag{4-22}$$

编码的线性方程组为

$$\begin{cases} \text{信息位} \begin{cases} C_0=U_0 \\ C_1=U_1 \\ C_2=U_2 \end{cases} \\ \text{监督位} \begin{cases} C_3=U_0 \oplus U_2 \\ C_4=U_0 \oplus U_1 \oplus U_2 \\ C_5=U_0 \oplus U_1 \\ C_6=U_1 \oplus U_2 \end{cases} \end{cases} \tag{4-23}$$

可见，输出的码组中，前 3 位即为信息位，后 4 位是监督位，它是前 3 个信息位的线性组合。将式(4-22)写成相应的矩阵形式为

$$C=(C_0,C_1,C_2,C_3,C_4,C_5,C_6)=(U_0,U_1,U_2)\begin{bmatrix}1&0&0&1&1&1&0\\0&1&0&0&1&1&1\\0&0&1&1&1&0&1\end{bmatrix}=U \cdot G$$

(4-24)

若 $G=(I:Q)$，其中 I 为单位矩阵，则称 C 为系统(组织)码。G 为生成矩阵，可见已知信息码组 U 与生成矩阵 G，即可生成码组(字)。生成矩阵主要用于编码器产生码组(字)。

-1. 监督方程组

若将式(4-23)中的后 4 位监督方程组改为

$$\begin{cases}C_3=U_0\oplus U_2=C_0\oplus C_2\\C_4=U_0\oplus U_1\oplus U_2=C_0\oplus C_1\oplus C_2\\C_5=U_0\oplus U_1=C_0\oplus C_1\\C_6=U_1\oplus U_2=C_1\oplus C_2\end{cases}$$

(4-25)

并将它进一步改写为

$$\begin{cases}C_0\oplus C_2\oplus C_3=0\\C_0\oplus C_1\oplus C_2\oplus C_3=0\\C_0\oplus C_1\oplus C_3=0\\C_1\oplus C_2\oplus C_6=0\end{cases}$$

(4-26)

将上述线性方程改写为下列矩阵形式为

$$\begin{bmatrix}1&0&1&1&0&0&0\\1&1&1&0&1&0&0\\1&1&0&0&0&1&0\\1&1&1&0&0&0&1\end{bmatrix}\begin{bmatrix}C_0\\C_1\\C_2\\C_3\\C_4\\C_5\\C_6\end{bmatrix}=\begin{bmatrix}0\\0\\0\\0\end{bmatrix}$$

(4-27)

它可以表示为：

$$H \cdot C^T=0^T$$

(4-28)

称 H 为监督矩阵，若 $H=(P:I)$，其中 I 为单位矩阵，则称 C 为系统(组织)码。监督矩阵多用于译码。

3. 校正(伴随)子方程

若在接收端，接收信号为

$$Y=(y_0,y_1,\cdots,y_{n-1})$$

(4-29)

且

$$Y = X + n = C \oplus e \tag{4-30}$$

其中：$C = (C_0, C_1, \cdots, C_{n-1})$为发送的码组，$e = (e_0, e_1, \cdots, e_{n-1})$为传输中的误码。由 $H \cdot C^T = 0^T$ 可知，若传输中无差错，即 $e = 0$，则接收端必然要满足监督方程 $H \cdot C^T = 0^T$，若传输中有差错，即 $e \neq 0$，则接收端监督方程应改为

$$HY^T = H(C \oplus e)^T = HC^T \oplus He^T = He^T = S^T \tag{4-31}$$

由上式还可求得

$$S = (S^T)^T = (HY^T)^T = YH^T = CH^T + eH^T = eH^T \tag{4-32}$$

我们称式(4-31)和式(4-32)为校正子方程，接收端用它来译码。

4.3.4 循环码

1. 循环码的多项式表示

循环码具有循环推移不变性：若 C 为循环码，$C = (C_0, C_1, \cdots, C_{n-1})$，若将 C 左移、右移若干位性质不变，且具有循环周期 n。对任意一个周期为 n 的即 n 维的循环码一定可以找到一个唯一的 n 次码多项式表示，即在两者之间可以建立下列一一对应的关系，见表4-2。

表4-2 n元码组与n阶码多项式对应的关系

n元码组		n阶码多项式
$C = (C_0, C_1, \cdots, C_{n-1})$	↔	$C(X) = C_0 + C_1 X + \cdots + C_{n-1} X^{n-1}$
码组之间的模2运算	↔	码多项式间的乘积运算
有限域 $GF(2^k)$	↔	码多项式域 $F_2(x)$，$\mathrm{mod} f(x)$

上述对应关系可以应用下面的例子说明(表4-3)。

表4-3 n元码组与n阶码多项式对应的关系举例

$C = (11010)$	↔	$C(x) = 1 + x + x^3$
右移一位为 0 1 1 0 1	↔	$xC(x) = x + x^2 + x^4$
两者模2加 11010 $\oplus$ 01101 10111	↔	两码多项式相乘 $1 + x + x^3$ $\times\ 1 + x$ $\overline{1 + x + x^3}$ $\underline{x + x^2 + x^4}$ $1 + x^2 + x^3 + x^4$

由上述两者之间一一对应的同构关系可知，可以将在通常的有限域 $GF(2^k)$ 中的"同余"(模)运算进一步推广至多项式域，并进行多项式域中的"同余"(模)。运算如下

$$\frac{C(x)}{p(x)} = Q(x) + \frac{r(x)}{p(x)} \tag{4-33}$$

或写成

$$C(x) = r(x), \mathrm{mod}\ p(x) \tag{4-34}$$

其中，$C(x)$为码多项式，$p(x)$为素(不可约)多项式，$Q(x)$为商，$r(x)$为余多项式。

2. 生成多项式和监督多项式

在循环码中，可将上面线性分组码的生成矩阵与监督矩阵进一步简化为对应的生成多项式 $g(x)$ 和监督多项式 $h(x)$。仍以 (7,3) 线性分组码为例，其生成矩阵可以表示为

$$G = \begin{bmatrix} 1 & 0 & 0 & 1 & 1 & 1 & 0 \\ 0 & 1 & 0 & 0 & 1 & 1 & 1 \\ 0 & 0 & 1 & 1 & 1 & 0 & 1 \end{bmatrix} \quad (4-35)$$

作初等变换后可得

$$G = \begin{bmatrix} 0 & 0 & 1 & 0 & 1 & 1 & 1 \\ 0 & 1 & 0 & 1 & 1 & 1 & 0 \\ 1 & 0 & 1 & 1 & 1 & 0 & 0 \end{bmatrix} = \begin{bmatrix} x^2 + x^4 + x^5 + x^6 \\ x + x^3 + x^4 + x^5 \\ 1 + x^2 + x^3 + x^4 \end{bmatrix}$$

$$= \begin{bmatrix} x^2(1 + x^2 + x^3 + x^4) \\ x(1 + x^2 + x^3 + x^4) \\ 1(1 + x^2 + x^3 + x^4) \end{bmatrix} = \begin{bmatrix} x^2 \cdot g(x) \\ x \cdot g(x) \\ 1 \cdot g(x) \end{bmatrix} \quad (4-36)$$

可见，利用循环特性，生成矩阵可以进一步简化为生成多项式。同理，监督矩阵亦可以进一步简化为监督多项式，不再赘述。

BCH 码是一类最重要的循环码，它能在一个信息码元分组中纠正多个独立的随机差错，它具有纠错能力强、构造方便、编译码较易实现等一系列优点。BCH 码的生成多项式 $g(x)$ 为

$$g(x) = \text{LCM}[m_1(x), m_3(x), \cdots, m_{2t-1}(x)] \quad (4-37)$$

其中：t 为纠错的个数，$m_i(t)$ 为素(不可约)多项式，LCM 为最小公倍操作。BCH 码的最小距离为 $d \geqslant d_0 = 2t+1$，其中 d_0 为设计距离，t 为能纠正的独立随机差错的个数。BCH 码可以分为两类：码长 $n=2^m-1$ 的因子，称为本原 BCH 码或称为狭义 BCH 码；码长为 $n=2^m-1$ 的因子，称为非本原 BCH 码，或称为广义 BCH 码。

RS(Reed-Soloman)码，它是一种特殊的非二进制 BCH 码。$q=2^m(m>1)$，码元符号取自 $GF(2^m)$ 的多进制 RS 码，可用来纠正突发差错。将输入信息分为 km 比特为一组，每组 k 个符号，而每个符号由 m 比特组成，而不是 BCH 码的单比特。其码长 $n=2^m-1$ 符号或 $m(2^m-1)$ 比特，信息段 k 个符号或 km 比特，监督段 $n-k=2t$ 个符号或 $m(n-k)=2mt$ 比特，最小距离 $d_{\min}=2t+1$。

4.3.5 检错码

循环码特别适合于检错，这是由于它既有很强的检错能力，同时实现也比较简单。循环冗余监督 CRC(Cyclic Redundancy Check) 码就是常用的检错码。它能发现突发长度小于 $n-k+1$ 的突发错误，能发现突发长度等于 $n-k+1$ 的突发错误，其中不可检测错误为 $2-(n-k-1)$；能发现大部分突发长度大于 $n-k+1$ 的突发错误，其中不可检测错误为 $2-(n-k)$，能发现所有与许用码组码距不大于最小距离 $d_{\min}-1$ 的错误以及所有奇数个错误。已成为国际标准的常用 CRC 码有以下 4 种。

CRC-12：其生成多项式为
$$g(x)=1+x+x^2+x^3+x^{11}+x^{12} \tag{4-38}$$

CRC-16：其生成多项式为
$$g(x)=1+x^2+x^{15}+x^{16} \tag{4-39}$$

CRC-CCITT：其生成多项式为
$$g(x)=1+x^5+x^{12}+x^{16} \tag{4-40}$$

CRC-32：其生成多项式为
$$g(x)=1+x+x^2+x^4+x^5+x^7+x^8+x^{10}+x^{11}+x^{12}+x^{16}+x^{22}+x^{23}+x^{26}+x^{32}$$
$$\tag{4-41}$$

其中 CRC-12 用于字符长度为 6bit 的情况，其余 3 种均用于 8bit 字符。

4.3.6 卷积码

数字化移动信道中传输过程会产生随机差错，也会出现成串的突发差错。上面讨论的各种编码主要用来纠正随机差错，卷积码既能纠正随机差错也具有一定的纠正突发差错的能力。纠正突发差错主要靠交织编码来解决。在 CDMA 移动通信系统中采用了卷积码编码。因此，下面讨论卷积码的编码原理及纠错原理。

卷积码也是分组的，但它的监督元不仅与本组的信息元有关，而且还与前若干组的信息元有关。这种码的纠错能力强，不仅可纠正随机差错，而且可纠正突发差错。卷积码根据需要，有不同的结构及相应的纠错能力，但都有类似的编码规律。图 4.11 为 (3, 1) 卷积码编码器，它由 3 个移位寄存器（D）和两个模 2 加法器组成。每输入一个信息元 m_j，就编出两个监督元 p_{j1}、p_{j2}，顺次输出成为 m_j、p_{j1}、p_{j2}，码长为 3，其中信息元只占 1 位，构成卷积码的一个分组（即 1 个码字），称作 (3, 1) 卷积码。

由图可知，监督元 p_{j1}、p_{j2} 不仅与本组输入的信息元 m_j 有关，还与前几组已存入到寄存器的信息元 m_{j-1}、m_{j-2} 和 m_{j-3} 有关。由图 4.11 可知，其关系式为

$$p_{j1}=m_j \oplus m_{j-1} \oplus m_{j-3}$$
$$p_{j2}=m_j \oplus m_{j-1} \oplus m_{j-2}$$

称为该卷积码的监督方程。

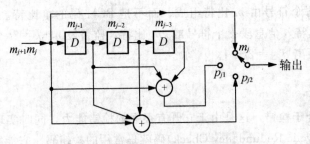

图 4.11 (3, 1) 卷积码编码器

图 4.12 所示为 (2, 1) 卷积码、约束长度 $k=2$ 的编码器和解码器，它可在 4 比特范围内纠正一个差错。图 4.12(a) 为编码器，每输入一个信息元 (m_j)，编码输出为 m_j、p_j，其中 p_j 为

$$p_j=m_j \oplus m_{j-1} \tag{4-42}$$

式中：m_{j-1} 为 m_j 之前的信息元。

假定输入信息元序列为 100（1 为先输入），经过编码输出为 110100（其中 1 为最先输出）。下面具体分析它的编码过程。编码开始前，先对移位寄存器进行复位（即置 0）。当输入第 1 个信息元"1"时，输出为 1，由于 $p_j=1 \oplus 0=1$，输出开关接到 p_j，输出又为 1。输出端开关速率是信息元速率的两倍，即每输入一个信息元，开关同步地转换一次。因此，上述过程可写成：输入 $m_j=1$，$p_j=1\oplus 0=1$，所以输出为 11；输入 $m_{j+1}=0$，$p_{j+1}=m_{j+1}\oplus m_j=0\oplus 1=1$，所以输出为 01；输入 $m_{j+2}=0$，$p_{j+2}=m_{j+2}\oplus m_{j+1}=0\oplus 0=0$，所以输出为 00。

下面讨论译码过程。参见图 4.12(b) 所示的译码器电路，它包括两个移位寄存器，其中一个用于本地编码器，另一个用于伴随子寄存器。由图可列出下列关系式

$$\begin{aligned} s_j &= p_j \oplus p'_j \\ s_o &= s_j \oplus s_{j-1} \\ \hat{m}_j &= m_j \oplus s_o \end{aligned} \qquad (4-43)$$

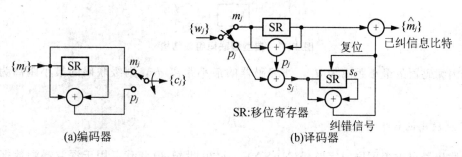

图 4.12　(2,1)卷积码($k=2$)

卷积码的译码方法可分为代数译码和概率译码两大类。代数译码方法完全基于它的代数结构，也就是利用生成矩阵和监督矩阵来译码，在代数译码中最主要的方法就是大数逻辑译码。概率译码比较常用的有两种，一种叫序列译码，另一种叫维特比译码法。虽然代数译码所要求的设备简单，运算量小，但其译码性能（误码）要比概率译码方法差许多。因此，目前在数字通信的前向纠错中广泛使用的是概率译码方法。

4.3.7　级联码

1. 基本概念

级联码是由短码串行级联构造长码的一类特殊、有效的方法。用这种方法构造出的长码不需要像单一结构构造长码时那样复杂的编、译码设备。而性能一般优于同一长度的长码，因此得到广泛的重视和应用。级联码从原理上分为两类，一类为串行级联码，一般就称它为级联码，也即本节将要介绍的内容；另一种是并行级联，这就是后面将要介绍的 Turbo 码。当然从结构上看还有串、并联相结合的混合级联码。Forney 当初提出的是一个由两级串行的级联码，其结构为：$(n,k) = [n_1 \times n_2, k_1 \times k_2] = [(n_1,k_1),(n_2,k_2)]$，它是由两个短码 (n_1,k_1)，(n_2,k_2) 串接构成一个长码 (n,k)，称 (n_1,k_1) 为内码，(n_2,k_2) 为外码。若总数据输入位 k 由若干个字节组成，则 $k=k_1\times k_2$，即有 k_2 个字节，

每个字节含有 $k_1=8$ 位,这时 (n_1,k_1) 主要负责纠正字节内(8 位内)随机独立差错,(n_2,k_2) 则负责纠正字节之间和字节内未纠正的剩余差错。

从原理上看,内码 (n_1,k_1)、外码 (n_2,k_2) 采用何种类型的纠错码是可以任意选取的,两者既可以是同一个类型,也可以是不同类型。目前最典型的采用最多的组合是 (n_1,k_1) 选择纠随机独立差错性能强的卷积码,而 (n_2,k_2) 则选择性能更强纠突发差错为主的 RS 码。

下面就以最典型两级串接的级联码为例,给出典型结构如图 4.13 所示。

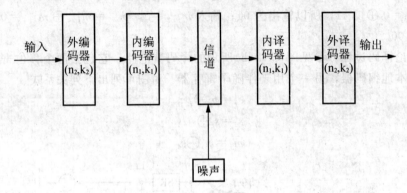

图 4.13 典型级联码组成结构

若内编码器的最小距离为 d_1,外编码器的最小距离 d_2,则级联码的最小距离为 $d=d_1 \times d_2$。

2. 级联码的标准与性能

级联码最早被美国国家宇航局(NASA),在 20 世纪 80 年代,用于深空遥测数据的纠错中。1984 年 NASA 采用 (2,1,7) 卷积码作为内码,(255,223)RS 码作为外码构成级联码。并在内、外码之间加上一个交织器,其交织深度大约 2 至 8 个外码块,其性能达到当 $E_b/N_0=2.53\text{dB}$,其比特误码率 $P_b \leqslant 10^{-6}$,后来 NASA 以该码为参数标准于 1987 年制定了 CCSDS 遥测系列编码标准。由 (2,1,7) 卷积码与 (255,223)RS 码构成的典型级联码组成框图如图 4.14 所示。

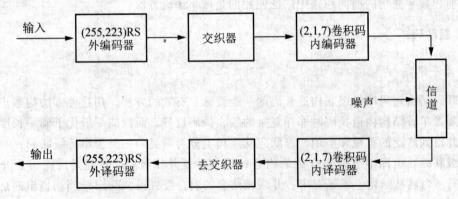

图 4.14 CCSDS 标准典型级联码结构

下面给出一些典型级联码的性能曲线,如图 4.15 所示。

第4章 信源编码与信道编码

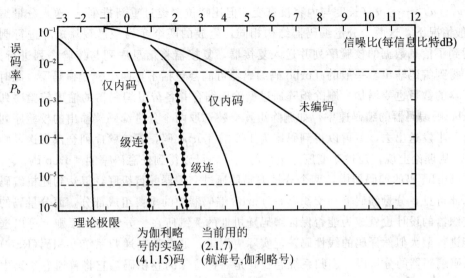

图 4.15 典型级联码的性能曲线

4.3.8 Turbo 码

Turbo 码,又称为并行级联卷积码(PCCC),是由法国人 C. Berrou 和 A. Glavieux 在 1993 年的 ICC 国际会议上首次提出的。它巧妙地将卷积码和随机交织器结合在一起,实现了随机编码的思想,同时,采用软输出迭代译码来逼近最大似然译码。模拟结果表明,采用大小为 65 535 的随机交织器,并进行 18 次迭代,则在 $E_b/N_b \geqslant 0.7 \text{dB}$ 时,码率为 1/2 的 Turbo 码在 AWGN 信道上误比特率(BER)不大于 10^{-5},而对应 1/2 码率的香农极限是 0.18dB,只差约 0.5dB,抗误码性能十分优越。在 IMT-2000 标准中,Turbo 码也成为一种推荐的信道编码方案。

1. Turbo 码的编码原理

典型的 Turbo 码编码器由两个相同的分量编码器、交织器、删除矩阵以及复接器组成,其结构原理框图如图 4.16 所示。

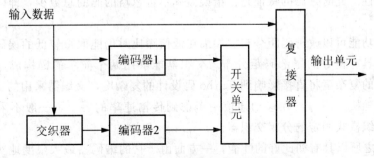

图 4.16 Turbo 编码器结构原理框图

信源传来的数据 $u = u_1, u_2, \cdots, u_N$ 在进入编码器后,分为 3 路,一路信息序列直接进入复接器,一路送入分量编码器 1,还有一路经过一个 N 位的交织器,形成一个新的序

列 $u = u'_1, u'_2, \cdots, u'_N$（长度与内容没有变，但比特位置经过重新排列），送入分量编码器2。一般情况下，这两个分量编码器结构相同，生成的两个序列经过删除矩阵进行删除合并，得到了信息数据的校验序列并送入复接器，复接器将信息序列与校验序列进行并/串转换，得到编码输出。一般的 Turbo 码编码器可能会包括不止两个分量编码器，此时相应的交织器的数目也要增加。删除矩阵通过删除压缩合并各分量编码器的输出校验序列来调整 Turbo 码编码器的编码速率，如删除矩阵交替选取两个分量编码器输出的校验序列，使得各有一半发送出去，就可以得到码率为 1/2 的 Turbo 码，若校验序列全部发送，则码率为 1/3。从理论上说，通过改变删除矩阵的设计，可以得到任意码率的 Turbo 码。

在 Turbo 码的编码器中，两个分量编码器通过交织器并行级联，以达到随机编码的目的。由此可见，分量编码器和交织器是 Turbo 编码器中的重要组成部分，而分量码的选择以及交织器的设计也就成为能否保证编码随机性的关键所在。分量码在原则上可以选用任意的能进行最大似然译码的线性码，但实际应用中，通常选择递归系统卷积码（RSC）作为 Turbo 码编码器的分量码。递归系统卷积码是一种特殊的卷积码，它将普通卷积码中的一路输出作为反馈叠加到输入端，因此也称为迭代系统卷积码。

分量编码器通常采用递归系统卷积编码器。首先是因为 RSC 编码器生成卷积码，这就意味着信息组经过编码器后保持不变，当全面考虑各分量编码器输出的时候，由于系统输出相同，可以直接删去其中的冗余部分，以免重复发送；其次是因为选用 RSC 编码可以提高 Turbo 码系统的自由距离，提供较大的交织器增益，从而使 Turbo 码的性能大大提高。由于交织器的存在，可以看出 Turbo 码的编码是面对固定大小的分块信息的，也就是说，Turbo 码是以帧为单位进行编码的。良好的交织器设计可以使前后交织的信息序列的相关性降得很低，达到随机编码的目的。Turbo 码编码器中的交织器虽然只是在第二分量编码器中将 N 个比特的位置进行置换，但却起着关键的作用，Turbo 码的纠错性能在很大程度上取决于它所采用的交织器的类型和长度。

Turbo 码以及大多数在实际中已经应用的纠错编码都是线性码，线性码的一个重要特点是所有码的码距分布都是相同的。当信噪比较高时，噪声引起的码距离空间位置的偏移较小，错译的概率随信噪比的增加而迅速下降；当在低信噪比条件下应用时，噪声引起的码距离空间位置偏移较大，成为错译的重要因素，此时码距分布比最小码距对码的性能影响更具决定性。此时好码的特征是：错误概率不可忽略的码的总数少，即码距分布的尾部很小。

交织器的功能可以改善码距分布。如果在低信噪比时仍能取得较低的误码率，那么好的编码器应该具有良好的尾部码距分布。交织器能够用两个简单的码构成一个好码。然而，交织类型的复杂度将直接影响到 Turbo 码设计的复杂度，交织器采用的交织方案一般有分组交织、随机交织等。在移动通信中考虑到传输速率的要求，一般不采用随机交织器，而采用交织模式固定的分组交织器。

Turbo 码之所以具有如此好的性能，一方面由于它的编码器最大限度地实现了随机化编码，另一方面则在于译码端所采用的最佳的最大似然译码算法以及软输入软输出（SISO）译码器的迭代反馈译码结构。

2. Turbo 码的译码原理

Turbo 码的译码器由两个相同的软输入软输出译码器、交织器和相应的解交织器组成,其基本结构原理框图如图 4.17 所示。

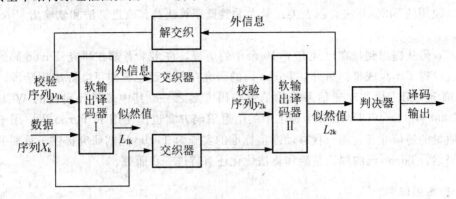

图 4.17 Turbo 码译码器原理框图

两个 SISO 译码器之间是依靠反馈附加的外信息建立相互联系的。其中 SISO 译码器完成 RSC 编码器的译码,也是 Turbo 译码器中的核心模块,其性质直接影响整个译码器的性能。软输入指的是译码模块的输入信息为经过软判决解调的数据,而不是判决后的二进制序列 0 与 1;而软输出指的是译码模块的输出值也不是判决后的二进制序列,而是对于接收序列进行译码后的一个似然概率值,因此最后在输出之前还要经过硬判决。

Turbo 码译码器中的交织器与 Turbo 码编码器中的交织器的交织序列是一致的:在编码端,交织器的作用是使两个 RSC 编码器趋于相对独立;而在译码端,交织器和相应的解交织器则是连接两个 SISO 译码器的桥梁。

Turbo 码译码器的完整译码过程为:首先对从信道接收到的序列进行串/并变换,分离出信息序列和校验序列 1、2。对于码率为 1/3 的 Turbo 码,两个 RSC 编码器输出的校验系列被完全传送,因此在接收端不需要改动;而对于其他码率的 Turbo 码,如 1/2 码率,两个校验序列经过删除矩阵后,分别被删去了部分校验位,因此在接收端对应位应填 0。译码器 1 输入的是先验概率信息(对于第一次迭代过程,初始值置 0)、接收的未编码信息序列(以交织长度为单位帧长输入)和校验序列 1,经过 SISO 译码后输出后验概率(即外部信息 1)。由于外部信息与先验信息以及输入相应的系统信息无关,而且译码器 1 没有利用校验序列 2,因此译码器 1 的输出仅在交织后作为译码器 2 的先验信息输入,而不能用做对信息序列的判决。

同时接收的信息序列经过交织器处理后,和校验序列 2 也作为译码器 2 的输入。其中交织的作用是使在所有时刻的先验信息、接收信息和校验信息相对应。译码器 2 产生新的外部信息 2 和似然函数比 2,其中外部信息再次经解交织后作为译码器 1 的先验信息输入,从而形成了译码的迭代过程。而译码器 2 的输入包含了检验序列 1 和 2 的全部信息,故在经过若干次迭代后,译码器 2 的软输出(似然函数比 2)经过解交织,并做硬判决,成为输入信息序列的 Turbo 译码输出结果,完成译码。循环迭代结构的形成就是由外信息在两个 SISO 译码器之间的传输形成的。在外信息的作用下,一定信噪比下的误比特率将随迭次数的增加而下降。同时,外信息与内信息的相关性也逐渐增大,外信息所提供的纠错能力逐渐减弱。在循环一定次数后,译码性能不再提高,达到饱和,一般迭代8次左右。由于这种将输出反馈到前端的迭代结构类似于汽轮机的工作原理,因此将其命名为Turbo码。

通常使用的SISO算法有两大类:最大后验概率算法及其改进算法和软输出Viterbi译码算法。

Turbo码从提出到现在已经有了10余年的历程,许多学者都在研究Turbo码的理论依据,且取得了不少成果。另外,Turbo码的研究在各方面也走向了实际应用阶段,Turbo码被确定为第三代移动通信系统的信道编码方案之一。其中最具代表性的WCDMA、CDMA2000和TD-SCDMA 3个标准中的信道编码方案也都使用了Turbo码,用于高速率、高质量的通信业务,第三代移动通信标准的实施为Turbo码的研究提供了重要的应用背景。当然,Turbo码的理论基础和算法优化还有待进一步研究。

4.3.9 交织编码

交织编码主要用来纠正突发差错,即使突发差错分散成为随机差错而得到纠正。通常,交织编码与上述各种纠正随机差错的编码(如卷积码或其他分组码)结合使用,从而具有较强的既能纠正随机差错又能纠正突发差错的能力。交织编码不像分组码那样,它不增加监督元,亦即交织编码前后,码速率不变,因此不影响有效性。在移动信道中,数字信号传输常出现成串的突发差错,因此,数字化移动通信中经常使用交织编码技术。

交织的方法为:一般在交织之前,先进行分组码编码,例如采用(7,3)分组码,其中信息位为3比特,监督位为4比特,每个码字为7比特。第一个码字为$c_{11}c_{12}c_{13}c_{14}c_{15}c_{16}c_{17}$,第二个码字为$c_{21}c_{22}\cdots c_{27}$,$\cdots$,第$m$个码字为$c_{m1}c_{m2}\cdots c_{m7}$。将每个码字按图4.18所示的顺序先存入存储器,即将码字顺序存入第1行,第2行,$\cdots$,第m行(图中为第1排,第2排,$\cdots$,第m排),共排成m行,然后按列顺序读出并输出。这时的序列就变为$c_{11}c_{21}c_{31}\cdots c_{m1}c_{12}c_{22}c_{32}\cdots c_{m2}c_{13}c_{23}c_{33}\cdots c_{m3}\cdots c_{17}c_{27}c_{37}\cdots c_{m7}$。

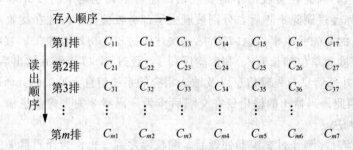

图4.18 交织的方法

下面以GSM系统中的交织方案为例进一步说明交织过程。如图4.19所示,在GSM交织方案实施中,交织分两次进行。第一次为比特间交织。语音编码器和信道编码器将每一20ms语音数字化并进行编码,提供456个比特,速率为22.8Kbps,将456比特按(57×8)交织矩阵分成8组,每组57比特就成为经矩阵交织后的离散编码比特分布。第二次交织为语音块间交织。一个普通突发脉冲(时隙)中可传输两组57比特的数据,GSM系统

第4章 信源编码与信道编码

将相邻两个 20ms 的语音块再进行交织,每一个 20ms 语音已成为 8 组 57 比特组,前一个 20ms 的第 5、6、7、8 组分别与后一个 20ms 的第 1、2、3、4 组结合,构成一个时隙(TS)的语音数据。

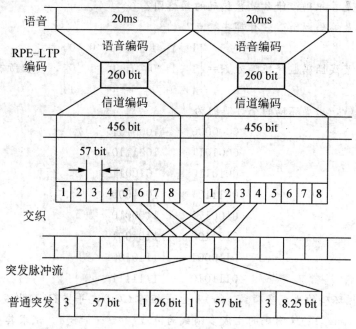

图 4.19 GSM 系统的语音交织

本 章 小 结

本章详细讨论了信源编码和信道编码的相关问题,信源编码部分主要包括等长码和等长信源编码定理、变长码和变长信源编码定理、霍夫曼编码;信道编码部分主要介绍了几种常用的信道编码方法,主要有:线性分组码、循环码、级联码、检错码、Turbo 码、卷积码和交织编码等。对各种编码方法的更深入的学习请参考相关著作。

习 题 4

4.1 为什么说信息传输其实就是语法信息传输,甚至主要是概率语法信息的传输?

4.2 简述信息传输的一般模型与基本模型的区别。

4.3 简述变换和还原变换的过程。

4.4 设二元霍夫曼码为(00,01,10,11)和(0,10,110,111),求出可以编得这一霍夫曼码的信源的所有概率分布。

4.5 论述香农第一编码定理,它说明了什么?

4.6 一信源符号位 $a = \{a_1, a_2, a_3, a_4, a_5\}$,各符号概率为 0.5、0.25、0.125、0.0625、0.0625,求其霍夫曼编码、信源熵及平均码长。

4.7 什么是线性码？它具有哪些重要性质？

4.8 什么是循环码？循环码的生成多项式如何确定？

4.9 什么是BCH码？什么是本源BCH码？什么是非本源BCH码？

4.10 什么是卷积码？什么是卷积码的网格图？

4.11 什么是编码调制？它有哪些特点？

4.12 已知某线性码监督矩阵为 $H = \begin{bmatrix} 1 & 1 & 1 & 0 & 1 & 0 & 0 \\ 1 & 1 & 0 & 1 & 0 & 1 & 0 \\ 1 & 0 & 1 & 1 & 0 & 0 & 1 \end{bmatrix}$，列出所有许用码组。

4.13 已知(7，4)循环码的全部码组为

```
0000000    1000101
0001011    1001110
0010110    1010011
0011101    1011000
0100111    1100010
0101100    1101001
0110001    1110100
0111010    1111111
```

试写出该循环码的生成多项式 $g(x)$ 和生成矩阵 $G(x)$，并将 $G(x)$ 化成典型阵。

4.14 已知(15，11)汉明码的生成多项式为 $g(x) = x^3 + x^2 + 1$，试求其生成矩阵和监督矩阵。

已知(7，3)循环码的监督关系式为

$$x_6 + x_3 + x_2 + x_1 = 0$$
$$x_5 + x_2 + x_1 + x_0 = 0$$
$$x_6 + x_5 + x_1 = 0$$
$$x_5 + x_4 + x_0 = 0$$

试求该循环码的生成矩阵和监督矩阵。

4.15 已知 $k=1$，$n=2$，$N=4$ 的卷积码，其基本生成矩阵为 $g = [11010001]$。试求该卷积码的生成矩阵 G 和监督矩阵 H。

4.16 试画出(2，1)卷积编码器的原理图。假定输入的信息序列为01101(0为先输入)，试画出编码器输出的序列。

4.17 Turbo编码器中，交织器的作用是什么？它对译码器的性能有何影响？

4.18 在图4.16所示的Turbo码编码器中，如果输入序列为{111000111010110}，经过交织后的序列为{010110111010101}，试给出码率分别为1/2、1/3、1/4和1/5的输出符号序列。

第5章 多址接入技术

本章知识架构

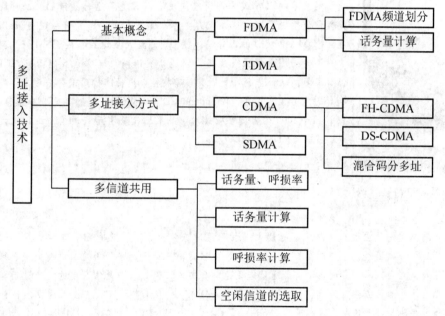

本章教学目标与要求

- 了解多址接入技术的基本概念
- 掌握话务量概念及其计算
- 掌握频分多址技术原理
- 掌握时分多址技术原理
- 掌握码分多址技术原理
- 了解空分多址技术原理

移动通信

→ 引言

当把多个用户接入一个公共的传输媒质实现相互间通信时,需要给每个用户的信号赋予不同的特征,以区分不同的用户,这种技术称为多址技术。众所周知,移动通信是依靠无线电波来传输信号的,具有大面积覆盖的特点。因此通信网内一个用户发射的信号其他用户均可接收到。网内用户如何能从接收的信号中识别出发送给自己的信号就成为建立连接的首要问题。在蜂窝通信系统中,移动台是通过基站和其他移动台进行通信的,因此必须对移动台和基站的信息加以区别,基站能区分是哪个移动台发来的信号,而各移动台又能识别出哪个信号是发给自己的。要解决这个问题,就必须给每个信号赋予不同的特征,这就是多址接入技术要解决的问题。多址接入技术是移动通信的基本技术之一。

案例 5.1

CDMA(Code Division Multiple Access)又称码分多址,是在无线通信上使用的技术。CDMA 允许所有使用者同时使用全部频带(1.2288MHz),且把其他使用者发出的信号视为噪声,完全不必考虑到信号碰撞(collision)问题。CDMA 中提供的语音编码技术,通话品质比目前的 GSM 好,且可把用户对话时周围环境噪音降低,使通话更清晰。就安全性能而言,CDMA 不但有良好的认证体制,更因其传输特性,用伪随机码来区分用户,防止被人盗听的能力大大增强。Wideband CDMA(WCDMA)宽带码分多址传输技术,为 IMT—2000 的重要基础技术,是第三代数字无线通信系统标准之一。图 5.1 为一台 CDMA 通信设备。

图 5.1 CDMA 通信设备

案例 5.2

水声通信是一项在水下收发信息的技术。水下通信有多种方法,但是最常用的是使用水声换能器。水下通信非常困难,特别是在长距离传输中,主要是由于通道的多径效应、时变效应、可用频带窄、信号衰减严重。水下通信相比有线通信来说速率非常低,因为水下通信采用的是声波而非无线电波。常见的水声通信方法是采用扩频通信技术,如 CDMA 等。目前水声通信技术的发展已经较为成熟,国外很多机构都已研制出水声通信 Modem。水声通信方式目前主要有 OFDM、扩频以及其他的一些调制方式。此外,现在水声通信技术已发展到网络化的阶段,将无线电中的网络技术(Ad Hoc)应用到水声通信网络中,可以在海洋里实现全方位、立体化通信(可以与 AUV、UUV 等无人设备结合使用),但目前只有少数国家试验成功。

5.1 多址接入技术的基本概念

移动通信系统发展经历了第一代模拟移动通信系统、第二代数字移动通信系统和第三代移动通信系统(IMT—2000)。第一代移动通信系统包括 AMPS、TACS 和 NMT 等体制。第二代数字移动通信系统包括 GSM、IS—136(DAMPS)、PDC、IS—95 等体制。一个典型的数字蜂窝移动通信系统由下列主要功能实体组成:移动台(MS)、基站子系统(BSS)(包括基站收发信机(BTS)和基站控制器(BSC))、移动交换中心(MSC)、原籍(归属)位置寄存器(HLR)、访问位置寄存器(VLR)、设备标识寄存器(EIR)、认证中心(AUC)和操作维护中心(OMC)。

为了能够明确表示控制和信令的有关概念,这里简要阐述一下分层协议模型的概念。移动通信的空中接口(或称无线接入部分)的协议和信令是按照分层的概念来设计的。空中接口包括无线物理层、链路层和网络层,链路层还进一步分为介质接入控制层和数据链路层,物理层是最低层。

物理层确定无线电参数,如:频率、定时、功率、码片、比特或时隙同步、调制解调、收发信机性能等。物理层将无线电频谱分成若干个物理信道,划分的方法可以按频率、时隙、码字或它们的组合进行,如频分多址(FDMA)、时分多址(TDMA)、码分多址(CDMA)等。物理层在介质接入控制层(MAC)的控制下,负责数据或数据分组的收发。

5.2 多址接入方式

5.2.1 频分多址

频分多址是指将给定的频谱资源划分为若干个等间隔的频道(或称信道)供不同的用户使用。在模拟移动通信系统中,信道带宽通常等于传输一路模拟话音所需的带宽,如25kHz或30kHz。在单纯的FDMA系统中,通常采用频分双工(FDD)的方式来实现双工通信,即接收频率 f 和发送频率 F 是不同的。为了使得同一部电台的收发之间不产生干扰,收发频率间隔 $|f-F|$ 必须大于一定的数值。例如,在800MHz频段,收发频率间隔通常为45MHz。一个典型的FDMA频道划分方法如图5.2所示。

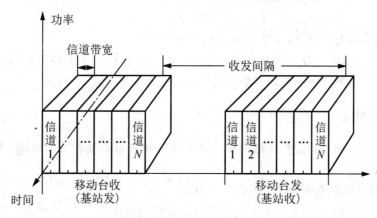

图 5.2 FDMA 的频道划分方法

1. FDMA系统的特点

FDMA蜂窝通信系统具有以下特点。

(1) 以频率复用为基础的蜂窝结构;

(2) 以每一频道为一个话路的模拟或数字信号传输；

(3) 以频带或频道的划分来构成宏小区、微小区、微微小区；

(4) 由于 FDMA 蜂窝系统是以频道来分离用户地址的，所以它是频道受限和干扰受限的系统；

(5) FDMA 系统需要周密的频率计划；

(6) 对发射信号功率控制的要求不严格；

(7) 基站的硬件设备取决于频率计划和频道的配置；

(8) 基站是多部不同载波频率发射机同时工作的。

2. FDMA 系统的干扰

在 FDMA 系统中存在以下干扰：互调干扰、邻道干扰和同频道干扰。

(1) 互调干扰是指系统内由于非线性器件产生的各种组合频率成分落入本信道接收机通带内造成的对有用信号的干扰。当干扰的强度足够大时，将对有用信号造成伤害。克服互调干扰的办法，除消除产生互调干扰的途径，即尽可能提高系统的线性程度，减少发射机互调和接收机互调外，主要是选用无互调的频率集。

(2) 邻道干扰是指相邻信道信号中存在的寄生辐射落入本信道接收机带内对有用信号的干扰。当邻道干扰功率足够大时，将对有用信号造成伤害。克服邻道干扰的方法，除严格规定收发信机大的技术指标，即规定发射机寄生辐射和接收机中频选择性外，主要是采用加大信道的隔离度方法。

(3) 同频道干扰是指相邻区群中同信道小区的信号造成的干扰。它与蜂窝结构和频率规划密切相关。为了减小同频道干扰，需要合理地选定蜂窝结构与频率规划，表现为系统设计中对同频道干扰因子 Q 的选择：

$$Q = D/r \tag{5-1}$$

式中：D 为同频道复用距离，r 为小区的辐射半径。

在 FDMA 系统中，收发的频段是分开的，由于所有移动台均使用相同的接收和发送频段，因而移动台到移动台之间不能直接通信，而必须经过基站中转。

5.2.2 时分多址

时分多址是指把时间分割成周期性的帧，每一帧再分割成若干个时隙（无论帧或时隙都是互不重叠的）。

TDMA 蜂窝通信系统有如下特点。

(1) 窄带 TDMA 系统是以频率重用为基础的蜂窝结构；

(2) 小区内以 TDMA 方式建立信道；

(3) 以每时隙为一个话路的数字信号传输；

(4) 由于 TDMA 蜂窝系统是以时隙来分离用户地址的，所以它是时隙首先和干扰首先的系统；

(5) TDMA 系统需要严格的系统定时同步；

(6) 对发射信号功率控制的要求不严格;

(7) 基站发送设备在单一载波上工作,时隙(信道)的动态配置只取决于系统软件。

由于移动台只在指配的时隙接收来自基站的信号,可在其他时隙中接收网络信息或接收来自相邻基站的信号,有利于网络管理和越区切换。

在频分双工(FDD)方式中,上行链路和下行链路的帧分别在不同的频率上。在时分双工(TDD)方式中,上、下行帧都在相同的频率上。TDD 的方式如图 5.3 所示。

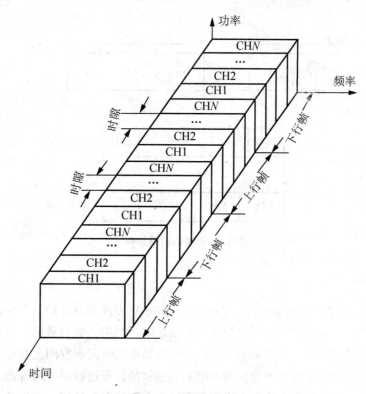

图 5.3 TDMA 示意图

不同通信系统的帧长度和帧结构是不一样的。典型的帧长在几毫秒到几十毫秒之间。例如:GSM 系统的帧长为 4.6ms(每帧 8 个时隙),DECT 系统的帧长为 10ms(每帧 24 个时隙),PACS 系统的帧长为 2.5ms(每帧 8 个时隙)。TDMA 系统既可以采用频分双工(FDD)方式,也可以采用时分双工(TDD)方式。在 FDD 方式中,上行链路和下行链路的帧结构既可以相同,也可以不同。在 TDD 方式中,通常将在某频率上一帧中一半的时隙用于移动台发送,另一半的时隙用于移动台接收,收发工作在相同频率上。

在 TDMA 系统中,每帧中的时隙结构(或称为突发结构)的设计通常要考虑 3 个主要问题:一是控制和信令信息的传输;二是信道多径的影响;三是系统的同步。

为了解决上述问题,采取以下 4 方面的主要措施。一是在每个时隙中,专门划出部分比特用于控制和信令信息的传输。二是为了便于接收端利用均衡器来克服多径引起的码间干扰,在时隙中要插入自适应均衡器所需的训练序列。训练序列对接收端来说是确知的,接收端根据训练序列的解调结果,就可以估计出信道的冲击响应,根据该响应就可以预置均衡器的抽头系数，从而可消除码间干扰对整个时隙的影响。三是在上行链路的每个时隙中要留出一定的保护间隔（即不传输任何信号），即每个时隙中传输信号的时间要小于时隙长度。这样可以克服因移动台至基站距离的随机变化而引起的移动台发出的信号到达基站接收机时刻的随机变化，从而保证不同移动台发出的信号在基站处都能落在规定的时隙内，而不会出现相互重叠的现象。四是为了便于接收端的同步，在每个时隙中还要传输同步序列。同步序列和训练序列可以分开传输，也可以合二为一。两种典型的时隙结构如图5.4所示。

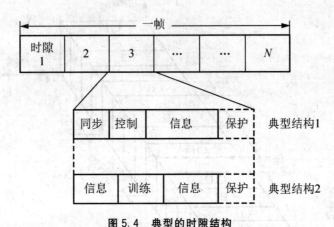

图 5.4 典型的时隙结构

5.2.3 码分多址

码分多址（Code Division multiple Access，CDMA）方式是以传输信号的码型不同来区分信道的接入方式。每个移动用户分配有一个地址码，利用公共信道来传输信息。CDMA系统的接收端必须有完全一致的本地地址码，而在频率、时间和空间上都可能重叠。系统的接收端必须有完全一致的本地地址码，用来对接收的信号进行相关的检测。其他使用不同码型的信号因为和接收机本地产生的码型不同而不能被正确解调。它们的存在类似于在信道中引入了噪声或干扰，通常称为多址干扰。

CDMA是第二代移动通信中的两种主要多址方式中除TDMA以外的另一种形式，最典型的是IS－95。

1. FH－CDMA

在FH－CDMA系统中，每个用户根据各自的伪随机（PN）序列，动态改变其已调信号的中心频率。各用户的中心频率可在给定的系统带宽内随机改变，该系统带宽通常要比各用户已调信号（如FM、FSK、BPSK等）的带宽宽得多。FH－CDMA类似于FDMA，但使用的频道是动态变化的。FH－CDMA中各用户使用的频率序列要求相互正交（或准正交），即在一个PN序列周期对应的时间区间内，各用户使用的频率在任意时刻都不相同（或相同的概率非常小），如图5.5(a)所示。

第5章 多址接入技术

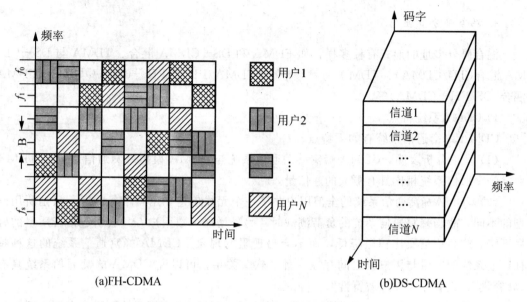

图 5.5 FH−CDMA 和 DS−CDMA 示意图

2. DS−CDMA

在 DS−CDMA 系统中，所有用户工作在相同的中心频率上，输入数据序列与 PN 序列相乘得到宽带信号。不同的用户(或信道)使用不同的 PN 序列。这些 PN 序列(或码字)相互正交，从而可像 FDMA 和 TDMA 系统中利用频率和时隙区分不同用户一样，利用 PN 序列(或码字)来区分不同的用户，如图 5.6(b)所示。

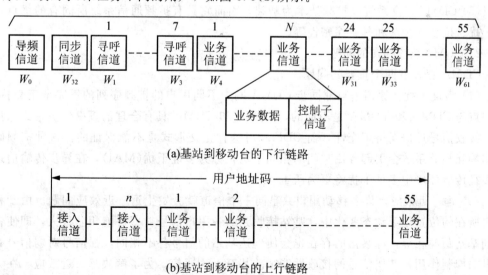

图 5.6 DS−CDMA 系统逻辑信道示意图

3. 混合码分多址

混合码分多址的形式有种多样，如 FDMA 和 DS－CDMA 混合、TDMA 与 DS－CDMA 混合(TD/CDMA)、TDMA 与跳频混合(TDMA/FH)、FH－CDMA 与 DS－CDMA 混合(DS/FH－CDMA)等。

1) CDMA系统特点

CDMA 蜂窝通信系统有如下特点。

(1) 理论分析表明，CDMA 蜂窝移动通信系统与 FDMA 模拟蜂窝通信系统或 TDMA 数字蜂窝通信系统相比具有更大的通信量。

(2) CDMA蜂窝通信系统的全部用户共享一个无线信道，用户信号的区分只是所用码型的不同。故当蜂窝通信系统的负荷满载时，另外增加少数用户，只会引起语音质量的轻微下降，或者说信噪比稍微降低，而不会出现阻塞现象。CDMA 蜂窝通信系统的这种特征，使系统的容量与用户数之间存在一种"软"关系。可以说 CDMA 蜂窝通信系统具有"软容量"，或者说"软过载特性"。

(3) CDMA蜂窝系统具有"软切换"功能。即在过区切换的起始阶段，由原小区的基站和新小区的基站同时为过区的移动台服务，直到该移动台与新基站之间建立起可靠的通信链路之后，原基站才终止和该移动台的联系。CDMA 蜂窝通信系统的软切换功能既可以保证过区切换的可靠性(防止切换错误时，反复要求切换)，又可以使通信中的用户不易察觉。

(4) CDMA蜂窝系统可以充分利用人对话的不连续性来实现语音激活技术，以提高系统的通信容量。

(5) CDMA蜂窝系统以扩频技术为基础，因而它具有扩频通信系统所固有的优点，如抗干扰、抗多径衰落和具有保密性等。

2) CDMA系统存在的问题

CDMA 存在着两个重要的问题。

(1) 多址干扰。原因来自非同步 CDMA 网中不同用户的扩频序列的不完全正交特性。这一点与 FDMA 和 TDMA 是不同的，FDMA 和 TDMA 具有合理的频率保护带或保护时间，接收信号近似保持正交性，而 CDMA 对这种正交形式是不能保证的。这种扩频码集的非零互相关系数会引起各用户间的相互干扰，称为多址干扰(MAI)，在异步传输信道以及多径传播环境中多址干扰将更为严重。

(2) 远—近效应。许多移动用户共享同一个信道就会发生远—近效应问题。由于移动用户所在的位置处于动态变化中，基站接收到的各用户信号功率可能相差很大，即使各用户到基站距离相等，深衰落的存在也会使到达基站的信号各不相同，强信号对弱信号有着明显的抑制作用，使弱信号的接收性能很差甚至无法通信。为了解决远—近效应，在大多数 CDMA 实际系统中使用功率控制。蜂窝系统中由基站来提供功率控制，以保证在基站覆盖区内的每一个用户给基站提供相同功率的信号。这就解决了由于一个临近用户的信号过大而覆盖了远处用户信号的问题。基站的功率控制是通过快速抽样每一个移动终端的无线信号强度指示来实现的。尽管在每一个小区内都使用功率控制，但小区外的移动终端还会产生不在接收基站控制内的干扰。

以上3种多址技术相比较，CDMA技术的频谱利用率最高，所能提供的系统容量最大，它代表了多址技术的发展方向；其次是TDMA技术，目前技术比较成熟，应用比较广泛；FDMA技术由于频谱利用率低，将逐渐被CDMA和TDMA所取代，或者与后两种方式结合使用，组成TDMA/FDMA、CDMA/FDMA方式。

5.2.4 空分多址

空分多址（Space Division Muliple Access，SDMA）方式是按照空间的分割来构成不同信道的。理论上讲，空间中的一个信源可以向无限多个方向（角度）传输信号，从而可以构成无限多个信道。但是由于发射信号需要用天线，而天线又不可能是无穷多个，因而空分多址的信道数目是有限的。

在移动信道中，能实现空间分割的基本技术是采用自适应阵列天线，在不同用户上形成不同的波束，如图5.7所示。

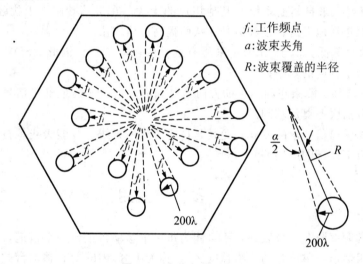

图 5.7 空分多址示意图

实际上，空分多址是卫星通信的基本技术。在一颗卫星上安装多个天线，这些天线的波束分别指向地球表面的不同区域，使各区的地球站所发射的电波不会在空间出现重叠，这样即使是工作在相同时隙、相同频率或相同地址码的情况下，这些地球站信号之间也不会形成干扰，从而可以使系统的容量大大增加。

在蜂窝系统中，由于一些原因使方向链路困难较多。第一，基站完全控制了在前向链路上所有发射信号的功率。但是，由于每一个用户和基站间无线传播路径的不同，从每个用户单元出来的发射功率必须动态控制，以防止任何用户功率太高而影响其他用户。第二，发射受到用户单元电池能量的限制，因此也限制了反向链路上对功率的控制程度。如果为了从每个用户接收到等多能量，那么，每一个用户的反向链路将得到改善，并且需要更少的功率。

用在基站的自适应天线，可以解决反向链路的一些问题。不考虑无穷小波束宽度和无穷大快速搜索能力的限制，自适应天线提供了最理想的SDMA和在本小区内不受其他用户干扰的唯一信道。SDMA 系统中的所有用户,将能够用同一信道在同一时间双向通信。而且一个完善的自适应天线系统应能够为每一用户搜索其多个多径分量,并且以最理想的方式组合它们,来收集从每一用户发来的所有有效信号能量,从而有效地克服多径干扰和同信道干扰。尽管上述理想情况是不可实现的,它需要无限多个阵元,但采用适当数目的阵元,可以获得较大的系统增益。

SDMA 技术具有众多优点。

(1) 系统容量大幅度提高;

(2) 扩大覆盖范围。天线阵列的覆盖范围远远大于任何单个天线,因此采用 SDMA 技术系统的小区数量就可大大减少;

(3) 兼容性强。SDMA 可以与任何调制方式、带宽或频率兼容,包括 AMPS、GSM、IS-54、IS-95、DECT 和其他体制。SDMA 可以实施在多种阵列和天线类型中。SDMA 还可以和其他多址方式相互兼容,从而实现组合的多址技术,例如空分-码分多址(SD-CDMA);

(4) 大幅度降低来自其他系统和其他用户的干扰。在极端吵闹、干扰强烈的环境中,系统可以实现有选择地发送和接收信号,从而提高通信质量;

(5) 功率大大降低。由于 SDMA 采用有选择的空间传输,因此,SDMA 基站发射的功率可以远远低于普通的基站;

(6) 定位功能强。每条空间信道的方向是已知的,可以准确地确定信号的位置,从而为提供基于位置的服务奠定基础。

随着陆地移动通信技术的发展,尤其是自适应阵列天线、智能天线等技术的应用,空分多址技术将有更广阔的应用前景。

5.3 多信道共用

移动通信的频率资源十分紧缺,不可能为每一个移动台预留一个信道,只可能为每个基站配置好一组信道,供该基站所覆盖的区域(称为小区)内的所有移动台共用。这就是多信道共用问题。

多信道共用是指通信网中的大量用户共享若干个无线信道,与有线市话用户共同享有的中继线类似。这种占用信道的方式相对于独立信道方式而言,可以明显提高信道利用率。

在多信道共用的情况下,一个基站若有 n 个信道同时为小区内的全部移动用户所共用,当其中 $k(k<n)$ 个信道被占用之后,其他要求通信的用户可以按照呼叫的先后次序占用 $(n-k)$ 个空闲信道中的任何一个来进行通信。

究竟 n 个信道能为多少用户提供服务呢? 共用信道之后必然会遇到所有信道均被占用,而新的呼叫不能接通的情况,但发生这种情况的概率有多大呢? 这些就是下面将要讨论的问题。

5.3.1 话务量与呼损率的定义

在语音通信中,业务量的大小用话务量来量度。话务量又分为流入话务量和完成话务量。流入话务量的大小取决于单位时间(1小时)内平均发生的呼叫次数 λ 和每次呼叫平均占用信道时间(含通话时间)S。显然 λ 和 S 的加大都会使业务量加大,因而可定义流入话务量 A 为

$$A = S \cdot \lambda \tag{5-2}$$

式中:λ 的单位是(次/小时);S 的单位是(小时/次);两者相乘而得到的 A 应是一个无量纲的量,专门命名它的单位为"爱尔兰"(Erlang)。

已知 1 小时内平均发生呼叫的次数为 λ,用式(5-2)可求得

$$A(\text{爱尔兰}) = S(\text{小时/次}) \cdot \lambda(\text{次/小时})$$

可见这个 A 是平均 1 小时内所有呼叫需占用信道的总小时数。因此,1 爱尔兰就表示平均每小时内用户要求通话的时间为 1 小时。

例如,全通信网平均每小时发生 20 次呼叫,即 $\lambda=20$(次/小时),平均每次呼叫的通话时间为 3 分钟,即

$$S = 3(\text{分/次}) = \frac{1}{20}(\text{小时/次})$$

$$A = 20 \cdot \frac{1}{20} = 1(\text{爱尔兰})$$

在信道共用的情况下,通信网无法保证每个用户的所有呼叫都能成功,必然有少量的呼叫会失败,即发生"呼损"。已知全网用户在单位时间内的平均呼叫次数为 λ,其中有的呼叫成功了,有的呼叫失败了。设单位时间内成功呼叫的次数为 λ_0($\lambda_0<\lambda$),就可算出完成话务量为

$$A_0 = \lambda_0 \cdot S \tag{5-3}$$

流入话务量 A 与完成话务量 A_0 之差,即为损失话务量。损失话务量占流入话务量的比率即为呼叫损失的比率,称为"呼损率",用符号 B 表示,即

$$B = \frac{A - A_0}{A} = \frac{\lambda - \lambda_0}{\lambda} \tag{5-4}$$

呼损率 B 越小,成功呼叫的概率就越大,用户就越满意。因此,呼损率 B 也称为通信网的服务等级(或业务等级)。例如,某通信网的服务等级为 0.05(即 $B=0.05$),表示在全部呼叫中未被接通的概率为 5%。但是,对于一个通信网来说,要想使呼叫损失小,只有让流入话务量小,即容纳的用户少些,这又是人们不希望看到的。可见呼损率与流入话务量是一对矛盾,要折中处理。

5.3.2 完成话务量的性质与计算

设在观察时间 T 小时内,全网共完成 C_1 次通话,则每小时完成的呼叫次数为

$$\lambda_0 = \frac{1}{T} C_1 \tag{5-5}$$

完成话务量即为

$$A_0 = S \cdot \lambda_0 = \frac{1}{T} C_1 \cdot S \tag{5-6}$$

式中:$C_1 S$ 即为观察时间 T 小时内的实际通话时间。这个时间可以从另外一个角度来进行统

计。若总的信道数为 n，而在观察时间 T 内有 $i(i<n)$ 个信道同时被占用的时间为 $t_i(t_i<T)$，那么可以算出实际通话时间为

$$\sum_{i=1}^{n} i \cdot t_i = 1 \cdot t_1 + 2 \cdot t_2 + \cdots + n \cdot t_n = C_1 \cdot S \tag{5-7}$$

完成话务量为

$$A_0 = \frac{1}{T}C_1 \cdot S = \frac{1}{T}\sum_{i=1}^{n} i \cdot t_i = \sum_{i=1}^{n} i \frac{t_i}{T} \tag{5-8}$$

当观察时间 T 足够长时，t_i/T 就表示在总的 n 个信道中，有 i 个信道同时被占用的概率，可用 P_i 表示，式(5-8)就可改写为

$$A_0 = \sum_{i=1}^{n} i \cdot P_i \tag{5-9}$$

上式表明，完成话务量是通信网中同时被占用信道数的数学期望，也就是单位时间内各信道占用时间的总和，它描述了通信网的繁忙程度。

例如，某通信网共有 8 个信道，从上午 8 时至 10 时共两个小时的观察时间内，统计出 i 个信道同时被占用的时间(小时数)，见表 5-1。

表 5-1 信道同时被占用的时间

i	0	1	2	3	4	5	6	7	8
t_i/小时	0.1	0.2	0.3	0.5	0.4	0.2	0.1	0.1	0.1

利用式(5-8)，有

$A_0 = (1\times0.2+2\times0.3+3\times0.5+4\times0.4+5\times0.2+6\times0.1+7\times0.1+8\times0.1)/2$
$\quad = 3.5$(爱尔兰)

这说明在总共 8 个信道中，在 2 小时的观察时间内平均有 3.5 个信道同时被占用。每信道每小时的平均被占用时间为 $3.5/8=0.4375$ 小时。因为一个信道的最大可容纳的话务量是 1 爱尔兰，因此它的平均信道利用率就是 43.75%。

从这里看，信道利用率似乎不太高，但是进一步提高信道利用率将会使呼损率加大。它们之间的关系将在下面说明。

5.3.3 呼损率的计算

对于多信道共用的移动通信网，如果呼叫具有下列性质。
(1) 每次呼叫相互独立，互不相关(呼叫具有随机性)；
(2) 每次呼叫在时间上都有相同的概率。
则呼损率 B、共用信道数 n 和流入话务量 A 的定量关系可用爱尔兰呼损公式表示。爱尔兰呼损公式为

$$B = \frac{A^n/n!}{1+(A/1!)+(A^2/2!)+(A^3/3!)+\cdots+(A^n/n!)} = \frac{A^n/n!}{\sum_{0}^{n} A^i/i!} \tag{5-10}$$

爱尔兰呼损公式已经制成爱尔兰呼损表(表 5-2)，知道 3 个参数 A、B 和 n 中的任意两个，就可以从爱尔兰呼损表查出所需要的第 3 个参数。

第5章 多址接入技术

表 5-2 爱尔兰呼损表

B	1%		2%		5%		10%		20%		25%	
n	A	η(%)	A	η(%)	A	η(%)	A	η(%)	A	η(%)	A	η(%)
1	0.010	1.0	0.020	2.0	0.053	5.0	0.111	10.0	0.25	20.0	0.33	25.0
2	0.154	7.6	0.224	11.0	0.38	18.1	0.595	26.8	1.00	40.0	1.22	47.75
3	0.456	15.0	0.602	19.7	0.899	28.5	1.271	38.1	1.930	51.47	2.27	56.75
4	0.869	21.5	1.092	26.7	1.525	36.2	2.045	46.0	2.945	53.9	3.48	65.25
5	1.360	26.9	1.657	32.5	2.219	42.2	2.881	51.9	4.010	64.16	4.58	68.70
6	1.909	31.5	2.326	38.3	2.960	46.9	3.758	56.4	5.109	68.12	5.79	72.38
7	2.500	35.4	2.950	41.3	3.738	50.7	4.666	60.0	6.230	71.2	7.02	75.21
8	3.128	38.7	3.649	44.7	4.534	53.9	5.597	63.0	7.369	73.69	8.29	77.72
9	3.783	41.6	4.454	48.5	5.370	56.7	6.546	65.5	8.522	75.75	9.52	79.32
10	4.461	44.2	5.092	49.9	6.216	59.1	7.511	67.6	9.685	77.48	10.78	80.85
11	5.160	46.4	5.825	51.9	7.076	61.1	8.487	69.4	10.85	78.96	12.05	82.16
12	5.876	48.5	6.587	53.8	7.950	62.9	9.474	71.1	12.04	80.24	13.33	83.31
13	6.607	50.3	7.401	55.8	8.835	64.4	10.47	72.5	13.22	81.37	14.62	84.35
14	7.352	52.0	8.200	57.4	9.730	66.0	11.47	73.8	14.41	82.36	15.91	85.35
15	8.108	53.5	9.001	58.9	10.62	67.5	12.48	74.9	15.61	83.24	17.20	86.00
16	8.875	54.9	9.828	60.1	11.54	68.5	13.50	75.9	16.81	84.03	18.49	86.67
17	9.652	56.2	10.66	61.4	12.46	69.6	14.42	76.9	18.01	84.75	19.79	87.31
18	10.44	57.7	11.49	62.6	13.39	70.6	15.55	77.7	19.22	85.40	21.20	88.33
19	11.23	58.9	12.33	63.6	14.32	71.5	16.58	78.5	20.42	86.00	22.40	88.42
20	12.03	59.5	13.18	64.6	15.25	72.4	17.16	79.3	21.64	86.54	23.71	88.91

信道的利用率与呼损率密切相关，呼损率不同的情况下，信道的利用率也是不同的。信道利用率 η 可用每小时每信道的完成话务量来计算，即

$$\eta = \frac{A_0}{n} = \frac{A(1-B)}{n} \qquad (5-11)$$

由爱尔兰呼损表可见，采用多信道共用，信道的利用率有明显的提高。但是，当共用信道数超过 10 个后，信道利用率增长趋向平缓。因此，每个基站的共用信道也不宜太多，以免造成频谱浪费。每个基站所选用的信道数、每个信道所能容纳的用户数，将由全网的用户数和每个用户的话务量确定。

5.3.4 用户忙时的话务量与用户数

每个用户在 24 小时内的话务量分布是不均匀的，网络设计应按最忙时的话务量来进

行计算。最忙的一个小时内的话务量与全天话务量之比称为集中系数,用 k 表示,一般 $k=7\%\sim15\%$。每个用户的忙时话务量需用统计的办法确定。

设通信网中每一用户每天平均呼叫次数为 C(次/天),每次呼叫的平均占用信道时间为 T(秒/次),集中系数为 k,则每个用户的忙时话务量为

$$a = C \cdot T \cdot k \cdot \frac{1}{3600} \tag{5-12}$$

实际应用中,对于公用移动通信网,每个用户忙时话务量可按 0.01~0.03 爱尔兰计算;专用移动通信网,由于业务的不同,每个用户忙时话务量也不一样,一般可按 0.03~0.06 爱尔兰计算。我国 900MHz 蜂窝式移动电话网所设计的用户忙时话务量,最大为 0.03 爱尔兰,最小为 0.01 爱尔兰。

在用户的忙时话务量 a 确定之后,每个信道所能容纳的用户数为

$$m = \frac{A/n}{a} = \frac{\frac{A}{n} \cdot 3600}{C \cdot T \cdot k} \tag{5-13}$$

故全网用户数为 $M = m \cdot n$。

【例 5-1】 某移动通信系统一个小区有 8 个无线业务信道。经统计,每天每个用户平均呼叫 10 次,每次占用信道平均时间 1 分钟,呼损率要求为 10%,忙时集中系数为 0.125。试求该小区能容纳的移动用户数及信道利用率。

解:根据系统呼损率的要求及信道数,利用爱尔兰呼损表,查表得 $A = 5.597$ 爱尔兰

每个用户忙时话务量为

$$a = C \cdot T \cdot k \cdot \frac{1}{3600} = \frac{10 \times 60 \times 0.125}{3600} = 0.0208 \text{ 爱尔兰/用户}$$

每个信道能容纳的用户数为

$$m = \frac{A/n}{a} = \frac{5.597/8}{0.0208} \approx 269/8$$

系统所能容纳的用户数 M 为

$$M = m \times n = 269$$

系统的信道利用率为

$$\eta = \frac{A(1-B)}{n} \times 100\% = 5.597(1-10\%)/8 = 63\%$$

【例 5-2】 设每个用户忙时的话务量为 $a = 0.01$ 爱尔兰,呼损率 $B = 10\%$,现有 8 个无线业务信道,采用两种不同技术,即多信道共用和单信道共用组成的两个系统,试分别计算它们的容量和利用率。

解:(1) 对于多信道共用系统:已知 $n=8$,$B=10\%$,求 m、M

由爱尔兰呼损表可得:$A = 5.597$ 爱尔兰

$$m = \frac{A/n}{a} = \frac{5.597/8}{0.01} = 70 \text{ (用户/信道)}$$

所以

$$M = mn = 70 \times 8 = 560 \text{ (用户)}$$

由式(5-11)得 $\eta = \frac{A(1-B)}{n} = \frac{5.597(1-0.1)}{8} = 63\%$

(2) 对于单信道共用系统：已知 $n=1$，$B=10\%$，求 m、M

由爱尔兰呼损表可得：$A=0.111$ 爱尔兰

$$m=\frac{A/n}{a}=\frac{0.111/1}{0.01}=11（用户/信道）$$

所以 $\qquad M=mn=11\times 8=88$（用户）

由式(5-11)得 $\eta=\dfrac{A(1-B)}{n}=\dfrac{0.111(1-0.1)}{8}=10\%$

由以上分析得到如下结论。

(1) 当无线区的信道数确定以后，系统话务量越大，信道利用率越高，但造成话路阻塞也就越严重，呼损率越大，服务质量越低，所以呼损率不能取得过大或过小。一般移动通信系统的呼损率应选择 $10\%\sim 20\%$ 为宜；

(2) 每个信道所能容纳的用户数不仅与用户的话务量有关，而且与通话持续时间有关；

(3) 系统采用多信道共用后，可以提高信道利用率，而且随着共用信道数 n 的增加，信道利用率也相应提高。但是，随着 n 的进一步增大，信道利用率增大缓慢，同时信道越多，设备复杂，互调干扰越多，故共用信道数不宜选取太多。

(4) 系统设计时必须同时考虑系统的服务质量、信道的利用率等诸多因素。

5.3.5 空闲信道的选取

在移动通信网中，在基站控制的小区内有 n 个无线信道提供给 $n\times m$ 个移动用户共同使用。那么，当某一用户需要通信而发出呼叫时，怎样从这 n 个信道中选取一个空闲信道呢？

空闲信道的选取方式主要可以分为两类：一类是专用呼叫信道方式(或称"共用信令信道"方式)；另一类是标明空闲信道方式。

1. 专用呼叫信道方式

这种方式是在网中设置专门的呼叫信道，专用于处理用户的呼叫，向用户发出选呼，指定通信用的语音信道等。移动用户只要不在通话时就停在呼叫信道上守候，要发起呼叫时就通过专用呼叫信道发出呼叫信号，控制中心通过专用呼叫信道给主呼和被呼的移动用户指定当前的空闲信道。移动台根据指令转入空闲信道通话，通话结束后再自动返回到专用呼叫信道守候。移动台被呼时，基站在专用呼叫信道上发出选呼信号，被呼移动台应答后即按基站的指令转入某一空闲语音信道进行通信。这种方式的优点是处理呼叫的速度快；但是，若用户数和共用信道数不多时，专用呼叫信道处理呼叫并不繁忙，它又不能用于通话，利用率不很高。因此，这种方式适用于大容量的移动通信网，是公用移动电话网所用的主要方式。我国规定 900MHz 蜂窝移动电话网就采用这种方式。

2. 标明空闲信道方式

标明空闲信道方式可分为循环定位、循环不定位、循环分散定位等多种方法。

1) 循环定位

这种方式不设置专门的呼叫信道，所有的信道都可供通话，选择呼叫与通话可在同一信道上进行。基站在某一空闲信道上发出空闲信号,所有未在通话的移动台都自动地对所有信道进行循环扫描,一旦在某一信道上收到空闲信号,就定位在这个信道上守候。所有呼叫都在这个标定的空闲信道上进行。当这个信道被某一移动台占用之后,基站就转往另一空闲信道发出空闲信号。如果基站的全部信道被占用,基站就停发空闲信号,所有未通话的移动台就不停地循环扫描,直到出现空闲信道,收到空闲信号才定位。

在移动台被呼时,基站在标有空闲标志的空闲信道上发出选呼信号。所有定位在此空闲信道上的移动台都可收到这个选呼信号,在与本机的号码核对之后,若判定为呼叫本机即发出应答信号。基站在收到应答信号之后,立即将这个信道给被呼叫的移动台占用,另选一个空闲信道发空闲标志,其他移动台发现原定位的空闲信道已被占用,立即进行循环扫描,搜索新的标有空闲标志的空闲信道。

这种方式中,所有信道都可用于通话,信道的利用率高。此外,由于所有空闲的移动台都定位在同一个空闲信道上,不论移动台主呼或被呼都能立即进行,处理呼叫快。但是,正因为所有空闲移动台都定位在同一空闲信道上,它们之中有两个以上用户同时发起呼叫的概率(称同抢概率)也较大,即容易发生冲突,因此,这种方式只适用于小容量的通信网。

2) 循环不定位方式

为减小同抢概率,移动台循环扫描而不定位应该是有利的,该方式是基站在所有的空闲信道上都发出空闲标志信号,不通话的移动台始终处于循环扫描状态。当移动台主呼时,遇到任何一个空闲信道就立即占用,由于预先设置各移动台对信道扫描的顺序不同,两个移动台同时发出呼叫,又同时占用同一个空闲信道的概率很小,这就有效地减小了同抢概率。只不过主呼不能立刻进行,要先搜索空闲信道,当搜索到并定位空闲信道之后才能发出呼叫,时间上稍微慢了一点。当移动台被呼时,由于各移动台都在循环扫描,无法接收基站的选呼信号。因此,基站必须先在某一空闲信道上发一个保持信号,指令所有循环中的移动台都自动地对这个标有保持信号的空闲信道锁定。保持信号需持续一段时间,在等到所有空闲移动台都对它锁定之后,再改发选呼信号,被呼移动台对选呼信号应答,即占用此信道通信。其他移动台被识别不是呼叫本台,立即对此信道释放,重新进入循环扫描。这种方式减小了同抢概率,但因移动台主呼时要先搜索空闲信道,被呼时要先对保持信号锁定,这都占用了时间,所以建立呼叫就慢了。

我国体制规定,小容量移动电话网可采用标明空闲信道方式,也可采用专用呼叫信道方式。

3) 循环分散定位方式

该方式是基站在全部不通话的空闲信道上都发空闲信号,网内移动台分散停靠在各个空闲信道上。移动台主呼是在各自停靠的空闲信道上进行的,保留了循环不定位方式的优点。移动台被呼时,其呼叫信号在所有的空闲信道上发出,并等待应答信号,从而提高了接续的速度。这种方式接续快、效率高、同抢概率小。但是当移动台被呼时,这种方式必须在所有空闲信道上同时发出选呼信号。若通信网的业务量很大,或许这是必要的,如果通信网的业务量不大,有些空闲信道长时间得不到使用,那就是浪费并且互调干扰比较严重。这种方式只适合小容量系统。

第5章 多址接入技术

本章小结

本章重点讨论了多址接入的几种接入方式,包括:频分多址、时分多址、码分多址和空分多址。除此之外,还讨论了有关话务量的基本概念、呼损率的计算等问题。当以传输信号的载波频率不同来区分信道建立多址接入时,称为频分多址方式(FDMA);当以传输信号存在的时间不同来区分信道建立多址接入时,称为时分多址方式(TDMA);当以传输信号的码型不同来区分信道建立多址接入时,称为码分多址方式(CDMA)。目前在移动通信中应用的多址方式有:频分多址(FDMA)、时分多址(TDMA)、码分多址(CDMA)以及它们的混合应用方式等。

习 题 5

5.1 多址接入有几种方式?各种方式之间有什么差异?

5.2 移动通信网的某个小区共有 100 个用户,平均每用户 $C=5$ 次/天,$T=180$ 秒/次,$k=15\%$。问为保证呼损率小于 5%,需共用的信道数是几个?信道利用率是多少?若允许呼损率小于 20%,需共用信道数是几个?信道利用率是多少?共用信道数可以节省几个?

5.3 移动通信系统共有 8 个信道,用户忙时话务量为 0.01 爱尔兰,呼损率为 10%。若采用专用呼叫信道方式能容纳几个用户?信道的利用率是多少?若采用单信道共用方式和多信道共用方式,那么能容纳的用户数和信道利用率分别为多少?

第6章 分集接收与均衡技术

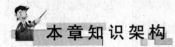
本章知识架构

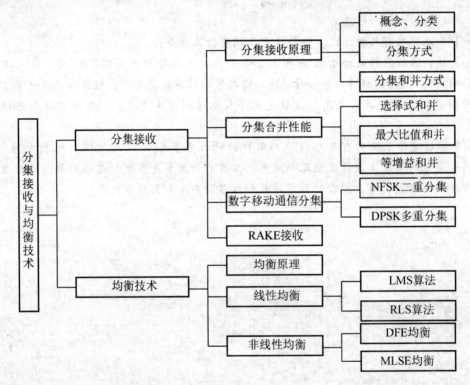

本章教学目标与要求

- 了解分集接收和均衡的基本概念
- 掌握 3 种分集合并方式的性能
- 掌握两种数字移动通信系统的分集性能

第6章 分集接收与均衡技术

- 掌握 RAKE 接收原理
- 掌握 LMS 均衡算法和 RLS 均衡算法的基本原理
- 了解 DFE 均衡和 MLSE 均衡原理

引言

衰落效应是影响无线通信质量的主要因素之一,其中的快衰落深度可达 30~40dB,如果想利用加大发射功率、增加天线尺寸和高度等方法来克服这种深衰落是不现实的,而且会造成对其他电台的干扰。采用分集方法即在若干个支路上接收相互间相关性很小的载有同一消息的信号,然后通过合并技术再将各个支路信号合并输出,那么便可在接收终端上大大降低深衰落的概率。相应的还需要采用分集接收技术减轻衰落的影响,以获得分集增益、提高接收灵敏度,这种技术已广泛应用于包括移动通信、短波通信等随参信道中。在第二和第三代移动通信系统中,这些分集接收技术都已得到了广泛应用。另外,在数字通信系统中,由于多径传输、信道衰落等影响,在接收端会产生严重的码间干扰(Inter Symbol Interference,ISI),增大误码率。为了克服码间干扰,提高通信系统的性能,在接收端需采用均衡技术。均衡是指对信道特性的均衡,即接收端的均衡器产生与信道特性相反的特性,用来减小或消除因信道的时变多径传播特性引起的码间干扰。本章主要对分集和均衡技术进行详细阐述。

案例 6.1

2011 年 3 月 21 日,中国高清地面数字电视行业领先的半导体解决方案提供商凌讯科技,宣布推出高性能的地面数字电视解调芯片 LGS-9X 系列,该产品通过实现电视信号接收盲点的最小化,将极大改善中国地面数字电视终端用户的收视体验。LGS-9X 系列新品,基于公司创新的 SuperTV™ "超接收"专利技术,具备无与伦比的地面数字电视接收性能,该系列芯片符合并超越了中国电子技术标准化研究所针对国标地面数字电视 GB20600—2006 性能建议的草案稿。拥有了 SuperTV™ "超接收"技术,中国用户成为世界上首批能够通过分集接收功能同时接收单、多载波电视信号节目的观众。LGS-9X 系列解调芯片,完美匹配且大幅超越了 330 个 CTTB 国标模式下(特别是 Modes4,5,6 和 7)的高标准网络应用设计目标。LGS-8G9X 系列产品的优势及特点包括:SuperTV™ "超接收"技术的 MRC 分集接收,通过使用两个有着相似信噪比的天线,把信号的接收敏感度提高了至少 3dB,在通常情况下为 7dB 甚至更多;在速度超过 450km/h 的行驶中,实现单载波和多载波的车载数字电视接收。

案例 6.2

理论和实践证明,在数字通信系统中插入一种可调滤波器可以校正和补偿系统特性,减小码间干扰的影响。这种起补偿作用的滤波器称为均衡器。均衡器是在 19 世纪 30 年代发明的,用来校正声音的不足。由于一种类似于现在称为逼真度滤波器的均衡器的支持,它在远距离扩音方面取得了很好的结果,这有助于促进其应用,也导致后来的滥用。由于几代声音工程师在均衡器对声音的影响上一知半解或完全不懂,在这样的情况下使用均衡器,产生出来的声音结果不尽如人意就不奇怪了。均衡器通常是用滤波器来实现的,使用滤波器来补偿失真的脉冲,判决器得到的解调输出样本,是经过均衡器修正过的或者清除了码间干扰之后的样本。

6.1 分集接收

6.1.1 分集接收原理

1. 分集接收技术的概念与分类

分集接收技术是指接收端对它收到的多个衰落特性互相独立(携带同一信息)的信号进行特定处理,以降低信号起伏的方法。分集接收技术是用来补偿衰落信道损耗的,它通常要通过两个或更多的接收支路来实现。基站和移动台的接收机都可以应用分集技术。由于在任意瞬间,两个非相关的衰落信号同时处于深度衰落的概率是极小的,因此合成信号的衰落程度会明显减小。

分集接收有两重含义:一是分散传输,使接收端能获得多个统计独立的、携带相同信息的衰落信号;二是集中处理,即接收机把收到的多个统计独立的衰落信号进行合并,以降低衰落的影响。

移动通信中可能用到两类分集方式:宏分集和微分集。

宏分集也称为多基站分集,是一种减小慢衰落的分集技术,做法是把多个基站设置在不同的地理位置上(如蜂窝小区的对角上),并使其在不同的方向上,这些基站同时和小区内的一个移动台进行通信(可以选用其中信号最好的一个基站进行通信)。显然,只要在各个方向上的信号传播不是同时受到阴影效应或地形的影响而出现严重的慢衰落(基站天线的架设可以防止这种情况发生),这种方法就能保持通信不会中断。

微分集是一种减小快衰落的分集技术,在各种无线通信系统中都经常使用。理论和实践都表明,在空间、频率、极化、时间、场分量和角度等方面分离的无线信号,都呈现相互独立的衰落特性。

依据信号的传输方式,分集技术还可分为显分集和隐分集。显分集是指从信号接收形式上看,构成明显的分集方式。而隐分集是指把分集作用隐蔽于传输信号之中(如交织编码和直接序列扩频技术等),在接收端利用信号处理技术实现分集。隐分集只需一副天线来接收信号,因此在数字移动通信系统中得到了广泛的应用。

2. 移动通信系统中的微分集

在移动通信系统中微分集又可分为下列 6 种。

1) 空间分集

空间分集的依据在于快衰落的空间独立性,即在任意两个不同的位置上接收同一个信号,只要两个位置的距离大到一定程度,则两处所收信号的衰落是不相关的。为此,空间分集的接收机至少需要两副相隔距离为 d 的天线,间隔距离 d 与工作波长、地物及天线高度有关。在移动信道中,通常取

$$市区 \quad d = 0.5\lambda \qquad (6-1)$$

$$郊区 \quad d = 0.8\lambda \qquad (6-2)$$

第6章 分集接收与均衡技术

2) 频率分集

由于频率间隔大于相关带宽的两个信号所遭受的衰落可以认为是不相关的，因此可以用两个以上不同的频率传输同一个信息，以实现频率分集。根据相关带宽的定义，即

$$B_c = \frac{1}{2\pi\Delta} \quad (6-3)$$

式中，Δ 为延时扩展。例如，市区中 $\Delta = 3\mu s$，B_c 约为 53kHz，这样频率分集需要用两部以上的发射机(频率相隔 53kHz 以上)同时发送同一个信号，并用两部以上的独立接收机来接收信号。它不仅使设备复杂，而且在频谱利用方面也很不经济。

3) 极化分集

由于两个不同极化的电磁波具有独立的衰落特性，因而发送端和接收端可以用两个位置很近但不同极化的天线分别发送和接收信号，以获得分集效果。

4) 场分量分集

由电磁场理论可知，电磁波的 E 场和 H 场载有相同的消息，而反射机理是不同的。例如，一个散射体反射 E 波和 H 波的驻波图形相位差 90°，即当 E 波为最大时，H 波为最小。在移动信道中，多个 E 波和 H 波叠加，结果表明 EZ、HX 和 HY 的分量是互不相关的，因此，通过接收 3 个场分量，也可以获得分集的效果。场分量分集不要求天线间有实体上的间隔，因此适用于较低工作频段(如低于 100MHz)。当工作频率较高时(800～900MHz)，空间分集在结构上容易实现。场分量分集和空间分集的优点是这两种方式不像极化分集那样要损失 3dB 的辐射功率。

5) 角度分集

角度分集的做法是使电波通过几个不同路径，并以不同角度到达接收端，而接收端利用多个方向性尖锐的接收天线能分离出不同方向来的信号分量；由于这些分量具有互相独立的衰落特性，因而可以实现角度分集并获得抗衰落的效果。

6) 时间分集

快衰落除了具有空间和频率独立性之外，还具有时间独立性，即同一个信号在不同的时间区间多次重发，只要各次发送的时间间隔足够大，那么各次发送信号所出现的衰落将是彼此独立的，接收机将重复收到的同一个信号进行合并，就能减小衰落的影响。时间分集主要用于在衰落信道中传输数字信号。此外，时间分集也有利于克服移动信道中由多普勒效应引起的信号衰落现象。由于它的衰落速率与移动台的运动速度及工作波长有关，因而为了使重复传输的数字信号具有独立的特性，必须保证数字信号的重发时间间隔满足以下关系

$$\Delta T \geqslant \frac{1}{2f_m} = \frac{1}{2(v/\lambda)} \quad (6-4)$$

式中，f_m 为衰落频率，v 为车速，λ 为工作波长。例如，移动体速度 $v = 30$km/h 和工作频率为 450MHz，可算得 $\Delta T \geqslant 40$ms。

若移动台处于静止状态，即 $v = 0$，由式(6-4)可知，要求 ΔT 为无穷大，表明此时时间分集的增益将丧失。换句话说，时间分集对静止状态的移动台来说无助于减小此种衰落。

3. 分集合并方式

接收端收到 $M(M \geqslant 2)$ 个分集信号后，如何利用这些信号以减小衰落的影响，这就是

合并问题。一般均使用线性合并器，把输入的 M 个独立衰落信号相加后合并输出。

假设 M 个输入信号电压为 $r_1(t)$，$r_2(t)$，…，$r_M(t)$，则合并器输出电压 $r(t)$ 为

$$r(t) = a_1 r_1(t) + a_2 r_2(t) + \cdots + a_M r_M(t) = \sum_{k=1}^{M} a_k r_k(t) \tag{6-5}$$

式中，a_k 为第 k 个信号的加权系数。

选择不同的加权系数，就可构成不同的合并方式。常用的有以下 3 种方式。

1) 选择式合并

选择式合并是指检测所有分集支路的信号，以选择其中信噪比最高的那一个支路的信号作为合并器的输出。由式(6-5)可见，在选择式合并器中，加权系数只有一项为 1，其余均为 0。图 6.1(a)为选择式分集合并示意图。

2) 最大比值合并

最大比值合并是一种最佳合并方式，其方框图如图 6.1(b)所示。为了书写简便，每一支路信号包络 $r_k(t)$ 用 r_k 表示。每一支路的加权系数 a_k 与信号包络 r_k 成正比，而与噪声功率 N_k 成反比。即

$$a_k = \frac{r_k}{N_k} \tag{6-6}$$

由此可得最大比值合并器输出的信号包络为

$$r_R = \sum_{k=1}^{M} a_k r_k = \sum_{k=1}^{M} \frac{r_k^2}{N_k} \tag{6-7}$$

式中，下标 R 表征最大比值合并方式。

3) 等增益合并

等增益合并无需对信号加权，各支路的信号是等增益相加的，其方框图如图 6.1(c)所示。等增益合并方式实现比较简单，其性能接近于最大比值合并。等增益合并器输出的信号包络为

$$r_E = \sum_{k=1}^{M} r_k \tag{6-8}$$

式中，下标 E 表征等增益合并。

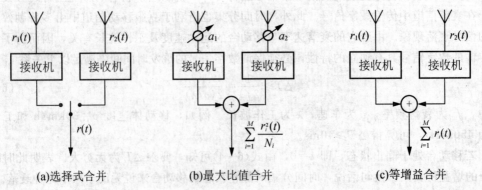

图 6.1　分集合并方法

第6章 分集接收与均衡技术

6.1.2 分集合并性能的分析与比较

众所周知,在通信系统中信噪比是一项很重要的性能指标。在模拟通信系统中,信噪比决定了话音质量;在数字通信系统中,信噪比(或载噪比)决定了误码率。分集合并的性能系指合并前、后信噪比的改善程度。为便于比较 3 种合并方式,假设它们都满足下列 3 个条件。

(1) 每一支路的噪声均为加性噪声且与信号不相关,噪声均值为零,具有恒定均方根值;

(2) 信号幅度的衰落速率远低于信号的最低调制频率;

(3) 各支路信号的衰落互不相关,彼此独立。

1. 选择式合并的性能

前面已经提到,选择式合并器的输出信噪比,即当前选用的那个支路送入合并器的信噪比。设第 k 个支路的信号功率为 $r_k^2/2$,噪声功率为 N_k,可得第 k 支路的信噪比为

$$\gamma_k = \frac{r_k^2}{2N_k} \tag{6-9}$$

通常,一支路的信噪比必须达到某一门限值 γ_t,才能保证接收机输出的话音质量(或者误码率)达到要求。如果此信噪比因为衰落而低于这一门限,则认为这个支路的信号必须舍弃不用。显然,在选择式合并的分集接收机中,只有全部 M 个支路的信噪比都达不到要求,才会出现通信中断。若第 k 个支路中信干比 $\gamma_k < \gamma_t$ 的概率为 $P_k(\gamma_k < \gamma_t)$,则在 M 个支路情况下中断概率以 $P_M(\gamma_{S信干比} < \gamma_t)$ 表示时,可得

$$P_M(\gamma_S \leqslant \gamma_t) = \prod_{k=1}^{M} P_k(\gamma_k \leqslant \gamma_t) \tag{6-10}$$

由式(6-10)可见,$\gamma_k \leqslant \gamma_t$,即 $r_k^2/2N_k \leqslant \gamma_t$,或因此

$$r_k \leqslant \sqrt{2N_k\gamma_t} \tag{6-11}$$

$$P_M(\gamma_S \leqslant \gamma_t) = \prod_{k=1}^{M} P_k(r_k \leqslant \sqrt{2N_k\gamma_t})$$

设 r_k 的起伏服从瑞利分布,即

$$p_k(r_k) = \frac{r_k}{\sigma_k^2} e^{-r_k^2/(2\sigma_k^2)}$$

$$P_k(r_k \leqslant \sqrt{2N_k\gamma_t}) = \int_0^{\sqrt{2N_k\gamma_t}} p_k(k) \mathrm{d}r_k = 1 - e^{-N_k\gamma_t/\sigma_k^2} \tag{6-12}$$

则

$$P_M(\gamma_S \leqslant \gamma_t) = \prod_{k=1}^{M} (1 - e^{-N_k\gamma_t/\sigma_k^2}) \tag{6-13}$$

如果各支路的信号具有相同的方差,即

$$\sigma_1^2 = \sigma_2^2 = \cdots = \sigma^2 \tag{6-14}$$

各支路的噪声功率也相同,即

$$N_1 = N_2 = \cdots = N \quad (6-15)$$

并令平均信噪比为 $\sigma^2/N = \gamma_0$,则

$$P_M(\gamma_S \leqslant \gamma_t) = (1 - e^{-\gamma_t/\gamma_0})^M \quad (6-16)$$

由此可得 M 重选择式分集的可通率为

$$T = P_M(\gamma_S > \gamma_t) = 1 - (1 - e^{-\gamma_t/\gamma_0})^M \quad (6-17)$$

由于 $(1-e^{-\gamma_t/\gamma_0})$ 的值小于 1,因而在 γ_t/γ_0 一定时,分集重数 M 增大,可通率 T 随之增大。选择式合并输出载噪比累积概率分布曲线如图 6.2 所示。

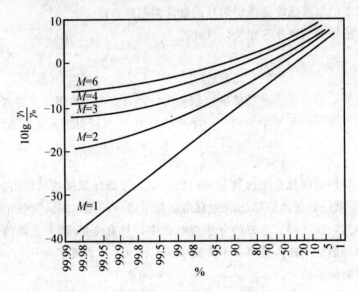

图 6.2 选择式合并输出载噪比累积概率分布曲线

2. 最大比值合并的性能

最大比值合并器输出的信号包络如式(6-18),即

$$r_R = \sum_{k=1}^{M} a_k r_k = \sum_{k=1}^{M} \frac{r_k^2}{N_k} \quad (6-18)$$

由于各支路信噪比为

$$\gamma_R = \frac{(\sum_{k=1}^{M} a_k r_k / \sqrt{2})^2}{\sum_{k=1}^{M} a_k^2 N_k} \quad (6-19)$$

即

$$\gamma_k = \frac{r_k^2}{2N_k} \quad (6-20)$$

$$r_k = \sqrt{2N_k \gamma_k}$$

代入式(6-19),可得

第6章 分集接收与均衡技术

$$\gamma_R = \frac{(\sum_{k=1}^{M} a_k \sqrt{N_k \gamma_k})^2}{\sum_{k=1}^{M} a_k^2 N_k} \tag{6-21}$$

根据许瓦尔兹不等式

$$\left(\sum_{k=1}^{M} pq\right)^2 \leqslant \left(\sum_{k=1}^{M} p^2\right) \cdot \left(\sum_{k=1}^{M} q^2\right) \tag{6-22}$$

$$p = a_k \sqrt{N_k} \quad q = \sqrt{\gamma_k}$$

则有

$$\left(\sum_{k=1}^{M} a_k \sqrt{N_k \gamma_k}\right)^2 \leqslant \left(\sum_{k=1}^{M} a_k^2 N_k\right) \cdot \sum_{k=1}^{M} \gamma_k \tag{6-23}$$

利用上述关系式，代入式(6-21)得

$$\gamma_R \leqslant \frac{(\sum_{k=1}^{M} a_k^2 N_k)(\sum_{k=1}^{M} \gamma_k)}{\sum_{k=1}^{M} a_k^2 N_k} = \sum_{k=1}^{M} \gamma_k \tag{6-24}$$

由式(6-24)可知，最大比值合并器输出可能得到的最大信噪比为各支路信噪比之和，即

$$\gamma_{Rmax} = \sum_{k=1}^{M} \gamma_k \tag{6-25}$$

综上所述，最大比值合并时各支路加权系数与本路信号幅度成正比，而与本路的噪声功率成反比，合并后可获得最大信噪比输出。若各路噪声功率相同，则加权系数仅随本路的信号振幅而变化，信噪比大的支路加权系数就大，信噪比小的支路加权系数就小。最大比值合并的信噪比 γ_R 的概率密度函数为

$$p_M(\gamma_R) = \frac{\gamma_R^{M-1} \exp(-\gamma_R/\gamma_0)}{\gamma_0^M (M-1)!} \tag{6-26}$$

可求得累积概率分布为

$$p_M(\gamma_R) = 1 - \exp\left(-\frac{\gamma_R}{\gamma_0}\right) \sum_{k=1}^{M} \frac{(\gamma_R/\gamma_0)^{k-1}}{(k-1)!} \tag{6-27}$$

由式(6-27)画出的最大比值合并分集系统的累积概率分布曲线如图6.3所示。不难得知，在同样条件下，与图6.2所示的选择式合并分集系统相比，最大比值合并分集系统具有较强的抗衰落性能。例如，二重分集($M=2$)与无分集($M=1$)相比，在超过纵坐标概率为99%情况下有13dB增益，优于选择式合并分集系统(10dB增益)。

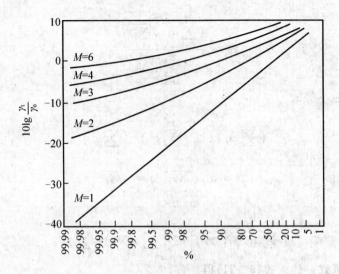

图 6.3 最大比值合并分集系统输出载噪比的累积概率分布曲线

3. 等增益合并的性能

等增益合并也就是各支路的加权系数 $a_k(k=1,2,\cdots,M)$ 都等于1，因此等增益合并器输出的信号包络 r_E 如式(6-28)，即

$$r_E = \sum_{k=1}^{N} r_k \qquad (6-28)$$

若各支路的噪声功率均等于 N，则

$$\gamma_E = \frac{(r_E/\sqrt{2})^2}{NM} = \frac{\left[\sum_{k=1}^{M} r_k\right]^2}{2NM} \qquad (6-29)$$

等增益合并分集系统载噪比累积概率分布曲线如图 6.4 所示。

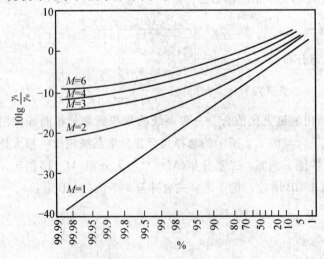

图 6.4 等增益合并分集系统载噪比累积概率分布曲线

第6章 分集接收与均衡技术

4. 平均信噪比的改善

所谓平均信噪比的改善，是指分集接收机合并器输出的平均信噪比较无分集接收机的平均信噪比改善的分贝数。

1) 选择式合并的改善因子 $\overline{D}_S(M)$

在选择式合并方式中，由信噪比 γ_S 的概率密度 $P(\gamma_S)$ 可求得平均信噪比为

$$\overline{\gamma}_S = \int_0^\infty \gamma_S p(\gamma_S) \mathrm{d}\gamma_S \tag{6-30}$$

式中，$P(\gamma_S)$ 可由式(6-27)求得，即

$$p(\gamma_S) = \frac{\mathrm{d}}{\mathrm{d}\gamma_S} P_M(\gamma_S) = \frac{M}{\gamma_0}[1-\exp(-\gamma_S/\gamma_0)]^{M-1} \cdot \exp(-\gamma_S/\gamma_0) \tag{6-31}$$

将式(6-31)代入式(6-30)，得选择式合并器输出的平均信噪比为

$$\overline{\gamma}_S = \gamma_0 \sum_{k=1}^M \frac{1}{k} \tag{6-32}$$

因而平均信噪比的改善因子为

$$\overline{D}_S(M) = \frac{\overline{\gamma}_S}{\gamma_0} = \sum_{k=1}^M \frac{1}{k} \tag{6-33}$$

由式(6-34)可见，选择式合并的平均信噪比改善因子随分集重数(M)增大而增大，但增大速率较小。改善因子常以 dB 计，即式(6-33)可写成

$$[\overline{D}_S(M)] = [\overline{\gamma}_S] - [\gamma_0] = 10\lg\left(\sum_{k=1}^M \frac{1}{k}\right) \tag{6-34}$$

2) 最大比值合并的改善因子 $\overline{D}_R(M)$

由式(6-18)可知

$$\overline{\gamma}_R = \sum_{k=1}^M \overline{\gamma}_k = M\gamma_0 \tag{6-35}$$

即得最大比值合并的信噪比改善因子为

$$\overline{D}_R(M) = \frac{\overline{\gamma}_R}{\gamma_0} = M \tag{6-36}$$

由式(6-36)可知，最大比值合并的信噪比改善因子随分集重数的增大而成正比地增大。以 dB 计时可写成

$$[\overline{D}_R(M)] = [\overline{\gamma}_R] - [\gamma_0] = 10\lg M \tag{6-37}$$

3) 等增益合并的改善因子 $\overline{D}_E(M)$

等增益合并时，由式(6-29)可知

$$\overline{\gamma}_E = \frac{1}{2NM}\left(\sum_{k=1}^M \overline{r_k^2}\right) + \frac{1}{2NM}\sum_{\substack{j,k=1 \\ j \neq k}}^M \overline{(r_j, r_k)} \tag{6-38}$$

因为已假定各支路信号不相关，即有

$$\overline{r_j r_k} = \overline{r_j} \cdot \overline{r_k} \quad j \neq k \tag{6-39}$$

$$\overline{\gamma}_E = \frac{1}{2NM}\left[2M\sigma^2 + M(M-1)\frac{\pi\sigma^2}{2}\right] = \gamma_0\left[1 + (M-1)\frac{\pi}{4}\right] \tag{6-40}$$

最后得出等增益合并的信噪比改善因子为

$$\overline{D_E}(M) = \frac{\overline{\gamma_E}}{\gamma_0} = 1 + (M-1)\frac{\pi}{4}$$

$$[\overline{D_E}(M)] = [\overline{\gamma_E}] - [\gamma_0] = 10\lg\left[1 + (M-1)\frac{\pi}{4}\right]$$

(6-41)

6.1.3 数字化移动通信系统的分集性能

1. NFSK二重分集系统平均误码率

在通信原理教材上已讨论过，在加性高斯噪声情况下，NFSK的误码率公式为

$$P_e(\gamma) = \frac{1}{2}\exp\left(-\frac{\gamma}{2}\right) \tag{6-42}$$

式中，γ为信噪比(或载噪比)。

在瑞利衰落信道中，需用平均误码率表征，记为$\overline{P_e}$，即

$$\overline{P_e} = \frac{1}{2}\int_0^\infty \exp\left(-\frac{\gamma}{2}\right) p(\gamma) d\gamma \tag{6-43}$$

式中，$P(\gamma)$为载噪比γ的概率密度函数。

在选择式合并方式中，$P(\gamma)$即为$P(\gamma_S)$，由式(6-31)可知

$$p(\gamma_S) = \frac{M}{\gamma_0}[1 - \exp(-\gamma_S/\gamma_0)]^{M-1}\exp(-\gamma_S/\gamma_0) \tag{6-44}$$

二重分集时，$M=2$，此时平均误码率用$\overline{P_{e,2}}$表示，则有

$$\overline{P_{e,2}} = \frac{1}{2}\int_0^\infty \exp(-\gamma_S/2)\frac{2}{\gamma_0}[1-\exp(-\gamma_S/\gamma_0)]\exp(-\gamma_S/\gamma_0)d\gamma_S$$

$$= \frac{4}{(2+\gamma_0)(4+\gamma_0)}$$

(6-45)

无分集时(即$M=1$)的平均误码率$P_{e,1}$为

$$\overline{P_{e,1}} = \frac{1}{2}\int_0^\infty \exp(-\gamma_S/2)\frac{1}{\gamma_0}\exp(-\gamma_S/\gamma_0)d\gamma_S = \frac{1}{2+\gamma_0} \tag{6-46}$$

如果平均载噪比$\gamma_0 \gg 1$，则由式(6-45)和式(6-46)可得

$$\overline{P_{e,2}} \approx \frac{4}{(2+\gamma_0)^2} = 4(\overline{P_{e,1}})^2 \tag{6-47}$$

同理，可以求得最大比值合并方式的平均误码率。当采用二重分集时，载噪比γ_R的概率密度$P(\gamma_R)$为

$$p(\gamma_R) = \frac{\gamma_R \exp(-\gamma_R/\gamma_0)}{\gamma_0^2} \tag{6-48}$$

由此可得平均误码率为

$$\overline{P_{e,2}} = \frac{1}{2}\int_0^\infty \exp\left(-\frac{\gamma_R}{2}\right)\frac{\gamma_R}{\gamma_0^2}\exp(-\gamma_R/\gamma_0)d\gamma_R$$

$$= \frac{2}{(2+\gamma_0)^2} = 2\overline{P_{e,1}^2}$$

(6-49)

第6章 分集接收与均衡技术

2. DPSK多重分集系统平均误码率

已知在恒参信道下，DPSK 的误码率为

$$P_e(\gamma) = \frac{1}{2}e^{-\gamma} \qquad (6-50)$$

而在瑞利衰落信道下，平均误码率为

$$\overline{P_e} = \int_0^\infty P_e(\gamma) p(\gamma) d\gamma \qquad (6-51)$$

式中，$p(\gamma)$ 为 γ 的概率密度函数，选择式合并的 $p(\gamma)$ 用 $p(\gamma_S)$ 表示，由前面分析已知 $p(\gamma_S)$ 为

$$p(\gamma_S) = \frac{M}{\gamma_0}[1-\exp(\gamma_S/\gamma_0)]^{M-1}\exp(-\gamma_S/\gamma_0) \qquad (6-52)$$

由此可得出，无分集时($M=1$)的平均误码率 $\overline{P}_{e,1}$ 为

$$\overline{P}_{e,1} = \int_0^\infty \frac{1}{2}e^{-\gamma_S} \cdot \frac{1}{\gamma_0}e^{-\gamma_S/\gamma_0} d\gamma_S = \frac{1}{2+3\gamma_0} \qquad (6-53)$$

同理，可求得二重分集($M=2$)时的平均误码率 $\overline{P}_{e,2}$ 为

$$\begin{aligned}\overline{P}_{e,2} &= \int_0^\infty \frac{1}{2}e^{\gamma_S} \cdot \frac{2}{\gamma_0}[1-\exp(-\gamma_S/\gamma_0)]\exp(-\gamma_S/\gamma_0) d\gamma_S \\ &= \frac{1}{(1+\gamma_0)(2+\gamma_0)}\end{aligned} \qquad (6-54)$$

当平均载噪比 $\gamma_0 \gg 1$ 时，则

$$\overline{P}_{e,2} \approx \frac{1}{\gamma_0^2} = 4\frac{1}{4\gamma_0^2} \approx 4(\overline{P}_{e,1})^2 \qquad (6-55)$$

当 $M=3$ 时，有

$$\overline{P}_{e,3} \approx 24(\overline{P}_{e,1})^3 \qquad (6-56)$$

当 $M=4$ 时，有

$$\overline{P}_{e,4} \approx 192(\overline{P}_{e,1})^4 \qquad (6-57)$$

3. 3种合并方式的误码率比较

表6-1 列出了3种合并方式下 DPSK 系统的误码率较无分集时的益处。由表可见，误码率的改善以最大比值合并为最好，选择式合并最差。

表6-1 3种合并方式平均误码率的比较

分集重数(M) \ 合并方式	选择式	等增益	最大比值
1	$\overline{P}_{e,1}$	$\overline{P}_{e,1}$	$\overline{P}_{e,1}$
2	$4\overline{P}_{e,1}^2$	$2.5\overline{P}_{e,1}^2$	$2.5\overline{P}_{e,1}^2$
3	$24\overline{P}_{e,1}^3$	$6.4\overline{P}_{e,1}^3$	$4\overline{P}_{e,1}^3$
4	$192\overline{P}_{e,1}^4$	$16\overline{P}_{e,1}^4$	$8\overline{P}_{e,1}^4$

6.1.4 RAKE 接收

所谓 RAKE 接收机,就是利用多个并行相关器检测多径信号,按照一定的准则合成一路信号供解调用的接收机。需要特别指出的是,一般的分集技术把多径信号作为干扰来处理,而 RAKE 接收机采取变害为利的方法,即利用多径现象来增强信号。图 6.5 给出了简化的 RAKE 接收机的组成。

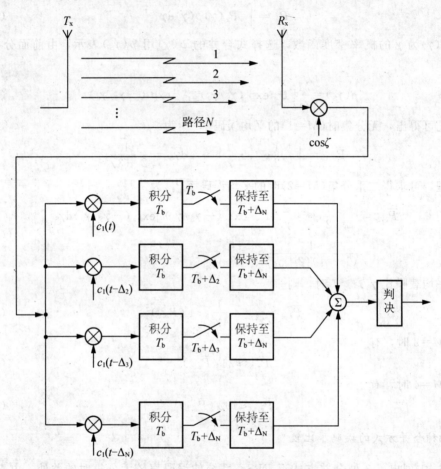

图 6.5 简化的 RAKE 接收机组成

假设发端从 T_x 发出的信号经 N 条路径到达接收天线 R_x。路径 1 距离最短,传输时延也最小,依次是第二条路径,第三条路径,……,时延时间最长的是第 N 条路径。通过电路测定各条路径的相对时延差,以第一条路径为基准时,第二条路径相对于第一条路径的相对时延差为 Δ_2,第三条路径相对于第一条路径的相对时延差为 Δ_3,……,第 N 条路径相对于第一条路径的相对时延差为 Δ_N,且有 $\Delta_N > \Delta_{N-1} > \cdots > \Delta_3 > \Delta_2 (\Delta_1 = 0)$。

在图 6.5 中,由于各条路径加权系数为 1,因此为等增益合并方式。在实际系统中还可以采用最大比合并或最佳样点合并方式,利用多个并行相关器,获得各多径信号能量,即 RAKE 接收机利用多径信号,提高了通信质量。

第6章 分集接收与均衡技术

在实际系统中，由于每条多径信号都经受着不同的衰落，具有不同的振幅、相位和到达时间。由于相位的随机性，其最佳非相干接收机的结构由匹配滤波器和包络检波器组成。如图 6.6 所示，图中匹配滤波器用于和 $c_1(t)\cos\omega t$ 匹配。

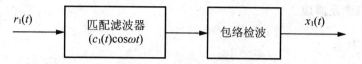

图 6.6　最佳非相干接收机

如果 $r(t)$ 中包括多条路径，则图 6.6 的输出如图 6.7 所示。图中每一个峰值对应一条多径。图中每个峰值的幅度的不同是由每条路径的传输损耗不同引起的。为了将这些多径信号进行有效的合并，可将每一条多径通过延迟的方法使它们在同一时刻达到最大，按最大比的方式合并，就可以得到最佳的输出信号。然后再进行判决恢复发送数据。我们可采用横向滤波器来实现上述时延和最大比合并，如图 6.8 所示。

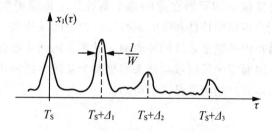

图 6.7　最佳非相干接收机的输出波形

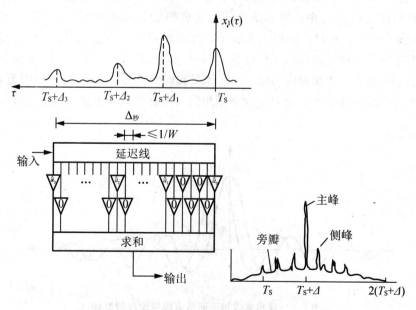

图 6.8　实现最佳合并的横向滤波器

6.2 均衡技术

6.2.1 均衡概念及原理

1. 均衡的概念

均衡技术是指各种用来处理码间干扰(ISI)的算法和实现方法。在移动环境中，由于信道的时变多径传播特性，引起了严重的码间干扰，这就需要采用均衡技术来克服码间干扰。同分集技术一样，它不用增加传输功率和带宽，即可改善移动通信链路的传输质量。不过，分集技术通常用来减少接收时窄带平坦衰落的深度和持续时间，而均衡技术通常用来消弱码间干扰的影响。

均衡适合于信号不可分离的多径且时延扩展远大于符号宽度的情况。它有两条基本途径：一是频域均衡，它使包括均衡器在内的整个系统的总传输函数满足无失真传输的条件，频域均衡往往分别校正幅频特性和群时延特性；二是时域均衡，就是直接从时间响应来考虑，使包括均衡器在内的整个系统的冲激响应满足无码间串扰的条件。数字通信中面临的问题是时变信号，因而需采用时域均衡来实现整个系统无码间串扰。由于无线信道具有未知性和多变性，因而要求均衡器是自适应的。

2. 时域均衡原理

由于理想传输系统是按奈奎斯特第一准则建立的，其发送和接收滤波器的传递函数是依奈奎斯特取样速率 f_N 为中心对称滚降，因此理想信道的脉冲响应是 $h(t)$，非理想(失真)信道的脉冲响应是 $x(t)$，如图 6.9 所示。理想信道和实际信道脉冲响应的差异表明：若在各个奈奎斯特取样时刻(即 $t=k/(2f_N)$，$k=\pm 1, \pm 2, \cdots$)对实际信道脉冲响应 $x(t)$ 取样，会引起样值不为零而形成码间干扰。如果我们引入均衡器(其冲击响应为 $q(t)$)，使总的脉冲冲击响应接近 $y(t)$，则可消除非理想信道引起的码间干扰。这就是时域均衡的基本概念。

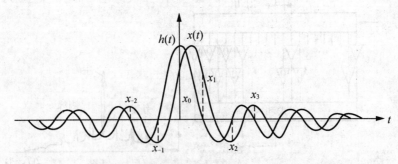

图 6.9 理想信道和实际信道脉冲响应的差异

失真信道形成符号间干扰是由脉冲响应 $x(t)$ 取样值不为零造成的，即有

第6章 分集接收与均衡技术

$$\sum_{k=-\infty}^{\infty} x_k \neq 0 \quad (k \neq 0) \qquad (6-58)$$

若 $x(t)$ 是接收信号的脉冲响应，而 $y(t)$ 是经过均衡器输出的总脉冲响应，则有

$$y(t) = \int_0^t x(\tau) q(t-\tau) \, d\tau \qquad (6-59)$$

其中 $q(t)$ 为均衡器的脉冲响应，令

$$q(t) = \sum_{k=-N}^{N} C_k \delta(t - kT_b) \qquad (6-60)$$

T_b 为码元宽度，C_k 为加权系数，则总脉冲响应可写为

$$y(t) = \int_0^t x(t-\tau) \sum_{k=-N}^{N} C_k \delta(\tau - kT_b) \, d\tau = \sum_{k=-N}^{N} C_k x(t - kT_b) \qquad (6-61)$$

可见，引入均衡器后，输出波形 $y(t)$ 成为输入波形 $x(t)$ 经过 $2N+1$ 个不同时延的加权和。在取样时刻 $t = nT_b$ 时，式(6-61)可写为

$$y(nT_b) = \sum_{k=-N}^{N} C_k x(n-k) T_b \qquad (6-62)$$

或简写成

$$y_n = \sum_{k=-N}^{N} C_k x_{n-k} \qquad (6-63)$$

用横向滤波器进行信道均衡，只要抽头延迟线足够长，理论上可使码间干扰任意小。将均衡过程中调节加权系数 C_k 达到码间干扰为最小的状态称为收敛，而将如何调节加权系数以实现均衡准则的要求称为均衡算法。图 6.10 为横向滤波器构成的均衡器的原理框图。

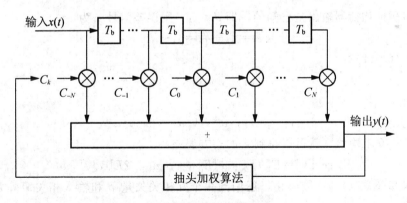

图 6.10 横向滤波器的原理框图

3. 自适应均衡技术

自适应均衡器是一个时变滤波器，它必须动态地调整其特性和参数，使其能够跟踪信道的变化。

图 6.11 中的自适应均衡器的基本结构称为横向滤波器结构。它有 N 个延迟单元（z^{-1}）、$N+1$ 个抽头、$N+1$ 个可调的复数乘法器（权值）。这些权值通过自适应算法进行调整，调整的方法可以是每个采样点调整一次，或每个数据块调整一次。

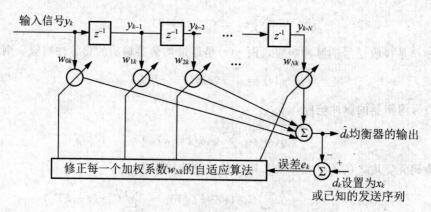

图 6.11 自适应均衡器的基本结构

为了描述图 6.11 中的自适应均衡算法,采用矢量和矩阵的方法比较方便。均衡器的输入矢量 y_k 可以定义为

$$y_k = [y_k \quad y_{k-1} \quad y_{k-2} \cdots y_{k-N}]^T \quad (6-64)$$

均衡器的输出为

$$\hat{d}_k = \sum_{n=0}^{N} w_{nk} y_{k-n} \quad (6-65)$$

权值矢量 w_k

$$w_k = [w_{0k} \quad w_{1k} \quad w_{2k} \quad \cdots \quad w_{Nk}]^T \quad (6-66)$$

利用式(6-64)和式(6-66),则式(6-65)可以写成

$$\hat{d}_k = y_k^T w_k = w_k^T y_k \quad (6-67)$$

若所希望的均衡器输出是已知的,即 $d = x_k$,则误差信号 e_k 为

$$e_k = d_k - \hat{d}_k = x_k - \hat{d}_k \quad (6-68)$$

利用式(6-67)有

$$e_k = x_k - y_k^T w_k = x_k - w_k^T y_k \quad (6-69)$$

进而有

$$|e_k|^2 = x_k^2 - w_k^T y_k y_k^T w_k - 2 x_k y_k^T w_k \quad (6-70)$$

对式 6-70 求均值,就可以得到 e_k 的均方误差

$$E[|e_k|^2] = E[x_k^2] - w_k^T E[y_k y_k^T] w_k - 2 E[x_k y_k^T] w_k \quad (6-71)$$

为了对式(6-71)进行最小化,还用到一个互相关矢量 p 和输入相关矩阵 R,它们的定义分别为

$$p = E[x_k y_k] = E[x_k y_k] = E[x_k y_k \quad x_k y_{k-1} \quad x_k y_{k-2} \cdots x_k y_{k-N}]^T \quad (6-72)$$

$$R = E[y_k y_k^*] = E \begin{bmatrix} y_k^2 & y_k y_{k-1} & y_k y_{k-2} & \cdots & y_k y_{k-N} \\ y_{k-1} y_k & y_{k-1}^2 & y_{k-1} y_{k-2} & \cdots & y_{k-1} y_{k-N} \\ \vdots & \vdots & \vdots & & \vdots \\ y_{k-N} y_k & y_{k-N} y_{k-1} & y_{k-N} y_{k-2} & \cdots & y_{k-N}^2 \end{bmatrix} \quad (6-73)$$

R 有时也被称为协方差矩阵,它的对角线上的元素是输入信号的均方值,其他交叉项为输入信号的不同延迟样点的自相关值。

第6章 分集接收与均衡技术

如果 x_k 和 y_k 是平稳的,在 p 和 R 中的元素是二阶统计量,则它们是不随时间变化的。利用式(6-71)、式(6-72)和式(6-73)得

$$均方误差(MSE) \equiv \xi = E[x_k^2] + w^T R w - 2 p^T w \qquad (6-74)$$

将式(6-74)对 w_k 求最小,就可以得到 w_k 的最佳解。为确定最小的 MSE(即 MMSE),可以利用上式的梯度。只要 R 是非奇异的(其逆矩阵存在),则当 w_k 的取值使梯度为 0 时,MSE 最小。ξ 的梯度定义为

$$\nabla \equiv \frac{\partial \xi}{\partial w} = \left[\frac{\partial \xi}{\partial w_0} \quad \frac{\partial \xi}{\partial w_k} \quad \cdots \quad \frac{\partial \xi}{\partial w_N} \right]^T \qquad (6-75)$$

将式(6-73)代入式(6-75)得

$$\nabla = 2Rp - 2p \qquad (6-76)$$

令 $\nabla = 0$,可得 MME 对应得最佳权值为

$$\hat{w} = R^{-1} p \qquad (6-77)$$

将式(6-77)代入式(6-74),并利用下列矩阵性质:对于一个方阵,有 $(AB)^T = B^T A^T$;对于一个对称矩阵,有 $A^T = A$ 和 $(A^{-1})^T = A^{-1}$。则可得均衡后的最小均方误差为

$$\begin{aligned}\xi_{\min} = MMSE &= E[x_k^2] + (R^{-1} p)^T p - 2 p^T \hat{w} \\ &= E[x_k^2] + p^T R^{-1} p - 2 p^T \hat{w}\end{aligned} \qquad (6-78)$$

自适应均衡器所追求的目标就是要达到最佳抽头增益系数,能直接从传输的实际数字信号中获取信息,根据某种均衡算法不断调整抽头系数,以适应信道的随机变化,使均衡器总是保持最佳的工作状态,有较好的失真补偿性能。自适应均衡器有以下 3 个特点。

(1)快速初始收敛特性;
(2)好的跟踪信道时变特性;
(3)低的运算量。

因此,实际使用的自适应均衡器在正式工作前先发一定长度的测试脉冲序列,又称训练序列,以调整均衡器的抽头系数,使均衡器基本上趋于收敛,然后再自动改变为自适应工作方式,使均衡器维持最佳状态。自适应均衡器一般按最小均方误差准则来构成,最小均方算法采用维特比(Viterbi)算法,限于篇幅,这里不进行详细介绍,其总思路是在输入与输出进行比较时,不必比较全部可能的序列,把不可能选用的输入组合去掉,减少了大量的计算。维特比均衡器的原理框图如图 6.12 所示。

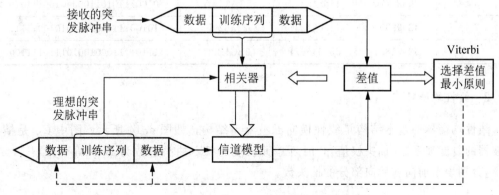

图 6.12　维特比均衡器的原理框图

信道可以是金属线、光缆、无线链路等，每种信道都有自己的特性。因此，最佳接收机应适合用于特殊类型的传输信道，这就要求建立一个传输信道的数学模型，计算出最可能的传输序列，这就是均衡器。传输序列是以突发脉冲串的形式传输的，在突发脉冲串的中部，加有已知方式的且自相关性强的训练序列，利用此训练序列，均衡器能建立起该信道模型。这个模型随时间改变，但在一个突发脉冲串期间被认为是恒定的。建立信道模型后，下一步是产生全部可能的序列，并将它们馈入信道模型，输出序列中将有一个序列与接收序列最相似，与此对应的那个输入序列即被认为是当前发送的序列。

但是当序列长度较大时，产生全部可能的序列将导致很大的时延，所以实际的均衡器中采用 Viterbi 算法。图 6.13 所示为均衡器的工作原理。序列长度 N=3，接收到的序列为 010(不一定正确)。N=3 时有 8 种全部可能的序列：000，001，011，…，111。信道模型对应的输出序列分别为：100，010，110，…，001。显然，第二个输入序列 001 产生了最相似的输出序列 010，可以认为 001 为发送序列。

例如，GSM 数字蜂窝移动通信系统中的训练序列见表 6-2，它们具有很强的自相关性，以使均衡器具有很好的收敛性。

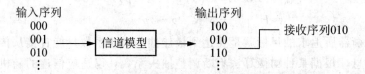

图 6.13 均衡器的工作原理

表 6-2 GSM 系统的训练序列

序列数	十进制	八进制	十六进制	二进制 （26bit）
1	9898135	45604227	970897	00100101110000100010010111
2	12023991	55674267	B778B7	00101101110111100010110111
3	17754382	103564416	10EE90E	01000011101110100100001110
4	18796830	107550436	11ED11E	01000111101101000100011110
5	7049323	32710153	6B906B	00011010111001000001101011
6	20627770	116540472	13AC13A	01001110101100000100111010
7	43999903	247661237	29F629F	10100111110110001010011111
8	62671804	357045674	3BC4BBC	11101111000100101110111100

6.2.2 线性均衡技术

线性均衡器的基本结构是线性横向滤波器型结构，如图 6.14 所示。图中 C_N^* 是横向滤波器的复滤波系数(抽头权值)，时延单元长度为 T，抽头总数为 $N=N_1+N_2+1$，N_1 和 N_2 分别表示前向和后向部分的抽头数。

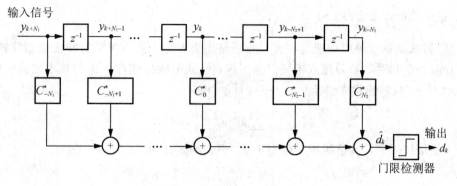

图 6.14　线性横向滤波器型结构

在该均衡器中，有

$$\hat{d}_k = \sum_{n=-N_1}^{N_2} (C_n^*) y_{k-n} \tag{6-79}$$

1. 最小均方误差算法（LMS）

最小均方误差算法（LMS）与 MMSE 的原理相同。此时的估计误差被称为预测误差。对于一个给定的信道，其预测将取决于抽头的权值 w_N，令代价函数 $J(w_N)$ 即为均方误差（式(6-73)），则使 MSE 最小就是使下式为 0。

$$\frac{\partial}{\partial w_N} J(w_N) = -2p_N + 2R_{NN} w_N = 0 \tag{6-80}$$

也就是抽头的权值 w_N 应满足下式

$$R_{NN} \hat{w}_N = p_N \tag{6-81}$$

此时的最佳（最小）的代价函数值为

$$J_{opt} = J(\hat{w}_N) = E[x_k x_k^*] - p_N^T \hat{w}_N = 0 \tag{6-82}$$

有很多方法来求解式(6-81)，最直接的方法就是矩阵求逆，即

$$\hat{w}_N = R_{NN}^{-1} p_N \tag{6-83}$$

在最小均方误差算法（LMS）中采用了统计梯度算法来迭代求解 MSE 的最小值，它是最简单的均衡算法；每次迭代仅需要使用 2N+1 次运算。LMS 算法的迭代步骤如下（令 N 表示迭代过程的序号）

$$\begin{aligned}
\hat{d}_k(n) &= w_N^T(n) y_N(n) \\
e_k(n) &= x_k(n) - \hat{d}_k(n) \\
w_N(n+1) &= w_N(n) - a e_k^*(n) y_N(n)
\end{aligned} \tag{6-84}$$

式中：α 是步长，它控制着算法的收敛速度和稳定性。在一个实际的系统中，为了使该均衡器能够收敛，一个首要的条件是均衡器中的传播时延 $(N-1)T$ 要大于信道的最大相对时延。为了防止均衡器不稳定，α 的取值要满足下列条件

$$0 < \alpha < \frac{2}{N \sum_{i=1}^{N} \lambda_i} \tag{6-85}$$

2. 递归最小二乘法(RLS)

LMS算法的缺点是收敛速度较慢，特别是当协方差矩阵 RNN 的特征值相差较大(即 $\lambda max/\lambda min \gg 1$)时，收敛速度很慢。为了达到较快的收敛速度，递归最小二乘法中使用下面的代价函数(累积均方误差)

$$J(n) = \sum_{i=1}^{n} \lambda^{n-i} e^*(i,n) e(i,n) \qquad (6-86)$$

式中：λ 是加权因子，其值接近 1 但小于 1。误差的定义为

$$e(i, n) = x(i) - y_N^T(i) w_N(n) \qquad 0 \leq i \leq n \qquad (6-87)$$

$$y_N(i) = [y(i) \quad y(i-1) \quad \cdots \quad y(i-N+1)]^T \qquad (6-88)$$

为使 $J(n)$ 最小，应使 $J(n)$ 的梯度为 0，即

$$\frac{\partial}{\partial w_N} J(w_N) = 0 \qquad (6-89)$$

将式(6-86)和式(6-87)代入式(6-88)得

$$R_{NN}(n) \hat{w}_N(n) = p_N(n) \qquad (6-90)$$

$$R_{NN}(n) = \sum_{i=1}^{n} \lambda^{n-i} y_N^*(i) y_N^T(i) \qquad (6-91)$$

$$p_N(n) = \sum_{i=1}^{n} \lambda^{n-i} x^*(i) y_N(i) \qquad (6-92)$$

根据式(6-91)，可以得到如下的 $R_{NN}(n)$ 及其逆矩阵 $R_{NN}^{-1}(n)$ 的递归表达式

$$R_{NN}(n) = \lambda R_{NN}(n-1) + y_N(n) y_N^T(n)$$

$$R_{NN}^{-1}(n) = \frac{1}{\lambda} \left[R_{NN}^{-1}(n-1) - \frac{R_{NN}^{-1}(n-1) y_N(n) y_N^T(n) R_{NN}^{-1}(n-1)}{\lambda + \mu(n)} \right] \qquad (6-93)$$

式中

$$\mu(n) = y_N^T(n) R_{NN}^{-1}(n-1) y_N(n) \qquad (6-94)$$

利用上面的递归公式可以得到 RLS 算法的权值更新公式

$$w_N(n) = w_N(n) + k_N(n) e^*(n, n-1) \qquad (6-95)$$

式中

$$k_N(n) = \frac{R_{NN}^{-1}(n-1) y_N(n)}{\lambda + \mu(n)} \qquad (6-96)$$

利用均衡器的权值，可得均衡器的输出为

$$\hat{d}(n) = w^T(n-1) y(n) \qquad (6-97)$$

其误差为

$$e(n) = x(n) - \hat{d}(n) \qquad (6-98)$$

6.2.3 非线性均衡技术

1. 判决反馈均衡器(DFE)

判决反馈均衡器(DFE)的结构如图 6.15 所示。它由前馈滤波器(FFF)(图中的上半部

分)和反馈滤波器(FBF)(图中的下半部分)组成。FBF 将检测器的输出作为它的输入,通过调整其系数来消除当前码元中由过去检测的符号引起的 ISI。

前馈滤波器有 N_1+N_2+1 个抽头,反馈滤波器有 N_3 个抽头,它们的抽头系数分别是 C_N^* 和 F_i^*。均衡器的输出可以表示为

$$\hat{d}_k = \sum_{n=N_1}^{N_2} C_N^* y_{k-n} + \sum_{i=1}^{N_3} F_i d_{k-i} \tag{6-99}$$

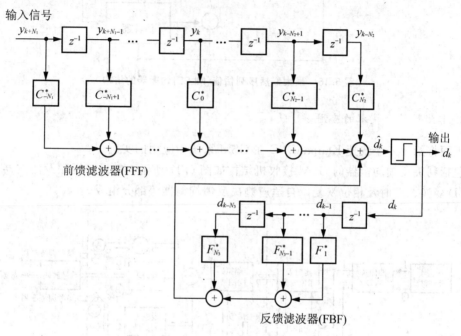

图 6.15 判决反馈均衡器(DFE)的结构

2. 最大似然序列估值(MLSE)均衡器

前面讨论的基于 MSE 的线性均衡器是在信道不会引入幅度失真的情况,使符号错误概率最小的最佳均衡器。然而,该信道条件在移动环境下是非常苛刻的,这就导致人们研究最佳或准最佳的非线形的均衡器。这些均衡器的基本结构是采用最大似然接收机的结构。

最大似然序列估值(MLSE)均衡器的结构如图 6.16 所示。MLSE 利用信道冲激响应估计器的结果,测试所有可能的数据序列,选择概率最大的数据序列作为输出。图中 MLSE 单元通常采用 Viterbi 算法来实现。MLSE 均衡器是在数据序列错误概率最小意义上的最佳均衡器。该均衡器需要确知信道特性,以便计算判决的度量值。(在图 6.16 中,匹配滤波器是在连续的时间域上工作的,而信道估计器和 MSLE 单元是在离散时间域上工作的。)

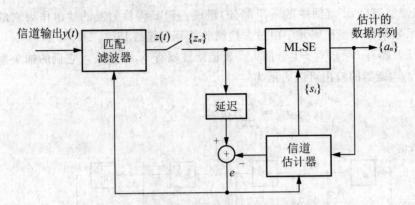

图 6.16 最大似然序列估值(MLSE)均衡器的结构

3. 非线性均衡技术的应用

下面将给出一个快速 KalmanDFE 在 GSM 系统中应用的实例。

包括判决反馈均衡器的 GSM 接收机结构如图 6.17 所示。它由下混频及滤波器、抽样及 A/D 变换、定时及相位恢复、自适应判决反馈均衡器等部分组成。

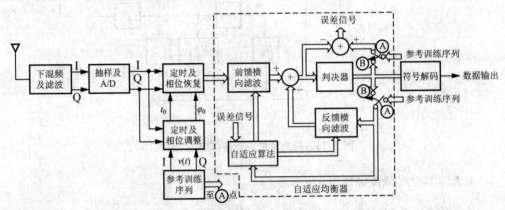

图 6.17 GSM 接收机框图

均衡器中,位定时和载波相位的调整过程如下。

每个比特取 K 个样点(如 $K=4$),得到的 K 个接收序列为 $r_i(t)$,$i=1,\cdots,K$。本地根据参考训练序列产生的 GMSK 已调信号为 $v(t)$,计算 $r_i(t)$ 和 $v(t)$ 的复相关函数 $R_i(t)$,$i=1,\cdots,K$。设 $R_i(t)$ 的同相分量和正交分量分别为 $R_i^I(t)$ 和 $R_i^Q(t)$,则 $R_i(t)$ 的振幅为

$$A_i(t) = \sqrt{\{R_i^I(t)\}^2 + \{R_i^Q(t)\}^2} \qquad (6-100)$$

假定 $A_j(t)$ 在所有的 $A_i(t)$ 中具有最大的峰值,其峰值在 t_j 处出现,则抽样时 t_0 应为

$$t_0 = t_j + \frac{(j-1)T_b}{K} \qquad (6-101)$$

式中第二项是由不同接收样本序列引入的时延。由此可得载波相位的调整量为

$$\varphi_0 = \arctan\frac{R_j^Q(t_0)}{R_j^I(t_0)} \qquad (6-102)$$

第6章 分集接收与均衡技术

当均衡器处在训练模式时,开关置在 A 点,利用接收到的训练序列和本地参考序列,对均衡器抽头进行初始化。设训练序列的符号为 $D(0)$、$D(1)$、$\cdots$、$D(n)$,在时刻 n,均衡器的输出为 $I(n)$,则产生的误差信号为

$$e(n) = D(n) - I(n)$$
$$\hat{e}(n) = \hat{I}(n) - I(n)$$
(6-103)

复数 (m,n) 判决反馈均衡器的具体结构如图 6.18 所示。该均衡器的输入为两个正交支路(它可表示为一个复数 $y^I(n) + jy^Q(n)$),每一支路都经过前馈和反馈横向滤波器,其滤波器的系数均为复数,分别为 $a_i(n) + j\beta_i(n)$ 和 $r_i(n) + j\delta_i(n)$。因为

$$[y^I(n) + jy^Q(n)] * [\alpha_i(n) + j\beta_i(n)] = [y^I(n)\alpha_i(n) - y^Q(n)\beta_i(n)] + j[y^I(n)\beta_i(n) + y^Q(n)\alpha_i(n)],$$

从而可得图中相乘和求和的结构。

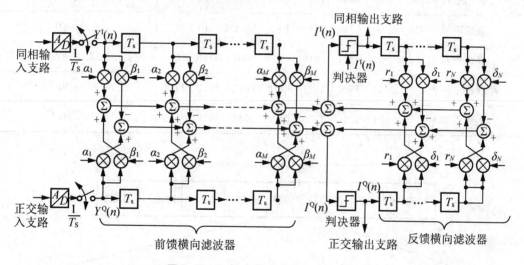

图 6.18　GSM 中判决反馈均衡器结构

设
$$C_L(n) = \{C_1^F(n), C_2^F(n), \cdots, C_M^F(n), C_1^B(n), C_2^B(n), \cdots, C_N^B(n)\}^T$$
$$Y_L(n) = \{y(n), y(n-1), \cdots, y(n-M-1), \hat{I}(n), \hat{I}(n-1), \cdots, \hat{I}(n-N-1)\}^T$$
(6-104)

其中
$$C_i^F(n) = \alpha_i(n) + j\beta_i(n) \quad 1 \leqslant i \leqslant M \text{(为前馈横向滤波器的系数)} \quad (6-105)$$
$$C_i^B(n) = r_i(n) + j\delta_i(n) \quad 1 \leqslant i \leqslant N \text{(为反馈横向滤波器的系数)} \quad (6-106)$$
$$y(n) = y^I(n) + jy^Q(n) \text{(为输入复序列)} \quad (6-107)$$
$$\hat{I}(n) = \hat{I}^I(n) + j\hat{I}^Q(n) \text{(为输出复序列)} \quad (6-108)$$

则复数快速 Kalman 算法(CFKA)的抽头增益迭代公式如下
$$C_L(n) = C_L(n-1) + K_L(n) \cdot e(n) \quad (6-109)$$

式中:$K_L(n) = P_{LL}(n) \cdot Y_L^*(n)$ 为 L 维 Kalman 增益矢量,且
$$P_{LL}(n) = \left[\sum_{i=0}^{n} \lambda^{n-i} Y_L^*(i) \cdot Y_L^T(i) + \delta\lambda^n I_{LL}\right]^{-1} \quad (6-110)$$

GSM 中的训练序列已在表 6-3 中给出，在具体实现过程中，考虑到信道冲激响应的宽度和定时抖动等问题，仅利用 26bit 长的训练序列中的 16bit 来进行相关运算。训练序列在 GSM 帧结构中的位置如图 6.19 所示。

表 6-3 GSM 的训练序列

序号	二进制值（26bit）	十六进制值
训练序列 1	00 1001 0111 0000 1000 1001 0111	0970897
训练序列 2	00 1011 011 0111 1000 1011 0111	0B778B7
训练序列 3	01 0000 1110 1110 1001 0000 1110	10EE90E
训练序列 4	01 0001 1110 1101 0001 1110	11ED11E
训练序列 5	00 0110 1011 0000 0110 1011	06B906B
训练序列 6	01 0011 1010 1100 0001 0011 1010	13AC13A
训练序列 7	10 1001 1111 0110 0001 1001 1111	29F629F
训练序列 8	11 1011 1100 0100 1011 1011 1100	3BC4BBC

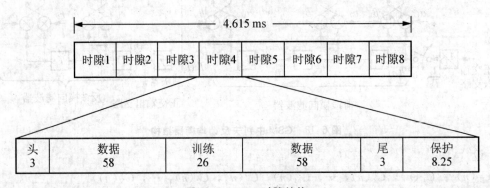

图 6.19 GSM 时隙结构

通过计算机模拟和分析比较，(2,3)DFE 是满足性能要求的最简单结构。在采用训练序列为 (00100101110000100010010111) 的情况下，在接收机中使用前述的相关同步法和 CFKA(2,3)DFE 在各种条件下的性能如下。

(1) 若信道有两条传播路径，两条路径的相对时延为 τ，第二条路径相对第一条路径的振幅为 b，则信道传输函数模型由下式表示

$$H(\omega) = 1 - b\exp[-j2\pi(f-f_0)\tau] \tag{6-111}$$

在采用前述的相关同步法后，当 $B=-15\text{dB}$，$f_0=0$，τ 取不同值时，均衡前后的系统误比特性能如图 6.20 所示。从图中可以看到，采用 CFKA(2,3)DFE 后，系统的性能仅比无失真信道下的性能损失了 1.5dB。

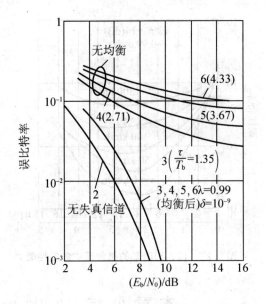

图 6.20　在 $B=-15\text{dB}$，$f_0=0$，τ 取不同值时均衡前后的性能((2,3)DFE)

（2）若信道模型为两条互相独立同分布的瑞利衰落路径，当运动速度为 $v=50\text{km/h}$，τ 取不同值时，均衡前后的性能如图 6.21 所示。图中曲线 9 为单条路径下的性能。由图可以看出，两条路径下的性能优于单条路径下的性能，这表明两条路径的信道提供了某种意义上的分集功能。

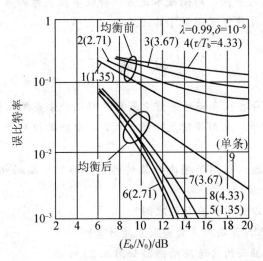

图 6.21　$v=50\text{km/h}$ 时均衡前后的性能比较

在相同的信道条件下，当 E_b/N_0 一定时，误比特率与时延的曲线如图 6.22 所示。从图中可以看出，仅仅采用简单的(2,3)DFE，就可以获得相当优越的性能。

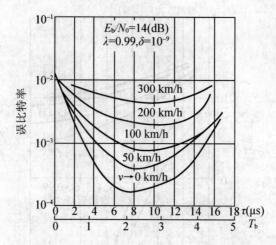

图 6.22 (2,3)DFE 的抗时延扩散的性能

本 章 小 结

本章讨论和介绍了抗平坦瑞利衰落(空间选择性衰落)和抗频率选择性衰落(多径引起的)的传统性典型抗衰落技术。为了对抗这些衰落，传统的方法是采用分集接收、RAKE接收和均衡技术。分集接收技术是传统的抗空间衰落的方法，RAKE技术是经典的抗多径衰落，提高接收信噪比的手段，均衡技术是另一种抗多径衰落的常用技术。在第二代移动通信系统中，这些经典接收技术得到了广泛应用。

习 题 6

6.1 分集技术如何分类？在移动通信中采用了哪几种分集接收技术？

6.2 对于 DPSK 信号，采用等增益合并方式，4 重分集相对于 3 重分集，其平均误码率能降多少？

6.3 为什么说扩频通信起到了频率分集的作用，而交织编码起到了时间分集的作用？RAKE 接收属于什么分集？

6.4 自适应均衡可以采用哪些最佳准则？

6.5 RLS算法与 LMS 算法的主要异同点是什么？

6.6 假定有一个两抽头的自适应均衡器如图 6.23 所示。

(1) 求出以 w_0、w_1 和 N 表示的 MSE 表达式；

(2) 如果 $N>2$，求出最小 MSE；

(3) 如果 $w_0=0$，$w_1=-2$ 和 $N=4$ 样点/周期，MSE 是多少？

(4) 如果参数与(3)中相同，$d_k=2\sin(2\pi k/N)$，MSE 又是多少？

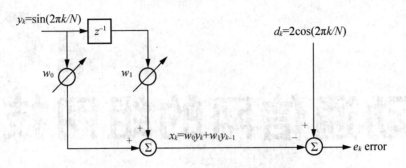

图 6.23　一个两抽头的自适应均衡器

6.7 假定一个移动通信系统的工作频率为 900mHz，移动速度 $v=80$km/h，试求：

(1) 信道的相干时间；

(2) 假定符号速率为 24.3Ksps，在不更新均衡器系数的情况下，最多可以传输多少个符号？

6.8 在 GSM 系统中，应用均衡器后性能的改善程度如何？试举例说明。

第7章 移动通信网的组网技术

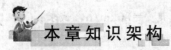
本章知识架构

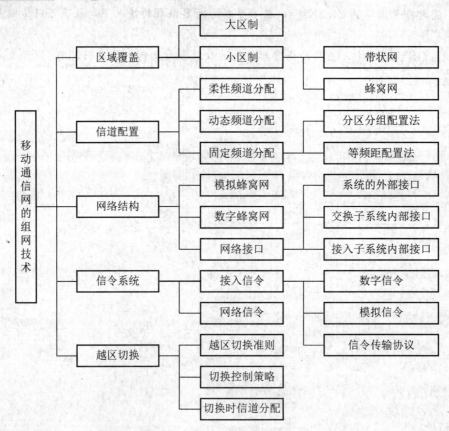

本章教学目标与要求

- 了解移动通信网的基本概念

第7章 移动通信网的组网技术

- 了解大区制、小区制及蜂窝网的概念
- 掌握采用小区制提高系统无线信道容量的基本原理
- 掌握移动通信信道分配方法
- 了解移动通信的基本网络结构
- 了解几种常用的信令格式
- 掌握越区切换的准则及控制策略

引言

移动通信在追求最大容量的同时，还要追求最大的覆盖面积，也就是无论移动用户移动到什么地方，移动通信系统都应该覆盖到。当然，目前的移动通信系统还无法做到这一点，但它应能够在其覆盖的区域内提供良好的语音和数据通信。而要实现移动用户在其覆盖范围内的良好通信，就必须有一个通信网支撑，这个通信网就是移动通信网。

为了实现移动用户在网络覆盖范围内的有效通信，必须解决移动通信组网的问题。组网过程中必须解决如下一系列技术问题，才能使网络正常运行。

(1) 频率资源有限，如何解决频率利用低的问题；
(2) 移动通信系统的网络如何构成；
(3) 移动通信系统中信道如何分配，如何共用信道；
(4) 如何保证移动用户通信过程的连续性，实现有效的越区切换；
(5) 移动通信网络如何管理移动用户；
(6) 移动通信网中采用什么样的信令系统。

本章将对上述几个问题分别进行讨论。

案例 7.1

在 20 世纪 70 年代于美国纽约开通的 IMTS(Improved Mobile Telephone Service)系统(图 7.1)，仅能提供 12 对信道。也就是说，网中只允许 12 对用户同时通话，倘若同时出现第 13 对用户要求通话，就会发生阻塞。

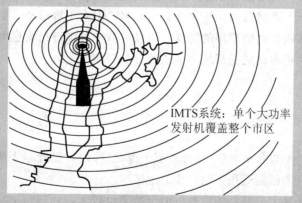

图 7.1 大区制移动通信系统 IMTS 示意图

移动通信

7.1 移动通信网的基本概念

移动通信网是承载移动通信业务的网络,主要完成移动用户与固定用户、移动用户之间的信息交换。一般来说,移动通信网络由两部分组成:空中网络和地面网络。

空中网络是移动通信网的主要部分,主要包括如下内容。

(1) 多址接入。在给定的频率资源下,如何提高系统的容量是蜂窝移动通信系统的重要问题。多址接入要解决的问题是在给定的频率资源下如何共享,以使得有限的资源能传输更大容量的信息。由于采用何种多址接入方式直接影响到系统容量,所以多址接入方式一直是人们关注的热点。

(2) 频率复用和蜂窝小区。频率复用和蜂窝小区是一种蜂窝组网的概念,最早是由美国贝尔实验室提出的。蜂窝的概念真正解决了公用移动通信系统要求容量大与频率资源有限的矛盾。

(3) 切换和位置更新。采用蜂窝式组网后,切换技术显得十分重要。多址接入方式不同,切换技术也不同。位置更新是移动通信所特有的,由于移动用户要在移动通信网中任意移动,网络需要在任何时刻联系到用户,以实现对移动用户的有效管理。

地面网络主要包括如下内容。

(1) 服务区内各个基站的互相连接。

(2) 基站与固定网(PSTN、ISDN 和 PDN 等)的连接。

7.2 区域覆盖和信道配置

无线电波的传输损耗是随着距离的增加而增加的,并且与地形环境密切相关。由 VHF 和 UHF 的传播特性可知,一个基站只能在其天线高度的视距范围内为移动用户提供服务,这样的覆盖区称为一个无线电区,或简称小区。为了使服务区达到无缝覆盖,就需要采用多个基站来覆盖给定的服务区。根据服务区域覆盖方式的不同可将移动通信网划分为大区制和小区制。虽然目前大区制的应用不多,但对于容量小、用户密度低的宏小区等蜂窝网都具有大区制移动通信网的特点,所以本节将分别探讨大区制和小区制的网络覆盖问题,同时还将讨论移动通信系统中信道的分配问题。

7.2.1 区域覆盖

1. 大区制

大区制是指在一个服务区域(一个城市或一个地区)内只设置一个基站,由它负责移动通信的联络和控制,大区制适用于用户少的地区。

大区制的覆盖区域大,基站的发射机输出功率也较大,一般在 200W 左右,覆盖半径约 30~50km。要求基站的天线架设很高,当移动台离基站较远时,能较好的接收基站发来的信号,但基站收不到移动台的信号,这是因为移动台发射功率小的缘故。为了解决两个方向上信号强度不一致的问题,可以在适当的地点设立若干个分集接收站,接收附近移动台的信号,然后通过有线传输的方式将信号转发给基站。在大区制中,每个移动台使用的频率都不相同,否则会产生严重的相互干扰,这种体制下频率的利用率和容量都受到限制,满足不了用户增长的需要。

大区制的优点是建网简单、投资少、见效快,在用户较少的地域非常适宜。在经济发达的市或县预计远期规划时可以考虑小区制,但从初期用户不太多和节约投资的情况下,应先采用大区制。

2. 小区制

小区制就是把整个服务区域划分为若干个小区,每个小区设置一个基站,负责本小区内移动通信的联络和控制。同时还要在几个小区间设置移动交换中心,统一控制各小区之间用户的通信接续,以及移动用户与固定用户的联系。

每个小区设置一个发射功率为 5~10W 的小功率基站,覆盖半径一般为 5~10km。可以给每个小区分配不同的频率,但这样需要大量的频率资源,且频谱的利用率低,为了提高频谱的利用率,需要将相同的频率在相隔一定距离的小区中重复使用,使用相同频率的小区(同频小区)之间的干扰足够小,这种技术称为同频复用。

根据服务对象、地形分布及干扰等因素的不同,可将小区制移动通信网划分为带状网和蜂窝网。

1)带状网

对于公路、铁路、水运航道、海岸等的覆盖可采用带状网,其服务区域内的用户分布呈带状分布,如图 7.2 所示。

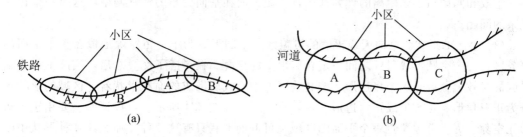

图 7.2 带状网

带状网的天线若采用定向天线,服务覆盖区为扁圆形,如图 7.2(a)所示。基站天线若为全向天线辐射,服务覆盖区形状是圆形的,如图 7.2(b)所示。

带状网可以进行频率再用。若以采用不同信道组的两个小区组成一个区群,如图 7.2(a)所示,称为双频制。若以采用不同信道组的 3 个小区组成一个区群,如图 7.2(b)所示,称为三频制。从造价和频率资源的利用而言,当然双频制最好;但从抗同频道干扰而言,则双频制最差,还应该考虑多频制。

设 n 频制的带状网如图 7.3 所示。每一个小区的半径为 r,相邻小区的交叠宽度为 a,第 $n+1$ 区与第 1 区为同频道小区。据此,可算出信号传输距离 d_S 和同频道干扰传输距离 d_I 之比。若认为传输损耗近似与传输距离的四次方成正比,则在最不利的情况下可得到相应的干扰信号比,见表7-1。由表可见,双频制最多只能获得19dB的同频干扰抑制比,这通常是不够的。

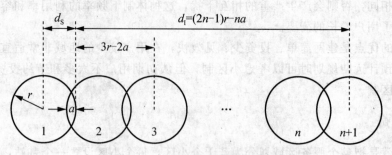

图7.3 带状网的同频干扰

表7-1 带状网的同频干扰

		双频制	三频制	n 频制
	d_S/d_I	$\dfrac{r}{3r-2a}$	$\dfrac{r}{5r-3a}$	$\dfrac{r}{(2n-1)r-na}$
I/S	$a=0$	-19dB	-28dB	$40\lg\dfrac{1}{2n-1}$
	$a=r$	0dB	-12dB	$40\lg\dfrac{1}{n-1}$

2) 蜂窝网

在平面区域内划分小区,通常组成蜂窝式的网络。在带状网中,小区呈线状排列,区群的组成和同频道小区距离的计算都比较方便,而在平面分布的蜂窝网中,这是一个比较复杂的问题。

(1) 小区的形状。全向天线辐射的覆盖区是个圆形。为了不留空隙地覆盖整个平面的服务区,一个个圆形辐射区之间一定含有很多的交叠。在考虑了交叠之后,实际上每个辐射区的有效覆盖区是一个多边形。按交叠区的中心线所围成的面积形状看,区域的形状可分为正三角形、正方形或正六边形3种,小区形状如图7.4所示。可以证明,要用正多边形无空隙、无重叠地覆盖一个平面的区域,可取的形状只有这3种。那么这3种形状中哪一种最好呢?在辐射半径 r 相同的条件下,计算出3种形状小区的邻区距离、小区面积、交叠区宽度和交叠区面积,见表7-2。

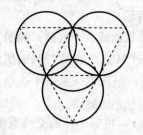 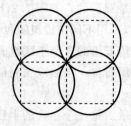 

图7.4 小区的形状

第7章 移动通信网的组网技术

表7-2 3种形状小区的比较

小区形状	正三角形	正方形	正六边形
邻区面积	r	$\sqrt{2}r$	$\sqrt{3}r$
小区面积	$1.3r^2$	$2r^2$	$2.6r^2$
交叠区宽度	r	$0.59r$	$0.27r$
交叠区面积	$1.2\pi r^2$	$0.73\pi r^2$	$0.35\pi r^2$

由表可见，在服务区面积一定的情况下，正六边形小区的形状最接近理想的圆形，用它覆盖整个服务区所需的基站数最少，也就最经济；而且，正六边形最接近圆形的辐射模式，基站的全向天线和自由空间传播辐射模式都是圆形的。正六边行构成的网络形同蜂窝，因此把小区形状为正六边形的小区制移动通信网称为蜂窝网。基于蜂窝状的小区制是目前公共移动通信网的主要覆盖方式。

（2）区群的组成。相邻小区显然不能用相同的信道。为了保证同信道小区之间有足够的距离，附近的若干小区都不能用相同的信道。这些不同信道的小区组成一个区群，只有不同区群的小区才能进行信道再用。区群的构成应满足以下两个基本条件：① 区群可以彼此邻接，且无空隙、无重叠进行覆盖；② 邻接之后的区群应保证相邻同信道小区的距离相等。

满足上述条件的区群形状和区群内的小区数不是任意的。可以证明，区群内的小区数 N 应满足下式

$$N = i^2 + ij + j^2 \tag{7-1}$$

式中，i, j 为正整数。由此可算出 N 的可能取值，见表7-3，相应的区群形状如图7.5所示。

表7-3 区群内小区数 N 的取值

j \ N \ i	0	1	2	3	4
1	1	3	7	13	21
2	4	7	12	19	28
3	9	13	19	27	37
4	16	21	28	37	48

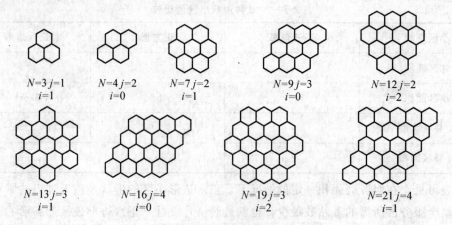

图 7.5 区群的组成

(3) 同频小区的距离。区群内小区的数目 N 也称作区群的大小，N 减小而小区数目保持不变，则需要更多的区群来覆盖给定的范围。移动台或基站可以承受的干扰主要体现在由于频率复用所带来的同频干扰上。考虑同频干扰首先想到的是同频距离，因为电磁波的传输损耗是随着距离的增加而增大的，所以距离增加干扰必然减小。

区群内小区数不同的情况下，同频（信道）小区的位置和复用距离 D 可用下面的办法来确定。如图 7.6 所示，由某一小区 A 出发，先沿边的垂线方向跨 j 个小区，再向左（或向右）转 $60°$，再跨 i 个小区，这样就到达同信道小区 A。在正六边形的 6 个方向上，可以找到 6 个相邻同信道小区，所有 A 小区之间的距离都相等。

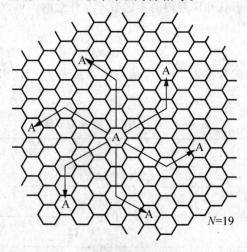

图 7.6 同频（信道）小区的确定

设小区的辐射半径（即正六边形外接圆的半径）为 r，则从图 7.6 可以算出同信道小区中心之间的距离为

$$\begin{aligned} D &= \sqrt{3}r\sqrt{(j+i/2)^2+(\sqrt{3}i/2)^2} \\ &= \sqrt{3(i^2+ij+j^2)} \cdot r \\ &= \sqrt{3N} \cdot r \end{aligned} \quad (7-2)$$

第7章 移动通信网的组网技术

由此可见,群内小区数目 N 越大,同频(信道)小区的距离就越远,抗同频干扰的性能就越好。例如,$N=3$,$D/r=3$;$N=7$,$D/r=4.6$;$N=19$,$D/r=7.55$。

(4) 激励方式。在划分区域时,若基站位于小区的中心,则采用全向天线实现小区的覆盖,通常称这种方式为"中心激励",如图7.7(a)所示。如果服务区内有大的障碍物,中心激励难免会出现电波辐射的阴影区。若在每个正六边形相同的3个顶点上设置基站,每个基站采用3副120°扇形辐射的定向天线,分别覆盖3个相邻小区的三分之一区域,每个小区由3副120°扇形天线共同覆盖,通常称这种方式为"顶点激励",如图7.7(b)所示。由于顶点激励方式采用定向天线,除对消除障碍物阴影有利外,对来自天线方向主瓣之外的干扰能有一定的隔离度,因而允许同信道小区的距离可以减小些,从而进一步提高频率利用率。

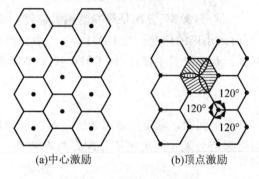

(a)中心激励　　　　(b)顶点激励

图7.7　两种激励方式

(5) 小区的分裂。以上分析是假定整个服务区的地形、地物相同,用户密度均匀分布的情况。但是一个实际的移动通信网,其服务区内各部分用户密度并不是均匀分布的。例如,市区密度高一些,郊区就低一些。为了适应这种情况,在用户密度高的市中心区可使小区的面积小一些,在用户密度低的市郊区可使小区的面积大一些,如图7.8所示,图中的数字表示信道数。

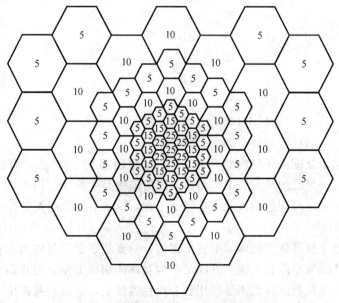

图7.8　用户密度不等时的小区结构

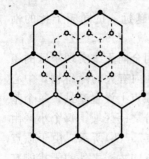

● 原基站　○ 新基站

图 7.9　小区分裂

另外，对于已经设置好的蜂窝通信网，随着城市建设的发展，原来的低用户密度区域可能变成高用户密度区域。当原有小区的用户密度高到出现话务阻塞时，可在该地区设置新的基站，将原有小区面积划小。解决以上问题可用小区分裂的方法。

以扇形辐射的顶点激励方式为例，如图 7.9 所示，在原小区内分设 3 个发射功率更小一些的新基站，就可以形成几个面积更小一些的正六边形小区，如图中虚线所示。

7.2.2 信道(频率)分配

信道(频率)分配是频率复用的前提，主要解决给定的信道(频率)如何分配给在一个区群内的小区的问题。在 CDMA 系统中，所有用户使用相同的工作频率因而无须进行频率配置。频率配置主要针对 FDMA 和 TDMA 系统。

1. 固定频道分配

固定频道分配主要解决 3 个问题，确定频道组数和每组的频道数，以及频道的频率指配。这里只讨论蜂窝网固定频道分配，固定频道分配方法有两种：一是分区分组配置法；二是等频距配置法。

1) 分区分组配置法

分区分组配置法所遵循的原则是：尽量减小占用的总频段，以提高频段的利用率；同一区群内不能使用相同的信道，以避免同频干扰；小区内采用无三阶互调的相容信道组，以避免互调干扰。

例如，给定的频段以等间隔划分为信道，按顺序分别标明各信道的号码为：1、2、3、…。若每个区群有 7 个小区，每个小区需 6 个信道，按上述原则进行分配，可得：

第一组	1	5	14	20	34	36
第二组	2	9	13	18	21	31
第三组	3	8	19	25	33	40
第四组	4	12	16	22	37	39
第五组	6	10	27	30	32	41
第六组	7	11	24	26	29	35
第七组	15	17	23	28	38	42

上述每一组信道分配给区群内的一个小区，这里使用 42 个信道，而且只占用了这 42 个信道的频段，这是最佳的分配方案。信道分配的前提是要避免三阶互调，但未考虑同一信道组中的频率间隔，可能会出现较大的邻道干扰，这是分区分组配置法的主要缺点。

2) 等频距配置法

等频距配置法是按等频率间隔来配置信道的，只要频距选得足够大，就可以有效地避免邻道干扰。这样的频率配置可能正好满足产生互调的频率关系，但正因为频距大，干扰易于被接收机输入滤波器滤除而不易作用到非线性器件上，所以也就避免了互调的产生。

等频距配置时可根据群内的小区数 N 来确定同一信道组内各信道之间的频率间隔，例如，第一组用(1, 1+N, 1+2N, 1+3N, …)、第二组用(2, 2+N, 2+2N, 2+3N, …)等。假设 $N=7$，则信道的配置为：

第一组	1	8	15	22	29	…
第二组	2	9	16	23	30	…
第三组	3	10	17	24	31	…
第四组	4	11	18	25	32	…
第五组	5	12	19	26	33	…
第六组	6	13	20	27	34	…
第七组	7	14	21	28	35	…

这样同一信道组内的信道最小频率间隔为 7 个信道间隔，若信道间隔为 25kHz，则其最小频率间隔可达 175kHz，这样，接收机的输入滤波器便可有效地抑制邻道干扰和互调干扰。

如果是采用定向天线进行顶点激励，每个基站配置 3 组信道，向 3 个方向辐射。例如，$N=7$，每个区群就需有 21 个信道组，整个区群内各基站信道组的分布如图 7.10 所示。

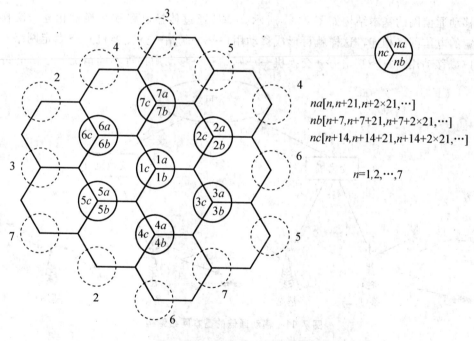

图 7.10 3 顶点激励的信道配置

2. 动态频道分配

动态频道分配是根据移动用户话务量随时间和位置的变化对频道进行分配，也就是说，不将频道固定地分配给某一个小区，移动台可在小区内使用系统的任何一个频道。这种分配方式的优点是可以使有限的频道资源得以充分的利用。事实上，移动台业务的地理分布是经常变化的，如早上从住宅区向商业区移动，到了傍晚又返回住宅区；发生交通事故或集会时会向某一处集中，此时这一小区的业务量增大，若按固定频道分配方式，原来配置的信道可能就不够用了。采用动态分配频道方式，可以从相邻小区的频道中挑选出空闲的。但是，采用动态分配频道方式，需要混合使用任意信道的天线共用设备，而且在每次呼叫时，需要采用高速处理横跨多个基站的庞大算法。为了解决庞大算法问题，目前正在进行神经元网络处理方法的研究。

3. 柔性频道分配

对于某些可预测的话务量变动的情况，可以采用柔性频道的分配方式。所谓柔性频道分配，是指首先分配给多个小区共用信道，利用这些小区话务量最高峰时间段的移动，控制话务量最高峰的小区顺序地使用话务量最小的小区不使用的共用信道，为话务量最高峰的小区服务。

7.3 网络结构

7.3.1 基本网络结构

移动通信网的基本结构如图 7.11 所示。基站通过传输链路和交换机相连，交换机再与固定的电信网络相连，这样就可形成移动用户←→基站←→交换机←→固定网络←→固定用户或移动用户←→基站←→交换机←→基站←→移动用户等不同情况的通信链路。

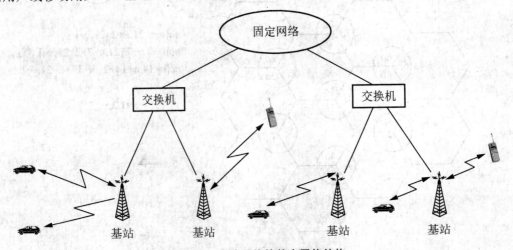

图 7.11　移动通信的基本网络结构

基站与交换机之间、交换机与固定网络之间可采用有线链路，如光纤、同轴电缆、双绞线等，也可以采用无线链路，如微波链路、毫米波链路等。这些链路上常用的数字信号形式有两类标准：一类是北美和日本的 T1 系列标准，可同时支持 24 路、48 路、96 路、672 路和 4032 路数字语音的传输，传输速率分别为 1.544Mbps、3.152Mbps、6.312Mbps、44.736Mbps 和 274.176Mbps；另一个是欧洲的 E1 标准系列，可同时支持 30 路、120 路、480 路、1920 路和 7680 路数字语音的传输，传输速率分别为 2.048Mbps、8.448Mbps、34.368Mbps、139.264Mbps 和 565.148Mbps。通常，每个基站要同时支持 50 路语音呼叫，每个交换机可以支持近 100 个基站，交换机到固定网络之间需要 5000 条话路的传输容量。

7.3.2 模拟蜂窝网与数字蜂窝网

模拟蜂窝网是指第一代无线网，基于模拟通信技术，采用调频（FM）技术。在一个小区中，一个频率只能用于一个用户。一般来说，模拟蜂窝网主要由移动终端、基站及移动交换中心组成，其中移动交换中心负责每个覆盖区的系统管理。模拟蜂窝网主要提供基站和移动用户间的模拟语音和低速率数据通信。语音信号通常通过标准的数字时分复用后，在基站与移动交换中心及移动交换中心与公用电话交换网（PSTN）之间传递。移动终端的移动切换和漫游，由移动交换中心完成。移动台需要一直监测附近信号最强的控制信道，通过周期性地读取和传送其注册信息实现自动注册，将其方位和移动识别号（MIN）及电子序列号（ESN）告知所在服务区的移动交换中心，实现自动漫游。

在模拟蜂窝移动通信系统中，移动性管理和用户鉴权及认证都包括在 MSC 中。在数字移动通信系统中，将移动性管理、用户鉴权及认证从 MSC 中分离出来，设置归属位置寄存器（HLR）和访问位置寄存器（VLR）来进行移动性管理，如图 7.12 所示。每个移动用户必须在 HLR 中注册。HLR 中存储的用户信息分为两类：一类是有关用户的参数信息，如用户类别，向用户提供的服务，用户的各种号码、识别码，以及用户的保密参数等。另一类是关于用户当前位置的信息，如移动台漫游号码、VLR 地址等，以及建立至移动台的呼叫路由。

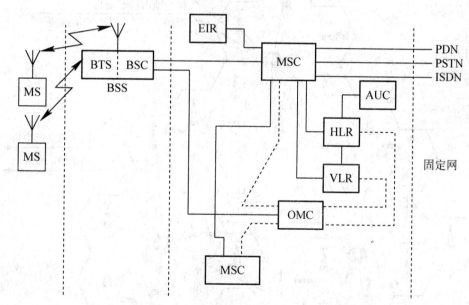

图 7.12 模拟蜂窝网网络结构示意图

访问位置寄存器（VLR）是存储用户位置信息的动态数据库。当漫游用户进入某个 MSC 区域时，必须向与该 MSC 相关的 VLR 登记，并被分配一个移动用户漫游号（MSRN），在 VLR 中建立该用户的有关信息，其中包括移动用户识别码（IMSI）、移动台漫游号（MSRN）、所在位置区的标志以及向用户提供的服务等参数，这些信息是从相应的 HLR 中传递过来的。MSC 在处理入网和出网呼叫时需要查询 VLR 中的有关信息。一个 VLR 可以负责一个或若干个 MSC 区域。网络中设置认证中心（AUC）进行用户鉴权和认证。

认证中心是认证移动用户的身份以及产生相应认证参数的功能实体。这些参数包括随机号码 RAND、期望的响应 SRES(Signed Response)和密钥 Kc 等。认证中心对任何试图入网的用户进行身份认证，只有合法用户才能接入网中并得到服务。

在构成实际网络时，根据网络规模、所在地域以及其他因素，上述功能实体可有各种配置方式。通常将 MSC 和 VLR 设置在一起，而将 HLR、EIR 和 AUC 合设于另一个物理实体中。在某些情况下，MSC、VLR、HLR、AUC 和 EIR 也可以合设于一个物理实体中。

7.3.3 多服务区的蜂窝网

在蜂窝移动网络中，为便于网络组织，将一个移动通信网分为若干个服务区，每个服务区又分为若干个 MSC 区，每个 MSC 区又分为若干个位置区，每个位置区由若干个基站小区组成。一个移动通信网由多少个服务区或多少个 MSC 区组成，这取决于移动通信网所覆盖地域的用户密度和地形、地貌等。多个服务区的网络结构如图 7.13 所示。每个 MSC(包括移动电话端局和移动汇接局)要与本地的市话汇接局、本地长途电话交换中心相连。MSC 之间需互连互通才可以构成一个功能完善的网络。

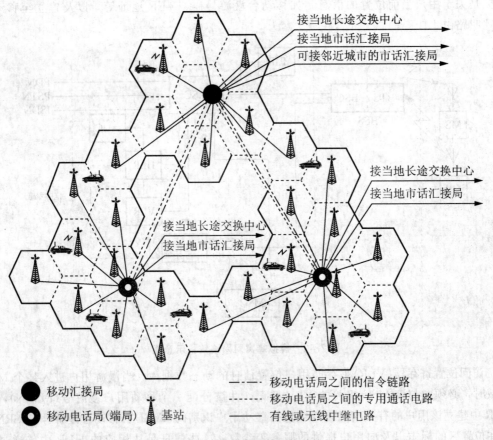

图 7.13 多服务区的网络结构

7.3.4 移动通信系统的网络接口

为了保证不同供应商生产的移动终端、基站子系统和网络子系统等设备能纳入同一个数字移动通信网运行和使用,以及与其他固定电信网络、数据网络等的互联互通,需要将移动通信系统的网络接口进行定义和标准化。移动通信系统的网络接口数量较多,从位置上来划分可分为移动通信系统外部接口和内部接口两类,而移动通信系统的内部接口又分为交换子系统内部接口和接入子系统内部接口两类,如图 7.14 所示。

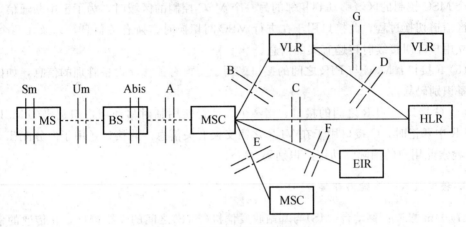

图 7.14 移动通信系统的网络接口

1. 移动通信系统的外部接口

(1) 人机接口(Sm 接口):用户与移动网之间的接口,在移动设备中包括键盘、液晶显示屏以及实现用户身份卡识别功能的部件。

(2) 移动通信系统与其他电信网间的接口:可以将移动通信网作为一种接入网,即接入移动用户与其他电信网用户之间的呼叫,因此需定义移动通信网与其他电信网的接口。

(3) 移动通信系统与运营者的接口:提供对 NSS、BSS 设备管理和运行管理,实现运营商对网络的管理,包括纳入统一的 TMN 管理的接口。

2. 移动交换子系统内部接口

(1) B 接口:MSC 与 VLR 之间的接口。VLR 是移动台在相应 MSC 控制区域内进行漫游时的定位和管理数据库。每当 MSC 需要知道某个移动台当前位置时,就查询 VLR。当移动台启动与某个 MSC 有关的位置更新程序时,MSC 就会通知存储着有关信息的 VLR。同样,当用户使用特殊的附加业务或改变相关的业务信息时,MSC 也通知 VLR。需要时,相应的 HLR 也要更新。

(2) C 接口:MSC 与 HLR 之间的接口。C 接口用于传递管理与路由选择的信息。呼叫结束时,相应的 MSC 向 HLR 发送计费信息。当固定网不能查询 HLR 以获得所需要的位置信息来建立至某个移动用户的呼叫时,有关的 GMSC(网关 MSC)就应查询此用户归属的 HLR,以获得被呼叫移动台漫游号码,并传递给固定网。

(3) D 接口：VLR 与 HLR 之间的接口。用于交换有关移动台位置和用户管理信息，保证移动台在整个服务区内能建立和接收呼叫。VLR 通知 HLR 某个归属它的移动台的当前位置，并提供该移动台的漫游号码；HLR 向 VLR 发送支持对该移动台服务所需要的所有数据。当移动台漫游到另一个 VLR 服务区时，HLR 应通知原先为此移动台服务的 VLR 消除有关信息。当移动台使用附加业务，或者用户要求改变某些参数时，也要用 D 接口交换信息。

(4) E 接口：相邻区域的不同 MSC 之间的接口。用移动台在一个呼叫进行过程中，从一个 MSC 控制的区域移动到相邻的另一个 MSC 控制的区域时，为了不中断通信，需完成越区信道切换过程，此接口用于在进行 MSC 间切换时交换有关信息，以及在两个 MSC 间建立用户呼叫接续时传递有关的信息。

(5) F 接口：MSC 与 EIR 之间的接口。用于交换有关移动设备管理的信息，如国际移动设备识别码等。

(6) G 接口：VLR 之间的接口。当某个移动台使用临时移动用户识别码(TMSI)在新的 VLR 中登记时，G 接口用于在 VLR 之间交换有关信息。此接口还用于向分配 TMSI 的 VLR 检索此用户的国际移动用户识别码(IMSI)。

3. 移动接入子系统内部接口

(1) Um 接口：移动台(MS)与基站收发信机(BTS)之间的无线接口，它传递的信息包括无线资源管理、移动性管理和接续管理等。

(2) A 接口：A 接口是网络中的重要接口，因为它连接着系统的两个重要组成部分：基站(BS)和移动交换中心(MSC)。此接口所传递的信息主要有：基站管理、呼叫处理与移动性管理等。

(3) Abis 接口：基站控制器(BSC)与基站收发信机(BTS)之间的接口，此接口支持所有向用户提供的服务，并支持对 BTS 无线设备的控制和对无线资源的分配。

7.4 信令系统

在移动通信系统中，为了完成网络控制、状态检测和信道共用，必须有完善的控制功能。信令是用于表示控制目的和状态的信号，为了区别需要传输的有用信号，我们把语音信号和数据以外的信号指令统称为"信令"。信令是用户及通信网中各个节点相互交换信息的共同语言，是整个通信网的神经系统。

信令不同于用户信息，用户信息是直接通过通信网络由发信者传输到收信者，而信令通常需要在通信网络的不同环节(如基站、移动台和移动控制交换中心等)之间传输，各环节进行分析处理并通过交互作用而形成一系列的操作和控制，以保证用户信息有效且可靠的传输，其性能在很大程度上决定了一个通信网络为用户提供服务的能力和质量。

信令分为两种：一种是用户到网络节点间的信令(称为接入信令)；另一种是网络节点之间的信令(称为网络信令)。在 ISDN 网中，接入信令称为 1 号数字用户信令系统 DDS1；在移动通信中，接入信令是指移动台到基站之间的信令。网络信令称为 7 号信令系统(SS7)。

第7章 移动通信网的组网技术

7.4.1 接入信令

接入信令是用户到网络节点间的信令，在移动通信中是指移动台到基站之间的信令。根据空中接口标准的不同，物理信道中传输信令的方式有多种形式，有的设有专用控制信道，有的不设专用控制信道。按信号形式的不同，信令又可分为数字信令和模拟信令两类。由于数字信令具有速度快、容量大、可靠性高等一系列明显的优点，它已成为目前公用移动通信网中采用的主要形式。

1. 数字信令格式

在传送数字信令时，为了便于收端解码，要求数字信令按一定格式编排。信令格式是多种多样的，不同通信系统的信令格式也各不相同。常用的信令格式如图 7.15 所示，它包括前置码(P)、字同步(SW)、地址或数据(A 或 D)、纠错码(SP)4 部分。

| P | SW | A 或 D | SP |

图 7.15 典型的数字信令格式

(1) 前置码(P)：提供位同步信息，以确定每一码位的起始和终止时刻，以便接收端进行积分和判决。为便于提取位同步信息，前置码一般采用 1010…的交替码。接收端用锁相环路即可提取出位同步信息。

(2) 字同步码(SW)：字同步码用于确定信息(报文)的开始位，相当于时分制多路通信中的帧同步，因此也称为帧同步。适合作字同步的特殊码组很多，它们都具有尖锐的自相关函数，便于与随机的数字信息相区别。在接收时，可以在数字信号序列中识别出这些特殊码组的位置来实现字同步，最常用的字同步码是著名的巴克码。

(3) 地址或数据码(A 或 D)：通常包括控制、选呼、拨号等信令，各种系统都有其独特的规定。

(4) 纠错码(SP)：也称作监督码。用于检测和纠正传送过程中产生的差错，主要是指纠、检信息码的差错。不同的纠错编码有不同的检错和纠错能力。

基带数字信令常以二进制 0、1 表示，只有通过调制才能发射出去。考虑到与现在模拟系统的兼容性，数字信令要适应信道间隔要求，能够在一定带宽的信道内可靠传输，用于数字信令的调制方式有 ASK、FSK、PSK 3 类。ASK 方式抗干扰和抗衰落性能差，在移动通信中基本上不予采用。FSK 和 PSK 方式具有较好的适应性。

在选择调制方式时，主要从信令速率、调制带宽和抗干扰能力上来考虑。通常使用的调制方法有两种：一种是基带调制，它适用于高速率；另一种是副载波二次调制，适用于较低速率。

在数字蜂窝系统中，均有严格的帧结构。例如，TDMA 系统的帧结构中，通常都有专门的时隙用于信令传输，或在每个时隙中设有专门的比特域用于信令传输。

一种用于 TACS 系统反向信道的信令格式如图 7.16 所示。图中由若干个字组成一条消息，每个字采用 BCH(48，36，5)进行纠错编码，然后重复 5 次，以提高消息传输的可靠性。

比特数：30	11	7	240	240	…	…
比特同步	字同步	数字色码	第一个字重复5次	第二个字重复5次	…	…

图 7.16　TACS 系统反向信道的信令格式

2. 模拟信令

模拟信令目前常用的有双音多频（DTMF）、CTCSS 信令、五音调信令等，它们可以单独使用，也可以几种搭配混合使用。

(1) DTMF 信令：电话系统中电话机与交换机之间的一种用户信令，通常用于发送被叫号码。它是一种带内信令，在 300～3400Hz 音频范围内，选择 8 个单音频率，分为高频率群（4 个或 3 个频率）和低频率群（4 个频率），每次从高频率群和低频率群各取出一个频率，由高低两个频率信号叠加在一起构成一个 DTMF 信号。

(2) CTCSS 信令：指亚音频控制静噪选呼信令，又称为音锁或单音静噪。它是多个通信系统公用一个信道，为防止互相干扰而使用的一种亚音频信号。它还可以有效地防止非法用户进入系统。CTCSS 信令是在发射载波上叠加低电平亚音频单音，每个系统有自己特定的单音，用户每次呼叫开启发射机时发出该频率的单音，并在整个通话期间持续发送。在简单的集群通信系统中，常用该信令实现组呼或作为系统识别音。

(3) 五音调信令：五音调信令属于单音顺序编码信令。国际无线电咨询委员会（CCIR）规定五音调非序码单音频率稳定度应优于 $\pm 5 \times 10^{-3}$，标准码长时间为 100 ± 10ms，码字之间不间断排列，间断误差时间约为 20ms。

3. 信令传输协议

在数字蜂窝移动通信系统中，空中接口的信令分为 3 个层次，如图 7.17 所示。在空中接口 Um 协议中，第三层包括 3 个模块：呼叫管理、移动管理和无线资源管理。它们产生的信令，经过数据链路层和物理层进行传输。根据空中接口标准的不同，物理信道中传输信令的方式有多种形式，有的设有专用控制信道，有的不设专用控制信道。前者适合于大容量的公用通信网，后者适合于小容量的专用网络。为了传输信令，物理层在物理信道上形成了许多逻辑信道，如广播信道（BCH）、随机接入信道（RACH）、接入允许信道（AGCH）和寻呼信道（PCH）等。这些逻辑信道按照一定的规则复接在物理层的具体帧的具体突发中。

	呼叫管理（CM）
L_3	移动管理（MM）
	无线资源管理（RRM）
L_2	数据链锯层
L_1	物理层

图 7.17　Um 接口协议模型举例

第7章 移动通信网的组网技术

在这些逻辑信道上传输链路层的信息。链路层信息帧的基本格式如图7.18所示,它包括地址段、控制字段、长度指示段、信息段和填充段。不同的信令可对这些字段进行取舍。控制字段定义了帧的类型、命令或响应。

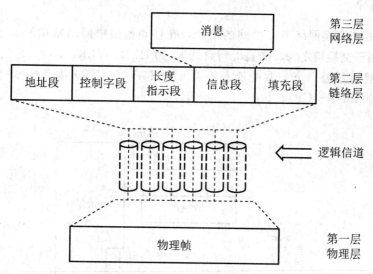

图7.18 信息帧的基本格式

例如,在GSM系统中,链路层采用的是LAPDm协议。它的控制字(共8个比特)见表7-4。表中给出了帧的类型、用途(命令或响应)及其基本含义(备注栏)。信息帧分为3类:I帧、S帧和U帧。

表7-4 控制字段的构成

	命令	响应	8 7 6	5	4 3 2 1	备注
I帧(信息传送)	I(信息)		N(R)	P	N(S) 0	信息帧
S帧(监督)	RR	RR	N(R)	P/F	0 0 0 1	接收准备好
	RNR	RNR	N(R)	P/F	0 1 0 1	接收未准备好
	REJ	REJ	N(R)	P/F	1 0 0 1	拒绝
U帧(无编号)	SABM		0 0 1	P	1 1 0 1	置异步平衡模式
		DM	0 0 0		1 1 1 1	非连接模式
	UI		0 0 0	P	0 0 1 1	无编号信息帧
	DISC		0 1 0	P	0 0 1 1	拆除逻辑链路
		UA	0 1 1	F	0 0 1 1	无编号应答帧

注:N(R)——接收机接收序列号;N(S)——发信机发送序列号;S——监督功能比特;U——无编号功能比特;P/F——查询/终止比特,发送命令帧时为查询比特,发送响应帧时为终止比特。

信令的传输方式分为两类:一类是无证实(应答)信息传输方式;另一类是有证实(应答)信息传输方式。采用无证实信息传输方式时,仅采用UI帧,传输协议十分简单。该帧仅传输一次,如果传输正确,则将向第三层传送;如果传输错误,将被物理层丢弃(这主要是因为 GSM 的逻辑信道已提供了检错能力,链路层不再检错)。采用有证实信息传送方式时,帧的交换过程分为 3 个阶段:建立连接、传送数据和拆线。

7.4.2 网络信令

网络信令是指交换网络节点之间的信令,在移动通信中网络常用的信令是 7 号信令(SS7)。主要用于交换机之间、交换机与数据库(如 HLR、VLR、AUC)之间的交换信息。7 号信令系统被划分为一个公共的消息传递部分(Message Transfer Part,MTP)和若干 ISDN 用户部分(ISDN-UP),如图 7.19 所示。

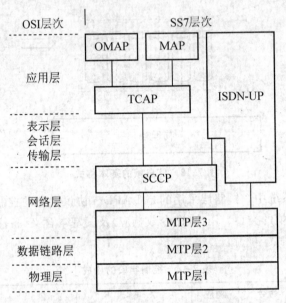

图 7.19　7 号信令系统的协议结构

MTP 只负责消息的传递,不负责消息内容的分析,提供一个无连接的消息传输系统。它可以使信令跨越网络到达其目的地,MTP 中的功能可以避免网络中发生的系统故障对信令信息传输产生不利影响。

MTP 分为 3 层。第一层为信令数据层,它定义了信号链路的物理和电气特性,是在一种传输速率下传送信令的双向数据通道,即双工链路;第二层是信令链路层,它提供数据链路的控制,负责提供信令数据链路上的可靠数据传送;第三层是信令网络层,它的功能是保证网络单元间信令消息的正确传输。网络层按功能划分为信令消息处理和信令网管理两部分。信令消息处理的作用是当本节点为消息目的地时,将消息送往指定的用户部分;当本节点为消息转接点时,将消息转送至预定的信令链路。信令网管理部分的主要功能是在信令网故障时提供的信令网重组结构能力。其中也包括启用和定位新的信令链路。随着信令网的扩大及信令链路负荷的增加,信令网可能出现拥塞,因此信令网管理功能中也包括控制拥塞的功能。

信令连接控制部分(Signaling Connection Control Part,SCCP)提供用于无连接和面向连接业务所需的对 MTP 的附加功能。SCCP 提供地址的扩展能力和 4 类业务。这 4 类业务是:0 类是基本的无连接型业务;1 类是有序的无连接型业务;2 类是基本的面向连接型业务;3 类是具有流量控制的面向连接型业务。

ISDN-UP 是 MTP 的用户,其功能是处理信令信息。对于不同的通信业务类型用户,ISDN-UP 控制处理信令消息的功能是不同的。ISDN-UP 支持的业务包括基本的承载业务和许多 ISDN 补充业务,基本承载业务就是建立、监视和拆除发送端交换机和接收端交换机之间 64Kbps 的电路连接。

事务处理能力应用部分(Transaction Capabilities Application Part,TCAP)提供使与电路无关的信令应用之间交换信息的能力,TCAP 提供操作、维护和管理部分(OMAP)和移动应用部分(MAP)应用等。作为 TCAP 的应用,在 MAP 中实现的信令协议有 IS-41、GSM 应用等。

7 号信令的网络结构如图 7.20 所示。7 号信令网络是与公共电话交换网(PSTN)平行的一个独立网络。它由 3 个部分组成:信令点(SP)、信令链路和信令转移点(STP)。

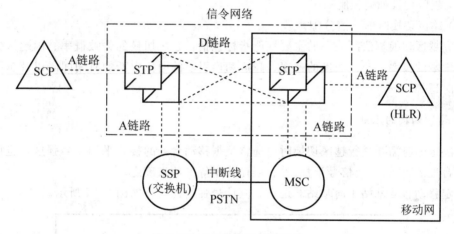

图 7.20 7 号信令的网络结构

信令点(SP)是发出信令和接收信令的设备,它包括业务交换点(SSP)和业务控制点(SCP)。

SSP 是电话交换机,它们之间由 SS7 链路互连,完成在其交换机上发起、转移或到达的呼叫处理。移动网中的 SSP 称为移动交换中心(MSC)。

SCP 包括提供增强型业务的数据库,SCP 接收 SSP 的查询,并返回所需的信息给SSP。在移动通信中 SCP 可包括一个 HLR 或一个 VLR。

在 SS7 信令网络中共有 6 种类型的信令链路,图 7.20 中仅给出 A 链路(Access Link)和 D 链路(Diagonal Link)。

STP 是在网络交换机和数据库之间中转 SS7 消息的交换机。STP 根据 SS7 消息的地址域,将消息送到正确的输出链路上。为了满足苛刻的可靠性要求,STP 都是成对提供的。

7.5 越区切换

越区切换是指将当前正在进行的移动台与基站之间的通信链路从当前基站转移到另一个基站的过程,该过程也称为自动链路转移。越区切换通常发生在移动台从一个基站覆盖的小区进入到另一个基站覆盖的小区的情况下,为了保持通信的连续性,将移动台与当前基站之间的链路转移到移动台与新基站之间的链路。

越区切换分为两大类:一类是硬切换,另一类是软切换。硬切换是指在新的连接建立以前,先中断旧的连接。而软切换是指既维持旧的连接,又同时建立新的连接,并利用新旧链路的分集合并来改善通信质量,当与新基站建立可靠连接之后再中断旧链路。

越区切换的研究包括 3 个方面的问题。

(1) 越区切换的准则,也就是何时需要进行越区切换;
(2) 越区切换如何控制;
(3) 越区切换时的信道分配。

研究越区切换算法所关心的主要性能指标包括:越区切换的失败概率、因越区失败而使通信中断的概率、越区切换的速率、越区切换引起的通信中断的时间间隔以及越区切换发生的时延等。

1. 越区切换的准则

在决定何时需要进行越区切换时,通常根据移动台处的接收平均信号强度,也可以根据移动台处的信噪比(或信号干扰比)、误比特率等参数来确定。

假定移动台从基站 1 向基站 2 运动,其信号强度的变化如图 7.21 所示。

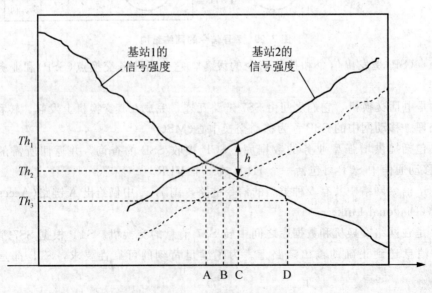

图 7.21 越区切换示意图

判断何时需要越区切换的准则如下。

第7章 移动通信网的组网技术

(1) 相对信号强度准则：在任何时间都选择具有最强接收信号的基站。如图7.21中的A处将要发生越区切换。这种准则的缺点是：在原基站的信号强度仍满足要求的情况下，会引发太多不必要的越区切换。

(2) 具有门限规定的相对信号强度准则：仅允许移动用户在当前基站的信号足够弱（低于某一门限），且新基站的信号强于本基站的信号情况下，才可以进行越区切换。如图7.21所示在门限为Th_2时，在B点将会发生越区切换。

在该方法中，门限选择具有重要作用。例如，在图7.21中，如果门限太高取为Th_1，则该准则与相对信号强度准则相同。如果门限太低取为Th_3，则会引起较大的越区时延。此时，可能会因链路质量较差导致通信中断。另一方面，它会引起对同道用户的额外干扰。

(3) 具有滞后余量的相对信号强度准则：仅允许移动用户在新基站的信号强度比原基站信号强度强很多（即大于滞后余量）的情况下进行越区切换，如图7.21中的C点。该技术可以防止由于信号波动引起的移动台在两个基站之间来回重复切换，即"乒乓效应"。

(4) 具有滞后余量和门限规定的相对信号强度准则：仅允许移动用户在当前基站的信号电平低于规定门限，且新基站的信号强度高于当前基站一个给定滞后余量时进行越区切换。

此外还有其他类型的准则，例如，通过预测技术(即预测未来信号电平的强弱)来决定是否需要越区切换。另外，在上述准则中还可以引入一个定时器，即在一定的时间之后才允许进行越区切换，采用滞后余量和定时相结合的方法。

2. 越区切换的控制策略

越区切换控制包括两个方面：一是越区切换的参数控制；二是越区切换的过程控制。参数控制在上面已经提到，过程控制的方式主要有以下3种。

(1) 移动台控制的越区切换。在该方式中，移动台连续监测当前基站和几个越区时的候选基站的信号强度和质量。在满足某种越区切换准则后，移动台选择具有可用业务信道的最佳候选基站，并发送越区切换请求。DECT(欧洲无线电话系统)等小系统常采用此种切换，其在大系统中容易引起切换冲突。

(2) 网络控制的越区切换。基站监测来自移动台的信号强度和质量，当信号低于某个门限后，网络开始安排向另一个基站的越区切换。网络要求移动台周围的所有基站都监测移动台的信号，并把测量结果报告给网络。网络选择一个基站作为越区切换的新基站，并把结果通过旧基站通知移动台和新基站。其缺点是若移动台失去联系，将造成信号中断，第一代模拟系统采用此方法。

(3) 移动台辅助的越区切换。网络要求移动台测量周围基站的信号质量并把结果报告给旧基站，网络根据测试结果决定何时进行越区切换以及切换到哪一个基站。第二代的GSM、CDMA系统都采用此方法。

3. 越区切换时的信道分配

越区切换时的信道分配解决的问题是当呼叫要转换到新小区时，新小区如何分配信道以减小越区失败的概率。常用的做法是在每个小区预留部分信道专门用于越区切换。这种做法的特点是：因新呼叫使可用信道数减小，要增加呼损率，但减小了通话被中断的概率，从而符合人们的使用习惯。

本章小结

本章主要介绍移动通信系统中的区域覆盖、信道配置、提高蜂窝系统容量的方法、多信道共用技术、网络结构、信令系统和越区切换等。力图建立一个移动通信网的系统级概念，以便后续章节的学习。移动通信多采用小区制服务，利用路径损耗提供的隔离，同一个工作频率在相隔一定距离的小区可以重复使用，这就是频率复用的概念。相互邻接不使用相同频率的小区组成一个区群，区群的大小由系统对同频干扰比的要求决定。为了进一步提高系统容量，通常采用小区分裂、小区扇区化等措施。

在移动通信系统中，为了完成网络控制、状态检测和信道共用，必须有完善的控制功能，信令就是用于表示控制目的和状态的信号。小区覆盖方式使得越区切换的处理成为系统设计的一个重要工作，越区切换方案的确定应保证平滑切换、掉话率低及避免不必要的切换等。

习 题 7

7.1 填空题

(1) 移动通信系统的网络接口从位置上可分为_____、_____和_____接口3类。

(2) 网络子系统(NSS)与基站子系统(BSS)之间的通信接口为_____接口。

(3) 越区切换的3种控制方式是_____、_____、_____。

(4) 空闲信道的选取方式有_____和标明空闲信道方式，其中，标明空闲信道方式又分为_____和_____。

7.2 组网技术包括哪些主要问题？

7.3 移动通信网的基本网络结构包括哪些功能？

7.4 为什么说最佳的小区形状是正六边形？

7.5 目前蜂窝网常用的频率复用方式有哪些？

7.6 什么叫中心激励？什么叫顶点激励？采用顶点激励方式有何优点？两者在信道的配置上有何不同？

7.7 什么是多址接入协议？常用的多址接入协议有哪些？

7.8 设某小区移动通信网中，每个区群有7个小区，每个小区有5个信道。试用等频距配置法完成群内小区的信道配置。

7.9 通信网中交换的作用是什么？移动通信网中的交换与有线通信网中的交换有何不同？

7.10 设某蜂窝移动通信网的小区辐射半径为8km，根据同频干扰抑制的要求，同信道小区之间的距离应大于40km，问该网的区群应如何组成？试画出区群的构成图、群内

第7章 移动通信网的组网技术

各小区的信道配置以及相邻同信道小区的分布图。

7.11 什么叫信令？信令的功能是什么？可分为哪几种？

7.12 什么叫DTMF？试举一例说明之。

7.13 解释移动性管理的含义。

7.14 什么叫越区切换？越区切换包括哪些主要问题？软切换和硬切换的差别是什么？

第8章 GSM 移动通信系统

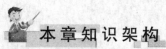
本章知识架构

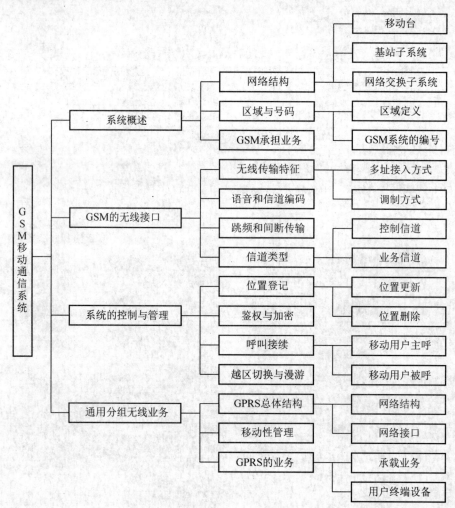

第8章 GSM移动通信系统

本章教学目标与要求

- 了解 GSM 系统的基本概念
- 掌握 GSM 系统的网络结构及各部分的主要功能
- 掌握 GSM 系统的区域定义
- 掌握无线信道的分类
- 了解位置更新与漫游的概念
- 掌握鉴权和加密的过程
- 掌握切换的概念及其工作过程
- 掌握 GPRS 的基本概念和网络结构
- 了解 GPRS 的路由管理和移动性管理

引言

第二代移动通信是以 GSM、IS—95 CDMA 两大移动通信系统为代表的。GSM 移动通信系统是基于 TDMA 的数字蜂窝移动通信系统,是世界上第一个对数字调制、网络层结构和业务做了规定的蜂窝系统。目前,GSM 移动通信系统已经遍及全世界。GPRS 是 GSM 网络向第三代移动通信系统(3G)演进的重要一步,所以被称为 2.5G。目前 GPRS 发展十分迅速,我国在 2002 年已经全面开通了 GPRS 网。本章着重讨论 GSM 系统的网络结构、无线接口、网络控制和管理等内容,并对 GPRS 系统做简要介绍。

案例 8.1

双密度载频基站 BTS3012 如图 8.1 所示,其特点是实现一块单板集成两个载频的收发信机,集成度更高,体积更小,节省了机房占地面积,降低运营和维护的成本。此基站支持多种智能射频技术,有效提升了网络性能,采用了 ICC 干扰抵消合并技术,提高了频谱效率和单站容量,具有很强的抗干扰性。此基站还提供了增强的覆盖解决方案和增强的容量解决方案。下行覆盖能力:单载频发射功率高,采用发射分集、PBT 等技术,提高了下行覆盖效果。上行覆盖能力:单通道接收灵敏度的提升,降低了信号解调门限,配合四分集接收技术,保证上下行覆盖的平衡。BTS3012 支持一系列远程、实时监控检测功能,不需要到现场进行实地调测,大大减轻了运行维护工作量,节省额外的辅助仪器投资与运维成本。

图 8.1 双密度载频基站 BTS3012

案例 8.2

黑龙江移动 GSM 网络 11 期扩容工程完成后,全省引进了爱立信、诺基亚、华为、中兴、阿尔卡特 5 家移动通信网络设备。哈尔滨、齐齐哈尔、牡丹江、佳木斯、大庆 5 个城市以及中俄边界 15 公里范围内的市区和县城(牡丹江地区的绥芬河与东宁、佳木斯地区的抚远与同江、双鸭山地区的饶河、黑河市区与逊克、大兴安岭地区的呼玛)建成 GSM900M/1800M 双频网,组网采用共 BSC 混合组网方式,其他区域为 GSM900M 单频网。全省无线网络共有基站 10123 个,载波 121058 个,其中 GSM900M 基站 9700 个,载波 112370 个;GSM1800M 基站 423 个,载波 8688 个。

8.1 系统概述

8.1.1 GSM 系统的发展历程

第一代模拟蜂窝移动通信系统的出现可以说是移动通信的一次革命。其频率复用技术大大提高了频率利用率,增大了系统容量;网络智能化实现了越区切换和漫游功能,扩大了客户的服务范围。但模拟蜂窝移动通信系统也存在一些缺陷。

(1) 各分立系统间没有公共接口;
(2) 很难开展数据承载业务;
(3) 模拟调制,频谱利用率低,无法适应大容量的需求;
(4) 终端体积大,安全保密性差,易被窃听,易做"假机"。

早在 1982 年,欧洲已有几大模拟蜂窝移动系统在运营,例如,北欧多国的 NMT 和英国的 TACS,西欧其他各国也提供移动业务。当时这些系统是国内系统,不可能在国外使用。为了方便全欧洲统一使用移动电话,这就需要一种公共的系统。1982 年北欧国家向 CEPT(欧洲邮电行政大会)提交了一份建议书,要求制定 900MHz 频段的欧洲公共电信业务规范,建立全欧统一的蜂窝网移动通信系统,以解决欧洲各国由于采用多种不同模拟蜂窝系统造成的互不兼容,无法提供漫游服务的问题。同年成立欧洲移动通信特别小组,简称 GSM(Group Special Mobile)。

在 1982~1985 年期间,该小组讨论的焦点是制定模拟蜂窝网还是数字蜂窝网,直到 1985 年才决定制定数字蜂窝网标准。

1986 年在巴黎,该小组对欧洲各国及各公司经大量研究和实验后所提出的 8 个数字蜂窝系统进行了现场试验。

1987 年 5 月 GSM 成员国就数字系统采用窄带时分多址(TDMA)、规则脉冲激励线性预测(RPE-LTP)语音编码和高斯滤波最小移频键控(GMSK)调制方式达成一致意见。

1988 年提出主要建议,颁布了 GSM 泛欧数字蜂窝通信网标准。

1990 年完成了 GSM900 的规范,共产生大约 130 项的全面建议书,不同建议书经分组而成为一套 12 系列。

1991 年在欧洲开通了第一个系统,同时将 GSM 更名为"全球移动通信系统"(Global System for Mobile communications)。从此移动通信跨入了第二代数字移动通信的发展阶段。同年,移动通信特别小组还制定了 1800MHz 频段的公共欧洲电信业务的规范,名为 DCS1800 系统。该系统与 GSM900 具有同样的基本功能特性,因而该规范只占 GSM 建议的很小一部分,其仅将 GSM900 和 DCS1800 之间的差别加以描述,绝大部分二者是通用的,二系统均可通称为 GSM 系统。

1992年大多数欧洲GSM运营者开始商用业务。到1994年5月已有50个GSM网在世界上运营,10月总客户数已超过400万,国际漫游客户每月呼叫次数超过500万,客户平均增长超过50%。

1993年欧洲第一个DCS1800系统投入运营。到1994年已有6个运营者采用了该系统。

由于GSM系统规范、标准的公开化和诸多优点,很快就在全世界范围内得到了广泛的应用,实现了世界范围内移动用户的联网漫游。2008年,移动通信行业组织3G Americas宣布,全球GSM手机用户已达30亿,占全球移动无线用户总数的88%。GSM移动通信系统在我国的发展也十分迅速,截止到2008年6月,我国的GSM手机用户已达5.2亿户。

8.1.2 系统基本特点

1. GSM体制的优点

1) 具有开放的接口和通用的接口标准

GSM体制在构建过程中,不仅空中接口,而且网络内部各个接口都高度标准化。各子系统之间或各子系统与各种公用通信网之间都明确和详细定义了标准化接口规范,保证任何厂商提供的GSM系统或子系统能互连互通,而且能够适应未来数字化发展的需求,具有不断自我发展的能力。

2) 安全保密性好

GSM系统具有模拟移动通信系统无法比拟的保密性和安全性。GSM系统赋予每个用户各种用途的特征号码(如IMSI、TMSI、IMEI等),这些号码连同一些加密算法都存储在相应的网络设备中。另一方面,系统的合法用户所拥有的SIM卡中也存储着该用户的特征号码、注册参数等用户的全部信息和相应的加密算法。通过GSM系统特有的位置登记、鉴权等方式,能够保证合法用户的正常通信,禁止非法用户的侵入。

3) 可以支持多种业务

GSM系统能够支持电信业务、承载业务和补充业务等多种业务形式。其中,电信业务是GSM的主要业务,包括语音、短信息、可视图文、传真和紧急呼叫等。GSM的承载业务跟ISDN定义一样,不需要Modem就能提供数据业务,包括300~9600bps的电路交换异步数据、1200~9600bps的电路交换同步数据和300~9600bps分组交换异步数据等。GSM的补充业务更是多种多样,且能够不断推陈出新。

4) 能够实现跨国漫游

GSM系统设置国际移动用户识别码(IMSI)是为了实现国际漫游功能。在拥有GSM系统的所有国家范围内,无论用户是在哪个国家进行的注册,只要携带着自己的SIM卡进入任何一个国家,即使使用的不是自己的手机,也能保证用户号码不变。而且,在所有这些GSM系统的网络达成某些协议后,用户的跨国漫游应该能够自动实现。

5) 具有更大的系统容量、通信质量好

GSM系统比模拟移动通信系统容量增大了3~5倍,其主要原因是系统对载噪比(载波功率与噪声功率的比值)的要求大大降低了,另一个原因是半速率语音编码的实现,使信息速率降低,从而占用带宽减小。系统抗干扰能力强,因而通信质量好,语音效果好。

6) 频谱效率提高

由于窄带调制、信道编码、交织、均衡和语音编码等技术的采用,使得频率复用的程度大大提高,能更有效地利用无线频率资源。

2. GSM体制的缺点

1) 系统容量有限

GSM系统的频谱效率约是模拟系统的3倍,但不能从根本上解决目前用户数量急增与频率资源有限之间的矛盾。

2) 编码质量不够高

GSM系统的编码速率为13Kbps(即使是实现了半速率6.5Kbps),这种质量很难达到有线电话的质量水平。

3) 终端接入速率有限

GSM系统的业务综合能力较强,能进行数据和语音的综合,但终端接入速率有限(最高仅为9.6Kbps)。

4) 切换能力较差

GSM系统软切换能力较差,因而容易掉话,影响服务质量。

5) 漫游能力有限

GSM系统还不能实现真正的国际漫游功能。

8.1.3 网络结构

GSM系统的典型结构如图8.2所示。由图可见,GSM系统的主要组成部分可分为移动台(MS)、基站子系统(BSS)和网络交换子系统(NSS)。GSM的各个子系统又是由若干个功能实体构成的。所谓功能实体,指的是通信系统内的每一个具体设备,它们各自具有一定的功能,完成一定的工作,如VLR、HLR等。各个子系统之间是通过接口来连接的,如U_m接口、A接口等。在图中,A接口往右是网络交换子系统,它包括的功能实体有移动交换中心(MSC)、访问位置寄存器(VLR)、归属位置寄存器(HLR)、鉴权中心(AUC)、移动设备标识寄存器(EIR)和操作维护中心(OMC);A接口往左至U_m接口是基站子系统,它包括的功能实体主要有基站控制器(BSC)和基站收发信台(BTS);U_m接口往左是移动台部分,主要包括移动终端(MT)和用户识别卡(SIM)。

在GSM网中还配有短信息业务中心(SMC),即可开放点对点的短信息业务,实现全国联网,又可开放广播式公共信息业务。

1. 移动台

移动台(Mobile Station,MS)是公用GSM移动通信网中用户使用的设备,也是用户能够直接接触的整个GSM系统中的唯一设备。移动台的类型不仅包括手持台,还包括车载台和便携式台。随着GSM标准的数字式手持台进一步小型、轻巧和增加功能的发展趋

第8章 GSM移动通信系统

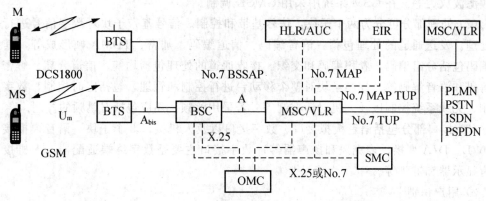

图 8.2 GSM 系统结构

势，手持台的用户将占整个用户的极大部分。

移动台由两部分组成，移动终端（MT）和用户识别卡（SIM）。

1）移动终端

移动终端（Mobile Terminal，MT）是移动台的主体，是完成语音编码、信道编码、信息加密、信息的调制和解调、信号的发射和接收的主要设备。它可以通过天线接收来自外界无线信道的信号，然后经过一系列的变换和处理，还原成语音信号，供用户接听；相反的，它也可以将用户的语音信号，经过一系列相反的变换和处理，转变成适合无线信道传输的信号形式，通过天线发送出去。移动终端的组成原理框图如图 8.3 所示。

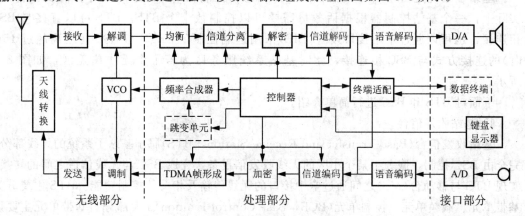

图 8.3 移动终端原理框图

由图可见，移动终端的组成可分为 3 大部分：无线部分、处理部分和接口部分。

(1) 无线部分为高频系统，包括天线系统、发送、接收、调制解调以及振荡器（VCO）等。发送包括带通滤波、射频功率放大等。接收包括高频滤波、高频放大、变频、中频滤波放大等。在 GSM 系统中采用 GMSK 调制。

（2）处理部分可分为两个子块：信号基带和控制。信号基带子块对数字信号进行一系列处理。发送通道的处理包括：语音编码、信道编码、加密、TDMA 帧形成等，其中信道编码包括分组编码、卷积编码和交织。接收通道的处理包括均衡、信道分离、解密、信道解码和语音解码等。控制子块对整个移动台进行控制和管理，包括定时控制、数字系统控制、无线系统控制以及人机对话控制等。若采用跳频，还应包括对跳频的控制。

（3）接口部分包括语音模拟接口、数字接口以及人机接口3个子块。语音模拟接口包括 A/D、D/A 变换、麦克风和扬声器等；数字接口主要是数字终端适配器；人机接口主要有显示器和键盘等。

2）用户识别卡

移动台另外一个重要的组成部分是用户识别卡（Subscriber Identity Module，SIM），它是一张符合 ISO 标准的"智慧"卡，它包含所有与用户有关的和某些无线接口的信息，其中也包括鉴权和加密信息。使用 GSM 标准的移动台都需要插入 SIM 卡，只有在处理异常的紧急呼叫时，可以在不使用 SIM 卡的情况下操作移动台。SIM 卡的应用使移动台并非固定地缚于一个用户，因此，GSM 系统是通过 SIM 卡来识别移动用户的，这为将来发展个人通信打下了基础。

2. 基站子系统

基站子系统（Base Station Subsystem，BSS）是 GSM 系统中与无线蜂窝方面关系最直接的基本组成部分。它通过无线接口直接与移动台相接，负责无线发送接收和无线资源管理。另一方面，基站子系统与网络子系统中的 MSC 相连，实现移动用户之间或移动用户与固定网络用户之间的通信连接，传送系统信号和用户信息等。当然，要对基站子系统部分进行操作维护管理，还要建立基站子系统与操作维护中心之间的通信连接。

基站子系统是由基站收发信台（BTS）和基站控制器（BSC）这两部分功能实体构成。实际上，一个基站控制器根据话务量需要可以控制数十个 BTS。BTS 可以直接与 BSC 相连接，也可以通过基站接口设备（BIE）采用远端控制（当 BTS 与 BSC 间距离超过 15m 时）的连接方式与 BSC 相连接，此时基站系统服务区为若干个无线覆盖区，如图 8.4 所示。

下面对 BTS 和 BSC 进行简单介绍。

1）基站收发信台

基站收发信台（Base Transfer and Receive Station，BTS）属于基站子系统的无线部分，完全由 BSC 控制，服务于某个小区的无线收发信设备，完成 BSC 与无线信道之间的转换，实现 BTS 与移动台（MS）之间通过空中接口的无线传输及相关的控制功能。BTS 主要分为基带单元、载频单元、控制单元（BCF，Base Control Funtion）3 大部分。基带单元主要用于必要的语音和数据速率适配以及信道编码等。载频单元主要用于调制/解调与发射机/接收机之间的耦合等。控制单元则用于 BTS 的操作与维护。另外，BSC 与 BTS 不设在同一处需采用 Abis 接口时，传输单元是必须增加的，以实现 BSC 与 BTS 之间的远端连接方式。如果 BSC 与 BTS 并置在同一处，只需采用 BS 接口时，传输单元是不需要的。

第8章 GSM移动通信系统

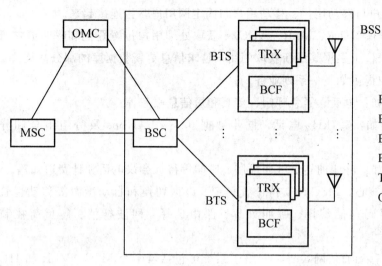

图 8.4 基站子系统原理框图

2) 基站控制器

基站控制器(Base Station Control, BSC)在基站子系统内充当控制器和话务集中器，它主要负责管理 BTS，而且当 BSC 与 MSC 之间的信道阻塞时，由它进行指示。BSC 同时具有对各种信道的资源管理、小区配置的数据管理、操作维护、观察测量和统计、功率控制、切换及定位等功能，是一个很强的功能实体。

一个 BSC 通常控制几个 BTS，通过 BTS 和移动台的远端命令，BSC 负责所有的移动通信接口管理，主要是无线信道的分配、释放和管理。当用户使用移动电话时，它负责为用户打开一个信号通道，通话结束时它又把这个信道关闭，留给其他用户使用。除此之外，一个 BSC 还对本控制区内移动台的越区切换进行控制。如用户在使用手机跨入另一个基站的信号收发范围时，控制器又负责与另一个基站之间相互切换，并保持始终与 MSC 的连接。

此外，基站子系统还应包括码变换器(TC)和相应的子复用设备(SM)。码变换器通常放在 BSC 和 MSC 之间，可以增加组织网络时的灵活性并可减少传输设备的配置数量。

3. 网络交换子系统

网络交换子系统(Network Switch Subsystem, NSS)主要包含 GSM 系统的交换功能和用于用户数据与移动性管理、安全性管理所需的数据库功能，它对 GSM 移动用户之间的通信和 GSM 移动用户与其他通信网用户之间的通信起着管理作用。NSS 由一系列功能实体构成，各功能实体之间和 NSS 与 BSS 之间的信令传输都符合 CCITT 信令系统 No.7 协议。下面分别讨论各功能实体的主要功能。

1) 移动交换中心

移动交换中心(Mobile Switching Center, MSC)是网络的核心，它提供交换功能及面向系统的其他功能实体：基站子系统 BSS、归属位置寄存器 HLR、鉴权中心 AUC、移动设备标识寄存器 EIR、操作维护中心 OMC 和面向固定网(PSTN、ISDN 和 PDN 等)的接口功能，从而把移动用户与移动用户、移动用户与固定网用户互相连接起来。

MSC 可从 3 种数据库（HLR、VLR、AUC）中获取处理用户位置登记和呼叫请求所需的全部数据。反之，MSC 也根据其最新获取的用户请求信息更新数据库的部分数据。

MSC 可为移动用户提供如下一系列业务。

(1) 电信业务，例如：电话、紧急呼叫、传真和短信息服务等；

(2) 承载业务，例如：3.1kHz 电话，同步数据 0.3~2.4Kbps 及分组组合和分解（PAD）等；

(3) 补充业务，例如：呼叫前转、呼叫限制、呼叫等待、会议电话和计费通知等。

当然，作为网络的核心，MSC 还支持位置登记、越区切换和自动漫游等移动性管理工作。同时具有电话号码存储编译、呼叫处理、路由选择、回波抵消、超负荷控制等功能。

对于容量比较大的移动通信网，一个网络子系统可包括若干个 MSC、VLR 和 HLR。当固定网用户呼叫 GSM 移动用户时，无须知道移动用户所处的位置，此呼叫首先被接入到入口移动交换中心，称为 GMSC；入口交换机负责获取位置信息，且把呼叫转接到可向该移动用户提供即时服务的 MSC，称为被访 MSC（VMSC）。因此，GMSC 具有与固定网和其他 NSS 实体互通的接口。目前，GMSC 功能就是在 MSC 中实现的。根据网络的需要，GMSC 功能也可以在固定网交换机中综合实现。

2) 归属位置寄存器

归属位置寄存器（Home Location Register，HLR）是 GSM 系统的中央数据库，存储着该 HLR 控制的所有存在的移动用户的相关数据。一个 HLR 能够控制若干个移动交换区域以及整个移动通信网，所有移动用户重要的静态数据都存储在 HLR 中，这包括移动用户识别号码、访问能力、用户类别和补充业务等数据。此外，HLR 还暂存移动用户漫游时的相关动态信息数据。这样，任何入局呼叫可以立刻按选择路径送到被叫的用户。

3) 访问位置寄存器

访问位置寄存器（Visitor Location Register，VLR）是服务于其控制区域内的移动用户的，存储着进入其控制区域内已登记的移动用户的相关信息，为已登记的移动用户提供建立呼叫接续的必要条件。VLR 从该移动用户的 HLR 处获取并存储必要的数据。一旦移动用户离开该 VLR 的控制区域，则重新在另一个 VLR 登记，原 VLR 将取消临时记录的该移动用户数据。因此，VLR 可看成是一个动态用户数据库。VLR 功能总是在每个 MSC 中综合实现的。

4) 鉴权中心

GSM 系统采取了特别的安全措施，例如，用户鉴权、对无线接口上的语音、数据和信号信息进行保密等。因此，鉴权中心（Authentication Center，AUC）存储着鉴权信息和加密密钥，用来防止无权用户接入系统和保证通过无线接口的移动用户通信的安全。AUC 属于 HLR 的一个功能单元部分，专用于 GSM 系统的安全性管理。

5) 移动设备标识寄存器

移动设备标识寄存器(Equipment Identity Register，EIR)存储着移动设备的国际移动设备识别码(IMEI)。对移动台身份的核准包括3个组成部分：入网许可证的核准号码、装配工厂号和手机专用号。针对不同的核准结果，移动台的 IMEI 会分列于白色清单、黑色清单或灰色清单这3种表格之中。白色清单中收录了所有的核准号码，拥有该清单中的号码的移动台可以正常使用网络；黑色清单中收录了所有的挂失移动台和禁止入网移动台的号码，拥有这些号码的移动台会被暂时禁用(闭锁)；灰色清单收录了所有的出现异常或功能不全，但不足以禁用的移动台的号码，拥有这些号码的移动台会受到网络的监视，随时可能被鉴别出其非法身份。这样便可以确保入网移动设备的唯一性和安全性。一旦手机丢失，只要向系统报告该手机的 IMEI 号码，EIR 就会将其列入黑色清单。

6) 操作维护中心

操作维护中心(Operations and Maintenance Center，OMC)负责对全网进行监控与操作。例如，系统的自检、报警与备用设备的激活，系统的故障诊断与处理，话务量的统计和计费数据的记录与传递，以及与网络参数有关的各种参数的收集、分析与显示等。

8.1.4 GSM 区域与号码

1. 区域定义

GSM 系统属于小区制大容量移动通信网，在它的服务区内设置有很多基站，移动通信网在此服务区内，具有控制、交换功能，以实现位置更新、呼叫接续、越区切换及漫游服务等功能。其相应的区域定义如图 8.5 所示，具体说明如下。

1) 基站区

基站区是指基站收发信机有效的无线覆盖区，简称小区。

2) 扇区

当基站收发天线采用定向天线时，基站区分为若干个扇区。如采用 120°定向天线时，一个小区分为 3 个扇区；若采用 60°定向天线时，一个小区分为 6 个扇区。

3) 位置区

位置区一般由若干个小区(或基站区)组成，移动台在位置区内移动无须进行位置更新。通常呼叫移动台时，向一个位置区内的所有基站同时发寻呼信号。

4) MSC 区

MSC 区系指一个移动交换中心所控制的区域，通常它连接一个或若干个 BSC，每个 BSC 控制多个 BTS。从地理位置来看，MSC 包含多个位置区。

5) 公用陆地移动通信网

一个公用陆地移动通信网(PLMN)可由一个或若干个 MSC 组成。在该区内具有共同的编号制度和共同的路由计划。PLMN 与各种固定通信网之间的接口是 MSC，由 MSC 完成呼叫接续。

6) GSM 服务区

服务区是指移动台可获得服务的区域，即不同通信网（如 PSTN 或 ISDN）用户无须知道移动台的实际位置而可与之通信的区域。

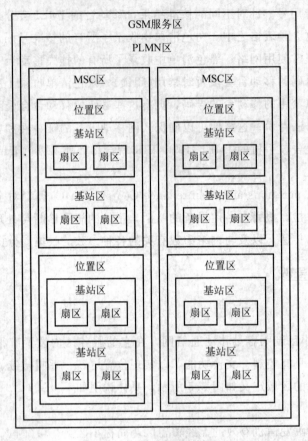

图 8.5 GSM 的区域定义

一个服务区可以由一个或若干个 PLMN 组成。从地域而言，可以是一个国家或是一个国家的一部分，也可以是若干个国家。

2. GSM 系统的编号

GSM 的网络结构很复杂，为了将一个呼叫正确的连接到某一个移动用户处，需要调用相应的功能实体。因此要正确寻址，编号计划就非常重要了。

各种号码的定义及用途如下。

1) 国际移动用户识别码

为了在无线链路和整个 GSM 移动通信网中正确的识别某个移动用户，就必须给移动用户分配一个特定的识别码。这个识别码称为国际移动用户识别码（International Mobile Subscriber Identity，IMSI），用于 GSM 移动通信网所有信令中，存储在 SIM 卡、HLR 和 VLR 中。为了满足各国的不同要求，IMSI 的长度是可变的，最长为 15 位，使用数字 0～9，其号码结构如图 8.6 所示。

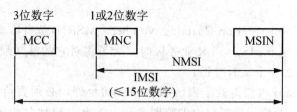

图 8.6　国际移动用户识别码的结构

IMSI 号码结构中各项含义如下。

(1) MCC(Mobile Country Code)是移动台国家码,由 3 位数字组成,用以识别移动用户所属的国家,中国的 MCC 为 460。

(2) MNC(Mobile Network Code)是移动台网络号,由 1 位或 2 位数字组成,用以识别移动用户所归属的移动网。中国移动的 GSM 公用陆地移动通信网的网号为 00,中国联通的 GSM 公用陆地移动通信网的网号为 01。

(3) MSIN(Mobile Subscriber Identification Number)是移动用户识别码,用以识别国内 GSM 移动网中的移动用户。

MCC 和 MNC 码在世界上是唯一的,用来确定用户的 PLMN。当 MSC 和 VLR 在一起时,MSIN 应为 VLR 地址+MSC 区内统一编号。即由 MNC 和 MSIN 两部分组成国内移动用户识别码(NMSI)。

2) 移动台 ISDN 号码

移动台 ISDN 号码(Mobile Station ISDN Number,MSISDN)也是移动用户身份号码,是指主叫用户为呼叫 GSM 系统中的某个移动用户所需拨的号码,作用相当于固定网中的 PSTN 号码。其号码结构如图 8.7 所示。

图 8.7　移动台国际 ISDN 号码结构

MSISDN 号码结构中各项含义如下。

(1) CC(Country Code)是国家码,表示用户移动台注册的那个国家,中国为 86。

(2) NDC(National Destination Code)是国内目的地址码,即网络的接入号。中国移动 GSM 网为 139、138、159 等;中国联通 GSM 网为 130、131、156 等。

(3) SN(Subscriber Number)是用户号码,由 8 位数字组成。SN 号码的结构是 $H_1H_2H_3H_4ABCD$,其中 $H_1H_2H_3H_4$ 为每个移动业务本地网的 HLR 号码,ABCD 为移动用户码。当用户数量过多,号码不够用时,可对 SN 加以扩充。

由 NDC 和 SN 两部分组成国内 ISDN 号码,其长度不超过 13 位数。国际 ISDN 号码长度不超过 15 位数字。

3) 移动台漫游号

移动台漫游号(Mobile Station Roaming Number，MSRN)是当移动台由所属的 MSC/VLR 业务区漫游至另一个 MSC/VLR 业务区时，为了将对它的呼叫顺利发送给它而由其所属 MSC/VLR 分配的一个临时号码。

具体来讲，为了将呼叫接至处于漫游状态的移动台处，必须要给入口 MSC(即 GMSC，Gateway MSC)一个用于选择路由的临时号码。为此，移动台所属的 HLR 会请求该移动台所属的 MSC/VLR 给该移动台分配一个号码，并将此号码发送给 HLR，而 HLR 收到后再把此号码转送给 GMSC。这样，GMSC 就可以根据此号码选择路由，将呼叫接至被叫用户目前正在访问的 MSC/VLR 交换局了。一旦移动台离开该业务区，此漫游号码即被收回，并可分配给其他来访用户使用。

MSRN 只是临时性用户数据，但在 HLR 和 VLR 中都会有所保存。根据各国不同的要求，MSRN 也具有可变的长度。

4) 临时移动用户识别码

临时移动用户识别码(Temporary Mobile Station Identity，TMSI)，顾名思义是指一种临时身份，是由某个 MSC/VLR 分配并且仅用于在该业务区内对移动台的识别。因此，从属于不同 VLR 的几个移动用户可以使用相同的 TMSI。

TMSI 可以理解成为了保证 IMSI 的保密性而设置的一个替代性的密码，两者之间按一定的算法互相转换。但 TMSI 有很大的自由度而且只占 4 个字节，比 IMSI 要短，这样可以减小无线信道上呼叫信息的长度。IMSI 只在起始入网登记时使用，在后续的呼叫中使用 TMSI，以避免通过无线信道发送其 IMSI，从而防止窃听者检测用户的通信内容，或者非法盗用合法用户的 IMSI。

5) 国际移动设备识别码

国际移动设备识别码(International Mobile Equipment Identity，IMEI)是唯一的用来标识一个移动台设备的编码，即 GSM 网络中的所有终端设备都可用 IMEI 这种统一的格式来标识。IMEI 编码最多由 15 位十进制数字组成。

IMEI 号码的结构如图 8.8 所示。

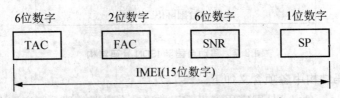

图 8.8 国际移动设备识别码的结构

IMEI 号码结构中各项含义如下。

(1) TAC(Type Approval Code)是型号批准码，6 位数字，由欧洲型号认证中心统一分配，在设备通过验收时提供给生产厂家。

(2) FAC(Factory Assembly Code)是生产厂家装配码，2 位数字，用以识别生产厂家及设备装配地。

(3) SNR(Serial Number)是产品序号，6 位数字，由生产厂家分配，用于区别同一个 TAC 和 FAC 中的每台移动设备。

(4) SP(Spare)是备用号码，1位数字，以备将来之用。

6) 位置区识别码

位置区识别码(Location Area Identity，LAI)用于移动用户的位置更新，其号码结构如图8.9所示。

图8.9 位置区识别码的结构

LAI号码结构中各项含义如下。

(1) MCC是移动台国家码，与IMSI中的MCC相同。

(2) MNC是移动台网络号，与IMSI中的MNC相同。

(3) LAC(Location Area Code)是位置区号码，具有可变长度，最大时为一个双字节(16位二进制数)BCD编码，表示为$X_1X_2X_3X_4$。由此可见，在一个GSM PLMN网中可以定义2^{16}个(即65536个)不同的位置区。

LAI是临时性用户数据，存储于VLR中。当移动台的位置发生变更时，可能该编码也要发生相应的变化。

7) 基站识别色码

基站识别色码(Base Station Identity Color，BSIC)用于移动台识别使用相同载波的不同基站，尤其是用于区别在不同国家的边界地区采用相同载频且相邻的基站。BSIC为一个6bit编码，其号码结构如图8.10所示。

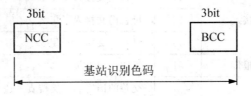

图8.10 基站识别色码的结构

BSIC号码结构中各项含义如下。

(1) NCC(National Color Code)是国家色码，主要用来区别相邻国家边界各侧的不同运营者。

(2) BCC(Base Color Code)是基站色码，用以识别相同载波的不同基站。

8.1.5 GSM承担业务

1. 主要承担业务

GSM系统定义的所有业务是建立在综合业务数字网概念基础上的，并考虑移动特点做了必要修改。GSM系统的业务可以分为基本电信业务、承载业务和补充业务3大类。简单来讲，电信业务主要提供移动台与其他应用的通信；承载业务主要提供在确定的用户界面间传递消息的能力；补充业务则集中体现了全部使用方便和完善的服务。下面分别加以介绍。

1) 电信业务

电信业务是指端到端的业务,它包括开放系统互连 OSI 的 1~7 层的协议。

GSM 系统可以提供的电信业务大致可分为两类:语音业务和数据业务。语音业务是 GSM 系统提供的基本业务,允许用户在世界范围内任何地点与固定电话用户、移动电话用户以及专用网用户进行双向通话联系。数据业务是指语音业务之外的业务,它提供了固定用户和 ISDN 用户所能享用的业务中的大部分业务,包括文字、图像、传真、Internet 访问等服务。

具体来讲,GSM 系统能提供 6 类 11 种电信业务,见表 8-1。表中,E1 为必需项,第一阶段以前提供;E2 为必需项,第二阶段以前提供;E3 为必需项,第三阶段以前提供;A 为附加项;FS 待研究。

表 8-1 电信业务分类

分类号	电信业务类型	编号	电信业务名称		实现阶段
1	语音传输	11	电话		E1
		12	紧急呼叫		E1
		13	语音信箱		A
2	短信息业务	21	点对点 MS 终止的短信息业务		E3
		22	点对点 MS 起始的短信息业务		A
		23	小区广播短信息业务		FS
3	MHS 接入	31	先进消息处理系统接入		A
4	可视图文接入	41	可视图文接入子集 1		A
		42	可视图文接入子集 2		A
		43	可视图文接入子集 3		A
5	智能用户电报传送	51	智能用户电报		A
6	传真	61	交替的语音和三类传真	透明	E2
				非透明	A
		62	自动三类传真	透明	FS
				非透明	FS

下面对这 11 种电信业务中的 7 种加以简单介绍。

(1) 电话业务。电话业务是 GSM 移动通信网提供的最重要的业务。GSM 系统的电话业务可以给用户提供实时双向的通信,这里的通信既可以是 GSM 网络内部的移动用户之间的通信,也可以是 GSM 用户与其他网络(如 PSTN、ISDN 等)中用户的通信。该业务的内容主要是通话,另外还包括各种特服呼叫、各类查询业务和申告业务,以及提供人工、自动无线电寻呼业务。

GSM 系统为移动用户电话配置了两项功能,分别是移动呼出功能(MOC)和移动呼入功能(MTC)。只要移动用户所在的 GSM 网与其他网络之间有中继连接,移动用户就可以在世界范围内与另一处的固定用户或移动用户通话。

第8章 GSM移动通信系统

(2) 紧急呼叫业务。紧急呼叫业务是由电话业务派生出来的。它允许移动用户在紧急情况下，进行紧急呼叫操作，即在 GSM 网络覆盖范围内，无论移动用户身处何方，只要他拨打了110、119 或 120 等特定号码，网络就会依据用户所处的位置，就近接入一个紧急服务处。如果用户不清楚具体的号码，还可以按移动台上的紧急呼叫键（SOS 键），靠系统的提示来拨打相应的紧急呼叫服务中心。紧急呼叫业务的优先级别高于其他业务，在移动台没有插入 SIM 卡或移动用户处于锁定状态时，也可以按键后接通紧急呼叫服务中心。

(3) 语音信箱业务。从电话业务中派生出来的另一项业务是语音信箱业务。当固定网或移动网用户拨打 GSM 网络用户而由于某些原因（如无线覆盖不充分或者无线信道被全部占用等）暂时无法接通时，如果这个电话很重要，那么主叫用户就可以把自己的声音信息存储到被叫用户的语音信箱里，一旦条件允许，被叫用户就能够获得移动台的提示，及时地提取这些信息。

(4) 短信息业务。短信息业务包括移动台之间点对点短信息业务以及小区广播短信息业务。

点对点短信息业务是由短信息业务中心(SMC)完成存储和转发功能的。短信息业务中心是与 GSM 系统相分离的独立实体，不仅可以服务于 GSM 用户，也可服务于具备接收短信息业务功能的固定网用户。点对点信息的发送或接收应在呼叫状态或空闲状态下进行，由控制信道传送短信息业务，其消息量限制为 160 个英文字符或 70 个汉字信息。

小区广播短信息业务是指 GSM 移动通信网以有规则的间隔向移动台广播具有通用意义的短信息，如道路交通信息、天气信息等。此短信息是在控制信道上传送的，移动台只有在空闲状态下才可接收广播消息，其消息量限制为 93 个字符。

(5) 可视图文接入业务。可视图文接入是一种通过网络完成文本、图形信息检索和电子邮件功能的业务。

(6) 智能用户电报传送业务。智能用户电报传送能够提供智能用户电报终端间的文本通信业务。此类终端具有文本信息的编辑、存储处理等功能。

(7) 传真业务。交替的语音和三类传真是指语音与三类传真交替传送的业务，采用人工方式。自动三类传真采用自动方式，这种业务能使用户经 GSM 网以传真编码信息文件的形式自动交换各种函件的业务，但不能转回到语音上去。

2) 承载业务

承载业务主要是指 GSM 网络传输具有流量、误码率和传输模式等技术参数的数据业务，它仅包括 OSI 的 1～3 层协议。与电信业务相似，GSM 系统的承载业务不仅使移动用户之间能够完成数据通信，更重要的是能为移动用户与 PSTN 或 ISDN 用户之间提供数据通信服务，还能使 GSM 移动通信网与其他公用数据网互通，如 PSPDN 和 CSPDN。

按照数据传输方式不同，承载业务可分为两大类：透明业务和不透明业务。透明业务是指数据按原始形式发送，到达接收端时有固定的时延，并在接收端尽可能忠实地再生出数据流；不透明业务采用了额外的协议——无线链接协议(Radio Link Protocol，RLP)，用来检测传输中的差错，当发现传输的数据出错时，该系统将重发该数据。由于透明业务未采取针对差错的任何措施，因而精确度较差，但传输速率快，适用于对速率要求高但对精确度要求较低的情况。不透明业务的数据传输由 RLP 控制，因而传输速率较慢，而且传输时延会随着链路条件的不同而不同，但不透明业务的精确度较高，能保证数据准确可靠的传输。

按照数据传输模式的不同，承载业务也有同步传输和异步传输之分。异步传输一般以字符为单位，不论所采用的字符代码长度为多少位，在发送每一字符代码时，前面均加上一个起信号,其长度规定为1个码元,极性为"0",即空号的极性;字符代码后面均加上一个止信号,其长度为1或2个码元,极性皆为"1",即与信号极性相同。加上起、止信号的作用就是为了能区分串行传输的字符,也就是实现串行传输收/发双方的码组或字符的同步。这种传输方式的特点是同步实现简单,收/发双方的时钟信号不需要严格同步。缺点是对每一个字符都需加入起、止码元,使传输效率降低,故适用于1.2Kbps以下的低速数据传输。同步传输是按照同步的时钟节拍来发送和接收数据信号的,因此在一个串行的数据流中,各信号码元之间的相对位置都是固定的(即同步的)。接收端为了从收到的数据流中正确地区分出一个个信号码元,首先必须建立准确的时钟信号。数据的发送一般以组(或称帧)为单位,一组数据包含多个字符。收发之间的码组或帧同步,是通过传输特定的传输控制字符或同步序列来完成的,传输效率较高。

针对多种用户应用的需要,GSM 网络应该具有各种不同种类的承载业务,而要支持各种承载业务也就需要经过不同类型的接入接口和终端网络。为了使 GSM 系统与传统接口相匹配,必须要求移动通信设备具有终端适配功能(Terminal Adaptation Function,TAF)。为此,可以在移动台与普通数据终端(在传真机或 PC)之间插入 TAF 功能单元,这通常是由 MS 提供的。TAF 可以作为数据业务配件配给用户,不同的数据业务配置的 TAF 是不同的,也有多用途的 TAF 供用户使用时选用其中相应的功能。为了完成数据的连通,使 GSM 信号在传统电话网中传输,还要有内置互通功能(IWF, Inter Working Function),相应的 IWF 功能单元通常设置在 MSC 中。

通过 GSM 网络进行的端到端数据通信可以分为3层。最高层是端到端应用层,实现数据信息的输入/输出;中间层是 TAF-IWF 转换层,负责调整传输速率和传输方式,以便可以使普通数据终端接入 GSM 网络,并且使 GSM 网络的数据传输适合其他网络的要求;最低层是 GSM 传输层,按照 GSM 传输方式传输数据流。在移动交换中心配置了 IWF 的条件下,把数据终端通过 TAF 连接到移动台上,移动用户就可以利用 GSM 网络来进行数据通信了。GSM 网络与固定网络端到端的数据通信分层示意图如图 8.11 所示。

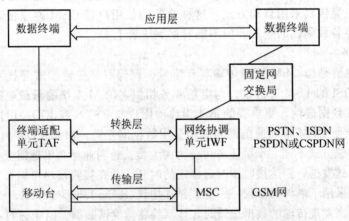

图 8.11　GSM 网络与固定网络端到端的数据通信

3) 补充业务

补充业务又称附加业务,是对基本业务的扩展。GSM 系统不断推出了许多补充业务,它们大多数是用于语音通信的,有的也可以用于数据通信。GSM 所能提供的补充业务与 ISDN 网业务分类也极其相似,在第一阶段,GSM 仅能提供呼叫前转类和呼叫闭锁类补充业务。

2. 业务接入方式

一般来说，通信网的用户业务是通过移动台接入的，GSM 系统也不例外。为了使多种业务类型的用户(分为标准 ISDN 和非标准 ISDN 终端用户)按照统一的标准方式接入到 GSM 系统中，在各类用户数据进入 GSM 无线信道之前，移动台首先将用户数据流转换成与数字无线信道结构特性相兼容的形式，然后再送入无线信道。为此，在移动台内部，设置了 MT 单元，它的作用是为不同业务类型的用户提供一组标准的接口，并将接口上的数据流移植到无线接口 U_m。具体来讲，MT 的功能包括语音编译码、信息差错控制、用户数据流量控制、终端能力、无线传输端接口、无线信道管理、移动管理(如越区切换控制)以及对多终端的支持等。

GSM 的业务接入方式如图 8.12 所示。对于 ISDN 终端(TE1)，64Kbps 的数据流直接通过标准的 ISDN 接口 S 进入 MT1。对于非 ISDN 终端 TE2，设计了两种接入方式：一种是对用户数据不加处理，经标准的 ISDN 接口 S 直接进入 MT2；另一种是先将用户数据接至 R 接口，经适配器(TA)的速率适配后，再经由标准的 ISDN 接口 S，以 64Kbps 的速率和 ISDN 进行多种类型业务的接入，这种接入方式具有较高的灵活性。

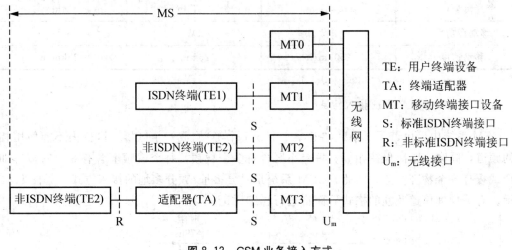

图 8.12 GSM 业务接入方式

8.2 GSM 的无线接口

移动终端与网络之间的接口为无线接口，它是保证不同厂家的移动台与不同厂家的系统设备之间互通的主要接口。无线接口自下而上分为 3 层：物理层、数据链路层和网络层。网络层又分为 3 个子层：无线资源管理层(RRM)、移动性管理层(MM)和连接管理层(CM)。这些功能是在移动台和网络实体间进行的，不同的功能对应于不同的网络实体。其中各子层完成的功能如下。

(1) RRM 完成专用无线信道连接的建立、操作和释放等，它是在移动台与基站子系统间进行的；

(2) MM 完成位置更新、鉴权和临时移动用户号码的分配等工作；

(3) CM 完成电路交换的呼叫建立、维持和结束,并支持补充业务和短信息业务等。MM 层和 CM 层是移动台直接与 MSC 之间的通信,A 接口不作任何处理。

8.2.1 无线传输特征

表 8-2 给出了 GSM 系统的主要参数。

表 8-2 GSM 系统的主要参数

	GSM900	GSM1800	GSM1900
发射频带	890～915MHz	1710～1785MHz	1805～1910MHz
接收频带	935～960MHz	1805～1880MHz	1930～1990MHz
双工间隔	45MHz	95MHz	80MHz
频率范围	70MHz	170MHz	140MHz
信道数量	124	374	299
调制方式	GMSK	GMSK	GMSK
蜂窝半径	<35km	<4km	<4km
移动台功率	2W	1W	1W
移动速度	250km/h	125km/h	125km/h

1. TDMA/FDMA 多址接入方式

GSM 系统中,由若干个小区(3 个、4 个或 7 个等)构成一个区群,区群内不能使用相同的频道,同频道距离保持相等。每个小区含有多个载频,每个载频上含有 8 个时隙,即每个载频有 8 个物理信道。因此,GSM 系统是时分多址/频分多址的接入方式,如图 8.13 所示。有关物理信道及帧的格式后面将进行详细讨论。

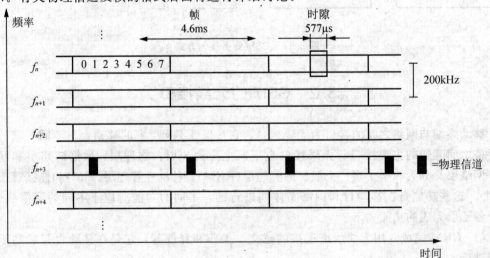

图 8.13 TDMA/FDMA 多址接入方式

2. 频率和频道序号

移动台采用较低频段发射,传播损耗较低,有利于补偿上、下行功率不平衡的问题。我国陆地公用数字蜂窝移动通信网 GSM 通信系统采用 900MHz 和 1800MHz。

900MHz 频段：

上行链路(移动台发、基站收)890～915MHz

下行链路(基站发、移动台收)935～960MHz

1800MHz 频段：

上行链路(移动台发、基站收)1710～1785MHz

下行链路(基站发、移动台收)1805～1880MHz

相邻两个频道间隔为 200kHz,收、发频率间隔分别为 45MHz 和 95MHz。

由于载频间隔是 200kHz,因此 GSM 系统将整个 900MHz 工作频段分为 124 对载频,其频道序号用 n 表示,则上、下两频段中序号为 n 的载频可用下式计算

$$f_l(n)=(890+0.2n)\text{MHz} \tag{8-1}$$
$$f_h(n)=(935+0.2n)\text{MHz} \tag{8-2}$$

式中,$n=1\sim124$。

例如,$n=3$,$f_l(3)=890.6\text{MHz}$,$f_h(3)=935.6\text{MHz}$,其他序号的载频依此类推。对于 GSM 系统,每个载频有 8 个信道,因此 GSM 系统总共有 $124\times8=992$ 个物理信道。有的书籍中简称 GSM 系统有 1000 个物理信道。

3. 调制方式

GSM 的调制方式是高斯型最小移频键控(GMSK)方式,矩形脉冲在调制器之前先通过一个高斯滤波器。这一调制方案由于改善了频谱特性,从而能满足 CCIR 提出的邻信道功率电平小于 -60dBW 的要求。高斯滤波器的归一化带宽 $B_t=0.3$,基于 200kHz 的载频间隔及 270.833Kbps 的信道传输速率,其频谱利用率为 1.35bps/Hz。

4. 载频复用与区群结构

GSM 系统中,基站发射功率为 500W 每载波,每时隙平均为 $500/8=62.5\text{W}$。移动台发射功率分为 0.8W、2W、5W、8W 和 20W 5 种。小区覆盖半径最大为 35km,最小为 500m,前者适用于农村地区,后者适用于市区。

8.2.2 GSM 的帧结构

1. 时分多址(TDMA)帧结构

GSM 系统时分多址帧结构如图 8.14 所示。一个 TDMA 帧含有 8 个时隙(TS),持续时间为 4.615ms((120/26)ms)。

每个 TDMA 帧都要有 TDMA 帧号。这是因为 GSM 系统的保密特性是通过在发送信息前对信息进行加密实现的,而计算加密序列的算法是以 TDMA 帧号为一个输入参数,

因此每一帧都必须要有一个帧号。有了 TDMA 帧号，移动台就可以判断控制信道（TS_0）对应的是哪一类逻辑信道了。

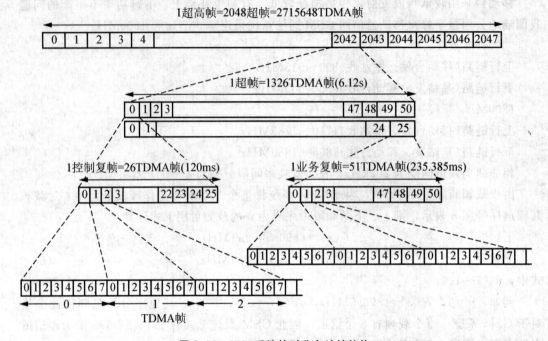

图 8.14　GSM 系统的时分多址帧结构

TDMA 帧号是以 2715648 个 TDMA 基本帧的持续时间为周期循环编号的，因此帧号的范围是从 0～2715647，记为 FN(Frame Number)。每 2715648 个 TDMA 帧为一个超高帧（Hyper Frame）。超高帧是持续时间最长的 TDMA 帧结构，可以用作加密和跳频的最小周期，其持续时间为 3 小时 28 分 53 秒 760 毫秒（或 12533.76s）。每一个超高帧又可分为 2048 个超帧(Supper Frame)，一个超帧的持续时间为 6.12s，是最小的公共复用时帧结构。每个超帧又是由复帧(Multiframe)组成的。为了满足不同速率的信息传输的需要，复帧又分成两种类型。

(1) 业务复帧，它包括 26 个 TDMA 帧，持续时间为 120ms。每个超帧含有这种复帧的数目为 51 个。它由 24 个业务信道(TCH)、一个控制信道(SACCH)和一个空闲信道组成。其中空闲的一帧无数据，是在将来采用半码率传输时为兼容而设置的。

(2) 控制复帧，它包括 51 个 TDMA 帧，持续时间为 235.385ms((3060/13)ms)。每个超帧含这种复帧的数目为 26 个。这种复帧可用于 BCCH、CCCH（AGCH、PCH 和 RACH）以及 SDCCH 等信道。

实际应用中，控制复帧与业务复帧中的控制信道能够相互滑动，使移动用户在呼叫期间能够收到全部的控制信息。

GSM 系统上行传输所用的帧号和下行传输所用的帧号相同。但上行帧相对于下行帧来说，在时间上推后 3 个时隙，如图 8.15 所示。这样安排可允许移动台在这 3 个时隙的时间内，进行帧调整以及对 BTS 的调谐和转换。

第8章 GSM移动通信系统

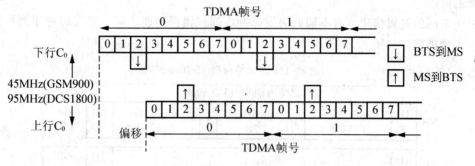

图 8.15 上行帧号和下行帧号所对应的时间关系

2. TDMA 时隙(Time Slot，TS)和突发(Burst)

在 TDMA 系统中，典型的时隙结构(或称突发结构)通常包括 5 种组成序列：信息、同步、控制、训练和保护。其原因是：信息序列是通信真正要传输的有用部分；为了便于接收端的同步，在每个时隙中要加入同步序列；为了便于控制信息和信令信息的传输，在每个时隙中要专门划分出控制序列；为了便于接收端利用均衡来克服多径引起的码间干扰，在时隙中要插入自适应均衡器所需的训练序列；上行链路的每个时隙中要留出一定的保护间隔(即不传输任何信号)，即每个时隙中传输信息的时间要小于时隙长度，这样可以克服因移动台与基站间距离的随机变化而引起的移动台发出的信号到达基站接收机时刻的随机变化，从而保证不同移动台发出的信号，在基站处都能落在规定的时隙内，而不会出现重叠现象。其中，同步序列和训练序列可以分开传输，也可以合二为一，两种典型的时隙结构如图 8.16 所示。

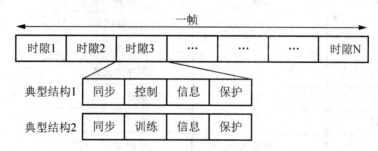

图 8.16 典型的时隙结构

在 GSM 系统中，一个 TDMA 帧占 4.615ms，共包括 8 个时隙。因而，每时隙持续时间为 577μs((15/26)ms)。由于调制速率为 270.833Kbps，因此每时隙间隔(包括保护时间)有 156.25bit。

TDMA 帧中的一个时隙称为一个突发，一个时隙中的物理内容，即在此隙内被发送的无线载波所携带的信息比特串，称为一个突发脉冲序列。

GSM 系统的无线载波发送采用间隙方式。突发开始时，载波电平从最低值迅速升到预定值并维持一段时间，此时发送突发中的有用信息，然后又迅速降到最低值，结束一个突发的发送。这里说的有用信息包括加密比特、训练序列及拖尾比特等。此外，为了分隔相邻的突发，突发中还有保护部分。保护部分不传输任何信息，它只对应于载波电平上升和下降的阶段。

对于不同的逻辑信道，有不同的突发脉冲序列。根据功能不同，突发脉冲序列可以分为以下 4 种类型，如图 8.17 所示。

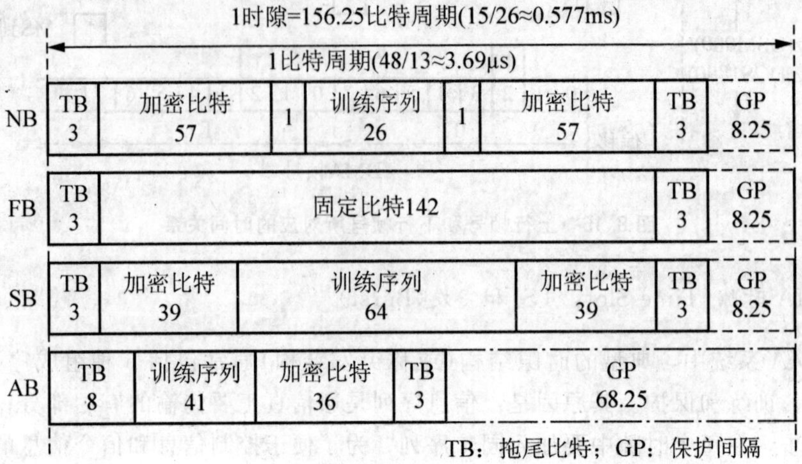

```
         1时隙=156.25比特周期(15/26≈0.577ms)
          1比特周期(48/13≈3.69μs)
      ┌────┬────────┬───┬────────┬───┬────────┬────┬────────┐
  NB  │ TB │ 加密比特│ 1 │ 训练序列│ 1 │ 加密比特│ TB │   GP   │
      │ 3  │   57   │   │   26   │   │   57   │ 3  │  8.25  │
      ├────┼────────┴───┴────────┴───┴────────┼────┼────────┤
  FB  │ TB │          固定比特142             │ TB │   GP   │
      │ 3  │                                  │ 3  │  8.25  │
      ├────┼────────┬────────────────┬────────┼────┼────────┤
  SB  │ TB │ 加密比特│   训练序列     │ 加密比特│ TB │   GP   │
      │ 3  │   39   │      64        │   39   │ 3  │  8.25  │
      ├────┼────────┼────────┬───────┴────────┴────┴────────┤
  AB  │ TB │训练序列│ 加密比特│ TB │           GP           │
      │ 8  │   41   │   36   │ 3  │          68.25         │
      └────┴────────┴────────┴────┴────────────────────────┘
                       TB：拖尾比特；GP：保护间隔
```

图 8.17 突发结构

1) 普通突发脉冲序列(NB，Normal Burst)

NB 用于携带业务信道(TCH)和除 RACH、SCH 及 FCCH 之外的控制信道的信息，它含 116 个加密比特和 8.25 周期的保护时间(约 30.46μs)。NB 中各比特的定义见表 8-3。

表 8-3 普通突发比特定义

BN(比特号)	长度	内容	定义
0~2	3	拖尾比特(TB)	(0, 0, 0)
3~60	58	加密比特	(e0, e1, …, e57)
61~86	26	训练序列比特	(BN61, …, BN86)
87~144	58	加密比特	(e58, e59, …, e115)
145~147	3	拖尾比特(TB)	(0, 0, 0)
148~156	8.25	保护比特	~

对 NB 中各比特的简要说明如下。

(1) 拖尾比特(TB)。固定为 000，帮助移动台中的均衡器判断帧的起始位和终止位。

(2) 加密比特。是 57bit 经过加密的用户语音或数据。

(3) 1 比特借用标志。表示此突发脉冲序列是否被快速辅助控制信道(FACCH)的信令借用。也就是说该比特用来判断其前面所传送的数据是业务信道的信息还是控制信道的信息。如果传送的是 FACCH 的信令，则往往是越区切换命令。

(4) 训练序列比特。它是一串已知定义的比特，为接收端进行均衡训练时所用。对于NB，规定了 8 种训练序列，用训练序列码(TSC)来标记。例如，当 TSC=2 时，训练序列固定为 01000011101110100100001110。

(5) 保护间隔(GP)。共 8.25 个比特(相当于大约 30μs)，是一个空白空间，防止同一载频 8 个用户间的突发脉冲信号的重叠。

2) 频率校正突发脉冲序列(Frequency correction Burst，FB)

FB 用于移动台与基站的频率同步。它相当于一个带频率偏移的未调制载波，它的重复发送就构成了频率校正信道(FCCH)。图中，起始和结束的尾比特各占 3bit，保护期 8.25bit，它们均与普通突发脉冲序列相同，其余的 142bit 均置"0"，相应发送的射频是一个与载频有固定偏移的纯正弦波，以便于调整移动台的载频。

3) 同步突发脉冲序列(Synchronization Burst，SB)

SB 用于移动台的时间同步，其中包括一个易被检测的较长的训练序列并携带有 TDMA 帧号(FN)和基站识别码(BSIC)信息。它与频率校正突发(FB)一起广播，它的重复发送就构成了同步信道(SCH)。

4) 接入突发脉冲序列(Access Burst，AB)

AB 用于随机接入。其特点是有一个较长的保护间隔，占 68.25bit，合 252μs。这是为了适应移动台首次接入 BTS(或切换到另一个 BTS)后不知道时间提前量而设置的。当移动台离 BTS 较远时，第一个接入突发脉冲序列到达 BTS 的时间就会晚一些。又由于这个接入突发脉冲序列中没有时间调整，为了不与下一时隙中的突发脉冲序列重叠，此接入突发脉冲序列必须短一些，从而留有很长的保护间隔。这样长的保护间隔最大允许 35km 距离内的随机接入。而对于小区半径大于 35km 这一例外情况，就要作某些可能的测量了。

除了上述 4 种突发结构之外，当无信息可发送时，由于系统的需要，在相应的时隙内还应有突发发送，这就是空闲突发。空闲突发不携带任何信息，其格式与普通突发相同，只是其中的加密比特要用具有一定比特模型的混合比特来代替。

8.2.3 GSM 的信道类型

1. 物理信道和逻辑信道

GSM 系统的信道分类较复杂，前面说过，每个时隙其实就是基本的物理信道(physical channel)，而物理信道又支撑着逻辑信道(logical channel)。

1) 物理信道

采用频分和时分复用的组合，它由用于基站和移动台之间连接的时隙流构成。这些时隙在 TDMA 帧中的位置，从帧到帧是不变的。

2) 逻辑信道

逻辑信道与物理信道相对应。不同逻辑信道用于基站和移动台间传送不同类型的信息，如信令或数据业务。而逻辑信道是根据 BTS 与移动台之间传播的消息种类不同而定义的不同逻辑信道。这些逻辑信道是通过 BTS 映射到不同的物理信道上来传送的。从 BTS 到移动台方向的信道称为下行信道或称信道的下行链路；反之，称为上行信道或信道的上行链路。

2. 信道分类

GSM 系统在 900MHz 频段内共有 124 个频点。因此，GSM 系统在 900MHz 频段内共有 992 个物理信道。

根据信息种类的不同，逻辑信道又分为两类：一类是业务信道（TCH），用于传送语音和数据；另一类是控制信道（CCH），用于传输各种信令信息，跟踪整个通信过程。而这两类信道又有具体的划分，如图8.18所示。

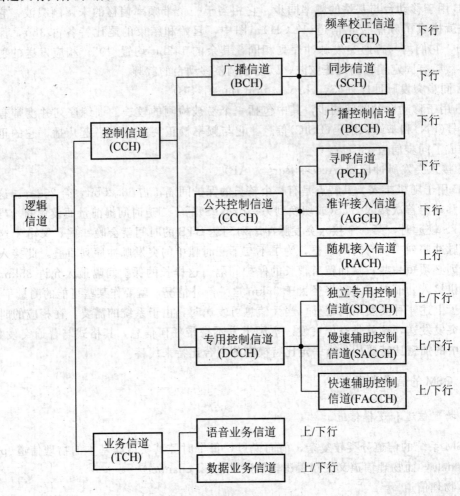

图8.18 逻辑信道的分类

1）业务信道

业务信道（Traffic Channel，TCH）主要用于传输客户编码及加密后的语音和数据，其次还传输少量的随路控制信令。业务信道采用的是点对点的传输方式，即一个BTS对一个MS（下行信道），或是一个MS对一个BTS（上行信道）。

根据传输速率不同，业务信道有全速率业务信道（TCH/F）和半速率业务信道（TCH/H）之分。半速率业务信道所用时隙是全速率业务信道所用时隙的一半。目前使用的是全速率业务信道，将来采用低比特率语音编码器后可使用半速率业务信道，从而可以在信道传输速率不变的情况下，使时隙的数目加倍。

根据传输业务不同，业务信道可分为语音业务信道和数据业务信道两种。

（1）语音业务信道。载有编码语音的业务信道分为全速率语音业务信道（TCH/FS）和半速率语音业务信道（TCH/HS），两者的总速率分别为22.8Kbps和11.4Kbps。对于全

第8章 GSM移动通信系统

速率语音编码，话音帧长度为 20ms，每帧含有 260bit 的语音信息，提供净速率为 13Kbps。

(2) 数据业务信道。在全速率或半速率信道上，通过不同的速率适配和信道编码，用户可以选用下列各种不同的数据业务：

9.6Kbps，全速率数据业务信道(TCH/F9.6)
4.8Kbps，全速率数据业务信道(TCH/F4.8)
4.8Kbps，半速率数据业务信道(TCH/H4.8)
≤2.4Kbps，全速率数据业务信道(TCH/F2.4)
≤2.4Kbps，半速率数据业务信道(TCH/H2.4)

此外，在业务信道中还可以设置慢速辅助控制信道或快速辅助控制信道。

2) 控制信道

控制信道(Control Channel，CCH)主要用于传输信令和同步信号。按照信息种类的不同，控制信道又可分为 3 类：广播信道(BCH)、公共控制信道(CCCH)和专用控制信道(DCCH)。

(1) 广播信道(Broadcast Channel，BCH)。广播信道是一种"一点对多点"的单方向控制信道，用于传输基站向移动台提供的公用广播信息。这些公用信息主要是移动台入网和呼叫建立所需要的有关信息。其中又分为：①频率校正信道(Frequency Correcting Channel，FCCH)。负责传输供移动台校正其工作频率的信息。移动台的工作必须要在特定的频率上进行。②同步信道(Synchronous Channel，SCH)。传输供移动台进行帧同步的信息(即 TDMA 帧号)和对基站的收发信台进行识别的信息(即 BTS 的识别码 BSIC)。③广播控制信道(Broadcast Control Channel，BCCH)。传输系统公用控制信息，例如公共控制信道号码以及是否与独立专用控制信道相组合等。

(2) 公共控制信道(Common Control Channel，CCCH)。①寻呼信道(Paging Channel，PCH)。用于传输基站寻呼(搜索)移动台的信息。属于下行信道、一点对多点传输方式。②随机接入信道(Random Access Channel，RACH)。用于移动台向基站随时提出的入网申请，即请求分配一个独立专用控制信道，或者用于传输移动台对基站给它的寻呼做出的响应信息。属于上行信道、点对点传输方式。③准许接入信道(Access Grant Channel，AGCH)。用于基站对移动台的入网申请做出应答，即分配给移动台一个独立专用控制信道。属于下行信道、点对点传输方式。

(3) 专用控制信道(Dedicated Control Channel，DCCH)。专用控制信道是一种"点对点"的双向控制信道，其用途是在呼叫接续阶段以及在通信进行过程中，在移动台和基站之间传输必要的控制信息。又分为：①独立专用控制信道(Stand-alone Dedicated Control Channel，SDCCH)。用于在分配业务信道之前的呼叫建立过程中传输有关信令。例如，传输登记、鉴权等信令。②慢速辅助(随路)控制信道(Slow Associated Control Channel，SACCH)。用于移动台和基站之间连续地、周期性地传输一些控制信息。例如，移动台对为其正在服务的基站的信号强度的测试报告。这对实现移动台辅助参与切换功能是必要的。另外，基站对移动台的功率管理、时间调整等命令也在此信道上传输。SACCH 可与一个业务信道或一个独立专用控制信道联用。SACCH 安排在业务信道时，以 SACCH/T 表示；安排在控制信道时，以 SACCH/C 表示。③快速辅助(随路)控制信道(Fast Associated Control Channel，FACCH)。用于传输与 SACCH 相同的信息，但只有在没有分配 SACCH 的情况下，才使用这种控制信道。它与一条业务信道联合使用，工作于借用模式，即中断原来业务信道上传输的语音或数据信息，把 FACCH 插入。这一般是在切换时发生，因而 FACCH 常用于传输诸如越区切换等紧急性指令。这种传输每次占用时间很短，约 18.5ms。由于语音译码器会重复最后 20ms 的话音，因此这种中断不会被用户觉察到。

3. 信道组合

1) 业务信道的组合方式

业务信道有全速率和半速率之分，下面只考虑全速率情况。

业务信道的复帧含 26 个 TDMA 帧，其组成的格式和物理信道(一个时隙)的映射关系如图 8.19 所示。图中给出了时隙 2(即 TS_2)构成一个业务信道的复帧，共占 26 个 TDMA 帧，其中 24 帧 T(即 TCH)，用于传输业务信息；1 帧 A，代表随路的慢速辅助控制信道(SACCH)，传输慢速辅助信道的信息(如功率调整的信令)；还有 1 帧 I 为空闲帧(半速率传输业务信息时，此帧也用于传输 SACCH 的信息)。

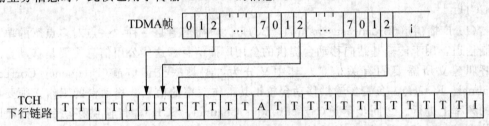

图 8.19　业务信道的组合方式

上行链路与下行链路的业务信道具有相同的组合方式，唯一的差别是有一个时间偏移，即相对于下行帧，上行帧在时间上推后 3 个时隙。

2) 控制信道的组合方式

控制信道的复帧含 51 帧，其组合方式类型较多，而且上行传输和下行传输的组合方式也不相同。

(1) BCH 和 CCCH 在 TS_0 上的复用。广播信道(BCH)和公用控制信道(CCCH)在主载频(C_0)的 TS_0 上的复用(下行链路)如图 8.20 所示。其中：

F(FCCH)——用于移动台校正频率；

S(SCH)——移动台据此读 TDMA 帧号和基站识别码 BSIC；

B(BCCH)——移动台据此读有关小区的通用信息；

I(IDEL)——空闲帧。

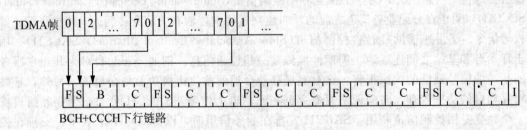

图 8.20　BCH 和 CCCH 在 TS_0 上的复用

由图可见，控制复帧共有 51 个 TS_0。值得指出的是，此序列是以 51 个帧为循环周期的，因此，虽然每帧只用了 TS_0，但从长度上讲，序列长度仍为 51 个 TDMA 帧。

如果没有寻呼或接入信息，F、S 及 B 总在发射，以便使移动台能够测试该基站的信号强度，此时 C(即 CCCH)用空位突发脉冲序列代替。

对于上行链路，TS_0 只用于移动台的接入，即 51 个 TDMA 帧均用于随机接入信道(RACH)，其映射关系如图 8.21 所示。

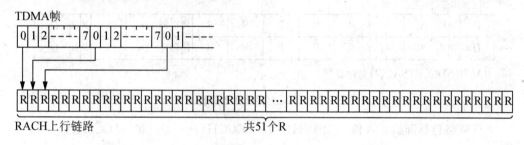

图 8.21 TS_0 上的 RACH 复用

(2) SDCCH 和 SACCH 在 TS_1 上的复用。主载频 C_0 上的 TS_1 可用于独立专用控制信道和慢速辅助控制信道。

下行链路 C_0 上的 TS_1 的映射如图 8.22 所示。下行链路占用 102 个 TS_1，从时间长度上讲是 102 个 TDMA 帧。

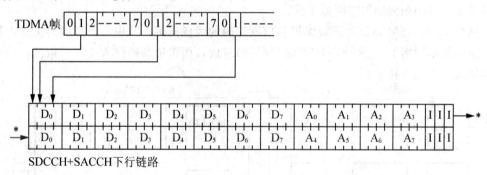

图 8.22 SDCCH 和 SACCH(下行)在 TS_1 上的复用

由于在呼叫建立及入网登记时所需比特率较低，因而可在这些 $TS(TS_1)$ 上放置 8 个 SDCCH(共有 64 个 TS)，图中用 D_0、D_1、…、D_7 表示，每个 D_x 占 8 个 TS。D_x 只在移动台建立呼叫时使用，在移动台转到 TCH 上开始通话或登记完毕后，可将 D_x 用于其他移动台。慢速辅助控制信道(SACCH)占 32 个 TS，用 A_0、A_1、…、A_7 表示，每个 A_x 占 4 个 TS。A_x 是传输必需的控制信令，如功率调整命令。图中，I 表示空闲帧，占 6 个 TS。

由于是专用控制信道，因此上行链路 C_0 上的 TS_1 组成的结构与图 8.22 所述下行链路的结构是相同的，但在时间上有一个偏移。

(3) 公用控制信道和专用控制信道均在 TS_0 上的复用。在小容量地区或建站初期，小区可能仅有一套收发单元，这意味着只有 8 个 TS(物理信道)。$TS_1 \sim TS_7$ 均用于业务信道，此时 TS_0 既用于公用控制信道(包括 BCH、CCCH)，又用于专用控制信道(SDCCH、SACCH)，其组成格式如图 8.23 所示。其中，下行链路包括 BCH(F、S、B)、CCCH

(C)、SDCCH($D_0 \sim D_3$)、SACCH($A_0 \sim A_3$)和空闲帧 I，共占 102TS，从时间长度上讲是 102 个 TDMA 帧。

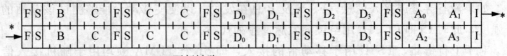

BCH+CCCH+SDCCH+SACCH 下行链路

RACH+SDCCH+SACCH 上行链路

图 8.23 TS_0 上控制信道综合复用

上行链路包括随机接入信道 RACH(R)、SDCCH($D_0 \sim D_3$)和 SACCH($A_0 \sim A_3$)，共占 102TS。

8.2.4 语音和信道编码

数字化语音信号在无线传输时主要面临 3 个问题：一是选择低速率的编码方式，以适应有限带宽的要求；二是选择有效的方法减小误码率，即信道编码问题；三是选用有效的调制方法，减小杂波辐射，降低干扰。

图 8.24 是 GSM 系统的语音编码和信道编码的组成框图。其中，语音编码主要由规则脉冲激励长期预测编码（RPE－LTP 编译码器）组成，而信道编码归入无线子系统，主要包括纠错编码和交织技术。

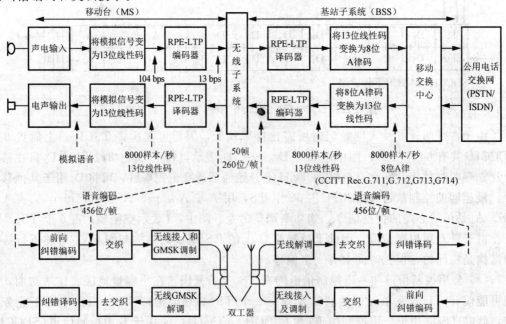

图 8.24 GSM 系统的语音和信道编码组成框图

RPE-LTP 编码器是将波形编码和声码器两种技术综合运用的编码器,从而以较低速率获得较高的话音质量。

模拟语音信号数字化后送入 RPE-LTP 编码器,此编码器每 20ms 取样一次,输出 260bit,这样编码速率为 13Kbps。然后,进行前向纠错编码,纠错的办法是在 20ms 的语音编码帧中,把语音比特分为两类:第一类是对差错敏感的(这类比特发生误码将明显影响语音质量)语音比特,占 182b;第二类是对差错不敏感的比特,占 78b。第一类比特加上 3 个奇/偶校验比特和 4 个尾比特后共 189b,进行信道编码,亦称为前向纠错编码。GSM 系统中采用码率为 1/2 和约束长度为 5 的卷积编码,即输出 1 个比特,输入 2 个比特,前后 5 个码元均有约束关系,共输出 378b,它和不加差错保护的 78b 合在一起共 456b。通过卷积编码后速率为 456b/20ms=22.8Kbps,其中包括原始语音速率 13Kbps,纠错编码速率为 9.8Kbps。卷积编码后数据再进行交织编码,以对抗突发干扰。交织的实质是将突发错误分散开来,显然,交织深度越深,抗突发错误的能力越强。本系统采用的交织深度为 8,如图 8.25 所示的 GSM 编码流程,即把 40ms 中的语音比特($2×456=912b$)组成 $8×114$ 矩阵,按水平写入、垂直读出的顺序进行交织(图 8.26),获得 8 个 114b 的信息段,每个信息段要占用一个时隙且逐帧进行传输。可见,每 40ms 的语音需要用 8 帧才能传送完毕。

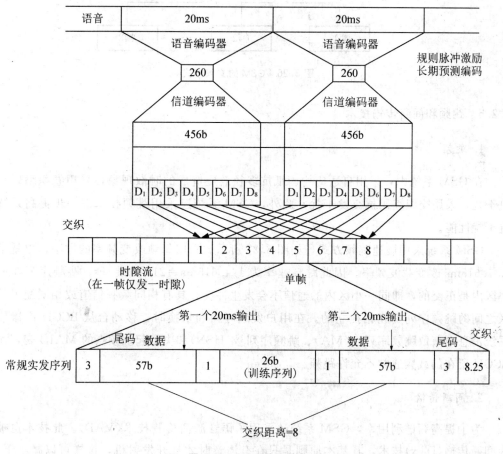

图 8.25 GSM 编码流程

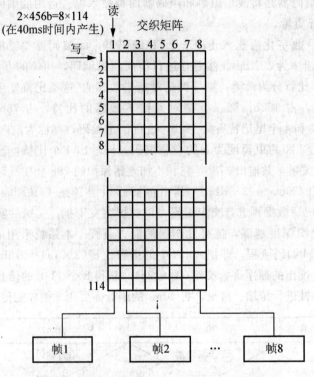

图 8.26　GSM 的交织方式

8.2.5　跳频和间断传输技术

1. 跳频

在 GSM 系统中，采用自适应均衡抵抗多径效应造成的时散现象，采用卷积编码纠随机干扰，采用交织编码抗突发干扰，此外，GSM 系统还采用跳频技术进一步提高系统的抗干扰性能。

GSM 系统采用慢速跳频方式，如图 8.27 所示。采用每帧改变频率的方法，也就是每隔 4.615ms 改变载波频率。因此跳频速率为 1/4.615ms＝216.7 跳/秒。跳频序列在一个小区内是正交的，即同一小区内的通信不会发生冲突。具有相同载频信道或相同配置的小区之间的跳频序列是互相独立的。在用户发起呼叫和切换时，移动台从 BCCH 广播信道系统消息中获取跳频序列表（MA）、跳频序列号（HSN）和决定起跳频点的 MAIO 表，而且 BCCH 所在的载频通常不允许跳频。

2. 间断传输

为了提高频谱利用率，GSM 系统还采用了语音激活检测技术（VAD）。此技术也被称为间断传输（DTx）技术，其基本原则是只在有语音时才打开发射机，这样可以减小干扰，提高系统容量。根据传统电话业务的统计，一方用户实际占用通话信道的时间不会超过整

第8章 GSM移动通信系统

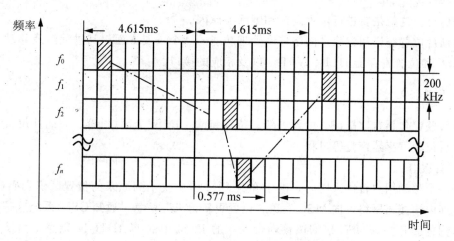

图 8.27 GSM 系统的跳频示意图

个通话时间的 40%。这主要包括以下几个方面的原因：一是正在听对方说话；二是由于思考、稍事休息等原因引起的一段话之间的停顿；三是说话中间的停顿，如犹豫、呼吸等。第一种情况下停顿间隙长而出现频率低；第三种情况停顿间隙短而出现频率高；第二种情况界于第一、三种情况之间。

GSM 利用语音激活检测技术检测语音编码的每一帧是否包含语音信息。当检测出语音帧时开启发射机，当检测不到语音时，向对方发送携带反映发送端背景噪声参数的噪声帧，从而生成使用户感觉舒服一些的背景噪声，即所谓的舒适噪声。通话时进行速率为 13Kbps 的编码，停顿期用 500bps 编码发送舒适的噪声。

8.3 GSM 系统的控制与管理

由于 GSM 系统是一种功能繁多且设备复杂的通信网络，无论是移动用户与固定用户还是移动用户之间建立通信，必须涉及系统中的各种设备。下面着重讨论系统控制与管理的几个主要问题，包括位置登记与更新、鉴权与保密、呼叫接续和越区切换。

8.3.1 位置登记

1. 位置登记概念

所谓位置登记(或称注册)，是通信网为了跟踪移动台的位置变化，而对其位置信息进行登记、删除和更新的过程。通常，移动台的位置信息存储在归属位置寄存器(HLR)和访问位置寄存器(VLR)中。

2. 位置登记与删除的原因

在 GSM 蜂窝移动通信系统中，为了便于管理把整个网络的覆盖区域划分为许多位置区，无论移动台处于何处，只要是在系统区域内，就应该能够实现所有的功能，包括越区切换、自动漫游等。为此，网络必须时刻跟踪并掌握移动台所处的位置，及时更新移动台的相关信息。这就是要进行位置登记和删除的原因。

移动台位置登记和删除是网络移动管理功能的一个重要方面,其进程涉及移动台、基站、MSC 和位置寄存器 HLR、VLR,以及相应的接口。

3. 位置登记过程

位置登记包括首次登记、位置更新、位置删除、IMSI 分离/附着、周期性位置登记以及故障后位置寄存器恢复等过程。

1) 首次登记

当一个移动用户首次入网时,由于在其 SIM 卡中找不到原来的位置区识别码(LAI),它会立即申请接入网络,向 MSC 发送"位置更新请求"信息,通知 GSM 系统这是一个该位置区内的新用户。MSC 根据该移动台发送的 IMSI 中的 $H_1H_2H_3H_4$ 信息,向某个特定的位置寄存器发送"位置更新请求"信息,该位置寄存器就是该移动台的 HLR。HLR 把发送请求的 MSC 的号码(即 $M_1M_2M_3$)记录下来,并向该 MSC 回送"位置更新接受"信息。至此,MSC 认为此移动台已被激活,便要求 VLR 对该移动台作"附着"标记,并向移动台发送"位置更新证实"信息,移动台会在其 SIM 卡中把信息中的位置区识别码存储起来,以备后用。移动台首次登记示意图如图 8.28 所示。

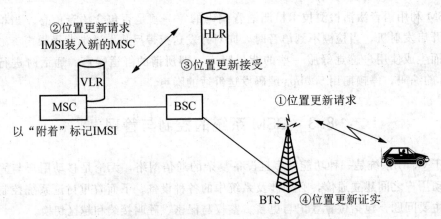

图 8.28　移动台首次登记示意图

2) 位置更新

移动台的不断运动将导致其位置的不断变化。这种变动的位置信息由另一种位置寄存器,即访问位置寄存器(VLR)进行登记。移动台可能远离其原籍地区而进入其他地区"访问",该地区的 VLR 要对这种来访的移动台进行位置登记,并向该移动台的 HLR 查询其有关参数。此 HLR 要临时保存该 VLR 提供的位置信息,以便为其他用户(包括固定用户或另一个移动用户)呼叫此移动台提供所需的路由。

移动台每次一开机,就会收到来自于其所在位置区中的广播控制信道(BCCH)发出的位置区识别码(LAI),它自动将该识别码与自身存储器中的位置区识别码(上次开机所处位置区的编码)相比较,若相同,则说明该移动台的位置未发生改变,无须位置更新;否则,认为移动台已由原来位置区移动到了一个新的位置区中,必须进行位置更新。上述这种情况属于移动台在关机状态下,移动到一个新的位置区,进行初始位置登记的情况。另外还有移动台始终处于开机状态,在同一个 MSC/VLR 服务区的不同位置区进行过区位置登记,或者在不同的 MSC/VLR 服务区中进行过区位置登记的情况。不同情况下进行位置登记的具体过程会有所不同,但基本方法都是一样的。

位置更新过程如图 8.29 所示,小区 1、2 和 4(cell1、cell2 和 cell4)归属于 BSC_A,小区 3(cell3)归属于 BSC_B,小区 5(cell5)归属于 BSC_C,而 BSC_A 和 BSC_B 又都归属于 MSC/VLR_A,BSC_C 归属于 MSC/VLR_B。如前所述,蜂窝系统中的位置区和 BSC 是相对应的,即不同的 BSC 就划归为不同的位置区。显然,图中的 BSC_A、BSC_B 和 BSC_C 共同划分了 3 个不同的位置区,而 BSC_A 和 BSC_B 中的小区都分属于同一个 MSC/VLR 中的不同位置区,BSC_A 与 BSC_C 以及 BSC_B 与 BSC_C 中的小区都分属于不同的 MSC/VLR 中的不同位置区。所以,当移动台在 cell1、cell2 和 cell4 之间移动时,就不需要位置更新。

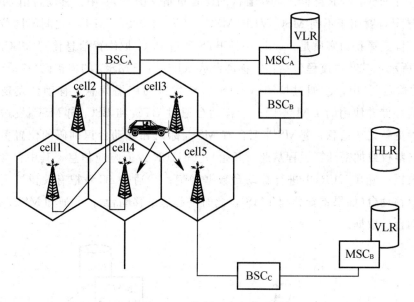

图 8.29 位置更新示意图

下面,我们就图 8.29 具体讨论两种需要位置更新的情况。

(1) 同 MSC/VLR 中不同位置区的位置更新。图 8.29 中,移动台由 cell3 移动到 cell4 中的情况,就属于同 MSC/VLR(MSC/VLR_A)中不同位置区的位置更新。该位置更新的实质是:cell4 中的 BTS 通过 BSC_A 把位置信息传到 MSC_A/VLR 中。如图 8.30 所示,其基本流程包括:①移动台从 cell3 移动到 cell4 中;②通过检测由 BTS_4 持续发送的广播信息,移动台发现新收到的 LAI 与目前存储并使用的 LAI 不同;③移动台通过 BTS_4 和 BSC_B 向 MSC_A 发送"我在这里"的位置更新请求信息;④MSC_A 分析出新的位置区也属本业务区内的位置区,即通知 VLR_A 修改移动台位置信息;⑤VLR_A 向 MSC_A 发出反馈信息,通知位置信息已修改成功;⑥MSC_A 通过 BTS_4 把有关位置更新响应的信息传送给移动台,位置更新过程结束。

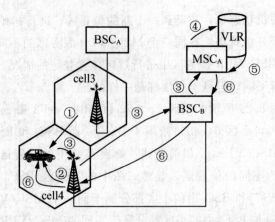

图 8.30　同 MSC/VLR 中不同位置区的位置更新流程示意图

（2）不同 MSC/VLR 之间不同位置区的位置更新。图 8.29 中，移动台由 cell3 移动到 cell5 中的情况，就属于不同 MSC/VLR（MSC/VLR$_A$ 和 MSC/VLR$_B$）之间不同位置区的位置更新。该位置更新的实质是：cell5 中的 BTS 通过 BSC$_C$ 把位置信息传到 MSC/VLR$_B$ 中。如图 8.31 所示，其基本流程包括：①移动台从 cell3（属于 MSC$_A$ 的覆盖区）移动到 cell5（属于 MSC$_B$ 的覆盖区）中；②通过检测由 BTS$_5$ 持续发送的广播信息，移动台发现新收到的 LAI 与目前存储并使用的 LAI 不同；③移动台通过 BTS$_5$ 和 BSC$_C$ 向 MSC$_B$ 发送"我在这里"的位置更新请求信息；④MSC$_B$ 把含有 MSC$_B$ 标识和移动台识别码的位置更新信息传送给 HLR（鉴权或加密计算过程从此时开始）；⑤HLR 返回响应信息，其中包含全部相关的移动台数据；⑥在 VLR$_B$ 中进行移动台数据登记；⑦通过 BTS$_5$ 把有关位置更新响应的信息传送给移动台（如果重新分配 TMSI，此时一起送给移动台）；⑧通知 MSC/VLR$_A$ 删除有关此移动台的数据。

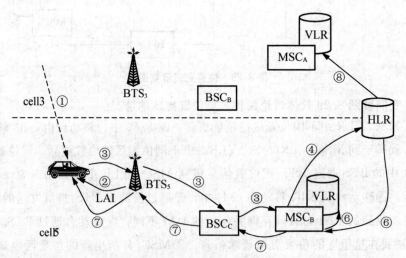

图 8.31　不同 MSC/VLR 间不同位置区的位置更新流程示意图

3）位置删除

如前所述，当移动台移动到一个新的位置区并且在该位置区的 VLR 中进行登记后，还要由其 HLR 通知原位置区中的 VLR 删除该移动台的相关信息，这叫做位置删除。

4) IMSI 分离/附着

移动台的国际移动台识别码(IMSI)在系统的某个 HLR 和 VLR 及该移动台的 SIM 卡中都有存储。移动台可处于激活(开机)和非激活(关机)两种状态。当移动台由激活转换为非激活状态时，应启动 IMSI 分离进程，在相关的 HLR 和 VLR 中设置标志。这就使得网络拒绝对该移动台的呼叫，不再浪费无线信道发送呼叫信息。当移动台由非激活转换为激活状态时，应启动 IMSI 附着进程，以取消相应 HLR 和 VLR 中的标志。

5) 周期性位置登记

周期性位置登记指的是为了防止某些意外情况的发生，进一步保证网络对移动台所处位置及状态的确知性，而强制移动台以固定的时间间隔周期性地向网络进行的位置登记。

可能发生的意外情况如：当移动台向网络发送"IMSI 分离"信息时，由于无线信道中的信号衰落或受噪声干扰等原因，可能导致 GSM 系统不能正确译码，这就意味着系统仍认为该移动台处于附着状态。再如，当移动台开着机移动到系统覆盖区以外的地方，即盲区之内时，GSM 系统会认为该移动台仍处于附着状态。

如果系统没有采用周期性位置登记，在发生以上两种情况之后，若该移动台被寻呼，由于系统认为它仍处于附着状态，因而会不断地发出呼叫信息，无效占用无线资源。

针对以上问题，GSM 系统要求移动台必须进行周期性的登记，登记时间是通过 BCCH 通知所有移动台的。若系统没有接收到某移动台的周期性登记信息，就会在移动台所处的 VLR 处以"隐分离"状态给它做标记，再有对该移动台的寻呼时，系统就不会再呼叫它。只有当系统再次接收到正确的周期性登记信息后，才将移动台状态改为"附着"。

8.3.2 鉴权与加密

由于空中接口极易受到侵犯，GSM 系统为了保证通信安全，采取了特别的鉴权与加密措施。鉴权是为了确认移动台的合法性，而加密是为了防止第三方窃听。

鉴权中心(AUC)为鉴权与加密提供了三参数组(RAND、SRES 和 K_c)，在用户入网签约时，用户鉴权密钥 K_i 连同 IMSI 一起分配给用户，这样每一个用户均有唯一的 K_i 和 IMSI，它们存储于 AUC 数据库和 SIM 卡中。根据 HLR 的请求，AUC 按下列步骤产生一个三参数组，如图 8.32 所示。

(1) 首先，产生一个随机数(RAND)；

(2) 通过加密算法(A8)和鉴权算法(A3)，用 RAND 和 K_i 分别计算出加密密钥(K_c)和符号响应(SRES)；

(3) RAND、SRES 和 Kc 作为一个三参数组一起送给 HLR。

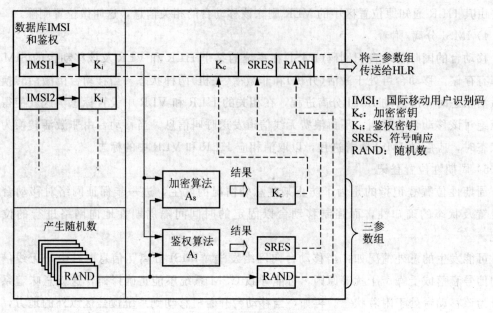

图 8.32 AUC 产生的三参数组

1. 鉴权

鉴权的作用是保护网络，防止非法盗用并拒绝假冒合法用户的"入侵"。鉴权的出发点是验证网络端和用户端的鉴权键 K_i 是否相同，鉴权过程如图 8.33 所示。

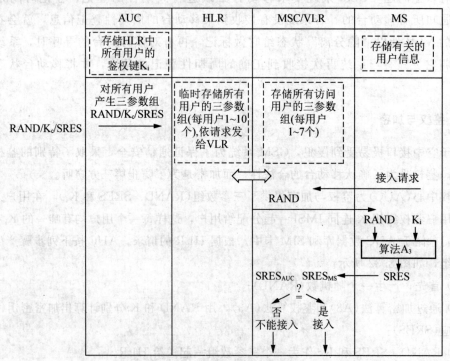

图 8.33 鉴权过程示意图

鉴权是一个需要全网配合、共同支持的处理过程，几乎涉及移动通信网络中所有实体，包括 MSC、VLR、HLR、AUC 以及移动台。在哪些场合需要进行鉴权，不仅关系到技术实现的复杂性和技术应用的覆盖范围，并进而影响到鉴权的作用效果，同时也关系到整个移动通信网络的信令负荷和业务处理能力等诸多方面。

GSM 系统常用的鉴权场合包括以下几个。

(1) 移动用户发起呼叫(不含紧急呼叫)；

(2) 移动用户接受呼叫；

(3) 移动台位置登记；

(4) 移动用户进行补充业务操作；

(5) 切换(包括在 MSC_A 内从一个基站切换到另一个基站、从 MSC_A 切换到 MSC_B 以及在 MSC_B 中又发生了内部基站之间的切换等情形)。

GSM 的鉴权算法是 A3 算法。A3 算法有两个输入参数：用户 IMSI 对应的鉴权密钥 K_i 和 AUC 本地产生的随机数(RAND)，其运算结果是一个 32bit 长的用户鉴权响应值(SRES)。

鉴权的过程简述如下。首先是网络方的 MSC/VLR 向移动台发出鉴权命令信息，其中包含鉴权算法所需的随机数(RAND)。移动台的 SIM 卡在收到命令之后，先将 RAND 与自身存储的 K_i，经 A3 算法得出一个响应数(SRES)，再通过鉴权响应信息，将 SRES 值传回网络方。网络方在给移动台发出鉴权命令的同时，也采用同样的算法得到自己的一个响应数(SRES)。若这两个 SRES 完全相同，则认为该用户是合法用户，鉴权成功；否则，认为是非法用户，拒绝用户的业务要求。网络方 A3 算法的运行实体可以是移动台访问地的 MSC/VLR，也可以是移动台归属地的 HLR/AUC。

GSM 系统中的鉴权都要符合鉴权规程，鉴权规程定义了移动台和各网络实体互相之间为了实施和完成鉴权而进行的一系列交互过程及信令信息处理。鉴权规程在 GSM09.02MAP 协议中定义，所有的场合下的鉴权都一视同仁，处理机制完全相同。

2. 加密

GSM 系统为确保用户信息(语音或数据业务)以及与用户有关的信令信息的私密性，在 BTS 与 MS 之间交换信息时专门采用了一个加密程序。显然，这里的加密只是针对无线信道进行加密，加密过程如图 8.34 所示。

GSM 系统加密过程简述如下。在鉴权过程中，移动台在计算 SRES 的同时，用另一种算法(A_8 算法)计算出密钥 K_c，并在 BTS 和 MSC 中暂存 K_c。当 MSC/VLR 发送出加密命令(M)时，BTS 先收到该命令，再传送给 MS。MS 将 K_c、TDAM 帧号和加密命令 M 一起经 A_5 加密算法，对用户信息数据流进行加密(也叫扰码)，然后发送到无线信道上。BTS 收到用户加密后的信息数据流后，把该数据流、TDMA 帧号和 K_c 再经过 A_5 算法进行解密，恢复信息 M，如果无误，则告知 MSC/VLR。至此，加密模式完成。

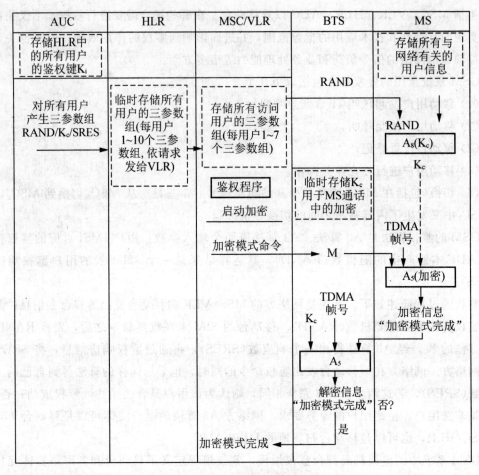

图 8.34 加密过程示意图

3. 设备识别

每一个移动台设备均有一个唯一的移动设备识别码(IMEI)。在 EIR 中存储了所有移动台的设备识别码,每一个移动台只存储本身的 IMEI。设备识别的目的是确保系统中使用的设备不是盗用的或非法的设备。

设备识别过程为如下。首先是 MS 向 MSC/VLR 请求呼叫服务,MSC/VLR 反过来向 MS 请求 IMEI。MSC/VLR 在收到 MS 的 IMEI 后,将其发送给 EIR。EIR 将收到的 IMEI 与其内部的 3 种清单进行比较,并把比较结果发送给 MSC/VLR。MSC/VLR 根据此结果,决定是否接受该移动设备的服务请求。设备识别过程示意图如图 8.35 所示。

第8章 GSM移动通信系统

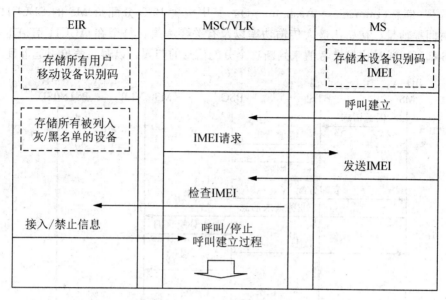

图 8.35 设备识别过程示意图

4. 用户识别码(IMSI)保密

为了防止非法监听进而盗用 IMSI,当在无线链路上需要传送 IMSI 时,均用临时移动用户识别码(TMSI)代替 IMSI,仅在位置更新失败或 MS 得不到 TMSI 时才使用 IMSI。

利用 TMSI 进行鉴权措施的过程如下。每当 MS 用 IMSI 向系统请求位置更新、呼叫尝试或业务激活时,MSC/VLR 对它进行鉴权。允许接入网络后,MSC/VLR 由 IMSI 产生出一个新的 TMSI,并将 TMSI 传送给移动台,移动台将该 TMSI 写入用户 SIM 卡。此后,MSC/VLR 和 MS 之间的命令交换就使用 TMSI,用户实际的识别码 IMSI 不再在无线路径上传输。

由上述分析可知,IMSI 是唯一且不变的,但 TMSI 是不断更新的。在无线信道上传送的一般是 TMSI,因而确保了 IMSI 的安全性。

8.3.3 呼叫接续

移动用户主呼和被呼的接续过程是不同的,下面分别讨论移动用户向固定用户发起呼叫(即移动用户为主呼)和固定用户呼叫移动用户(移动用户被呼)的接续过程。

1. 移动用户主呼

移动用户向固定用户发起呼叫的接续过程如图 8.36 所示。

这种情况属于移动用户主呼的情况。其基本过程为如下。GSM 网用户 A 拨打固定网用户 B 的号码,A 的 MS 在随机接入信道(RACH)上向 BTS 发送"信道请求"信息。BTS 收到此信息后通知 BSC,并附上 BTS 对该 MS 到 BTS 传输时延的估算及本次接入的原因。BSC 根据接入原因及当前资料情况,选择一条空闲的独立专用控制信道(SDCCH),并通知 BTS 激活它。BTS 完成指定信道的激活后,BSC 在允许接入信道(AGCH)上发送

"立即分配"信息(Immediate Assignment),其中包含 BSC 分配给 MS 的 SDCCH 描述、初始化时间提前量、初始化最大传输功率以及有关参考值。每个在 AGCH 信道上等待分配的 MS 都可以通过比较参考值来判断这个分配信息的归属,以避免争抢引起混乱。

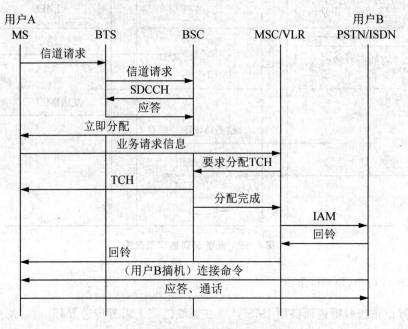

图 8.36 移动用户主呼时的接续过程

当 A 的 MS 正确地收到自己的分配信息后,根据信道的描述,把自己调整到该 DCCH 上,从而和 BS 之间建立起一条信令传输链路。通过 BS,MS 向 MSC 发送"业务请求"信息。MSC 启动鉴权过程,网络开始对 MS 进行鉴权。若鉴权通过,MS 向 MSC 传送业务数据(若需要进行数据加密,此操作之前,还需经历加密过程),进入呼叫建立的起始阶段。MSC 要求 BS 给 MS 分配一个无线业务信道(TCH)。若 BS 中没有无线资源可用,则此次呼叫将进入排队状态。若 BS 找到一个空闲 TCH,则向 MS 发指配命令,以建立业务信道链接。连接完成后,向 MSC 返回分配完成信息。MSC 收到此信息后,向固定网络发送 IAM 信息,将呼叫接续到固定网络。在用户 B 端的设备接通后,固定网络通知 MSC,MSC 给 MS 发回铃信息。此时,MS 进入呼叫成功状态并产生回铃音。在用户 B 摘机后,固定网通过 MSC 发给 MS 连接命令,MS 做出应答并转入通话。至此,就完成了 MS 主呼固定用户的进程。

2. 移动用户被呼

固定用户向移动用户发起呼叫的接续过程如图 8.37 所示。

这种情况属于移动用户被呼的情况。其基本过程为如下。固定网络用户 A 拨打 GSM 网用户 B 的 MSISDN 号码(如 139$H_1H_2H_3H_4$ABCD),A 所处的本地交换机根据此号码(139)与 GSM 网的相应入口移动交换中心(GMSC)建立链路,并将此号码传送给 GMSC。GMSC 据此号码($H_1H_2H_3H_4$ABCD)分析出 B 的 HLR,即向该 HLR 发送此 MSISDN 号码,并向其索要 B 的漫游号码(MSRN)。

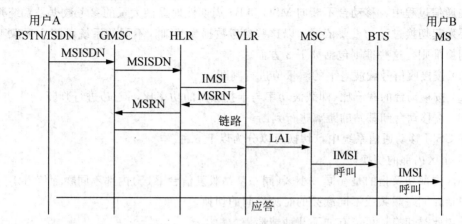

图 8.37 移动用户被呼时的接续过程

HLR 将此 MSISDN 号码转换为移动用户识别码(IMSI),查询内部数据,获知用户 B 目前所处的 MSC 业务区,并向该区的 VLR 发送此 IMSI 号码,请求分配一个 MSRN。VLR 分配并发送一个 MSRN 给 HLR,再由 HLR 传送给 GMSC。GMSC 有了 MSRN,就可以把入局呼叫接到 B 用户所在的 MSC 处。GMSC 与 MSC 的连接可以是直达链路,也可以是由汇接局转接的间接链路。

MSC 根据从 VLR 处查到的该用户的位置区识别码(LAI),将向该位置区内的所有 BTS 发送寻呼信息(称为一起呼叫),而这些 BTS 再通过无线寻呼信道(PCH)向该位置区内的所有 MS 发送寻呼信息(也是一起呼叫)。B 用户的 MS 收到此信息并识别出其 IMSI 码后(认为是在呼叫自己),即发送应答响应。至此,就完成了固定用户呼叫 MS 的进程。

8.3.4 越区切换与漫游

1. 越区切换

一个蜂窝移动通信系统的覆盖区是由许多无线覆盖小区组成的。对于静态的移动台来说,对小区的选择/重选过程可使其获得更好的小区服务,从而获得更高的通信质量;对于处于动态中的移动台来说,由于地理位置和环境因素的改变,为了保证通信质量,也要进行信道或小区的改变。

一个正在通信的移动台因某种原因而被迫从当前使用的无线信道上转换到另一个无线信道上的过程,称为切换(Handover 或 Handoff)。最常见的切换是越区切换,它指的是当一个正在通信的移动台由一个小区移动到另一个小区时,为了保证通信上的连续性,而被系统要求从正在通信的小区的某一个信道上转换到所进入小区的另一个信道上的过程。在大、中容量的移动通信系统中,高频率的越区切换已成为不可避免的事实。因而,必须采用好的切换技术,以保证通信的连续性,否则,很容易产生"掉话"现象。

在 GSM 移动通信系统中。为了实现快速准确的切换。移动台会主动参与切换过程。即在发生切换之前,移动台会主动为 MSC 和 BS 提供大量的实时参考数据,这就大大缩短了切换前期的准备时间,能够达到快速切换的目的。这是 GSM 与模拟移动通信系统的一大区别,也是技术上的一大进步。

在通信过程中,移动台不断向 MSC 和 BS 周期性地提供大量的参考数据是系统判断是否需要发起切换过程的重要依据。以这些参考数据为基础,不同的系统可能会采取不同的判断切换准则,这些准则包括如下 3 方面。

(1) 按接收信号载波电平的测量值进行判断;

(2) 按移动台的载干比(即载波功率与干扰噪声的功率比,C/I)进行判断;

(3) 按移动台到基站的距离进行判断。

在 GSM 移动通信系统中,切换可以分为以下 5 种。

1) 小区内部的切换

小区内部切换指的是在同一小区(同一基站收发信台 BTS)内部不同物理信道之间的切换,包括在同一载频或不同载频的时隙之间的切换。

发生此类切换,可能有如下几种情形。

(1) 当移动台处于小区边缘而信号强度低于某一门限值(如 -100 dB)时;

(2) 当正在通信的物理信道受到干扰(如阴影区的屏蔽作用),通话无法进行下去时;

(3) 当因需要维护等原因,正在通信的物理信道或载频单元必须退出服务时。

2) 小区之间的切换(BSC 内部)

小区之间的切换指的是在同一基站控制器(BSC)控制的不同小区之间的不同信道的切换。发生此类切换,可能有如下几种情形。

(1) 当正在通信的移动台要由当前所处的小区移动到相邻的另一个小区时;

(2) 当移动台所处的小区内部发生了大量的呼叫,需要均衡话务时。

显然,前一种情形有利于移动台获得更高的信号场强和更好的通信质量;后一种情形有利于话务管理,能够实现密集区域中大多数移动台的正常通信。

同一个 BSC 内部不同小区之间切换的示意图如图 8.38 所示。

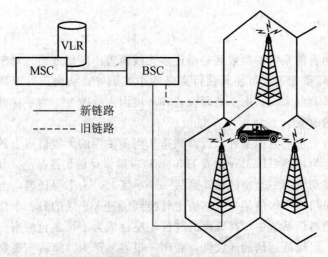

图 8.38 BSC 内部的不同小区之间的切换

该类切换的过程如下。移动台不断将其所处小区周围的小区的相关信息报告给归属 BTS,归属 BTS 再把这些信息传送给 BSC,BSC 以判断切换准则为基础,根据这些信息对周围小区进行比较排队,然后由 BSC 做出决定,是否要进行切换、在什么时候进行切换和切换到哪个小区中(BTS 上)。BSC 先与该小区的 BTS 建立链路连接,在新小区内选择并保留出空闲的业务信道(TCH),最后,BSC 命令 MS 切换到该小区内保留的空闲业务信道上。

3) BSC 之间的切换(MSC 内部)

BSC 之间的切换指的是同一 MSC 所控制的不同 BS 之间的不同信道的切换,如图 8.39 所示。

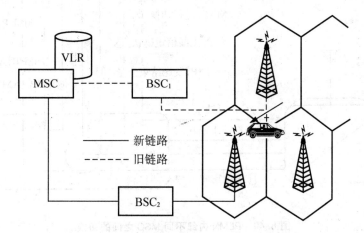

图 8.39　MSC/VLR 内部不同 BSC 之间的切换

BSC 之间的切换过程如下。首先移动台所属的 BSC 向 MSC 发出切换请求,然后再通过目的 MSC 使原 MSC 与新的 BSC、新的 BTS 之间建立链路,在新小区内选择并保留出空闲的业务信道(TCH)供移动台切换后使用,最后命令移动台切换到新小区载频的 TCH 上。

4) MSC 之间的切换(PLMN 内部)

MSC 之间的切换指的是在同一个 PLMN 覆盖的不同 MSC 之间的不同信道的切换。这是一种非常复杂的情况,切换前需要进行大量的信息传递。为了区别两个不同的 MSC,我们称切换前移动台所处的 MSC 为服务交换中心(MSC_A),切换后移动台所处的 MSC 为目标交换中心(MSC_B)。MSC 之间切换的示意图如图 8.40 所示,切换的流程图如图 8.41 所示。此类切换可分为两种。

(1) 基本切换过程。呼叫从起始建立的那个 MSC_A 切换到另一个 MSC_B。

(2) 后续切换过程。呼叫从起始建立的那个 MSC_A 切换到另一个 MSC_B 后,再从 MSC_B 切换到第 3 个 MSC_C 或切换回 MSC_A。

由图 8.40 可知,MSC 之间的切换流程要经历若干的步骤。简单来说,这些步骤包括以下几个。

(1) 稳定的呼叫连接状态。

(2) 移动台对邻近基站发出的信号进行无线测量。测量的内容包括功率、距离和话音质量,这 3 个指标决定了切换的门限值。无线测量结果通过信令信道传输给 BSS 中的 BTS。

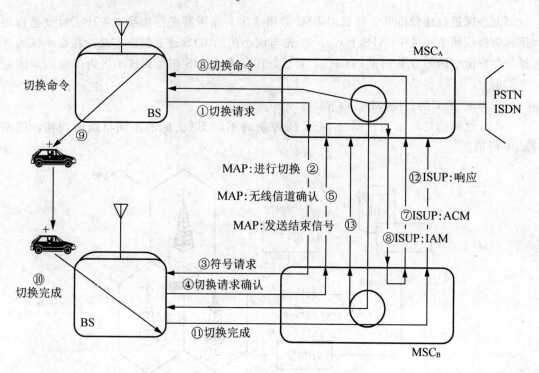

图 8.40 PLMN 内部不同 MSC 之间的切换

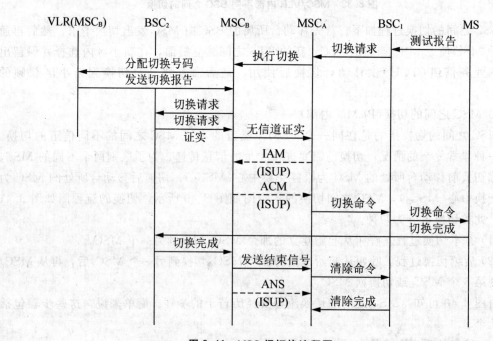

图 8.41 MSC 间切换流程图

（3）无线测量结果经过 BTS 预处理后再传输给 BSC，BSC 根据功率、距离和话音质量进行计算，并与切换门限值进行比较，决定是否要进行切换，如果需要切换，再向 MSC_A 发出切换请求。

(4) MSC_A 决定进行 MSC_A 与 MSC_B 之间的切换。

(5) MSC_A 请求在 MSC_B 区域内建立无线信道,然后在 MSC_A 与 MSC_B 之间建立链路。

(6) MSC_A 向移动台发出切换命令后,移动台切换到已经准备好连接的新信道上。

(7) 移动台发出切换成功确认消息,传送给 MSC_A,以释放原来占用的信息资源。

5) PLMN 之间的切换

PLMN 之间的切换指的是不同的公用陆地移动网(PLMN)之间的不同信道的切换。从技术角度考虑,这种切换虽然复杂度最高,却是可行的;但从运营部门的管理角度考虑,当这种切换涉及在不同国家之间进行时,就会不可避免地受到限制。

2. 漫游

漫游这一概念,从狭义上来讲,指的是移动台从一个 MSC 区(归属区)移动到另一个 MSC 区(被访区)后仍然使用网络服务的情况;从广义上来讲,只要是移动台离开了其 SIM 卡的申请区域(即归属区),无论是在同一个 GSM PLMN 中,还是移动到其他 GSM PLMN 内,都能够继续使用网络的服务。

漫游的作用,从移动用户角度来讲,可使一个在 GSM 系统中注册的移动台在大范围内跨区移动,并随意与此系统中的固定网用户或其他移动台通话;从网络管理角度来讲,使系统在所有时刻都能知道移动用户的位置,而在必要的时候能与用户建立联系,保证用户的正常通信。GSM 主要是在移动台识别码分配定义、漫游用户位置登记和呼叫接续过程 3 个方面对漫游功能做了保证。

GSM 系统中的移动通信网络能自动跟踪正在漫游的移动台的位置,位置寄存器之间可以通过 7 号信令链路互相询问和交换移动台的漫游信息,从技术上保证了 GSM 系统能有效地提供自动漫游功能。只要在国内或国际的不同运营部门之间,能够就有关漫游费率结算办法和网络管理等方面达成协议,保证漫游计费和位置登记等信息在不同 PLMN 网络之间正常传递,那么就能实现全球漫游功能。

移动台的漫游过程主要包括 3 个步骤:位置更新、转移呼叫和呼叫建立。

1) 位置更新

位置更新是漫游过程中一个很重要而且也很难实现的环节。有关位置更新,请参阅 8.3.1 节的内容。

2) 呼叫转移

所谓呼叫转移就是入口交换局(GMSC)根据主叫用户的拨号,通过 7 号信令向 HLR 查询漫游用户的当前位置信息以及获得移动台漫游号码(MSRN),并利用 MSRN 重新选接续路由的过程。

3) 呼叫建立

呼叫建立指的是被访 MSC 查出漫游用户的 IMSI,将其转换成信令数据,在该 MSC 控制的位置区中发出寻呼,查找移动台的过程。

8.4 通用分组无线业务

通用分组无线业务(GPRS)是一种由全球移动通信系统(GSM)提供,使移动用户能在端到端分组传输模式下发送和接收数据的无线分组业务。

8.4.1 GPRS 概述

GPRS(General Packet Radio Service)是通用分组无线业务的简称。GPRS 作为第二代移动通信技术(GSM)向第三代移动通信(3G)的过渡技术,是由英国 BT Cellnet 公司早在 1993 年提出的,也是 1997 年新的 GSM 通信协定(GSM Phase2+standard)实现的内容之一,是一种基于 GSM 的移动分组数据业务,面向用户提供移动分组的 IP 或者 X.25 连接。

GPRS 是在现有的 GSM 系统上发展起来的一种新的分组数据承载业务,可以给移动用户提供无线分组数据接入服务,能提供比 GSM 网 9.6Kbps 更高的数据率。它采用与 GSM 相同的频段、频带结构、突发结构、无线调制标准、跳频规则以及相同的 TDMA 帧结构。因此,只需要在传统的 GSM 网络中引入新的网络接口和通信协议,在移动用户和远端的数据网络之间提供一种连接,就可以给用户提供高速无线 IP 或 X.25 服务。相对 GSM 拨号的电路交换数据传送方式,GPRS 采用分组交换技术,具有"高速"和"实时在线"的优点。

GPRS 定义了新的无线信道,且分配方式十分灵活,即每个 TDMA 帧可分配 1~8 个无线接口时隙。如果把这 8 个时隙都用来传送数据,那么数据速率最高可达 171Kbps。GSM 空中接口的信道资源既可以被语音占用,也可以被 GPRS 数据业务占用。在信道充足的条件下,可以把一些信道定义为 GPRS 专用信道,使多个用户共享某些固定的信道资源。

"实时在线"是指用户随时与网络保持联系。如用户访问互联网时,GPRS 无线终端就在无线信道上发送和接收数据,就算没有数据传送,GPRS 无线终端还会一直与网络保持连接。不但可以由用户侧发起数据传输,还可以从网络侧随时启动 push 类业务,即发起的数据传输是双向的,不像普通拨号上网,断线后必须重新拨号才能再次进入互联网。

对于电路交换模式的 GSM 系统,在整个连接期内,用户无论是否传送数据都将独自占有无线资源。对于分组交换模式的 GPRS 系统,用户只有在发送或者接收数据期间才能占用资源。这意味着多个用户可以高效率地共享同一无线信道,从而提高了资源的利用率。相应于分组交换的技术特点,GPRS 用户的计费以通信的数据流量为主要依据,没有数据流量传递时,用户即使挂在网上也不收费。

8.4.2 GPRS 网络总体结构

GPRS 网络的基本功能是在移动终端和标准数据通信网的路由器之间传递分组业务,该网络是在 GSM 网络的基础上发展的移动数据分组网。GPRS 网络分为两个部分:无线接入及核心网。无线接入在移动台和基站子系统之间传递数据;核心网在基站子系统和标准数据网边缘路由器之间中继传递数据。

1. GPRS 的网络结构

GSM 网络升级到 GPRS 网络的方法是,在现有的 GSM 网络上,增加 GPRS 服务支持节点(Serving GPRS Support Node，SGSN)以及 GPRS 网关支持节点(Gateway GPRS Support Node，GGSN)两种数据交换节点设备。尽管 GPRS 网络与 GSM 使用相同的基站，但需要对基站的软件进行更新，使之可以支持 GPRS 系统，并且要采用新的 GPRS 移动台。另外，GPRS 还要增加新的移动性管理程序。而且原有的 GSM 网络子系统也要进行软件更新，并增加新的 MAP 信令及 GPRS 信令等。GPRS 网络结构如图 8.42 所示。

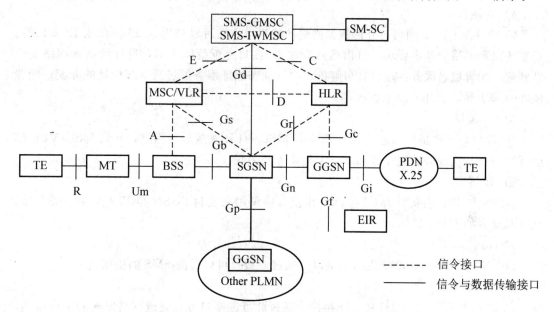

图 8.42 GPRS 的网络结构

SGSN 是 GPRS 网的主要设备，它的功能类似 GSM 系统中的 MSC/VLR，主要是对移动台进行鉴权、移动性管理和路由选择；建立移动台 GGSN 的传输通道；接收基站子系统传来的数据；进行协议转换后经过 GPRS 的 IP Backbone(骨干网)传给 GGSN(或 SGSN)，或反向进行；另外还进行计费和业务统计。

GGSN 实际上是 GPRS 网络对外部数据网络的网关或路由器，它提供 GPRS 和外部分组数据网的互联。GGSN 接收移动台发送的数据，选择到相应的外部网络，或接收外部网络的数据，根据其地址选择 GPRS 网内的传输通道，传输给相应的 SGSN。此外，GGSN 还有地址分配和计费等功能。

2. GPRS的网络接口

GPRS 系统中存在各种不同的接口种类，如图 8.42 所示。

1) Gb 接口

Gb 接口是 SGSN 和 BSS 中的 PCU 之间的接口，承载 SGSN 与 BSS 间的 GPRS 业务和信令。它用于传送小区管理和路由区切换信息，并进行 MS 与 SGSN 之间的数据传递。

2) Gn/Gp 接口

Gn 接口是同一 PLMN 中 GSN(SGSN 与 GGSN 或者 SGSN 与 SGSN)之间的接口，Gp 是不同 PLMN 中的 GSN 之间的接口。Gn/Gp 接口都采用基于 IP 骨干网的隧道协议

(GTP)。Gn 接口一般支持域内静态或动态路由协议，而 Gp 接口由于经 PLMN 之间的路由传送，所以它必须支持域间路由协议，如边界网关协议（BGP）等。

3) Gr 接口

Gr 接口是 SGSN 与 HLR 之间的接口，它向 SGSN 提供了接入 HLR 中用户数据的能力，用于传送 MS 的加密信息、鉴权信息和用户数据库信息等。

4) Gi 接口

Gi 接口是 GPRS 网络与外部数据网络的接口点，它可以采用 X.25 协议或 IP 协议等。根据协议和网络的基本要求，可由运营商在 Gi 接口上配置防火墙，进行数据和网络安全性管理；配置域名服务器进行域名解析；配置动态地址服务器进行 MS 地址的分配；配置 Radius 服务器进行用户接入鉴权等。

5) Gs 接口

Gs 接口是可选接口，它用于 SGSN 向 MSC/VLR 发送地址信息，并从 MSC/VLR 接收寻呼请求，实现分组型业务和非分组型业务的关联。

6) Gf 接口

SGSN 与 EIR 的接口为 Gf 接口，其接口协议用来支持 SGSN 与 EIR 交换有关数据，认证移动台的 IMEI 信息。

7) Gd 接口

SGSN 与 SMS-GMSC 之间的接口，通过此接口可以提高 SMS 的使用效率。

8) Gc 接口

Gc 接口是 GGSN 到 HLR 之间接口，通过此可选接口可以完成网络发起的进程激活，此时支持 GGSN 到 HLR 获得移动台的位置信息，从而实现网络发起的数据业务。

8.4.3　GPRS 的业务

GPRS 网络可以提供的业务，也称为 GPRS 网所提供的承载业务，包括点对点（Point To Point，PTP）的业务和点对多点（Point To Multipoint，PTM）的业务。在 GPRS 承载业务支持的标准化网络协议的基础上，GPRS 可支持或为用户提供一系列的交互式电信业务，包括承载业务、用户终端业务、补充业务以及短信息业务、匿名接入等其他业务。这里只介绍承载业务和用户终端业务。

1. 承载业务

GPRS 支持在用户与网络接入点之间的数据传输。它可以提供点对点、点对多点两种承载业务。

1) 点对点业务

点对点业务是在两个用户之间提供一个或多个分组的传输，由业务请求者启动，被接收者接收。包括两种 PTP 业务。

（1）点对点无连接网络业务（PTP-CLNS）。指发送者和接收者之间在传送信息之前不需要建立端对端的会话连接。

（2）点对点面向连接网络业务（PTP-CONS）。指发送者和接收者之间在传送信息之前需要建立端对端的会话链接。

2) 点对多点业务

点对多点业务是将单一信息传送到多个用户。GPRS 点对多点业务能够提供用户将数据发送给具有单一业务需求的多个用户的能力。包括 3 种 PTM 业务。

(1) 点对多点广播(PTM－M)业务。将信息发送给当前位于某一地区的所有用户的业务。

(2) 点对多点群呼(PTM－G)业务。将信息发送给当前位于某一区域的特定用户子群的业务。

(3) IP 多点传播(IP－M)业务。IP 协议序列一部分的业务。

2. 用户终端设备

用户终端业务可按基于 PTP 或基于 PTM 分为两类。

1) 基于 PTP 的用户终端业务

(1) 信息点播业务。例如，Internet 浏览业务；各种类型的信息查询业务，如天气预报、交通、餐饮、娱乐、购物等信息。

(2) E－mail 业务。

(3) 会话业务。在两个用户的实时终端之间提供双向信息交换。

(4) 远程操作业务。例如手机银行、电子商务、远程监控等。

2) 基于 PTM 的用户终端业务

点对多点应用业务包括点对多点单向广播业务和集团内部点对多点双向数据业务。例如，新闻广播、天气预报、交通管理、警务及急救等应用。

8.4.4 GPRS 系统的移动性管理

在 GSM 网络中，移动性管理(MM)主要体现在对用户状态和位置数据的管理上。GPRS 是 GSM 网络的升级，因此 GPRS 的移动性管理在内容上继承了 GSM 的基本特征，即通过对用户状态和位置数据的管理来支持用户的移动性。同时，GPRS 引入了新的功能实体(SGSN 和 GGSN)，所以又具有支持随时在线等业务的特征。GPRS 移动用户的移动性管理状态与移动用户的 3 种状态相关，不同的状态有不同的功能和信息。

1. 移动性管理状态的定义

在 GPRS 网络中的移动性管理涉及新增的网络节点、接口和参考点，因此它定义了空闲(Idle)、等待(Standby)、就绪(Ready)这 3 种不同的移动性管理状态，每一种状态都描述了一定的功能级别和分配的信息。这些由 MS 和 SGSN 所拥有的信息集合称为移动性管理环境。

1) 空闲状态

用户一开机而没激活时，MS 即守候在空闲状态即 GPRS 非激活状态。当接入 GPRS 业务时，MS 会进入等待状态，同时启动等待状态计时器，如果等待状态计时器超时，MS 会又回到空闲状态；当 GPRS 业务断开时，MS 也会返回到空闲状态。

在 GPRS 空闲状态下，用户没有激活 GPRS 移动性管理，MS 和 SGSN 环境中没有存储与这个用户相关的有效位置信息或路由信息。因此在这个状态下，MS 可完成 PLMN 选择、GPRS 选择和重选择过程，可收到 PTM-M 的信息；但不能进行与用户有关的移动性管理过程、PTP 数据的接收或发送、PTM-G 数据的传输、对用户的寻呼等。

2) 等待状态

用户激活 GPRS 业务后会启动就绪状态计时器，就绪状态计时器超时或强制返回时即进入等待状态。

在等待状态下，在 MS 和 SGSN 中的 MM 环境已经创建了用户的 IMSI，此时 MS 可以接收 PTM-M 和 PTM-G 数据，对 PTP 或 PTM-G 数据传输所进行的寻呼、经由 SGSN 发送寻呼、执行 GPRS 路由区选择、GPRS 蜂窝选择和本地重选、由 MS 启动 PDP（分组报文协议）环境的激活或去活等。但在这个状态下，不能进行 PTP 数据收发和 PTM-G 数据的发送。

3) 就绪状态

在就绪状态下，SGSN 的移动性管理环境会对在相应的等待状态下的移动性管理环境进行扩充，它扩充了蜂窝级的用户位置信息。MS 执行移动性管理过程向网络提供实际选择的蜂窝，GPRS 的蜂窝选择和重选由 MS 在本地完成，或由网络控制来完成。

在就绪状态下，MS 能收到 PTM-M 和 PTM-G 数据，而且 MS 还可以激活或去活 PDP 环境。不管某无线资源是否已分配给了用户，即使没有数据传送，移动性管理环境也总保持就绪状态。就绪状态由一个计时器监控，当就绪状态计时器超时时，移动型管理环境从就绪状态转移到等待状态。MS 可以启动一个 GPRS 业务断开过程，实现从就绪状态向空闲状态的转移。

2. 状态转移和功能

图 8.43 描述了一个状态向另一个状态的转移条件。

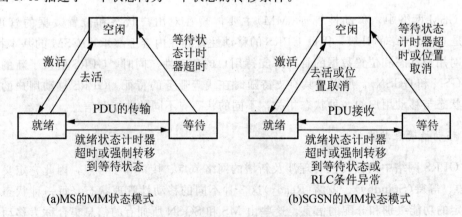

图 8.43 移动性管理状态模型

对于匿名访问的情况，可使用一个简化的移动性管理状态模型，它由空闲状态和就绪状态组成。MS 和网络单独处理匿名访问移动性管理(AA MM)状态机制，并且它可与基于 IMSI 的移动管理状态机制共存。在同一个 MS 和 SGSN 中，多个匿名访问移动管理状态机制可以同时共存。

第8章 GSM移动通信系统

本章小结

本章主要介绍 GSM 数字移动通信系统，涉及了 GSM 的发展、特点、主要参数，GSM 系统的帧结构、信道类型、语音和信道编码、跳频和间断传输技术，GSM 系统的控制和管理以及通用分组无线业务 GPRS。一个完整的 GSM 系统主要由移动台、基站子系统和网络交换子系统组成。为保证不同厂商提供的 GSM 系统基础设备能够互通，GSM 系统技术规范对其子系统之间及各功能实体之间的接口和协议做了较具体的定义。为了移动通信网络能够随时掌握移动台的具体位置，为了实现位置更新、越区切换和自动漫游等功能，区域定义和用来识别身份的各种号码的编号技术也是 GSM 系统非常重要的技术。

GSM 系统是当前发展最成熟的一种数字移动通信系统，其信道可分为物理信道和逻辑信道。物理信道是指某一载频中的某一具体时隙，逻辑信道是指携带信息的信道，它只表明传递信息的种类，必须映射到物理信道上才能以突发脉冲串的形式发送出去。GSM 系统为完成移动通信及漫游接续，必须要完成位置更新、越区切换、入局呼叫、出局呼叫等接续过程。网络保持跟踪移动台实际所处的位置并存储位置信息在 HLR 和 VLR 中。位置登记包括位置更新、位置删除、周期性位置登记和 IMSI 分离/附着。GSM 系统为了保证通信安全，采取了特别的鉴权和加密措施。鉴权是为了确认移动台的合法性，而加密是为了防止第三方窃听。

GPRS 通用分组无线业务是一种基于分组交换传输数据的高效率方式，可快速接入数据网络。它在移动终端和网络之间实现了"永远在线"的连接，网络容量只有在实际进行传输时才被占用。GPRS 最大的优点就是能够提供比现在 GSM 网更高的数据传输速率。GPRS 使每个用户可同时占用多个无线信道，同一个无线信道又可以由多个用户共享，资源被有效利用。

习 题 8

8.1 填空题

(1) 无线接口是指_____与_____的接口，自下而上分_____、_____和_____层。

(2) TDMA 帧的完整结构包括了_____和_____，它是在无线链路上重复的_____帧，每一个 TDMA 帧含_____个时隙，共占_____ms。

(3) 接入突发脉冲序列的特点是_____，为_____bit，合_____μs。

(4) 实现 GSM 系统的保密与安全的方法有_____、_____、_____和用户身份保护 4 种。

(5) GSM 系统中 24 号载频的上行频率是_____MHz，下行频率是_____MHz。

(6) 位置管理包括两个主要的任务为_____和呼叫传递；在 GSM 系统中，位置管理采用两层数据库，即原籍位置寄存器 HLR 和_____。

(7) 短信中心给用户发短信息，如果用户忙，通过_____信道发送；如果用户当前空闲，通过_____信道发送。

8.2 GSM 系统中有哪些主要功能实体？

8.3 说明数字蜂窝系统比模拟蜂窝系统能获得更大通信容量的原因。

8.4 在 GSM 系统中为什么要应用跳频技术？GSM 系统有几种实现跳频的方式？

8.5 解释帧、时隙和突发的含义以及三者的关系。

8.6 GSM 采取了哪些抗干扰措施和安全性措施？

8.7 GSM 系统都有哪些重要的接口？试一一列出。

8.8 试说明 MSISDN、MSRN、IMSI、TMSI 的不同含义及各自的作用。

8.9 TDMA 系统的物理信道和逻辑信道的含义是什么？多种逻辑信道又是如何组合到物理信道之中传输的？

8.10 块交织的主要作用是什么？GSM 采用怎样的交织技术？

8.11 GSM 系统为什么要采用突发发射方式？都有哪几种突发格式？画出示意图说明。

8.12 突发中的尾比特有何作用？接入突发中的保护期为何要选得比较长？

8.13 常规突发中的训练序列有何作用？为何将训练比特放在帧中间位置？

8.14 试画出一个移动台呼叫另一个移动台的接续流程。

8.15 漫游功能有什么好处？目前，不同体制的网络（如 GSM 和 CDMA）还不能实现漫游，找出其中的原因。

8.16 GSM 系统用户的三参数组是什么？

8.17 GPRS 系统在 GSM 系统的基础上增加了哪些功能单元？基于电路交换的 GSM 网络与基于分组交换的 GPRS 网络传输用户信息的过程有何不同？

8.18 GSM 体制有哪些缺陷？

8.19 GPRS 技术产生的背景是什么？

8.20 GPRS 与第二代、第三代移动通信系统有何关系？

第9章 CDMA 移动通信系统

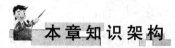
本章知识架构

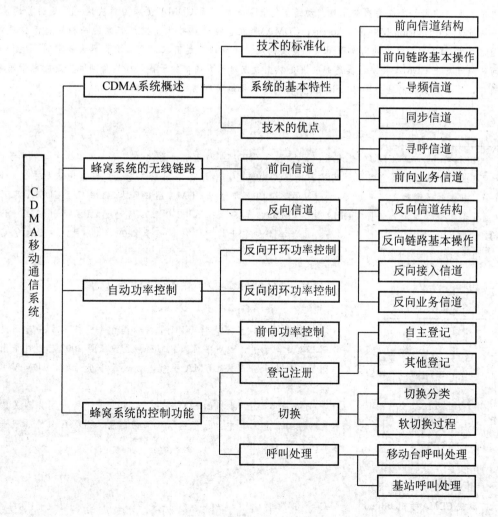

移动通信

本章教学目标与要求

- 了解 CDMA 系统的概念、基本特征
- 掌握 CDMA 系统的技术优点
- 掌握无线链路的组成及各类逻辑信道的功能
- 掌握 CDMA 系统功率控制的目的、方法和过程
- 掌握 CDMA 系统的软切换过程及软切换的特点
- 了解 RAKE 接收机的工作原理

引言

随着移动通信的飞速发展,因频率资源有限而引起的矛盾也日益突出。如何使有限的频率资源分配给更多的用户使用,已成为当前发展移动通信的首要课题,而 CDMA 便成为解决这一问题的首选技术。码分多址(Code Division Multiple Access,CDMA)是在扩频通信技术上发展起来的一种崭新而成熟的无线通信技术。CDMA 技术的出现源于人们对更高质量无线通信的需求。第二次世界大战期间因战争的需要而研究开发出 CDMA 技术,其思想初衷是防止敌方对己方通信的干扰,在战争期间广泛应用于军事干扰通信,后来由美国高通公司(Qualcom)更新成为商用蜂窝电信技术。

案例 9.1

1995 年,第一个 CDMA 商用系统运行之后,CDMA 技术理论上的诸多优势在实践中得到了检验,从而在北美、南美和亚洲等地得到了迅速推广和应用。全球许多国家和地区,包括中国、中国香港、韩国、日本、美国都已建有 CDMA 商用网络。1998 年全球 CDMA 用户已达 500 多万,CDMA 的研究和商业运营进入高潮。美国 CDMA 用户在 2002 年 5 月达到 4200 万,超过 AMPS 的 3600 万、D-AMPS 的 2200 万和 GSM 的 1100 万,成为全美的最大蜂窝系统。截至 2009 年 12 月,中国电信 CDMA 用户数达到 5609 万。

案例 9.2

图 9.1 第一代机卡分离式 CDMA 手机 V8060

CDMA 手机以前不支持 UIM 卡,号码和手机捆绑在一起,更换号码必须更换手机,或对手机重新写码。图 9.1 是 2002 年 1 月推出的中国第一代机卡分离式 CDMA 手机,自这款手机开始,CDMA 手机开始了飞速的发展。

UIM 卡和 GSM 手机的 SIM 卡一样,它包含所有与用户有关的某些无线接口信息,其中也包括鉴权和加密信息。CDMA 系统的机卡分离技术促进了 CDMA 系统的大力发展。

第9章 CDMA移动通信系统

9.1 系统概述

9.1.1 CDMA技术的标准化

CDMA技术的标准化经历了以下几个阶段。IS－95A是CDMAOne系列标准中最先发布的标准,是1995年美国电信工业协会(TIA)颁布的窄带CDMA(N－CDMA)标准。IS－95B是IS－95A的进一步发展,主要目的是满足更高的比特速率业务的需求。IS－95B可提供的理论最大比特速率为115Kbps,实际上只能实现64Kbps。IS－95A和IS－95B均有一系列标准,其总称为IS－95。其后,CDMA2000成为窄带CDMA系统向第三代移动通信系统过渡的标准。CDMA2000在标准研究的前期,提出了CDMA2000 1x和CDMA2000 3x的发展策略,但随后的研究表明,1x和1x增强型技术代表了未来发展方向。

CDMA2000 1x原意是指CDMA2000的第一阶段,网络部分引入分组交换,可支持移动IP业务。其中1x来源于单载波无线传输技术,即只需要占用一个1.25MHz的无线传输带宽;而3x表示占有连续的3个1.25MHz无线传输带宽,即采用多载波的方式支持多种射频带宽。它与1x相比优势在于能提供更高的数据速率。CDMA2000 1xEV是在CDMA2000 1x基础上进一步提高速率的增强体制,采用高速率数据(HDR)技术,能在1.25MHz内提供2Mbps以上的数据业务,是CDMA2000 1x的边缘技术。

9.1.2 CDMA系统的基本特性

1. 工作频段

目前,中国电信CDMA使用的频段是上行频率为825～835MHz,下行频率为870～880MHz,占用10MHz带宽。

2. 采用直接序列扩频(DSSS)

在CDMA蜂窝系统之间是采用频分的,而在一个CDMA蜂窝系统之内是采用码分多址的。不同的码型是由一个伪随机(PN)序列生成的,PN系列周期为$2^{15}=32768$个码片(Chip)。将此周期序列的每64Chip移位序列作为一个码型,共可得到32768/64＝512个码型。这就是说,在1.25MHz带宽的CDMA蜂窝系统中,可建多达512个基站(小区)。

3. 语音编解码

CDMA蜂窝系统语音编码的基本速率是8Kbps,但是可随输入语音消息的特征而动态地分为4种,即8Kbps、4Kbps、2Kbps和1Kbps,可以以9.6Kbps、4.8Kbps、2.4Kbps和1.2Kbps的信道速率分别传输。发送端的编码器对输入的语音取样,将产生的编码语音分组传输到接收端,接收端的解码器把收到的语音分组解码,再恢复成语音样点,每帧时间为20ms。

4. 系统的时间基准

在数字蜂窝通信系统中，全网必须具有统一的时间标准，这种统一而精确的时间基准对 CDMA 蜂窝系统来说尤为重要。CDMA 蜂窝系统利用"全球定位系统"（GPS）的时标，GPS 的时间和"世界协调时间"（UTC）是同步的，二者之差是秒的整倍数。

各基站都配有 GPS 接收机，保持系统中各基站有统一的时间基准，称为 CDMA 系统的公共时间基准。移动台通常利用最先到达并用于解调的多径信号分量建立时间基准。如果另一条多径分量变成了最先到达并用于解调的多径分量，则移动台的时间基准要跟踪到这个新的多径分量。

5. RAKE 接收机

由于移动通信环境的复杂和移动台的不断运动，接收到的信号往往是多个反射波的叠加，从而形成多径衰落。分集是解决多径衰落的很好的方法，CDMA 系统在基站和移动台都采用 RAKE 接收机。RAKE 接收机的作用就是通过多个相关检测器接收多径信号中的各路信号，并把它们合并在一起以改善接收信号的信噪比，提高系统链路质量，给系统带来更好的性能。

9.1.3 CDMA 技术的优点

CDMA 是一项革命性的新技术，其优点已经获得全世界广泛的研究和认同。与 FDMA、TDMA 系统相比，CDMA 系统具有许多独特的优点，其中一部分是扩频通信系统所固有的，另一部分则是由软切换和功率控制等技术所带来的。CDMA 移动通信网是由扩频、多址接入、蜂窝组网和频率复用等几种技术组合而成，因此它具有抗干扰性好、抗多径衰落、保密安全性好、同频率可在多个小区重复使用、容量和质量之间可作权衡取舍等属性，这些属性使 CDMA 比其他系统更有优势。

1. 系统容量大

理论上，在使用相同频率资源的情况下，CDMA 移动通信网的容量是模拟网容量的 20 倍，实际比模拟网大 10 倍，比 GSM 网大 4～5 倍。在 CDMA 系统中，由于不同的扇区也可以使用相同频率，当小区使用定向天线（如 120°扇形天线）时，干扰减小 1/3，因为每幅天线只收到 1/3 移动台的发射信号。这样，整个系统所提供的容量又可以提高约 3 倍（实际上，由于相邻扇区之间有重叠，一般只能提高到 2.55 倍），并且小区容量将随着扇区数的增大而增大。但对其他系统来说，由于不同扇区不能使用同一频率，所以即使分成三扇区也只是频率复用的要求，并没有增加小区容量。

2. 软容量

在模拟移动通信系统和数字时分系统中，通信信道是以频带或时隙的不同来划分的，每个蜂窝小区提供的信道数一旦固定就很难改变。当没有空闲信道时，系统会出现忙音，移动用户不可能再呼叫其他用户或接收其他用户的呼叫。当移动用户在越区切换时，也很容易出现通话中断现象。在 CDMA 系统中，信道划分是靠不同的码型来划分的，其标准的信道数是以一定的输入、输出信噪比为条件的，当系统中增加一个通话用户时，所有用户输入、输出信噪比都有所下降，这使该扇区内的移动用户信息数据的误码率有所升高，但增加的用户不会发生因无信道而出现忙音的现象。这对于解决通信高峰期时的通信阻塞问题和提高用户越区切换的成功率无疑是非常有益的。

3. 通话质量更佳

CDMA 系统的声码器使用的是码激励线性预测(CELP)和 CDMA 特有的算法，称为 QCELP(Qualcomm Code Excited Linear Prediction)。QCELP 算法被认为是到目前为止效率最高的算法。可变速率声码器的一个重要特点是使用适当的门限值来决定所需速率，门限值随背景噪声电平的变化而变化。这样就抑制了背景噪声，使得即使在喧闹的环境下，也能得到良好的语音质量。

4. 移动台辅助软切换

CDMA 系统采用软切换技术和先进的数字语音编码技术，并使用多个接收机同时接收不同方向的信号。"先连接再断开"，并不先中断与原基站的联系。移动台在切换过程中与原小区和新小区同时保持通话，以保证通信的畅通。软切换只能在具有相同频率的 CDMA 信道间进行。软切换在两个基站覆盖区的交界处起到了话务信道的分集作用，这样完全克服了硬切换容易掉话的缺点。软切换的主要优点如下。

(1) 无缝切换，可保持通话的连续性；

(2) 减小掉话可能性。由于在软切换过程中，在任何时候移动台至少可以跟一个基站保持联系，从而减小了掉话的可能性；

(3) 处于切换区域的移动台发射功率降低。减小发射功率是通过分集接收来实现的，降低发射功率有利于增加反向容量。

但同时，软切换也相应带来了一些缺点，主要缺点如下。

(1) 导致硬件设备的增加；

(2) 降低了前向容量。但由于 CDMA 系统前向容量大于反向容量，因此适量减小前向容量不会导致整个系统容量的降低。

5. 频率规划简单

CDMA 系统的用户按不同的序列码区分，所以不同的 CDMA 载波可在相邻的小区内使用，网络规划灵活，扩展简单。

6. 建网成本低

CDMA 网络覆盖范围大，系统容量高，所需基站少，降低了建网成本。

7. "绿色手机"

CDMA 系统发射功率最高只有 200mW，普通通话功率可控制在零点几毫瓦，其辐射作用可以忽略不计，对人体健康没有不良影响。手机发射功率的降低，将延长手机的通话时间，意味着电池、话机的寿命长了，对环境起到了保护作用，故称之为"绿色手机"。

8. 保密性强、通话不会被窃听

CDMA系统的体制本身就决定了它具有良好的保密能力。首先，在CDMA移动通信系统中必须采用扩频技术，使它所发射的信号频谱被扩展的很宽，从而使发射的信号完全隐蔽在噪声、干扰之中，不易被发现和接收，因此也就实现了保密通信。其次，在通信过程中，各移动用户所使用的地址码各不相同，在接收端只有完全相同（包括码型和相位）的用户才能接收到相应的发送数据，对非相关的用户来说是一种背景噪声，所以CDMA系统可以防止有意或无意的窃取，具有很好的保密性能。

9. CDMA的功率控制

CDMA系统的容量主要受限于系统内移动台的互相干扰，所以，如果每个移动台的信号到达基站时都达到最小所需的信噪比，系统容量将会达到最大值。CDMA功率控制的目的就是既维持高质量通信，又不对占用同一信道的其他用户产生不应有的干扰。CDMA系统的功率控制除可直接提高容量之外，同时也降低了为克服噪声和干扰所需的发射功率。这就意味着同样功率的CDMA移动台与模拟或者GSM移动台相比可在更大范围内工作。

CDMA系统引入了功率控制，一个很大的好处就是降低了平均发射功率而不是峰值功率。这就是说，CDMA在一般情况下由于传输状况良好，发射功率较低，但在遇到衰落时会通过功率控制自动提高发射功率，以抵抗衰落。

10. 语音激活技术

统计结果表明，人们在通话过程中，只有35％的时间在讲话，另外65％的时间处于听对方讲话、话句间停顿或其他等待状态。在CDMA系统中，所有用户共享同一个无线频道，当某一用户没有讲话时，该用户的发射机不发射或少发射功率，其他用户所受到的干扰都相应地减小。为此，在CDMA系统中，采用相应的编码技术，使用户的发射机所发射的功率随着用户语音编码的需求来做调整。当用户讲话时语音编码器输出速率高，发射机所发射的平均功率大；当用户不讲话时语音编码器输出速率很低，发射机所发射的平均功率很小，这就是语音激活技术。在蜂窝移动通信系统中，采用语音激活技术可以使各用户之间的干扰平均减少65％。也就是当系统容量较大时，采用语音激活技术可以使系统容量增加约3倍，但当系统容量较小时，系统容量的增加值要降低。在频分多址、时分多址和码分多址3种制式中，唯有码分多址可以方便而充分地利用语音激活技术。如果在频分多址和时分多址制式中采用语音激活技术，其系统容量将有不同程度的提高，但二者都必须增加比较复杂的功率控制系统，而且还要实现信道的动态分配，其结果必然带来时间延迟和系统复杂性的增加，而在CDMA系统中实现这种功能就相对简单得多。

9.2 CDMA 蜂窝系统的无线链路

在 CDMA 通信系统的无线链路中，各种逻辑信道都是由不同的码序列来区分的。因为任何通信网络除去要传输业务信息外，还必须传输各种必需的控制信息。为此，CDMA 通信系统在基站到移动台的传输方向(前向信道)上设置了导频信道、同步信道、寻呼信道和前向业务信道；在移动台到基站的传输方向(反向信道)上设置了接入信道和反向业务信道。这些信道的示意图如图 9.2 所示。

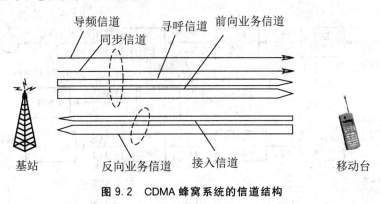

图 9.2　CDMA 蜂窝系统的信道结构

9.2.1　前向信道

1. 前向信道结构

CDMA 前向信道利用不同的 Walsh 码实现码分多址，以向不同的移动台传送信息。移动台接收机则采用对应的 Walsh 码通过正交相关处理实现基站多路发射信号的理想分离。前向链路中采用 64 阶 Walsh 码，最多可以有 64 个同时传输的信道，分别用 w_0、w_1、…、w_{63} 表示，它们采用同一射频载波发射。其中 w_0 用作导频信道，w_{32} 用作同步信道，w_1、w_2、…、w_7 用作寻呼信道，其他用作业务信道，如图 9.3 所示。

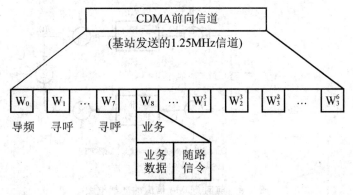

图 9.3　前向信道结构

图 9.4 是前向 CDMA 信道的功能框图。前向 CDMA 信道包含 1 个导频信道，1 个同

步信道（必要时可以改作业务信道），7个寻呼信道（必要时可以改作业务信道）和55个（最多63个）前向业务信道。

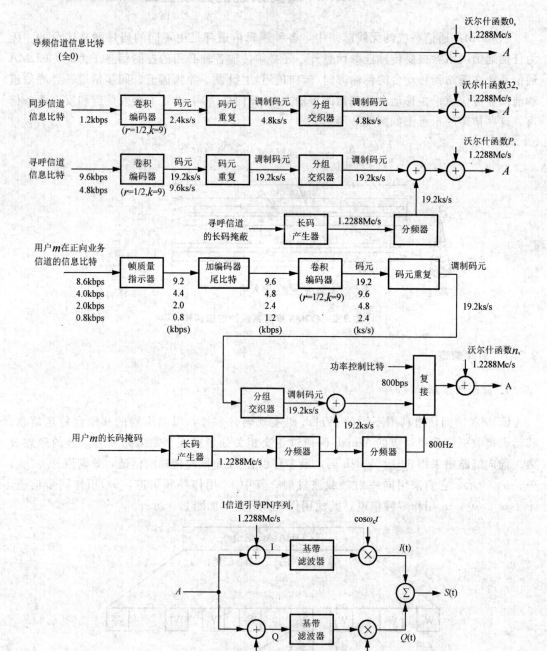

图 9.4　前向 CDMA 信道的功能框图

2. 前向链路基本操作

1) 数据速率

同步信道的数据速率为 1.2Kbps,寻呼信道为 9.6Kbps 或 4.8Kbps,前向业务信道为 9.6Kbps、4.8Kbps、2.4Kbps 和 1.2Kbps。

2) 卷积编码

数据在传输之前都要进行卷积编码,包括同步信道、寻呼信道和业务信道,均使用相同的卷积码(2,1,8)码,其编码速率 $r=1/2$,约束长度 $k=9$。

3) 码元重复

对于同步信道,经过卷积编码后的各个码元,在分组交织之前,都要重复一次(每码元连续出现 2 次)。对于寻呼信道和前向业务信道,只要数据速率低于 9.6Kbps,在分组交织之前都要重复。速率为 4.8Kbps 时,各码元要重复一次(每码元连续出现 2 次);速率为 2.4Kbps 时,各码元要重复 3 次(每码元连续出现 4 次);速率为 1.2Kbps 时,各码元要重复 7 次(每码元连续出现 8 次)。

4) 分组交织

所有码元在重复之后都要进行分组交织。交织的作用是为了克服突发性干扰,它可将突发性差错分散化,在接收端由卷积编码器按维特比译码法纠正随机差错,从而间接地纠正了突发性差错。

同步信道所用的交织跨度等于 26.666ms,相当于码元速率为 4.8Kbps 时的 128 个调制码元宽度。交织器组成的阵列是 8 行×16 列(即 128 个单元)。

寻呼信道和前向业务信道所用的交织跨度等于 20ms,这相当于码元速率为 19.2Kbps 时的 384 个调制码元宽度。交织器组成的阵列是 24 行×16 列(即 384 个单元)。

5) 数据掩蔽

数据掩蔽也称作数据加扰,用于寻呼信道和前向业务信道,其作用是为通信提供保密。掩蔽器把交织器输出的码元流和按用户编址的 PN 序列进行模 2 相加。这种 PN 序列是工作在时钟为 1.2288MHz 的长码,每一调制码元长度等于 $1.2288×10^6/19200=64$ 个 PN 子码宽度。长码经分频后,其速率变为 19.2Kbps,因而送入模 2 相加器进行数据掩蔽的是每 64 个子码中的第一个子码。

6) 长码产生

长码在 CDMA 系统中用于前向链路寻呼信道和业务信道的数据掩蔽,以及在反向链路中区分用户,长码产生器原理框图如图 9.5 所示。

长码产生器是由 42 级移位寄存器和相应反馈支路及模 2 加法器组成的。为了保密起见,42 级移位寄存器的各级输出与长码掩码(一个 42 位的序列)相乘,然后进行模 2 加,得到长码输出。产生的长码周期为 $2^{42}-1$,速率为 1.2288Mc/s,该长码产生器的特征多项式为

$$P(x)=x^{42}+x^{35}+x^{33}+x^{31}+x^{27}+x^{26}+x^{25}+x^{22}+x^{21}+x^{19} \\ +x^{18}+x^{17}+x^{16}+x^{10}+x^7+x^6+x^5+x^3+x^2+x+1 \quad (9-1)$$

前向业务信道的掩码可使用公共掩码或专用掩码。公共掩码格式如图 9.6(a)所示,

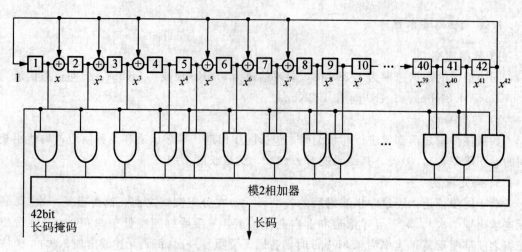

图 9.5 长码产生器原理框图

M_{41} 到 M_{32} 要置成"1100011000", M_{31} 到 M_0 要置成移动台的电子序列号码(ESN), ESN 是设备制造商给移动台分配的 32 位设备序号。为了防止和连号 ESN 相对应的长码之间出现过大的相关值,移动台的 ESN 要进行置换。

ESN 的置换规则如下

$$ESN = (E_{31}, E_{30}, E_{29}, E_{28}, E_{27}, E_{26}, \cdots, E_2, E_1, E_0)$$

置换后的 ESN 为

$$ESN = (E_0, E_{31}, E_{22}, E_{13}, E_4, E_{26}, E_{17}, E_8, E_{30}, E_{21}, E_{12},$$
$$E_3, E_{25}, E_{16}, E_7, E_{29}, E_{20}, E_{11}, E_2, E_{24}, E_{15}, E_6,$$
$$E_{28}, E_{19}, E_{10}, E_1, E_{23}, E_{14}, E_5, E_{27}, E_{18}, E_9)$$

专用掩码用于用户的保密通信,其格式由 TIA 规定。

寻呼信道用于长码产生器的掩码格式如图 9.5(b)所示。其中,寻呼信道号用 3 位二进制表示,即 $2^3 = 8$ 种,满足实际系统中最多 7 个寻呼信道的要求。导频 PN 序列的偏置系数用 9 位二进制表示,正好满足 0~511(共 512 个)偏置系数的需要。

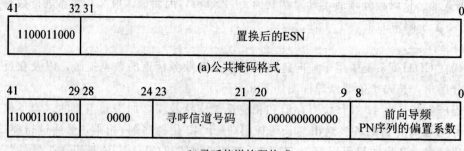

图 9.6 长码掩码格式

7) 正交扩展

为了使前向链路的每个信道之间具有正交性,在前向 CDMA 信道中传输的所有信号都要用 64 阶的 Walsh 函数进行正交扩展。

8) 四相调制

在正交扩展之后，各种信号都要进行四相扩展。四相扩展所用的序列称为引导 PN 序列。引导 PN 序列的作用是给不同基站发出的信号赋以不同的特征，便于移动台识别所需的基站。不同的基站使用相同的 PN 序列，但各自采用不同的时间偏置。由于 PN 序列的相关特性在时间偏移大于一个子码宽度时，其相关值就等于 0 或接近于 0，因而移动台用相关检测法很容易把不同基站的信号区分开来。通常，一个基站的 PN 序列在其所有配置的频率上，都采用相同的时间偏置，而在一个 CDMA 蜂窝系统中，时间偏置可以再用。

不同的时间偏置用不同的偏置系数表示，偏置系数共 512 个，编号从 0 到 511。偏置时间等于偏置系数乘以 64 个子码宽度时间。例如，当偏置系数是 15 时，相应的偏置时间是 $15 \times 64 = 960$ 个子码，已知子码宽度为 $1/1.2288 \times 10^6 = 0.8138 \mu s$，故偏置时间为 $960 \times 0.8138 = 781.25 \mu s$。

0 偏置引导 PN 序列必须在时间的偶数秒(以基站传输时间为基准)起始传输，其他 PN 引导序列的偏置指数规定了它和 0 偏置引导 PN 序列偏离的时间值。如上所述，偏置指数为 15 时，引导 PN 序列的偏离时间为 $781.25 \mu s$，说明该 PN 序列要从每一偶数秒之后 $781.25 \mu s$ 开始。

引导 PN 序列有两个：I 支路 PN 序列和 Q 支路 PN 序列，它们的长度均为 $2^{15}(32768)$ 个子码。其构成是以下面的生成多项式为基础的。

$$\begin{cases} P_I(x) = x^{15} + x^{13} + x^9 + x^8 + x^7 + x^5 + 1 \\ P_Q(x) = x^{15} + x^{12} + x^{11} + x^{10} + x^6 + x^5 + x^4 + x^3 + 1 \end{cases} \quad (9-2)$$

按此生成多项式产生的是长为 $2^{15} - 1$ 的 m 序列。为了得到周期为 2^{15} 的 I 序列和 Q 序列，当生成的 m 序列中出现 14 个连"0"时，在其中再插入一个"0"，使序列 14 个"0"的游程变成 15 个"0"的游程。引导 PN 序列的周期长度是 $32768/1228800 = 26.66 ms$，即每 2s 有 75 个 PN 序列周期。信号经过基带滤波器之后，按照表 9-1 的相位关系进行四相调制。

表 9-1 前向 CDMA 信号的相位关系

I	Q	相位
0	0	$\pi/4$
1	0	$3\pi/4$
1	1	$-3\pi/4$
0	1	$-\pi/4$

两个支路的合成信号具有图 9.7 所示的相位点和转换关系。显然，它和典型的四相相移键控(QPSK)具有相同的信号相量图。值得注意的是，这里的四相调制是由两个不同的 PN 序列直接对输入码元进行扩展而得到的(输入码元未经串/并变换)。

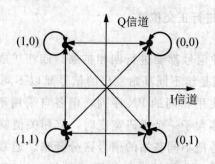

图 9.7　前向信道的信号相位点及其转换关系

3. 导频信道

导频信道用于传送导频信号，由基站在导频信道连续不断地发送一种不调制的直接序列扩频信号，移动台监视导频信道以获取信道的信息并提取相干载波以进行相干解调，并可对导频信号电平进行检测，以比较相邻基站的信号强度和辅助决定是否需要进行越区切换。为了保证各个移动台载波检测和提取的可靠性，导频信道是不可缺少的。

导频信道在每个载频上的每小区或扇区都会配置一个。导频信号在基站工作期间是连续不断发送的，功率高于其他信道的平均功率，一般情况下，导频信道功率占 64 个信道总功率的 12%～20%，以 19.2Kbps 的速率发送全"0"。

导频信道的时间周期为 2s。每偶数秒的开始作为 PN 序列的零偏置定时，每 2s 内可发送导频信号 75 次。导频信道的时间周期恰好等于同步信道超帧的时间长度，因此移动台捕获导频信道后，就可以与同步信道建立联系，并获取同步信息。

4. 同步信道

同步信道用于传送同步信息，在基站覆盖范围内，各移动台可利用这些信息进行同步捕获。同步信道上载有系统的时间和基站引导伪随机码的偏置系数，以实现移动台接收解调。同步信道在捕获阶段使用，一旦捕获成功就不再使用。一般同步信道占 64 个信道总功率的 1.5%～3%，以固定速率 1.2Kbps 分帧传输。

同步信道消息结构由消息长度域、消息正文域和 CRC 域构成，如图 9.8 所示。在同步信道消息之后加上填充比特，以形成同步消息容器，使其总长度等于 93b 的整倍数，以便与同步信道结构相协调，填充比特均置"0"，且不进行 CRC 校验。

图 9.8　同步信道消息结构

长度域以八进制数值表示同步消息的长度(含消息长度域、消息正文域和 CRC 域), 长度域共计 8b,因此,同步信道消息的最大长度为 $8 \times 255 = 2040$ b。CRC 域长 30b,其生成多项式如下

$$g(x) = x^{30} + x^{29} + x^{21} + x^{20} + x^{15} + x^{13} + x^{12} + x^{11} + x^8 + x^7 + x^6 + x^2 + x + 1 \quad (9-3)$$

同步信道结构如图 9.9 所示。信道被划分成若干个超帧,超帧长 80ms,含 96b。每个超帧分为 3 个同步信道帧,帧长 $80/3 = 26.666$ ms。各帧的第 1 个比特为信息启动(SOM)比特。根据需要,可用几个同步信道超帧传输一个同步消息容器,每个容器中第一个同步信道帧的 SOM 置"1",而把其后的所有 SOM 均置"0"。容器中应包括足够的填充比特,以把它延伸到后面新的同步信道容器第一个 SOM 的前一比特。

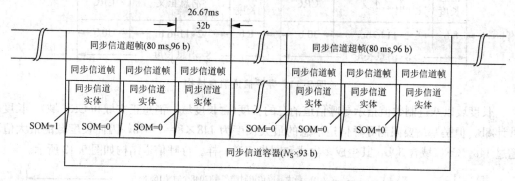

图 9.9 同步信道结构

在同步信道上传送的消息只能从同步信道超帧的起点处开始。当使用 0 偏置引导 PN 序列时,同步信道超帧要在偶数秒的时刻开始,也可在其后距离为 3 个同步信道帧或其倍数时刻开始;当所用的引导 PN 序列不是 0 偏置 PN 序列时,同步信道超帧将在偶数秒加上引导 PN 序列偏置时间的时刻开始,参见图 9.10 的前向信道引导 PN 序列偏置。

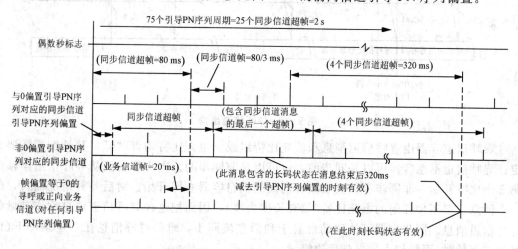

图 9.10 前向信道引导 PN 序列偏置

5. 寻呼信道

寻呼信道提供基站在呼叫建立阶段传输的控制信息。当呼叫移动用户时,寻呼信道上就

播送该移动用户的识别码等信息。通常，移动台在建立同步后，就在首选的 W_1 寻呼信道监听由基站发来的信令，当收到基站分配业务信道的指令后，移动台就转入指配的信道传输信息。当需要时，寻呼信道可以变成业务信道，用于传输用户业务数据。一般寻呼信道功率占64个信道总功率的 $5.25\%\sim6\%$，支持 9.6Kbps、4.8Kbps 两种不同速率的传输。

寻呼信道消息由长度域、消息正文域和 CRC 域构成，如图 9.11 所示。

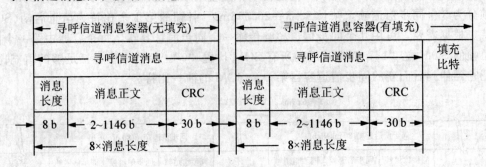

图 9.11　寻呼信道消息结构

长度域以八进制数值指示寻呼信道消息的长度（含长度域、消息正文域和 CRC 域）。长度域共计 8b，但是基站要限制寻呼信道消息的最大长度为 $148\times8=1184$b，因而长度域的最大值不超过 148。CRC 域含 30b，其生成多项式和同步信道一样。寻呼信道结构如图 9.12 所示。

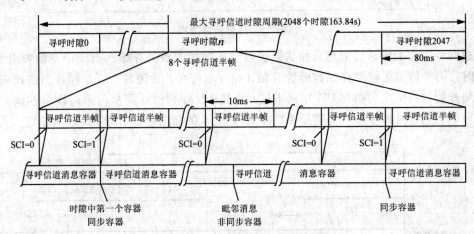

图 9.12　寻呼信道结构

寻呼信道容器由寻呼信道消息和填充比特组成。填充比特均置"0"，其长度视需要而定。寻呼信道消息容器可以是同步的，也可以是非同步的。同步容器要从寻呼信道半帧的第 2 个比特开始，非同步容器要紧接着前面的消息容器立即开始。对后一种情况而言，前一个消息容器不加任何的填充比特（填充长度为零），因而把这种寻呼信道消息称作是毗邻寻呼信道消息。同步容器可使移动台易于和消息流同步，毗邻寻呼消息在一定条件下（比特差错率低时）可得较大的寻呼信道容量。

当一个寻呼信道消息结束后而在下一个 SCI 比特之前，余下的比特数等于或多于 8 时，基站可以紧跟这个消息立即发送一个非同步消息容器，而且这个被跟随的消息容器不再包含任何的填充比特。

当一个寻呼信道消息结束后而在下一个 SCI 比特之前,余下的比特数少于 8 时,或者没有非同步消息容器要跟着发送时,基站要在该消息容器中设置足够的填充比特,使之扩展到下一个 SCI 比特的前一个比特,然后跟随该 SCI 比特立即发送一同步消息容器。

基站要把在每个寻呼信道时隙中出现的第 1 个消息以同步消息容器的形式发送,使得以时隙模式工作的移动台在激活之后立即获得同步。

6. 前向业务信道

前向业务信道用来传输在通话过程中基站向特定移动台发送的用户语音编码数据或其他业务数据及随路信令。一般情况下,前向业务信道功率占 64 个信道总功率的 78% 左右,最多可有 63 个业务信道,支持 9.6Kbps、4.8Kbps、2.4Kbps 和 1.2Kbps 这 4 种变速率的传输。

前向业务信道的消息结构也由长度域、消息正文域和 CRC 域构成,如图 9.13 所示。

消息长度	消息正文	CRC
8 b	16~1160 b	16 b

图 9.13 前向业务信道消息结构

长度域用八进制数值指示消息长度(含长度域、消息正文域和 CRC 域)。长度域共计 8b,最小值等于 5,即消息长度为 $5 \times 8 = 40b$,最大值等于 148;即消息长度为 $148 \times 8 = 1184b$。CRC 域共含 16b,其生成多项式为

$$g(x) = x^{16} + x^{12} + x^5 + 1 \tag{9-4}$$

同样,在消息结构后面附加必需的填充比特,以形成前向业务信道的消息容器。前向业务信道划分成宽度为 20ms 的业务信道帧。根据数据速率的不同,这种帧结构如图 9.14 所示。

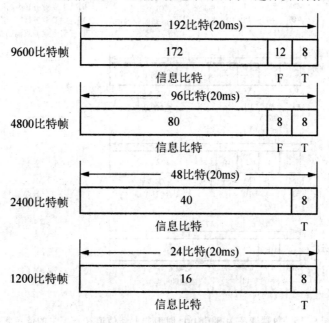

图 9.14 前向业务信道帧结构

值得注意的是，在前向业务信道上所传输的信息有不同类型，通常分主要业务、辅助业务和信令业务。具体传输哪一些业务由一种称之为"服务选择"的功能控制，而根据实际情况把这些业务信息综合到前向业务信道帧中进行传输的方法称为"复接选择"。当前，CDMA 系统采用的复接方法称为"复接选择 1"，其他复接选择有待于进一步研究。当没有主要业务要发送时（主要业务为空白），辅助业务可以占整个帧进行传输，这种方式叫"空白和猝发"；当存在主要业务要发送时，辅助业务和主要业务可以分享一个帧进行传输，这种方式叫"混合和猝发"。同样，信令业务也可以和辅助业务一样通过"空白和猝发"或者"混合和猝发"方式进行传输。

在一帧中安排多少主要业务的比特数目，受"复接选择 1"的控制。当主要业务服务选择被激活时，如果在一帧中要发送信令业务或辅助业务，"复接选择 1"要限制主要业务的比特数，或者使之等于 0 以实现"空白和猝发"，或者使之小于 17 以实现"混合和猝发"。根据需要，"复接选择 1"可以把主要业务的比特数限制为 0、16、40、80 或 171，如图 9.15 所示。一个前向业务信道的消息结构可包含几个不同类型的业务信道帧，如"空白和猝发"帧与"混合和猝发"帧，而且最先出现的是信令业务信息。

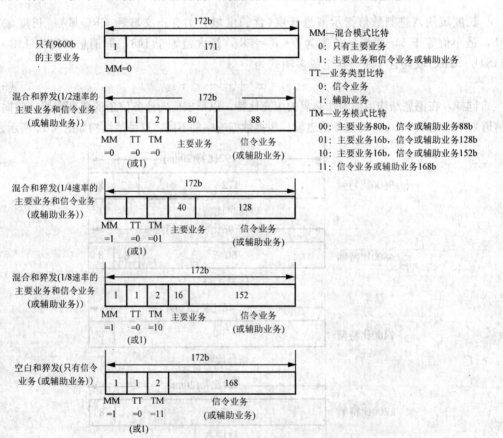

图 9.15　数据速率为 9.6Kbps 时前向业务信道在一帧中的信息复接

9.2.2 反向信道

1. 反向信道结构

CDMA 系统反向链路信道结构包括物理信道和逻辑信道。物理信道由长度 $2^{42}-1$ 的 PN 长码构成,使用长码的不同相位偏置来区分不同的用户。逻辑信道包括接入信道和反向业务信道。反向信道中最少有 1 个、最多有 32 个接入信道。每个接入信道都对应正向信道中的一个寻呼信道,而每个寻呼信道可以对应多个接入信道。移动台通过接入信道向基站进行登记、发起呼叫、响应基站发来的呼叫等。接入信道使用一种随机接入协议,允许多个用户以竞争的方式占用接入信道。当需要时,接入信道可以变成反向业务信道,用于传输用户业务数据。图 9.16 是反向信道的原理框图,图中上部分为接入信道,下部分为反向业务信道。

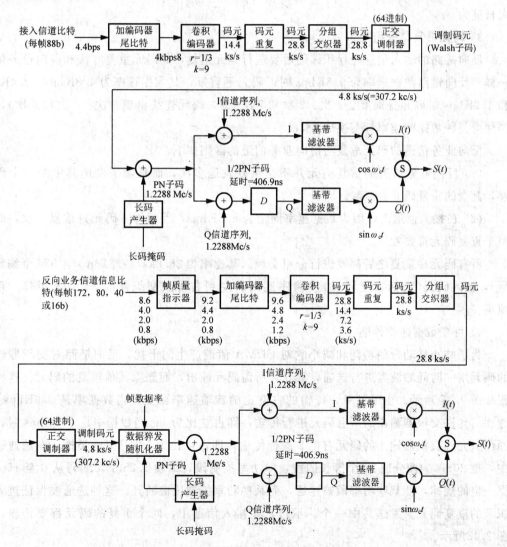

图 9.16 CDMA 系统反向信道组成框图

2. 反向链路基本操作

反向信道的基本操作如下：卷积编码、码元重复与分组交织、可变速率数据传输、正交多进制调制和四相扩展。

1) 数据速率

接入信道用 4.8Kbps 的固定速率。反向业务信道用 9.6Kbps，4.8Kbps，2.4Kbps 和 1.2Kbps 的可变速率。两种信道的数据中均要加入编码器尾比特，用于把卷积编码器复位到规定的状态。此外，在反向业务信道上传送 9.6Kbps 和 4.8Kbps 数据时，也要加质量指示比特（CRC 校验比特）。

2) 卷积编码

接入信道和反向业务信道所传输的数据都要进行卷积编码，卷积码的码率为 1/3，约束长度为 9。

3) 码元重复与分组交织

反向链路的输入信息经卷积编码后要进行码元重复，其码元重复方法和前向业务信道一样。反向链路数据速率为 9.6Kbps 时，码元不重复；其数据速率为 4.8Kbps、2.4Kbps 和 1.2Kbps 时码元分别重复 1 次、3 次和 7 次（每一码元连续出现 2 次、4 次和 8 次），这样使得各种数据的速率都变换成 28.8ks/s。

反向业务信道的码元重复与前向业务信道的区别如下。

（1）反向业务信道的重复码元并不是重复发送多次，而是除了发送其中的一个码元外，其余的重复码元都删除；

（2）在接入信道上，因为数据速率固定为 4.8Kbps，因而每一码元只重复一次，而且两个重复码元都要发送。

所有码元在重复之后都要进行分组交织。其速率为 28.8ks/s（每 20ms 含 576 个编码符号），输入码元（包括重复码元）按顺序逐列从左到右写入交织器的 32×18 矩阵，直到填满。

4) 可变数据速率传输

为了减小移动台的功耗和减小它对 CDMA 信道产生的干扰，反向链路对交织器输出的码元用一时间滤波器进行选通，只允许所需码元输出，而删除其他重复的码元。这种过程如图 9.17 所示。由图可见，传输的占空比随传输速率而变。当数据率是 9.6Kbps 时，选通门允许交织器输出的所有码元进行传输，即占空比为 1；当数据率是 4.8Kbps 时，选通门只允许交织器输出的码元有 1/2 进行传输，即占空比为 1/2；依此类推。在选通过程中，把 20ms 的帧分成 16 个等长的段，即功率控制段，每段 1.25ms，编码从 0 至 15。根据一定的规律，使某些功率段被连通，而某些功率控制段被断开。这种选通要保证进入交织器的重复码元只发送其中一个。不过，在接入信道中，两个重复的码元都要传输，如图 9.18 所示。

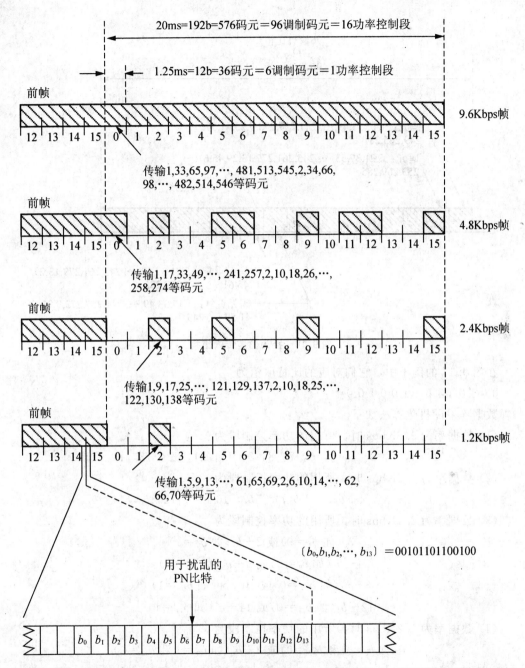

图 9.17 反向信道可变速率传输示例

通过选通门的允许发送的码元以猝发的方式工作。它在一帧中占用哪一位置进行传输是受 PN 码控制的。这一过程称为数据的猝发随机化。猝发位置根据前一帧中倒数第二个功率控制段内的最末 14 个 PN 码比特进行计算。这 14 个比特表示为

$$b_0 b_1 b_2 b_3 b_4 b_5 b_6 b_7 b_8 b_9 b_{10} b_{11} b_{12} b_{13}$$

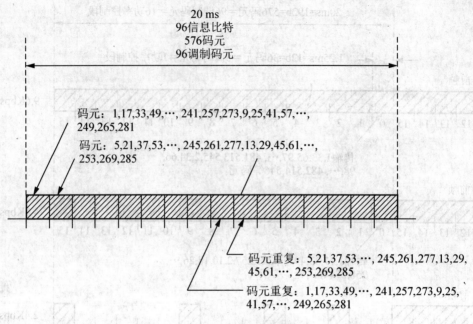

图9.18 接入信道传输结构

在图9.17的例子中,它们对应的比特取值为

0 0 1 0 1 1 0 1 1 0 0 1 0 0

数据猝发随机化算法如下。

(1) 数据率为9.6Kbps时,所用的功率控制段为

0,1,2,3,4,5,6,7,8,9,10,11,12,13,14,15

(2) 数据率为4.8Kbps时,所用的功率控制段为

b_0,$2+b_1$,$4+b_2$,$6+b_3$,$8+b_4$,$10+b_5$,$12+b_6$,$14+b_7$

(3) 数据率为2.4Kbps时,所用的功率控制段为

b_0(如$b_8=0$)或$2+b_1$(如$b_8=1$)

$4+b_2$(如$b_9=0$)或$6+b_3$(如$b_9=1$)

$8+b_4$(如$b_{10}=0$)或$10+b_5$(如$b_{10}=1$)

$12+b_6$(如$b_{11}=0$)或$14+b_7$(如$b_{11}=1$)

(4) 数据率为1.2Kbps时,所用的功率控制段为

b_0(如$b_8=0$ 和 $b_{12}=0$)或$2+b_1$(如$b_8=1$ 和 $b_{12}=0$)

或$4+b_2$(如$b_9=0$ 和 $b_{12}=1$)

或$6+b_3$(如$b_9=1$ 和 $b_{12}=1$)

$8+b_4$(如$b_{10}=0$ 和 $b_{13}=0$)或$10+b_5$(如$b_{10}=1$ 和 $b_{13}=0$)

或$12+b_6$(如$b_{11}=0$ 和 $b_{13}=1$)

或$14+b_7$(如$b_{11}=1$ 和 $b_{13}=1$)

5) 正交多进制调制

在反向CDMA信道中,把交织器输出的码元每6个作为一组,用64阶Walsh序列进

行调制。交织器输出的码元速率是 28.8ks/s，正交调制之后的码元速率是 28.8/6＝4.8ks/s，一个码元的时间宽度为 1/4800＝208.333μs。每一调制码元含 64 个子码，因此 Walsh 函数的子码速率为 64×4800＝307.2kc/s，相应的子码宽度为 3.255μs。又因为每一个 Walsh 子码被分成 4 个 PN 子码，所以其最终的数据速率就是扩频 PN 序列的速率，为 307.2×4＝1.228Mc/s。需要注意的是，使用 Walsh 函数的目的是在前向链路上，用来区分信道；在反向链路上，用来进行多进制正交调制，以提高反向链路的通信质量。

6) 四相扩展

反向 CDMA 信道四相扩展所用的序列就是前面正向 CDMA 信道所用的 I 与 Q 导频 PN 序列。

如图 9.16 所示，经过 PN 序列扩展之后，Q 支路的信号要经过一个延迟电路，把时间延迟 1/2 个子码宽度(409.901ns)，再送入基带滤波器。信号经过基带滤波器之后，进行四相调制，合成信号的相位点及其转换关系如图 9.19 所示。

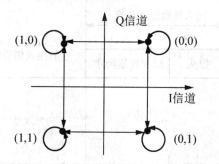

图 9.19　反向 CDMA 信道的信号相位点及其转换关系

CDMA 反向信道采用 OQPSK 调制，调制相位跳变小，信号的包络起伏小。OQPSK 调制使用功率效率高、非线性、完全饱和的 C 类放大器，节省了移动台的功耗，延长了通话时间。

3. 反向接入信道

当移动台不使用业务信道时，接入信道提供从移动台到基站的通信。移动台在接入信道上发送信息的速率固定为 4.8Kbps。接入信道帧长度为 20ms，仅当系统时间为 20ms 的整数倍时，接入信道帧才可能开始传输。

接入信道和前向传输中的寻呼信道相对应，以相互传送指令、应答和其他有关信息。一个寻呼信道最多可以对应 32 个 CDMA 反向接入信道，标号从 0～31。对于每个寻呼信道，至少有一个反向接入信道与之对应。基站根据寻呼信道上的消息，在相应的接入信道上等待移动台的接入。同样，移动台通过在一个相应的接入信道上传输，响应相应的寻呼信道信息。接入信道的消息结构如图 9.20 所示，它也由消息长度域、消息正文域和 CRC 域组成。消息长度域长 8b，因为移动台限定消息长度域的值不超过 110，故接入信道消息的最大长度(含消息长度域、消息正文域和 CRC 域)为 8×110＝880b。CRC 域长 30b，其生成多项式和前述同步信道一样。接入信道消息容器由接入信道消息和填充比特组成，填充比特置"0"，其长度根据需要而定。

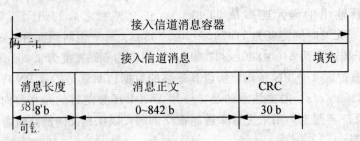

图 9.20　接入信道的消息结构

接入信道分成若干个时隙(AS_1，AS_2，…，AS_n，…)，时隙由消息容器和报头组成，其结构如图 9.21 所示。消息容器含 3＋MAX_CAP_SZ 个接入信道帧，报头含 1＋PAM_SZ 个接入信道帧。图中 MAX_CAP_SZ 取 0，PAM_SZ 取 1。

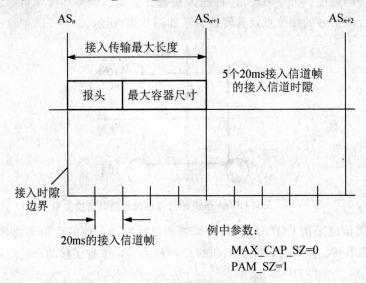

图 9.21　接入信道时隙结构

接入信道的帧结构如图 9.22 所示，每帧长 20ms，含 96b，其中信息比特 88 个，编码尾比特 8 个。

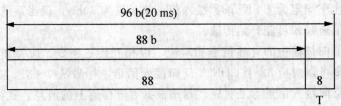

图 9.22　接入信道的帧结构

接入信道报头由包含 96 个 "0" 的帧组成，其作用是帮助基站捕获接入信道。接入信道报头在时隙开始处发送，其后跟着发送接入信道消息容器。接入信道时隙是接入信道帧的整倍数，长度不超过 4＋MAX_CAP_SZ＋PAM_SZ 个接入信道帧。接入信道时隙在接入信道帧的分界处开始和结束，和一特定寻呼信道结合的所有接入信道具有相同的时隙尺寸。

不同基站的接入信道时隙可以用不同的长度,因而移动台在传输之前要判定其所用接入信道时隙的长度和开始时间。

由此而构成的接入信道结构如图 9.23 所示。图中 N_{f_s} 是消息传输所需要的接入信道帧数,T 是编码尾比特。

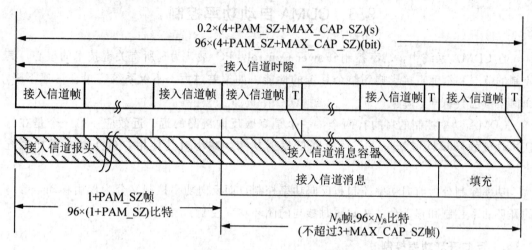

图 9.23　接入信道结构举例

4. 反向业务信道

反向业务信道用于通信过程中由移动台向基站传输用户信息和必要的信令信息,因而它的许多特征和前向业务信道一样。反向业务信道也可以变数据速率 9.6Kbps、4.8Kbps、2.4Kbps 和 1.2Kbps 传送信息,帧长也是 20ms,数据速率也可逐帧选择。

反向业务信道的帧结构与前向业务信道的帧结构完全一样,其消息结构如图 9.24 所示,包括消息长度域、消息正文域和 CRC 域。

图 9.24　反向业务信道的消息结构

消息长度域含 8b,以八进制数值表示消息长度,其最小值为 5,即消息长度为 $5\times 8=$ 40b,最大值为 255,即消息长度为 $255\times 8=2040b$;CRC 域含 16b。反向业务信道报头由 192 个"0"的帧组成(不含帧质量指示比特),以 9.6Kbps 的速率传送,其作用是帮助基站完成反向业务信道的初始捕获。没有服务选择被激活的时候,移动台也发送一种无值业务数据,以保持基站和移动台的连接性。无值业务数据由包含 16 个"1"、跟着 8 个"0"的帧组成,以 1.2Kbps 的速率发送。

移动台要支持"复接选择 1"功能,其信息比特复接方式与前向业务信道相同。移动台可以使用一个或多个反向业务信道帧发送消息。反向业务信道帧中的第一个信令业务比特是消息开始(SOM)比特。如果此信令消息在当前帧开始,移动台要把其 SOM 比特置

"1";如果当前帧所含的信令消息是从前一帧开始的,移动台要把其 SOM 比特置 "0"。如果用来发送一消息的最后帧中含有未用的比特,移动台要把这些比特的每一个都置成 "0",这种比特即填充比特。

9.3 CDMA 自动功率控制

在 CDMA 系统中,功率控制(Power Control,PC)被认为是所有关键技术的核心,其控制的范围和精度直接影响到整个系统的性能。如偏差过大,不仅系统容量会迅速下降,通信质量也会急剧下降。

CDMA 功率控制的目的有两个:一个是克服反向链路的远—近效应;另一个是在保证接收机的解调性能情况下,尽量降低发射功率,减小对其他用户的干扰,增加系统容量。

功率控制分为前向功率控制和反向功率控制,而反向功率控制又分为仅由移动台参与的开环功率控制和移动台、基站同时参与的闭环功率控制。

9.3.1 反向开环功率控制

反向开环功率控制的前提条件是假设前向和反向链路的衰落情况一致,系统内的每一个移动台接收并测量前向链路的信号强度,根据所接收的前向链路信号强度来估计传播路径损耗,然后根据这种估计,调整其发射功率。接收信号较强时,表明信道环境较好,将减小发射功率;接收信号较弱时,表明信道环境较差,将增大发射功率。

开环功率控制只是移动台对发送电平的粗略估计,因此它的反应时间既不应太慢,也不应太快。如果反应太慢,移动台在开机或进入阴影时,开环起不到应有的作用;而如果反应太快,将会由于前向链路中的快衰落而浪费功率。下面具体描述移动台通过开环功率控制计算发射功率的方法。

(1) 刚进入接入信道时(闭环校正尚未激活),移动台将按下式计算平均输出功率,以发射其第一个试探序列。

$$\text{平均输出功率(dBm)} = - \text{平均输入功率(dBm)} - 73 + \text{NOM\_PWR(dB)} + \text{INIT\_PWR(dB)} \tag{9-5}$$

其中,平均功率是相对于 1.23MHz 标称 CDMA 信道带宽而言的。INIT_PWR 用于调整第一个接入探测的功率,NOM_PWR 是为了补偿由于前向 CDMA 信道和反向 CDMA 信道之间的不相关造成的路径损耗。这两个参数都需要根据具体传播环境的当地通信噪声电平通过计算得出。

(2) 其后的试探序列不断增加发射功率(增加的步长为 PRW_STEP),直到收到一个响应或序列结束。这时移动台开始在反向业务信道上发送信号,其平均输出功率电平为

$$
\text{平均输出功率(dBm)} = -\text{平均输入功率(dBm)} - 73 + \text{NOM\_PWR(dB)}
$$
$$
+ \text{INIT\_PWR(dB)} + \text{PWR\_STEP(dB)} \tag{9-6}
$$

(3) 在反向业务信道开始发送之后一旦收到一个功率控制比特，移动台的平均输出功率将变为

$$
\text{平均输出功率(dBm)} = -\text{平均输入功率(dBm)} - 73 + \text{NOM\_PWR(dB)}
$$
$$
+ \text{INIT\_PWR(dB)} + \text{PWR\_STEP(dB)}
$$
$$
+ \text{所有闭环功率控制校正之和(dB)} \tag{9-7}
$$

NOM_PWR、INIT_PWR 和 PWR_STEP 均为在接入参数消息中定义的参数，在移动台发射之前便可得到这些参数。NOM_PWR 参数的范围为 $-8 \sim 7$dB，标称值为 0dB。INIT_PWR 参数的范围为 $-16 \sim 15$dB，标称值为 0dB。PWR_STEP 参数的范围为 $0 \sim 7$dB。这些校正参数对平均输出功率所做调整的精确度为 0.5dB。移动台平均输出功率可调整的动态范围至少应为 ± 32dB。

9.3.2 反向闭环功率控制

在反向闭环功率控制中，基站起着很重要的作用。闭环控制的设计目标是使基站对移动台的开环功率估计迅速作出纠正，以使移动台保持最理想的发射功率。这种对开环的迅速纠正，解决了前向链路和反向链路间增益容许度和传输损耗不一样的问题。在开环功率控制的基础上，反向闭环功率控制能提供 ± 24dB 的动态范围。

反向闭环功率控制包括两部分：内环功率控制和外环功率控制，如图 9.25 所示。

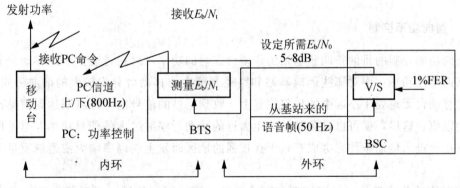

图 9.25 反向闭环功率控制

内环功率控制的目的是使移动台业务信道的信噪比尽可能接近目标值，而外环功率控制则对指定的移动台调整其信噪比的目标值。内环功率控制由 BTS 完成，外环功率控制由 BSC 完成。

1. 外环功率控制的过程

从 BTS 来的语音帧以每秒 50 帧的速率送到选择器 V/S，选择器每过一定的时间就统计所收到的反向信道误帧率(FER)是否超过 1%。如果超过 1%，则说明目前所设的目标

E_b/N_0 还不够,就命令 BTS 将目标 E_b/N_0 上升几个步阶;如果小于 1%,则说明目前所设的目标 E_b/N_0 还有余量,就命令 BTS 将目标 E_b/N_0 下降一个步阶,这就是所说的外环调整。

2. 内环功率控制的过程

BTS 对从 MS 收到的信号进行 E_b/N_0 测量,每帧分阶段 6 次测量(即以一个功率控制组为单位),具体的测量过程如下。

(1) 对于收到的每一个 Walsh 符号进行解调,取 64 个解调值中的最大值;
(2) 把每 6 个的最大值加在一起(6 个 Walsh 符号＝1 个功率控制组);
(3) 总和与目标 E_b/N_0 相比。

在对反向业务信道进行闭环功率控制时,移动台将根据在前向业务信道上收到的有效功率控制比特(在功率控制子信道上)来调整其平均输出功率。功率控制比特("0"或"1")是连续发送的,其速率为每比特 1.25ms(即 800bps)。"0"比特指示移动台增加平均输出功率,"1"比特指示移动台减小平均输出功率。每个功率控制比特使移动台增加或减小功率的大小为 1dB。

基站接收机应测量所有移动台的信号强度,测量周期为 1.25ms。并利用测量结果,分别确定对各个移动台的功率控制比特值("0"或"1"),然后基站在相应的前向业务信道上将功率控制比特发送出去。基站发送的功率控制比特较反向业务信道延迟 2×1.25ms。移动台接收前向业务信道后,从中抽取功率控制比特,进而对反向业务信道的发射功率进行调整。

9.3.3 前向功率控制

前向功率控制的目的是调整基站到移动台发射的功率,对路径衰落小的移动台分配较小的前向链路功率;而对那些远离基站和路径衰落大的移动台分配较大的前向链路功率。使任意移动台无论处于小区中的任何位置上,收到基站的信号电平都刚刚达到信噪比所要求的门限值。这样,就可以避免基站向距离近的移动台辐射过大的信号功率,也可以防止由于移动台进入传播条件恶劣或背景干扰过强的地区而发生误码率增大或通信质量下降的现象。

前向信道总功率是按一定比例分配给导频信道、同步信道、寻呼信道以及所有的前向业务信道的。图 9.26 是当一个基站有 12 个用户时,每个信道被分配功率百分比的例子。

基站通过移动台对前向误帧率的报告决定是增加发射功率还是减小发射功率。移动台的报告分为定期报告和门限报告。定期报告就是隔一段时间汇报一次,门限报告就是当误帧率达到一定门限时才报告。这个门限是由营运商根据对语音质量的不同要求设置的。这两种报告方式可同时存在,也可只用一种,或者两种都不用,这可根据营运商的具体要求进行设定。

第9章 CDMA移动通信系统

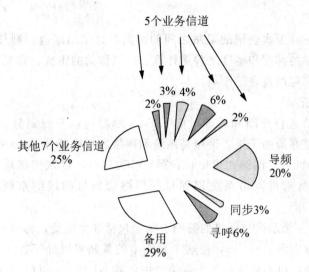

图 9.26 12个用户时的不同信道分配功率之比

9.4 CDMA蜂窝系统的控制功能

9.4.1 登记注册

在CDMA系统中，登记注册是一种进程。通过登记移动台向基站表明其位置、状态、识别码、时隙周期和其他特征值。移动台向基站提供位置和状态信息是为了让基站能够方便地寻找到被叫移动台。移动台给基站提供时隙索引以便让基站知道移动台在哪个时隙监听。在时隙排列的模式操作中，基站同意移动台在所安排的时隙间隔内减小功率输出以便节省电源。这种方案也称为移动台睡眠模式或称非连续接收(DRX)，这和IS－54以及GSM相类似。移动台同样也提供类标记和协议版本号以便基站能识别出移动台的容量和能力。登记注册可分为自主登记和其他登记。

1. 自主登记

自主登记是与移动台漫游无关的一类登记，它包括下列5种登记。
1) 开机登记

移动台打开电源时或从其他服务系统切换过来时进行的登记。为了防止电源因连续多次的接通和断开而需多次登记，通常移动台要在打开电源后延迟20s才登记。

2) 关机登记

移动台断开电源时也要登记，但只有当它在当前服务的系统中已经登记过才进行断电源登记。

3) 周期性登记

为了使移动台按一定的时间间隔进行周期性登记，移动台要设置一种计数器。计数器的最大值受基站控制。当计数值达到最大(计满或终止)时，移动台即进行一次登记。

4）基于距离登记

如果当前的基站和上次登记的基站之间的距离超过了门限值，则移动台要进行登记，移动台根据两个基站的纬度和经度之差来计算它已经移动的距离。移动台要存储最后进行登记的基站的纬度和经度及登记距离。

5）基于区域登记

为了便于对通信进行控制和管理，把 CDMA 蜂窝通信系统划分为 3 个层次：系统、网络和区域。网络是系统的子集，区域是系统和网络的组成部分，由一组基站组成。系统用系统标识号（SID）区分，网络用网络标识号（NID）区分，区域用区域号区分。因此，任何系统中的任何网络都可以由系统识别号和网络识别号构成的系统网络识别对（SID，NID）来唯一确定。

图 9.27 给出了一个系统与网络的简例。图中包括 3 个系统，标号分别为 i、j、k，系统 i 包括 3 个网络分别为 t、u、v，在这个系统中的基站可以处于这 3 个网络(i, t)、(i, u)或(i, v)之中；也可以不处于这 3 个网络之中，其 NID＝0，以$(i, 0)$表示。

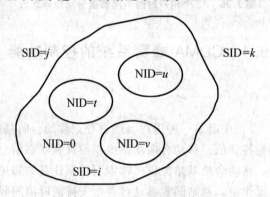

图 9.27 系统与网络的示意图

基站和移动台都保存一张供移动台注册用的"区域表格"。当移动台进入一个新区，区域表格中没有对它的登记注册，则移动台进行以区域为基础的注册。注册的内容包括区域号与系统/网络标志（SID，NID），允许移动台注册的最大数目由基站控制。

为了实现在系统之间和网络之间的漫游，移动台要专门建立一种"系统/网络表格"。移动台可在这种表格中存储 4 次登记，每次登记都包括（SID，NID）。这种登记有两类：一是原籍登记；二是访问登记。如果要存储的标志（SID，NID）和原籍的标志不符，则说明移动台是漫游者。漫游有两种形式：其一是要登记的标志中和原籍标志中的 SID 相同，则移动台是网络之间的漫游者；其二是要登记的标志中和原籍标志中的 SID 不同，则移动台是系统之间的漫游者。

2. 其他登记

除了自主登记之外，还有下列 4 种登记形式。

1）参数改变登记

当移动台修改其存储的某些参数时，要进行登记。

2）受命登记

基站发送请求指令，指挥移动台进行登记。

3）默认登记

当移动台成功发送出一启动信息或寻呼应答信息时，基站能借此判断出移动台的位置，而不涉及二者之间的任何注册信息的交换，称为默认登记。

4）业务信道登记

一旦基站得到移动台已被分配到一业务信道的注册信息时，则基站通知移动台它已被登记了。

9.4.2 切换

切换（Handoff）是指移动台在通信期间，由于所在位置发生变化，从而改变与网络的连接关系的过程，也称越区切换。切换过程中，通信链路的转移不能影响通话的正常进行，时间要短，切换过程自动进行。在蜂窝移动通信系统中，切换是保证移动用户在移动状态下，实现不间断通信的可靠保证。

1. 切换分类

根据移动台与原基站及目标基站连接方式的不同，CDMA系统的切换可以分为如下4种。

1）软切换

软切换是指需要切换时，移动台先与目标基站建立通信链接，再切断与原基站的通信链路的切换方式，即先通后断。由于只有在使用相同频率的小区间才能进行软切换，故这种切换方式是CDMA蜂窝移动通信系统所独有的切换方式。

2）更软切换

这种切换发生在同一基站具有相同频率的不同扇区之间。移动台与同一基站的不同扇区保持通信，基站RAKE接收机将来自不同扇区分集式天线语音帧中的最好的帧合并为一个业务帧，更软切换由基站控制完成。

3）硬切换

硬切换是指在载波频率配置不同的基站覆盖小区之间的信道切换。在硬切换过程中包括载波频率和导频信道PN序列偏移的转换。在切换过程中，移动用户与基站的通信链路有一个很短的中断时间。在CDMA系统中，硬切换发生在具有不同发射频率的两个基站之间，其切换过程和GSM的硬切换相似。

4）CDMA到模拟系统的切换

基站引导移动台由前向业务信道向模拟话音信道切换。

2. 软切换过程

在CDMA软切换过程中，移动台需要搜索导频信号并测量其信号强度，设置切换定时器，测量导频信号中的PN序列偏移，并通过移动台与基站的信息交换完成切换。

软切换的具体过程包含3个阶段。

(1) 移动台与原小区基站保持通信链路；

(2) 移动台与原小区基站保持通信链路的同时，与新的目标小区的基站建立通信链路；

(3) 移动台与新小区基站保持通信链路。

软切换的前提条件是及时了解各基站发射的信号在到达移动台接收地点的强度，因此，移动台必须对基站发出的导频信号不断进行测量，并把测量结果通知基站。移动台将系统中的导频分为如下4个导频合集。

(1) 激活集。和分配给移动台的前向业务信道结合的导频；

(2) 候补集。未列入激活集，但具有足够的强度表明它与前向业务信道结合并能成功地被解调；

(3) 邻近集。未列入激活集和候补集，但可作为切换的备用导频；

(4) 剩余集。未列入上述3个集合的导频。

当移动台驶向一基站，然后又离开该基站时，移动台收到的该基站的导频强度先由弱变强，接着又由强变弱，因而该导频信号可能由邻近集和候补集进入激活集，然后又返回邻近集，如图9.28所示。在此期间，移动台和基站之间的信息交换如下。

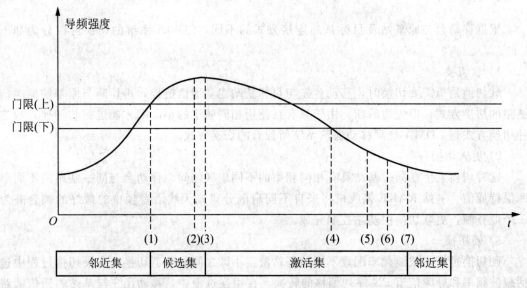

图 9.28 切换门限举例

(1) 导频强度超过门限(上)，移动台向基站发送一导频强度测量消息，并把导频转换到候补集；

(2) 基站向移动台发送切换引导消息；

(3) 移动台把导频转换到激活集，并向基站发送切换完成消息；

(4) 导频强度降低到门限(下)之下，移动台启动切换下降计时器；

(5) 切换下降计时器终止，移动台向基站发送导频测量消息；

(6) 基站向移动台发送切换消息；

(7) 移动台把导频从激活集转移到邻近集，并向基站发送一切换完成消息。

9.4.3 呼叫处理

1. 移动台呼叫处理

移动台通话是通过业务信道和基站之间互相传递信息的。但在接入业务信道时,移动台要经历一系列的呼叫处理状态,包括系统初始化状态、系统空闲状态、系统接入状态,最后进入业务信道控制状态。移动台呼叫处理状态如图 9.29 所示。

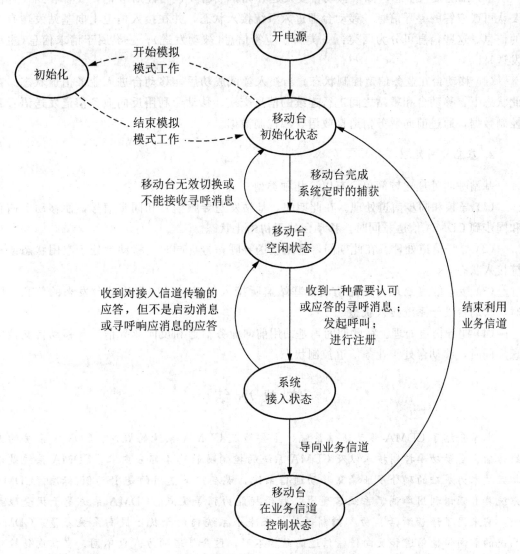

图 9.29 移动台呼叫处理状态

(1) 移动台初始化状态。移动台接通电源后就进入初始化状态。在此状态下,移动台首先要判定它要在模拟系统中工作还是要在 CDMA 系统中工作。如果是后者,它就不断地检测周围各基站发来的导频信号和同步信号。各基站使用相同的引导 PN 序列,但其偏置各不相同,移动台只要改变其本地 PN 序列的偏置,就能很容易测出周围有哪些基站在发送导频信号。移动台比较这些导频信号的强度,即可捕获导频信号。此后,移动台要捕获同步信道。同步信道中包含有定时信息,当对同步信道解码之后,移动台就能和基站的定时同步。

(2) 移动台空闲状态。移动台在完成同步和定时后,即由初始化状态进入空闲状态。在此状态下,移动台可接收外来的呼叫,可进行向外的呼叫和登记注册的处理,还能确定所需的码信道和数据率以及接收来自基站的消息和指令。

(3) 系统接入状态。如果移动台要发起呼叫,或者要进行注册登记,或者收到一种需要认可或应答的寻呼信息,移动台即进入系统接入状态,并在接入信道上向基站发送有关的信息。这些信息可分为两类:一类属于应答信息(被动发送);一类属于请求信息(主动发送)。

(4) 移动台在业务信道控制状态。当接入尝试成功后,移动台进入业务信道状态。在此状态下,移动台和基站之间进行连续的信息交换。移动台利用反向业务信道发送语音和控制数据,通过前向业务信道接收语音和控制数据。

2. 基站呼叫处理

基站呼叫处理比较简单,有以下几种类型。

(1) 导频和同步信道处理。在此期间,基站发送导频信号和同步信号,使移动台捕获和同步到 CDMA 信道。同时,移动台处于初始化状态。

(2) 寻呼信道处理。在此期间,基站发送寻呼信号。同时,移动台处于空闲状态或系统接入状态。

(3) 接入信道处理。在此期间,基站监听接入信道,以接收移动台发来的信息。同时,移动台处于系统接入状态。

(4) 业务信道处理。在此期间,基站用前向业务信道和反向业务信道与移动台交换信息。同时,移动台处于业务信道控制状态。

本 章 小 结

本章介绍了 CDMA 移动通信系统,主要涉及 CDMA 系统的概念、CDMA 系统的无线传输、自动功率控制技术以及 CDMA 系统的控制功能这 4 部分内容。CDMA 系统是以扩频技术为基础的码分多址蜂窝移动通信系统,现在广泛使用的是 IS—95 标准。CDMA 系统具有频谱利用率高、系统容量大、抗干扰能力强等优点。CDMA 系统是干扰受限系统,它采用了语音激活、功率控制等技术来减小系统内的干扰,提高系统容量。CDMA 系统的前向传输信道和反向传输信道的结构不同,区分信道的方式也不同。在前向传输信道中是以 64 阶 Walsh 码来区分不同信道的;在反向传输信道中,则以 PN 序列扩频调制来区分。CDMA 系统采用功率控制技术来减小各用户之间的干扰,软切换是 CDMA 系统特有的。CDMA 系统利用 RAKE 接收机来提高接收信号的质量。

第9章 CDMA移动通信系统

习 题 9

9.1 填空题

(1) CDMA前向信道可分为_____、_____、_____和_____，而反向信道可分为_____和_____。

(2) CDMA手机在_____上捕获信息作为时间和相位跟踪参数，而在切换时作为信号测量的参考。

(3) 扩频PN序列捕获方法有_____、_____及匹配滤波器法。

(4) CDMA系统 $2^{15}-1$ 短码在前向信道是用于_____，而 $2^{42}-1$ 长码在前向信道是用于_____。

(5) CDMA系统采用_____技术解决远近效应。

(6) CDMA系统反向闭环功率控制调节的速率为_____ Hz。

9.2 说明CDMA蜂窝系统能比TDMA蜂窝系统获得更大通信容量的原因和条件。

9.3 IS-95 CDMA蜂窝系统的优点和缺点有哪些？

9.4 CDMA蜂窝系统使用了几种PN序列？它们都是怎么实现的？

9.5 说明CDMA蜂窝系统采用功率控制的必要性及对功率控制的要求。

9.6 什么叫开环功率控制？什么叫闭环功率控制？

9.7 在CDMA蜂窝系统中，用来区分前向传输信道和反向传输信道的办法有何不同？

9.8 为什么说CDMA蜂窝系统具有软容量特性？这种特性有什么好处？

9.9 为什么说CDMA蜂窝系统具有软切换功能？这种功能有何好处？

9.10 CDMA系统为什么要采用精确功率控制？精确功率控制是如何实现的？

9.11 画出示意图说明移动台呼叫处理的状态过程。

9.12 CDMA系统的前向业务信道和反向业务信道在电路设计上有哪些不同之处？请画出示意图说明。

第10章 第三代移动通信系统

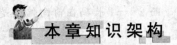
本章知识架构

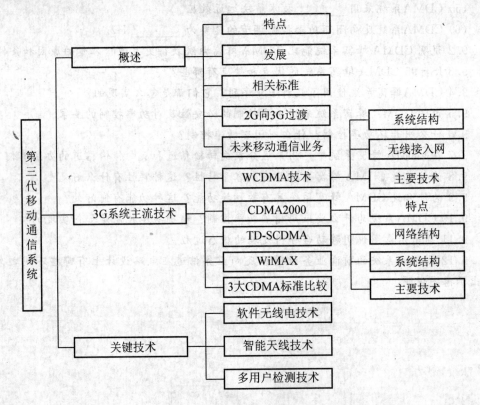

本章教学目标与要求

- 了解3G的基本概况
- 了解3G的主流技术

第10章 第三代移动通信系统

- 掌握软件无线电基本原理及关键技术
- 掌握智能天线技术
- 掌握多用户检测技术

引言

现在，手机已成为普通百姓生活中不可缺少的通信工具，它为人们的语音通信提供了很多便利。但是，现在的手机通话质量不好的问题一直困扰着人们，而且随着信息时代的到来，人们对数据和图像的需求量越来越大，现在的手机已无法满足人们的需求。于是人们开始关心下一代手机是什么样？通信专家会告诉你：下一代手机更加精致、轻便，通过它你可以接收电子邮件、上互联网购物，可以开着车收听网上新闻，可以与企业局域网连接并查询相关信息，可以打可视电话。这就是业内人士常说的第三代移动通信。

案例 10.1

2008年6月2日，中国电信、中国联通及中国网通H股公司均发公告，公布了电信重组细节，而此时，距离5月23日上述运营商由于电信重组停牌，刚刚过去6个半交易日。随着电信重组方案的确定：中国移动+铁通=中国移动，中国联通（CDMA网）+中国电信=中国电信，中国联通（GSM网）+中国网通=中国联通，从而中国电信运营商形成了三足鼎立之势。在本次电信重组中，中国铁通被并入中国移动集团，变成了中国移动一家全资子公司。那么此前中国铁通无论是固定电话用户还是宽带用户都被转成中国移动的用户。伴随着"六合三"的改革重组完成后，3张3G牌照也将发放，发放的3张3G牌基本采用3个不同标准，TD-SCDMA（时分同步码分多址）为中国自主研发的3G标准，目前已被国际电信联盟接受，与WCDMA（宽带码分多址）和CDMA2000合称世界3G的3大主流标准。

案例 10.2

国务院总理温家宝2008年12月31日主持召开国务院常务会议，同意启动第三代移动通信牌照发放工作。会议指出，TD-SCDMA作为第三代移动通信国际标准，是我国科技自主创新的重要标志，国家将继续支持研发、产业化和应用推广。发放第三代移动通信牌照对于拉动内需、优化电信市场竞争结构，促进TD-SCDMA产业链成熟，具有重要作用。电信企业改革重组工作基本完成，已具备发放第三代移动通信TD-SCDMA和WCDMA、CDMA2000牌照的条件。会议同意工业和信息化部按照程序，启动牌照发放工作。2009年1月7日14：30，工业和信息化部为中国移动、中国电信和中国联通发放3张第三代移动通信（3G）牌照，此举标志着我国正式进入3G时代。其中，批准：中国移动增加基于TD-SCDMA技术制式的3G牌照（TD-SCDMA为我国拥有自主产权的3G技术标准）；中国电信增加基于CDMA2000技术制式的3G牌照；中国联通增加了基于WCDMA技术制式的3G牌照。

10.1 第三代移动通信系统综述

10.1.1 第三代移动通信系统的主要特点

第三代移动通信系统主要将各种业务结合起来，用一个单一的全功能网络来实现，与现有的第一代和第二代移动通信系统相比较，其主要特点可以概括为以下几点。

(1) 全球普及和全球无缝漫游的系统。第二代移动通信系统，一般为区域或国家标准，而第三代移动通信系统将是一个在全球范围内覆盖和使用的系统。

(2) 具有支持多媒体业务的能力，特别是支持 Internet 业务。

ITU 规定的第三代移动通信无线传输技术的最低要求必须满足以下 3 种传输速率要求：①快速移动环境，最高速率达 144Kbps；②室外到室内或步行环境，最高速率应达到 384Kbps；③室内环境，最高速率应达到 2Mbps。

(3) 便于过渡、演进。由于第三代引入时，第二代网络已具有相当规模，所以第三代的网络一定要能在第二代网络的基础上逐渐演进而成，并与固定网兼容。

(4) 高频谱利用率。

(5) 高服务质量。

(6) 低成本。

(7) 高保密性。

10.1.2 第三代移动通信的发展

1. 全球发展状况

3G 在全球逐渐普及，已进入规模化发展阶段，3G 用户数量继续保持快速稳定的增长趋势，目前已成为移动通信市场的主要带动力量。3G 时代，传统的产业结构发生转变，"终端＋应用"成为 3G 时代移动通信产业链的新重心，各产业参与者均围绕这一重心，推动市场向更为繁荣的方向发展。

1) 全球 3G 进入规模化发展阶段

从全球首个 3G 网络商用至今已有近十年时间，全球 3G 已从整体上进入规模化发展阶段，3G/3G＋商用网络及 3G 用户市场均表现出快速发展的态势。

全球 3G 网络数量持续增长。截至 2011 年 2 月，3G 网络已经覆盖全球超过 165 个国家和地区，占全球国家和地区总数的 72%。全球部署 3G 商用网络 506 个，其中 WCDMA 网络 383 个，EV－DO 网络 123 个。3G 增强型技术成为主流应用技术，绝大部分网络已升级到增强型技术。

随着 3G 市场的不断成熟，全球 3G 用户已经进入规模化增长阶段。截至 2010 年底，全球 3G 用户总数为 8.2 亿。其中，2010 年度 3G 新增用户将达到 2.1 亿，与 2009 年相比增长 34.4%，在移动用户中占比由 2009 年的 12.9% 升至 15.2%，新增用户比例达到 39.4%。

目前全球主要地区的 3G 发展尚不平衡。发达国家的 3G 市场已经大规模应用，日本 3G 用户渗透率已经接近 95%，而澳大利亚、美国、英国等典型发达国家的 3G 渗透率也在快速攀升，这些地区的 2G 市场已经出现萎缩；发展中国家如中国、印度，由于 3G 市场起步较晚，用户仍以 2G 为主。但随着 2G 市场的饱和及用户对 3G 业务的需求增强，

第10章 第三代移动通信系统

3G用户发展正在提速,市场发展空间巨大。

2) 产业结构转变、终端和应用成为市场重心

3G时代,移动互联网的快速发展和网络IP化削弱了移动运营商对移动通信产业链的控制力,以终端厂商和内容服务提供商为代表的产业参与者通过提供终端及操作系统平台等方式建立起和用户直接联系的通道。在这种情况下,"终端+应用"成为3G时代移动通信产业链的新重心,各产业参与者均围绕这一重心,推动市场向更为繁荣的方向发展。

(1) 智能终端成为各方竞争核心,产业格局快速变换。智能终端作为用户接入各类应用和互联网络的重要通道,已成为各方竞争的核心。通过提供操作系统平台控制终端高层软件业务、建立应用程序商店等方式,智能终端和业务实现深度融合,带来巨大的价值。

全球智能手机市场高速发展,成为引领移动终端发展的核心动力。根据咨询公司Gartner的统计数据显示,2010年全球智能手机终端用户销量共计2.97亿,较2009年增长72.1%。集娱乐、应用、移动互联3大核心功能于一身的新型操作系统手机X-Phone成为推动智能手机市场快速发展的关键因素。作为X-Phone代表的Android手机和iPhone手机发展快速,所搭载的操作系统市场份额分别提升至全球第二位和第四位。其中,Android的销量呈现出井喷式增长,较2009年增长了88.8%。

新型智能终端不断涌现,平板计算机成为新的竞争热点。移动智能终端的软硬件架构正逐步演变为信息产业的通用基础架构,逐步向泛终端、TV等跨领域融合设备迁移。电子书、智能电视等采用移动智能终端架构的设备层出不穷。新型智能终端中,平板计算机市场空间巨大,对上网本等移动终端具有极强的替代作用。市场研究机构IDC报告显示,2010年全球平板计算机总出货量接近1800万台,其中,苹果的市场份额达到83%。移动运营商、终端厂商以及操作系统提供商已投入到平板计算机的市场竞争中。

(2) 3G业务不断丰富,移动互联网业务成为主要带动力量。随着3G及其演进技术的快速发展,数据业务已成为移动运营商发展的重心,并带动流量、收入和利润持续增长。目前,以和黄3G(爱尔兰)、软银、和黄(奥地利)为代表的多家全3G运营商的数据业务收入已经超过话音业务,而NTT DoCoMo、KDDI等公司的数据业务收入占比预计也将在2011年内超越话音业务。

在3G及智能终端的协力推动下,移动互联网业务得到快速发展。截至2010年12月,全球移动互联网用户达到9.4亿,年复合增长率约为69%。从移动互联网业务应用情况来看,高流量、个性化移动互联网应用正在快速发展,多媒体大流量业务已经成为电信运营商新的利润增长点,而位置服务、移动SNS、微博等个性化业务也正在成为拉动用户活跃度的有效工具。用户需求多层次和移动互联网个性化特点决定应用服务的分阶段发展,娱乐类应用是当前的主流应用。

应用程序商店模式成为移动互联网主导业务模式。通过构建第三方内容提供商与用户直接联系的应用平台,应用程序商店改变了移动数据业务的商业模式,在帮助用户享受到方便快捷的一站式服务体验的同时,极大地丰富了3G业务。终端厂商、操作系统平台提供商纷纷建立自己的应用程序商店,吸引了大量用户。而移动运营商虽然也已陆续开始构

建自由应用程序商店,但由于众多不同品牌、不同型号、不同操作系统终端的匹配问题,影响了应用的开发速度和制作成本,应用数量增长速度相对较缓。

3) 全球 3G 市场未来发展趋势

未来,全球 3G 市场将继续保持快速稳定发展,并呈现以下趋势。

(1) 3G+技术将成增长主流。截至 2010 年底,全球移动普及率已超过 76%,市场将逐渐趋于饱和,移动用户增长将趋缓。中国、印度等发展中国家将是未来几年 3G 用户增长的主要来源,对整个移动通信市场的发展影响重大。3G+技术将成为 3G 市场主流。预计到 2015 年,HSPA 用户占比将由 2010 年的 6.3%迅速上升到 25.6%,成为 3G 用户增长的重要来源。

(2) 中低端智能终端市场份额不断提升,开放阵营将占据主流。未来,智能终端的能力将呈现 PC 化,计算、处理和存储能力等方面都逐渐向 PC 性能水平靠拢。在价格方面,智能终端将整体走低,受众范围不断扩大。依靠产业分工合作、标准化、通用服务获得成本优势的中低端智能终端在市场中的份额将不断上升。

操作系统的开放和开源已经成为一种发展趋势。以 Linux 为内核的 Android、Limo、OMS 正在成为目前移动互联网发展的重要力量。目前居于领导地位的 Symbian 的新一代系统 Symbian3 也已实现开放和开源,免除联盟内公司的开发许可费用。

(3) 应用商店模式加快发展,浏览器成为其新载体。未来,移动应用商店将继续处于快速发展阶段。随着智能终端种类和行业应用的增加,未来应用商店应用范围将持续扩大,成为覆盖手机、平板计算机、电子阅读器、笔记本计算机等移动终端设备的通用应用下载平台。

现阶段基于操作系统的应用程序商店将面临 Web 应用程序商店的挑战。这类应用商店基于浏览器,可实现跨终端乃至跨浏览器的服务。与目前多数应用程序商店相比,Web 应用商店的产品使用灵活性更佳。随着 HTML5 对 Web 应用的增强,基于操作系统的应用程序商店模式会被逐步改变。

2. 我国 3G 的发展

与全球 3G 大发展相比,中国 3G 还处于起步阶段。截至 2009 年 6 月,我国移动电话用户总数已突破 6 亿大关,互联网用户数也达到了 2 亿。由此可见,移动通信和互联网的高速发展也让中国 3G 向更高的目标迈进。

TD-SCDMA 网络在北京奥运会开幕式上得到了一定规模的使用,在北京有近 7000 个用户在当晚使用了 TD-SCDMA 网络,其中使用视频通话的次数达到 800 多次。而中国移动的 3G 网络也经历了最严峻的考验:在国家体育场及奥林匹克中心区内举行开幕式时,移动通信的网络通话峰值达到每小时 110065 次。

对比于中国移动借势 TD-SCDMA 率先启动了 3G 的步伐,国内其他运营商也在紧密的部署相关工作。据悉,中国电信在接手 CDMA 网络和业务之后,即组织各厂家开展多项 CDMA 测试,包括 EV-DO 测试、互通测试和业务测试等。目前,中国电信对设备厂

第10章 第三代移动通信系统

商的 CDMA 设备技术评估已基本完成,招标工作也在有条不紊地进行之中。

而中国联通在出售 CDMA 网络资产和业务之后,不仅获得了可观的资金保障,而且借助重组的快速推进以及拥有 WCDMA 技术和产业链最为成熟的优势,中国联通有望获得超过 2G 时代的市场份额,并已经着手进行 3G 网络的规划建设,于 2010 年在各省陆续开通商用。种种迹象显示,3G 在中国的发展初期既拥有了较好的成绩,也为其今后的稳步发展打下了坚实的基础。

10.1.3 第三代移动通信标准之争

IMT—2000 主要采用宽带 CDMA 技术,这一点各国已达成共识。但北美、欧洲、日本这 3 大区域性集团均向 ITU 提出了各自的标准。我国也积极参与了第三代移动通信技术的研究和标准的制定,成立了无线通信标准研究组(CWTS),专门负责标准的研究和制订,并向 ITU 提交了中国自己的标准 TD—SCDMA,并被国际电信联盟接受,成为世界的 3G 的主流标准。第三代移动通信系统主要有以下一些方案。

(1) 由国际电信联盟(ITU)提出的"未来公用陆地移动通信系统(FPLMTS)",改名为"国际移动通信 2000(IMT—2000)"。

(2) 由欧洲电信标准协会(ETSI)提出的"通用移动通信系统(UMTS)"。

(3) 截至 1998 年 12 月,世界各国已向 ITU 提交的无线传输技术(RTT)建议有以下 10 种。

1) 以 TDMA 为基础的两种标准

(1) DECT(Digital European Cordless Telecommunications)(来自 ETSI 计划(EP) DECT)。

(2) UWC—136(Universal Wireless Communications)(来自美国 TIATR45.3)。

2) 以 CDMA 为基础的 8 种标准

(1) WMMSW—CDMA(Wireless Multimedia and Messaging Service Wideband CDMA):来自美国 TR46.1。

(2) TD—SCDMA(Time—Division Synchronous CDMA):来自中国电信技术研究院(CATT)。

(3) W—CDMA(Wideband CDMA):来自日本 ARIB。

(4) CDMAⅡ(Asynchronous DS—CDMA):来自韩国 TTA。

(5) UTRA(UMTS Terrestrial Radio Access):来自 ESTI SMG2。

(6) NA:W—CDMA(North American Wideband CDMA):来自美国 TIPI—ATIS。

(7) CDMA2000(Wideband CDMA(IS—95)):来自美国 TIA TR45.5。

(8) CDMAI(Multiband Synchronous DS—CDMA):来自韩国 TTA。

10.1.4 第二代移动通信系统向第三代的过渡

第二代移动通信系统指以现有的 GSM 移动通信系统和 IS—95 的窄带 CDMA 移动通

信系统为代表的移动通信系统。GSM 系统在向第三代系统演进的过程中，其无线接入网络一般公认将采用基于 WCDMA 标准的技术，与基于 TDMA 技术的 GSM 网络相比，是一个革命性的变化。

10.1.5 未来移动通信业务

目前，通信技术和计算机技术日趋融合，语音业务和数据业务日趋融合，无线互联网、移动多媒体已初露端倪。在我国，移动电话和 Internet 用户都在飞速增长，现在越来越多的移动电话用户得到了 Internet 及多媒体业务服务。

根据 ITU 的预测，从 2001 年至 2007 年，世界上的移动数据用户将超过移动语音用户。移动通信的应用领域也将从单纯的人与人之间的信息交互发展为人与机器之间的信息交互和机器与机器之间的信息交互。未来移动通信网络将向 IP 化的大方向演进。在此过程中，移动网络上的业务将逐步呈现分组化特征，而网络结构将逐步实现以 IP 方式为核心的模式。

1. 移动业务走向数据化和分组化

在固定通信领域，语音业务正在受到数据业务的强有力挑战。据预计，在最近一两年中，全球数据通信量将超过语音通信量。与固定通信相比，移动通信目前的语音通信显然占绝对优势，但随着新技术的引入，移动数据业务已开始呈现蓬勃发展的景象，WAP 在现有窄带移动网络上的实现，已经使移动通信能提供低速率的信息访问。

2. 未来移动通信网络将是全 IP 网络

未来的移动通信网络将向 IP 化方向演进，未来的移动通信网络将是一个全 IP 的分组网络。对此，两个主要的第三代移动通信标准化组织 3GPP 和 3GPP2 都将第三代移动通信发展的目标设定为全 IP 网。

3. 未来移动通信系统的 3 大主体结构

未来的移动通信系统的 3 大主体结构如下。
(1) 设备制造商负责制造向用户提供服务的移动通信系统设备和终端。
(2) 服务运营商负责向用户提供移动通信业务服务。
(3) 业务设计商负责向运营商提供用户喜闻乐见的业务形式和业务内容。

10.2 3G 系统的 4 个标准

10.2.1 WCDMA

1. WCDMA 系统结构

WCDMA 是 IMT2000 家族中的一员，是 3G 系统的主流技术之一，是未来移动通信的发展方向。WCDMA系统由核心网(CN)、UMTS陆地无线接入网(UTRAN)和用户装置(UE)3部分组成,其系统结构如图10.1所示。其中Iu为UTRAN与CN之间的有线接口,Uu为UTRAN与UE之间的无线接口。

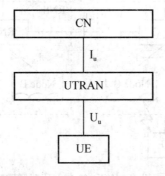

图10.1 WCDMA系统结构

WCDMA的核心网采取的是由GSM的核心网逐步演进的思路,即由最初的GSM的电路交换的一些实体,然后加入GPRS的分组交换的实体,再到最终演变成全IP的核心网。这样可以保证业务的连续性和核心网络建设投资的节约化。由于WCDMA的无线接入方式完全不同于GSM的TDMA的无线接入方式,因此,WCDMA的无线接入网是全新的,需要重新进行无线网络规划和布站。为了体现业务的连续性,WCDMA的业务与GSM的业务是完全兼容的。

WCDMA网络在设计时遵循以下原则。网络承载和业务应用相分离、承载和控制相分离、控制和用户平面相分离。这样使得整个网络结构清晰,实体功能独立,便于模块化的实现。因此,WCDMA的核心网主要负责处理系统内所有的语音呼叫和数据连接及与外部网络的交换和路由;无线接入网主要用于处理所有与无线有关的事务。

WCDMA标准由第三代合作伙伴计划组织(3GPP)制定,共分R99、R4、R5和R6这4个版本。其中,R99、R4和R5这3个版本已经完成并定稿,R6版本正在加紧制定。

2. WCDMA的无线接入网

如前所述,WCDMA的无线接入网UTRAN是基于UMTS体系的。UMTS中文译为通用移动通信系统,是由欧洲开发的,以GSM系统为基础,采用WCDMA空中接口技术的第三代移动通信系统。UMTS又分为两个方案:WCDMA和TD-CDMA。因此,WCDMA包含在UMTS体系之中,由UMTS发展而来。

1) UTRAN结构

UTRAN结构如图10.2所示。由图可见,UTRAN包括许多通过Iu接口连接到CN的RNS。一个RNS包括一个RNC和一个或多个Node B。Node B通过Iub接口连接到RNC上,支持FDD模式、TDD模式或双模式。Node B包括一个或多个小区。

在UTRAN内部,RNS中的RNC能通过Iur接口交互信息,Iu接口和Iur接口是逻辑接口。Iur接口可以是RNC之间物理的直接相连,也可以通过适当的传输网络实现。Iu、Iur和Iub接口分别为CN与RNC、RNC与RNC和RNC与Node B之间的接口。

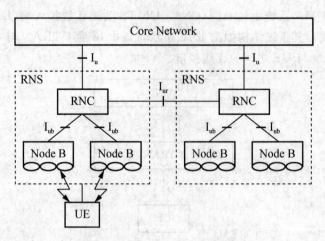

图 10.2　WCDMA 的 UTRAN 结构

2) UTRAN接口通用协议

图 10.3 为 UTRAN 接口通用的协议模型,此结构是依据层间和平面间的相互独立原则而建立的。

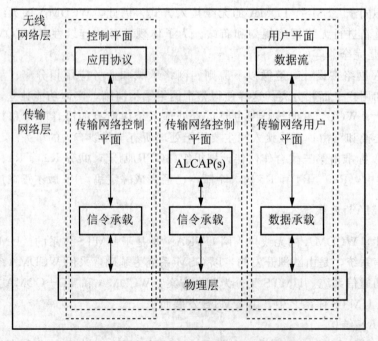

图 10.3　WCDMA 的 UTRAN 接口通用协议模型

(1) UTRAN分层结构。WCDMA 的无线接口协议模型分为 3 层,从下向上依次是物理层、传输网络层和无线网络层。物理层主要体现了 WCDMA 的多址接入方式,可以采用 E1、T1、STM-1 等数十种标准接口。无线网络层涉及了 UTRAN 的所有相关问题,由无线资源控制(RRC)和非接入层协议呼叫控制、移动性管理、短信息业务管理等组成。其中,RRC 统一负责和控制无线资源以及对以上协议实体的配置。传输网络层只是 UT-

RAN 采用的标准化的传输技术,与 UTRAN 的特定功能无关。它又被划分为几个子层:在控制平面上,数据链路层包含两个子层——媒体接入控制(MAC)层和无线链路控制(RLC)层;在用户平面上,除了 MAC 和 RLC 外,还存在着两个与特定业务有关的协议——分组数据会聚协议(PDCP)和广播/组播控制协议(BMC)。MAC 的重点是对多业务和多速率的灵活支持,RLC 定义了 3 种不同的传输模式,PDCP 核心是解决报头压缩问题,BMC 是完成对广播组播业务的支持。

(2) UTRAN 平面结构。WCDMA 的无线接口协议模型包括两个平面:控制平面和用户平面。控制平面包括无线网络层的应用协议以及用于传输应用协议消息的信令承载。

在 Iu 接口的无线网络层是无线接入网应用协议(RANAP),它负责 CN 和 RNS 之间的信令交互。在 Iur 接口的无线网络层是无线网络子系统应用协议(RNSAP),它负责两个 RNS 之间的信令交互。在 Iub 接口的无线网络层是 B 节点协议(NBAP),它负责 RNS 内部的 RNC 与 Node B 之间的信令交互。传输网络层的 3 个接口统一应用 ATM 传输技术,3GPP 还建议了可支持 7 号信令的 SCCP、MTP 及 IP 等技术。

应用协议在无线网络层建立承载。信令承载与 ALCAP 的信令承载可同可不同。信令承载由操作维护(O&M)建立。传输网络控制平面只在传输层,它不包括任何无线网络控制平面的信息。它包括用户平面传输承载(数据承载)所需的 ALCAP 协议,还包括 ALCAP 所需的信令承载。传输网络控制平面的引入使得无线网络控制平面的应用协议完全独立于用户平面数据承载技术。用户平面包括数据流和用于传输数据流的数据承载。数据流是各个接口规定的帧协议。用户平面的数据承载和应用协议的数据承载属于传输网络用户平面。

由上可见,WCDMA 无线接口的设计完全体现了对多媒体业务和移动性的支持,是一个理想的 3G 无线接入解决方案。

3. WCDMA 系统的主要技术

WCDMA 系统支持宽带业务,可有效支持电路交换业务(如 PSTN、ISDN 网)、分组交换业务(如 IP 网)。灵活的无线协议可在一个载波内对同一用户同时支持语音、数据和多媒体业务。通过透明或非透明传输块来支持实时、非实时业务。

WCDMA 有两种模式,FDD 和 TDD,分别运行在对称的频带和非对称的频带上。FDD 和 TDD 分别适用于不同的应用,FDD 适用于大面积室外高速移动覆盖,TDD 适用于室内慢速移动覆盖。混合采用 FDD 和 TDD 两种模式,可以保证在不同的环境下更有效地利用有限的频段。

WCDMA 采用 DS-CDMA 多址方式,码片速率是 3.84Mc/s,载波带宽为 5MHz。系统不采用 GPS 精确定时,不同基站可选择同步和不同步两种方式,可以不受 GPS 系统的限制。在反向信道上,采用导频符号相干 RAkE 接收的方式,解决了 CDMA 中反向信道容量受限的问题。WCDMA 采用精确的功率控制,包括基于 SIR 的快速闭环、开环和外环 3 种方式。功率控制速率为 1500 次/s,控制步长可变为 0.25~4dB,从而可有效满足抗衰落的要求。WCDMA 还可采用一些先进的技术,如自适应天线、多用户检测、分集接收(正交分集、时间分集)、分层式小区结构等来提高整个系统的性能。

WCDMA 建网成本低，服务质量高，可提供音频、视频等丰富多彩的多媒体业务，能够给运营商带来真正的收益。因此，WCDMA 的前景非常乐观。

10.2.2 CDMA2000

1. CDMA2000 的特点。

CDMA2000 系统提供了与 IS-95B 的后向兼容，同时又能满足 ITU 关于第三代移动通信基本性能的要求。后向兼容意味着 CDMA2000 系统可以支持 IS-95B 移动台，CDMA2000 移动台可以工作于 IS-95B 系统。

CDMA2000 系统是在 IS-95B 系统的基础上发展而来的，因而在系统的许多方面，如同步方式、帧结构、扩频方式和码片速率等都与 IS-95B 系统有许多类似之处。但为了灵活支持多种业务，提供可靠的服务质量和更高的系统容量，CDMA2000 系统也采用了许多新技术和性能更优异的信号处理方式，概括如下。

1) 多载波工作

CDMA2000 系统的前向链路支持 $N \times 1.2288$Mc/s（这里 $N=1,3,6,9,12$）的码片速率。$N=1$ 时的扩频速率与 IS-95B 的扩频速率完全相同，称为扩频速率 1。多载波方式将要发送的调制符号分接到 N 个相隔 1.25MHz 的载波上，每个载波的扩频速率均为 1.2288Mc/s。反向链路的扩频方式在 $N=1$ 时与前向链路类似，但在 $N=3$ 时采用码片速率为 3.6864Mc/s 的直接序列扩频，而不使用多载波方式，如图 10.4 所示。

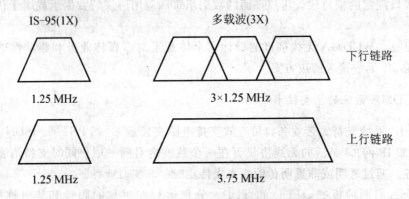

图 10.4　MC 模式和 IS-95 在频谱使用上的关系

2) 反向链路连续发送

CDMA2000 系统的反向链路对所有的数据速率提供连续波形，包括连续导频和连续数据信道波形。连续波形可以使干扰最小化，可以在低传输速率时增加覆盖范围，同时连续波形也允许整帧交织，而不像突发情况那样只能在发送的一段时间内进行交织，这样可以充分发挥交织的时间分集作用。

3) 反向链路独立的导频和数据信道

CDMA2000 系统反向链路使用独立的正交信道区分导频和数据信道，因此导频和物理数据信道的相对功率电平可以灵活调节，而不会影响其帧结构或在一帧中符号的功率电平。同时，在反向链路中还包括独立的低速率、低功率、连续发送的正交专用控制信道，使得专用控制信息的传输不会影响导频和数据信道的帧结构。

4) 独立的数据信道

CDMA2000 系统在反向链路和前向链路中均提供称为基本信道和补充信道的两种物理数据信道,每种信道均可以独立地编码、交织,设置不同的发射功率电平和误帧率要求以适应特殊的业务需求。基本信道和补充信道的使用使得多业务并发时系统性能的优化成为可能。

5) 前向链路的辅助导频

在前向链路中采用波束成型天线和自适应天线以改善链路质量,扩大系统覆盖范围或增加支持的数据速率以增强系统性能。CDMA2000 系统规定了码分复用辅助导频的产生和使用方法,为自适应天线的使用(每个天线波束产生一个独立的辅助导频)提供了可能。码分辅助导频可以使用准正交函数产生。

6) 前向链路的发射分集

发射分集可以改进系统性能,降低对每信道发射功率的要求,因而可以增加容量。在 CDMA2000 系统中采用正交发射分集(OTD)。其实现方法为:编码后的比特分成两个数据流,通过相互正交的扩频码扩频后,由独立的天线发射出去。每个天线使用不同的正交码进行扩频,这样保证了两个输出流之间的正交性,在平坦衰落时可以消除自干扰。导频信道中采用 OTD 时,在一个天线上发射公共导频信号,在另一个天线上发射正交的分集导频信号,保证了在两个天线上所发送信号的相干解调的实现。

CDMA2000 系统支持通用多媒体业务模型,允许话音、分组数据、高速电路数据的并发业务任意组合。CDMA2000 也包括服务质量(QoS)控制功能,可以平衡多个并发业务时变化的 QoS 需求。

与 IS−95 相比,CDMA2000 主要的不同点如下。

(1) 反向链路采用 BPSK 调制并连续传输,因此,发射功率峰值与平均值之比明显降低。

(2) 在反向链路上增加了导频,通过反向的相干解调可使信噪比增加 2~3dB。

(3) 采用快速前向功率控制,改善了前向容量。

(4) 在前向链路上采用了发射分集技术,可以提高信道的抗衰落能力,改善前向信道的信号质量。

(5) 业务信道可以采用 Turbo 码,它比卷积码高 2dB 的增益。

(6) 引入了快速寻呼信道,有效地减小了移动台的电源消耗,从而延长了移动台的待机时间。在软切换方面也将原来的固定门限改变为相对门限,增加了灵活性。

(7) 为满足不同的服务质量(QoS),支持可变帧长度的帧结构、可选的交织长度、先进的媒体接入控制(MAC)层支持分组操作和多媒体业务。

2. CDMA2000 系统的网络结构

CDMA2000 系统的网络结构是在现有 CDMAOne 网络结构的基础上的扩展,两者的主要区别在于 CDMA2000 系统中引入了分组数据业务。要实现一个 CDMA2000 系统,必须对 BTS 和 BSC 进行升级,这是为了使系统能处理分组数据业务。

图 10.5 所示为通过 CDMAOne 支持 CDMA2000 网络的新平台。这个平台的升级包括 BTS 和 BSC，可以通过增加模块或者更换模块来实现，这取决于基础设施的运营商。无论系统是全新的或者是由 CDMAOne 系统升级得到的，CDMA 网络的主要数据业务是利用分组数据业务节点(PDSN)来处理分组数据业务。

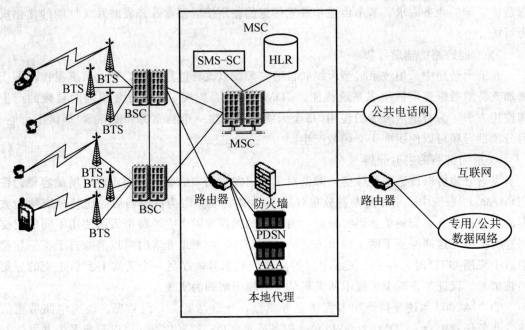

图 10.5　CDMA2000 系统的网络结构

1) 分组数据业务节点(PDSN)

相对于 CDMAOne 网络，与 CDMA2000 系统相关联的 PDSN 是一个新网元。在处理所提供的分组数据业务时，PDSN 是一个基本单元。PDSN 的作用是支持分组数据业务，在分组数据的会话过程中，执行下列主要功能。

(1) 建立、维持和结束同用户的端到端协议(PPP)会话。

(2) 支持简单和移动 IP 分组业务。

(3) 通过无线分组(R－P)接口建立、维持和结束与无线网络(RN)的逻辑链接。

(4) 进行移动台用户到 AAA 服务器的认证、授权与计费(AAA)。

(5) 接收来自 AAA 服务器的对于移动用户的服务参数。

(6) 路由去往和来自外部分组数据网的数据包。

(7) 收集转接到 AAA 服务器的使用数据等。

2) 认证、授权与计费(AAA)

AAA 服务器是 CDMA2000 配置的另外一个新的组成部分。如其名字一样，AAA 对与 WCDMA2000 相关联的分组数据网络提供认证、授权和计费功能，并且利用远端拨入用户服务(RADIUS)协议。AAA 服务器通过 IP 与 PSDN 通信，并在 CDMA2000 网络中完成如下主要功能。

(1) 进行关于 PPP 和移动台连接的认证。

第10章 第三代移动通信系统

(2) 授权(业务文档、密钥的分配和管理)。

(3) 计费等。

3) 本地代理

原籍代理(HA)是 CDMA2000 分组数据业务网的第 3 个主要组成部分,并且它服从于 IS-835。IS-835 在无线网络中与 HA 功能有关。HA 完成很多任务,其中一些是当移动 IP 用户从一个分组区移动到另外一个分组区时对其进行的位置跟踪。在跟踪移动用户时,HA 要保证数据包能到达移动用户。

4) 路由器

路由器具有在 CDMA2000 系统中对发往和来自不同网络组成单元的数据包进行路由的功能。路由器也负责对网内和网外平台的来、去数据包进行发送和接收。当连接网外数据应用时,需要一个防火墙来保证安全。

5) 原籍位置寄存器(HLR)

用于现在的 IS-95 网络的 HLR 需要存储更多的与分组数据业务有关的用户信息。HLR 对分组业务完成的任务与现在对话音业务所作的一样,它存储用户分组数据业务选项等。在成功登记的过程中,HLR 的服务信息从与网络转换有关的访问位置寄存器(VLR)上下载。这个过程与现在的 IS-95 系统和其他 1G 和 2G 等语音导向系统一样。

6) 基站收/发信机(BTS)

BTS 是小区站点的正式名称。它负责分配资源和用于用户的功率和 Walsh 码。BTS 也有物理无线设备,用于发送和接收 CDMA2000 信号。

BTS 控制处在 CDMA2000 网络和用户单元的接口。BTS 也控制直接与网络性能有关的系统的许多方面。BTS 控制的一些项目包括多载波的控制、前向功率分配等。

CDMA2000 与 IS-95 系统一样可以在每个扇区内用多个载波。因此,当发起一个新的语音或者包会话时,BTS 必须决定如何最好地分配用户单元,以满足正被发送的业务。BTS 在决定的过程中,不仅要检测要求的业务,而且必须考虑无线配置、用户类型,当然也要检测要求的业务是话音还是数据包。这样,BTS 用的资源要受到物理和逻辑限制,这取决于涉及的特定情况。在下列情况下,BTS 可以从高的 RC 或者扩频速率降为低的 RC 或者扩频速率。

(1) 资源要求不是切换的。

(2) 资源要求是不可用的。

(3) 可以应用可选资源。

下面是 BTS 在给用户配置资源时必须分配的物理和逻辑资源。

(1) 基本信道(FCH)(可用的物理资源数目)。

(2) FCH 前向功率(已经分配的功率和可用的功率)。

(3) 需要的 Walsh 码和可用的 Walsh 码。

BTS 利用的物理资源也包括对那些话音和分组数据业务需要的信道单元的管理。更细致一些,切换的接受和拒绝只与可用的功率有关。

BTS 对资源的整体分配方案是对 Walsh 码的管理。然而,对于 CDMA2000,在第 1 阶段,无论应用的是 1X、1XEV-DO,或者 1XEV-DV,全部的 128 位 Walsh 码都可用。对于3X，Walsh码扩展到256位码的全体。对于CDMA2000-1X，话音和数据的分配由操作者的参数集进行处理，具体如下。

(1) 数据资源(可用资源的一部分，包括FCH和附加信道(SCH))。

(2) FCH资源(数据资源的一部分)。

(3) 语音资源(整个可用资源的一部分)。

很明显，对数据/FCH资源的分配直接控制着在一个特定的扇区或者小区处的同时工作的数据用户数量。

7) 基站控制器(BSC)

BSC负责控制它的区域内的所有BTS，BSC对BTS和PDSN之间的来、去数据包进行路由。此外，BSC将时分多路复用(TDM)业务路由到电路交换平台，并且将分组数据路由到PDSN。

10.2.3 TD-SCDMA

TD-SCDMA(时分同步码分多址)是由我国原邮电部电信科学技术研究院(CATT)(现为大唐电信集团公司)在原邮电部科技司的领导和支持下，代表我国向国际电信联盟(ITU)提出的第三代移动通信标准建议，是世界公认的最具竞争力的3G标准技术规范之一，是中国电信百年来第一个完整的通信技术标准。它成功结束了中国在电信标准领域的历史空白，为扭转中国移动通信制造业长期以来的被动局面提供了十分难得的机遇，标志着中国在移动通信技术方面进入了世界先进行列。

TD-SCDMA集CDMA、TDMA、FDMA及SDMA多种多址方式于一体，采用了智能天线、软件无线电、联合检测、接力切换、下行包交换高速数据传输等一系列高新技术，具有频谱利用率高、系统容量大、适合开展数据业务、系统成本低、符合移动技术发展方向等优势。特别适合于为城市人口密集地区提供高密度、大容量的语音、数据和多媒体业务。系统可单独组网运营，也可与其他无线接入技术配合使用。

1. 技术概况

它的目标是要建立一个具有高频谱效率和高经济效益的先进的移动通信系统。其基本技术特性之一是在TDD模式下，采用在周期性重复的时间帧里传输基本的TDMA突发脉冲的工作模式(和GSM相同)，通过周期性地转换传输方向，在同一个载波上交替地进行上下行链路传输。这个方案的优势在于上下行链路间的转换点的位置可以因业务的不同而任意调整。当进行对称业务传输时，可选用对称的转换点位置；当进行非对称业务传输时，可在非对称的转换点位置范围内选择。

这样，对于上述两种业务，TDD模式都可提供最佳频谱利用率和最佳业务容量。此外，针对不同性质的业务，TD-SCDMA既可以在每个突发脉冲的基础上利用CDMA和多用户检测技术进行多用户传输从而提供速率为8~384Kbps的语音和多媒体业务，也可以不进行信号的扩频从而提供高速数据传输，如移动因特网的高速数据业务。在基站收/发信台(BTS)和用户终端(UE)中的业务模式转换是通过数字信号处理软件(DSP-SW)实现的。

这一方法为实现软件无线电奠定了基础。总体来看，TD－SCDMA 的无线传输方案是 FDMA、TDMA 和 CDMA 3 种基本传输模式的灵活结合。这种结合首先是通过多用户检测技术使得 TD－SCDMA 的传输容量显著增长，而传输容量的进一步增长则是通过采用智能天线技术获得的。智能天线的定向性降低了小区间干扰，从而使更为密集的频谱复用成为可能。另外，为了减少运营商的投资，无线传输模式的设计目标一个是提高每个小区的数据吞吐量，另一个是减少小型基站数量以获得高收发器效率。TD－SCDMA 在实现这一目标方面也较为理想。

2．TD－SCDMA 系统结构

TD－SCDMA 系统的设计集 FDMA、TDMA、CDMA 和 SDMA 技术为一体，并考虑到当前中国和世界上大多数国家广泛采用 GSM 第二代移动通信的客观实际，它能够由 GSM 平滑过渡到 3G 系统。TD－SCDMA 系统的功能模块主要包括：用户终端设备（UE）、基站（BTS）、基站控制器（BSC）和核心网。在建网初期，该系统的 IP 业务通过 GPRS 网关支持节点（GGSN）接入到 X.25 分组交换机，语音和 ISDN 业务仍使用原来 GSM 的移动交换机。待基于 IP 的 3G 核心网建成后，将过渡到完全的 TD－SCDMA 第三代移动通信系统，如图 10.6 所示。

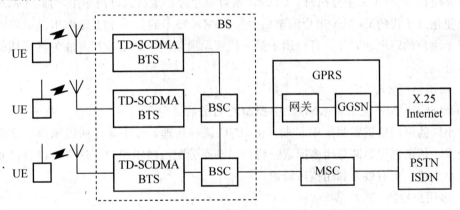

图 10.6　TD－SCDMA 系统结构

3．TD－SCDMA 的主要技术

1) 智能天线

采用智能天线可以极大地降低多址干扰、提高系统容量和接收灵敏度、降低发射功率和无线基站成本。TD－SCDMA 系统的智能天线是由 8 个天线单元的同心阵列组成的，直径为 25cm。同全方向天线相比，它可获得 8dB 的增益。采用智能天线后，应用波束赋形技术显著提高了基站的接收灵敏度和降低了发射功率，大大降低了系统内部的干扰和相邻小区间的干扰，从而使系统容量扩大了 1 倍以上。同时，还可以使业务高密度市区和郊区所需的基站数目减少。天线增益的提高也能降低高频放大器（HPA）的线性输出功率，从而显著降低了运营成本。

2) 同步CDMA

上行链路同步，它可以简化基站硬件，降低无线基站成本。同步CDMA指在上行链路各终端发出的信号在基站解调器处完全同步，相互间不会产生多址干扰，提高了TD-SCDMA系统的容量和频谱利用率。

3) 软件无线电

软件无线电的基本原理就是将宽带A/D和D/A转换器尽可能靠近天线处，从而以软件来代替硬件实施信号处理。采用软件无线电的优越性在于，基于同样的硬件环境，采用不同的软件就可以实现不同的功能。实现智能天线和多用户检测等基带数字信号处理，是此系统可以灵活地使用新技术的关键，也可以降低产品开发周期和成本。

4) 综合采用多种多址方式

TD-SCDMA使用了第二代和第三代移动通信中的所有接入技术，包括TDMA、CDMA和SDMA，其中最主要的创新部分是SDMA。SDMA可以在时域、频域之外用来增加容量和改善性能，SDMA的关键技术就是利用多天线对空间参数进行估计，对下行链路的信号进行空间合成。

CDMA与SDMA技术结合起来也起到了相互补充的作用，尤其是当几个移动用户靠得很近并使得SDMA无法分出时，CDMA就可以很轻松地起到分离作用，而SDMA本身又可以使相互干扰的CDMA用户降至最少。SDMA技术的另一个重要作用是可以大致估算出每个用户的距离和方位，可应用于第三代移动通信用户的定位，并能为越区切换提供参考信息。

5) 动态信道分配

TD-SCDMA系统采用RNC集中控制的动态信道分配（DCA）技术，在一定区域内，将几个小区的可用信道资源集中起来，由RNC统一管理，按小区呼叫阻塞率、候选信道使用频率、信道再用距离等诸多因素，将信道动态分配给呼叫用户。这样可以提高系统容量、减小干扰，更有效地利用信道资源。

6) 多用户检测

多用户检测主要是指利用多个用户码元、时间、信号幅度以及相位等信息来联合检测单个用户的信号，以达到较好的接收效果。最佳多用户检测的目标就是要找出输出序列中最大的输入序列。对于同步系统，就是要找出函数最大的输入序列，从而使联合检测的频谱利用率提高并使基站和用户终端的功率控制部分更加简单。更值得一提的是，在不同智能天线的情况下，通过联合检测就可在现存的GSM基础设备上，通过$C=3$的蜂窝再复用模式使TD-SCDMA可以在1.6MHz的低载波频带下通过。

7) Turbo编/译码

Turbo编/译码(Turbo Encode/Decode)主要是由于Turbo码译码采用软输出迭代译码算法，充分利用了译码输出的软信息。另外，Turbo码还采用了伪随机交织器分隔的递归系统卷积码(RSC)作为分量码。交织码除了抗信道突发错误外，还改变码的重量分布，控制编码序列的距离特性，使重量频窄带化，从而使Turbo码的整体纠错性能得以提高。但随着Turbo码关键技术研究的突破和硬件计算速度及工艺水平的提高，Turbo码必将取代

第10章 第三代移动通信系统

已成熟的卷积编码方法,成为第三代移动通信系统中高业务质量和高速率数据传输业务的最佳信道编码方案。

TD—SCDMA 的技术特点主要表现在以下几个方面。

(1) 频谱灵活性和支持蜂窝网的能力。TD—SCDMA 仅需要 1.6MHz 的最小带宽。若带宽为 5MHz,则支持 3 个载波,在一个地区可组成蜂窝网,支持移动业务,并可通过自动信道分配(DCA)技术提供不对称数据业务。

(2) 高频谱利用率。TD—SCDMA 为对称语音业务和不对称数据业务提供的频谱利用率较高。换言之,在使用相同频带宽度时,TD—SCDMA 可支持多一倍的用户。

(3) 设备成本。在无线基站方面,TD—SCDMA 的设备成本低,原因如下:①智能天线能极大地增加接收灵敏度,减小同信道干扰,增加容量。同时,在发射端,也能降低干扰和输出功率。②上行同步降低了码道间干扰,提高了 CDMA 容量,简化了基站硬件,降低了成本。③软件无线电可缩短产品开发周期,减小硬件设备更新换代的损失,降低成本。

10.2.4 WiMAX

1. WiMAX的产生背景

随着互联网技术的飞速发展,用户设备为了可以使用核心网提供的各种数据业务,必须通过接入网将用户设备连接到核心网上去,而宽带无线接入(Broadband Wireless Access,BWA)是实现宽带网络接入的一种快捷部署方式。拥有连接自由度高、开通部署迅速、地理环境适应性强、运营维护简便和成本费用低廉等优势的无线接入技术日益成为接入市场上的热点技术。技术的进步、需求的刺激以及市场的开放和竞争,最终促成了宽带无线接入技术 WiMAX 的产生。2007 年 10 月 19 日,国际电信联盟在日内瓦举行的无线通信全体会议(World Radiocommunication Conferences)上,经过多数国家投票通过,WiMAX 正式被批准成为继 WCDMA、CDMA2000 和 TD—SCDMA 之后的第 4 个全球 3G 标准。

2. WiMAX技术概述

WiMAX 是一种刚刚兴起的无线宽带接入技术,数据传输距离最远可达 50km,能够提供面向互联网的高速连接服务。WiMAX 还具有 QoS 保障、传输速率高、业务丰富多样等优点。WiMAX 的技术起点较高,采用了代表未来通信技术发展方向的 OFDM/OFDMA、AAS、MIMO 等先进技术,WiMAX 的基本目标是提供一种在城域网一点对多点的多厂商环境下,可有效地互操作的宽带无线接入手段。

1) WiMAX 技术的制定

WiMAX 是在 IEEE802.16 协议标准下诞生和发展起来的。1999 年,IEEE 成立了 802.16 来专门研究宽带无线接入技术规范,目标是要建立一个全球统一的宽带无线接入标准。目前 IEEE802.16 主要提及两个标准:802.16d 固定宽带无线接入标准和 802.16e 支持移动特性的宽带无线接入标准。IEEE802.16 能够提供完善的服务质量支持和安全性机制,这些相对于无线局域网有了本质上的发展。通常认为,IEEE802.16 工作组是 WiMAX 空中接口规范的制定者,而 WiMAX 论坛是技术和产业链的推动者。目前, WiMAX 几乎成为了 IEEE802.16 WiMAX 技术的代名词。IEEE802.16 工作组各系列负责的技术领域见表 10-1。

表 10-1 IEEE802.16 工作组负责的技术领域

标准号	负责的技术领域
802.16	10~66GHz 固定宽带无线接入系统空中接口标准,运用于视距范围内
802.16a	2~11GHz 固定宽带无线接入系统空中接口标准,具有非视距传输的特点
802.16c	10~66GHz 固定宽带无线接入系统关于兼容性的增补文件
802.16d	2~66GHz 固定无线接入系统空中接口标准,是相对比较成熟并且最具有使用性的一个标准版本
802.16e	2~66GHz 固定和移动带宽无线接入系统空中接口标准
802.16f	固定宽带无线接入系统空中接口 MIB 要求
802.16g	固定和无线宽带接入系统空中接口管理平面流程和服务要求,从而能够实现 802.16 设备的互操作性和对网络资源、移动性和频谱的有效管理
802.16h	在免许可的频带上运作的无线网络系统
802.16i	移动宽带无线接入系统空中接口 MIB 要求
802.16j	针对 802.16e 的移动多跳中继组网方式的研究
802.16k	针对 802.16 进行修订使其与 802.16MAC 兼容

2) WiMAX 频率资源

WiMAX 频率资源划分目前初步集中在 4 个频段上,分别是:2.3~2.4GHz,2.496~2.69GHz,3.4~3.6GHz,5.725~5.850GHz(无须许可证)。WiMAX 部分频段已经在部分国家和地区拍卖,频段均不相同,这也成为 WiMAX 应用普及的最大障碍。对于移动 WiMAX,目前世界上比较流行的做法是使用 2.5GHz 频段,也有极少数地区使用 3.5GHz 频段,但 3.5GHz 频段不能很好地发挥移动 WiMAX 的特性,特别是在移动性上会受到影响。

3) WiMAX 协议栈

IEEE802.16 协议规定了媒体介入控制层(MAC)和物理层(PHY)的规范。

(1) 媒体介入控制层。媒体介入控制层(MAC)规范采用分层结构,包括特定业务汇聚子层(CS)、公共部分子层(CPS)和安全子层(SS)。CS 子层负责和高层接口,汇聚上层不同业务;CPS 子层实现主要 MAC 功能,CPS 子层可分为数据平面和控制平面;SS 子层负责媒体接入控制层认证和加密功能。

(2) 物理层。物理层由传输汇聚子层(TC)和物理媒质依赖子层(PMD)组成。802.16 协议栈参考模型如图 10.7 所示:

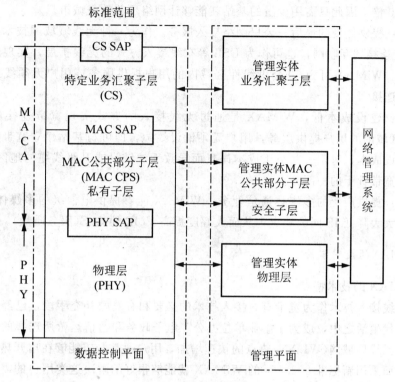

图 10.7 协议栈参考模型

4) WiMAX 的关键技术及其组网特点

WiMAX 技术是以 IEEE802.16 标准为基础的宽带无线接入技术,近年来得到了一定的发展,逐渐成为了城域宽带无线接入技术的发展热点。为了使 WiMAX 系统的性能更高,让其支持更高的传输效率,WiMAX 采用了许多的关键技术,其中包括正交频分复用(OFDM)、正交频分多址(OFDMA)、混合自动请求重传(Hybrid Automatic Repeat Request,HARQ)、自适应调制编码(Adaptive Modulation and Coding,AMC)、自适应天线系统(Adaptive Antenna System,AAS)、多输入多输出(Multiple Input Multiple Output,MIMO)。

WiMAX 网络的实现必须包括两个主要的组件:基站和用户设备。宽带无线接入的典型系统包括基站(Base Station,BS)、用户站(Subscriber Station,SS)、终端设备(Terminal Equipment,TE)、核心网设备、网络管理系统(Network Management System,NMS)、中继站(Relay Station,RS)等设备。宽带无线接入系统通常采用点到多点(PMP)拓扑结构,每个 BS 覆盖一个蜂窝小区。下行是点对点(P2P),用户站以时分多址接入(TDMA)或频分多址接入(FDMA)等方式接入系统。

5) WiMAX 的主要优势

优势一:传输的距离更远,WiMAX 更远的传输距离是相对于无线局域网而言的,无线局域网的传输距离只有几十米,而 WiMAX 的最大传输距离能达到 50 千米。

优势二:覆盖的面积广,WiMAX 采用了许多先进的技术用来支持其覆盖面广的优势,比如采用了网络拓扑(网状网)、OFDM 和天线技术等。WiMAX 网络覆盖范围是目前

3G基站的10倍,因此只需用少量的基站就能够让网络覆盖整个城市。

优势三:提供优良的最后一公里网络接入服务。作为一种无线城域网技术,它可以将Wi-Fi热点连接到互联网,也可作为DSL等有线接入方式的无线扩展,实现最后一公里的宽带接入。WiMAX可为50公里线性区域内的用户提供服务,用户无须线缆即可与基站建立宽带连接。

优势四:建设成本低,WiMAX是通过无线接入的方式实现宽带连接的,能够为50km线性区域内的用户提供服务,用户无须铺设线缆,即可与基站建立宽带连接,从而显著降低建设成本,对于一些由于成本昂贵而导致无法铺设或升级线缆的地区,WiMAX将有望成为宽带骨干的一部分。

优势五:提供广泛的多媒体通信业务,WiMAX能够提供电信级的多媒体通信服务。高带宽可以大大降低IP网的缺点,从而大幅度提高VoIP的QoS(服务质量)。

4. WiMAX的应用前景

1) WiMAX的技术特点

宽带无线接入技术作为宽带有线接入技术的必要和有效的补充手段,已经越来越多地引入到了现代生活之中,成为了事业单位办公、电子政务和通信运营所选择的灵活的组网方式。随着无线局域网(WLAN)热点的快速增加,用户通常希望能够在离开热点区后延伸服务连接,而采用新标准802.16e的WiMAX就能够很好的解决这类用户的需求。当用户离开家中或办公场所的WLAN热点地区后,仍可保持与无线ISP网络连接,甚至可以方便地接入到另一个城市的另一家无线ISP网络。

中国幅员辽阔,存在很多经济欠发达地区,这些地方的信息化建设相对落后。城郊及农村等边缘地区往往有语音通话等基本要求,WiMAX可以提供满足语音和低时延的视频服务等基本的QoS支持,应用低成本的WiMAX技术则可以给那里架起一座信息高速公路,对当地的经济发展会有很大的促进作用。

在大学校园里可以使用WiMAX技术建立高速无线网络。虽然现在大学里无线网络基本上是用的Wi-Fi技术,但是WiMAX技术要比Wi-Fi更加先进,在校园里WiMAX使用很少的基站就能够使无线信号无缝连接。

2) WiMAX也可以在如下的领域发挥其特长

(1) WiMAX在VOD(Video On Demand)视频点播方面的前景。人们一直对能够自由点播电视节目抱有梦想。有了WiMAX技术的支持,观众希望自由点播节目的心愿即将成为现实。在WiMAX信号覆盖的区域里只要操作遥控器主动点播,观众就可以在任何时间、任何地点收看和欣赏节目库中自己喜爱的任意节目。

(2) WiMAX在医疗卫生方面的前景。目前在我国,普遍存在着老百姓看病难、看病贵等现象。究其原因,不仅仅是医疗卫生自身的问题,还有很多通信技术上的不足导致的问题。而远程医疗技术就能够缓解这种难题的出现。运用WiMAX技术,使其与全息影像技术、新电子技术和计算机多媒体技术相结合就可以发挥大型医学中心的医疗技术和设备优势。这样在城郊和农村地区的老百姓在自己家里通过WiMAX接入到Internet后便能够和医院里的相关专家进行实时沟通,从而达到治疗的目的。运用WiMAX技术发展的远程

第10章 第三代移动通信系统

医疗技术会对现今的医疗卫生体制改革提供参考。

(3) WiMAX在远程教育方面的前景。远程教育是指使用电视及互联网等传播媒体的教学模式,它突破了时空的界线,有别于传统在校舍上课的教学模式。学生们不需要到特定地点上课,可以随时随地上课。计算机技术、多媒体技术、通信技术的发展,特别是因特网(Internet)的迅猛发展,使远程教育的手段有了质的飞跃,远程教育已成为高新技术条件下的远程教育。如果能在城市里覆盖WiMAX信号,架设起一条城市信息高速网络,学生就可以通过自己手中的无线上网本享受到远程教育带给他们的方便。

10.2.5 三大CDMA标准比较

3G的三大CDMA标准WCDMA、CDMA2000、TD-SCDMA的方案性能比较如下。

1. 在CDMA技术的利用程度方面

WCDMA与CDMA2000系统都采用了直接序列扩频、码分多址和RAkE接收等技术,从技术体制上是同源的。而这些技术特性对网络规划的影响是主要的。WCDMA和CDMA-1X系统之间的差异是由于数字移动通信演进格局的不同形成的。TD-CDMA在充分利用CDMA方面较差。原因是:一方面,TD-CDMA要和GSM兼容;另一方面,由于不能充分利用多径特点,降低了系统的效率,而且软切换和软容量能力实现起来相对较困难,但联合检测容易。

2. 在同步方式、功率控制和支持高速能力方面

目前的IS-95采用64位的Walsh正交扩频码序列,反向链路采用非相关接收方式,这成为限制容量的主要问题,所以在第三代系统中反向链路普遍采用相关接收方式。WCDMA采用内插导频符号辅助相关接收技术,两者性能还难以比较。CDMAOne需要GPS精确定时同步;而WCDMA和TD-SCDMA则不需要小区之间的同步。另外,TD-SCDMA继承了GSM900/DCS1800正反向信道同步的特点,从而克服了反向信道的容量瓶颈效应。而同步意味着帧反向信道均可使用正交码,从而克服了远—近效应,降低了对功率控制的要求。TD-CDMA采用了消除对数正态衰落的功率控制,抗衰落的能力较强,能支持较快移动的通信,这在现代通信中是至关重要的。

在多速率复用传输时,WCDMA实现较为容易。而TD-SCDMA采用的是每个时隙内的多路传输和时分复用。为达到2Mbps的峰值速率TD-SCDMA需采用16进制的QAM调制方式,当动态的传输速率要求较高时需要较高的发射功率,又因为TD-SCDMA和GSM兼容,所以无法充分利用资源。

3. 在频谱利用率方面

在频谱利用率方面,TD-SCDMA具有明显的优势,被认为是目前频谱利用率最高的技术。其原因是一方面,TDD方式能够更好地利用频率资源;另一方面,TD-SCDMA的设计目标是要做到设计的所有码道都能同时工作,而在这方面,目前WCDMA系统的256个扩频信道中只有60个可以同时工作。此外,不对称的移动因特网将是IMT-

2000 的主要业务。TD－SCDMA 因为能很好地支持不对称业务，而成为最适合移动因特网业务的技术，这也被认为是 TD－SCDMA 的一个重要优势，而 FDD 系统在支持不对称业务时，频谱利用率会降低，并且目前也尚未找到更为理想的解决方案。

4. 在技术先进性方面

在技术先进性方面，TD－SCDMA 技术在许多方面非常符合移动通信未来的发展方向。智能天线技术、软件无线电技术、下行高速包交换数据传输技术等将是未来移动通信系统中普遍采用的技术。显然，这些技术都已经不同程度地在 TD－SCDMA 系统中得到应用，而且 TD－SCDMA 也是目前唯一明确将智能天线和高速数字调制技术设计在标准中的 3G 系统。

5. 3种制式的频率适用性比较

1) 初级阶段频段
（1）WCDMA：利用国际电信联盟分配的第三代频率 FDD 部分，我国也保留了此频率。
（2）CDMA 2000：不同的国家可能采用不同的频率。
（3）TD－SCDMA：与 WCDMA 情况相同。
2) 将来可扩展的频率
（1）WCDMA：可在第一、第二代频率上演进为第三代移动系统。
（2）CDMA 2000：与 WCDMA 情况相同。
（3）TD－SCDMA：容易在任何频段扩展。

6. 在市场前景方面

在目前已公布的 3G 合同中，WCDMA 占有绝大多数的市场份额。在 3 个主要 3G 标准中，参与 WCDMA 标准的企业最多，包括了大多数世界著名的移动通信设备厂商，如 Ericsson、Nokia、Semens、Alcatel、Motorola、Nortel 以及 Samsung、NTTDoCoMo、Fujitsu 等。CDMA2000 的技术最为成熟，从商用的系统来看，CDMA2000 的势头比较好。TD－SCDMA 在许多方面非常符合移动通信未来的发展方向，但成功与否最终体现在市场上。

10.3 第三代移动通信系统的关键技术

10.3.1 软件无线电

1. 产生及发展

在软件无线电之前，通信产品的开发生产都是针对硬件进行的，每当有新技术或新业务出现，或是某一特定标准需要版本升级时，人们只能开发新的专用芯片，制造新一代的设备，这不仅造成了物资的大量浪费，而且给通信制造商、运营商带来了不必要的投资风险，给用户带来了诸多不便。实际情况是，往往由于需要投入的资金过大，设备不能及时更新，因而导致新技术的实际应用滞后很多年。

另一方面，由于经济利益以及政治等原因，现行通信系统技术标准多种多样，各技术标准和相应系统间很难兼容（即使是 3G 标准也不能达到完全的统一），这不仅影响了全球漫游功能的真正实现，而且造成本来就很有限的频率资源在分配和管理上更为困难，多频多模手机的制造和实用更是难上加难。

如果能够构筑一种通用硬件平台（基于数字技术和微电子技术的 DSP 通用可编程器件为此提供了可能性），在此平台上通过软件来实现无线通信功能，利用软件的灵活性来实现不同的无线通信技术标准，那么以上问题将迎刃而解，由此，软件无线电（SR）概念应运而生。

2. 定义

在 1992 年 5 月美国电信系统会议上，软件无线电（Software Radio，SR）的概念被首次提出来，它指的是可编程或可重构电台，换句话说就是用同一个硬件可以在不同时刻实现不同的功能。

当时提出这个概念还具有一定的局限性，后来随着技术的发展和研究的深入，对软件无线电提出了更深入、更具体的要求。软件无线电论坛（SDR Forum）对软件无线电进行了重新定义：软件无线电是指能够实现充分可编程通信，对信息进行有效控制，覆盖多个频段，支持大量波形和应用软件的通信设备。其含义是系统功能由软件定义，其物理层行为也能由于软件的改变而改变。

3. 分类

软件无线电（SR）可分为两类：软件定义无线电（Software Defined Radio，SDR）和软件无线电（Software Wireless Radio，SWR）。它们实际上是两个不同的层次，以当前的技术来看，前者的实现更容易一些，而后者则是在以前者为基础的技术上的进一步提高。

软件定义无线电着眼于实现一种系统，它以可编程器件为基础，通过软件的控制和配置来实现通信系统功能，从而应用于多种标准、多个频带，并实现多种功能。软件无线电是指研制出一个完全可编程的硬件平台，所有的应用都通过在该平台上的软件编程来实现。

软件定义无线电能够用软件控制和配置信号处理单元，而软件无线电则是要由软件本身来实现信号的处理。软件定义无线电需要 DSP 或 FPGA 器件，而软件无线电不需要使用这类器件，它是通过面向应用程序级的软件标准组件对象来实现各种功能的。

4. 要求

1）重新编程及重新设定的能力

SDR 设备可以被快速、简便地重新编程及重新设定，以支持任意传输形式的应用和在任何频率上的传输或接收。重新编程及重新设定能力可实现用同一个设备支持不同蜂窝技术、个人通信系统和其他无线业务在世界范围内的使用。

2) 提供并改变业务的能力

采用 SDR 设备,用户不但可以支持传统业务并且可以支持新业务;空中下载软件的概念可以保证用户获得最新的业务服务。

3) 支持多标准的能力

SDR 能更好地体现"互操作性"这一概念,以支持多频段及多标准工作的无线通信系统;在公共安全和紧急事件处理部门,采用 SDR 技术支持多频段通信;SDR 能使无线运营商在基本不更换基站硬件的条件下,实现系统的版本更新、标准更新及升级换代,通过软件来定义出一个新的无线通信系统。

4) 智能化频谱利用

SDR 还可以提高频谱利用率和频率共享,让设备灵活地接入到新频段;SDR 设备具有"智能"功能,它可以监测其他设备使用的频谱,并在空闲频段上进行传输;SDR 大大降低了频率分配的困难和频率分配的风险。

总的说来,SDR 是一个全新的,用以实现未来移动通信设备的概念和体系结构。它本身并不是一种孤立的技术,而是为所有新技术使用的公共平台。

5. 与传统无线电系统比较

图 10.8 给出了传统无线电系统和软件无线电系统接收机的结构图。不难看出,两种体系的主要区别在于 A/D/A 的位置上。传统的无线电接收机系统是把接收到的信号通过专用的硬件设备(带通滤波器、频率合成器等)解调之后进行 A/D 转换,做基带数字信号处理,最后还原用户数据,这在很大程度上限制了不同无线通信体制之间的互通性。而理想的软件无线电接收机则是利用多波段天线和宽带 A/D、D/A 转换技术,将数/模转换从基带与中频处理的中间推移到了中频之前,在尽可能宽的频带上将模拟信号数字化,之后利用软件在通用可编程处理器上对中频及基带数字信号进行处理,从而给系统带来了巨大的灵活性,这同以往用专用硬件完成特定功能的方式是无法比拟的。

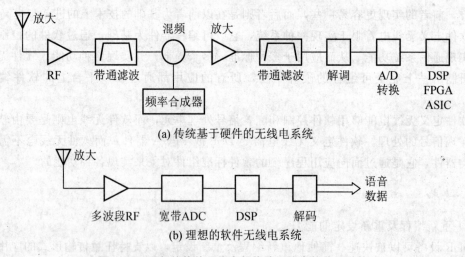

图 10.8 理想的软件无线电与传统无线电接收机结构

6. 体系结构

图 10.9 给出了典型的软件无线电的结构框图,包括天线、多频段变换器、含有 A/D 和 D/A 变换器的芯片以及片上通用处理器和存储器等部件,可以有效地实现无线电台功能及其所需的接口功能。

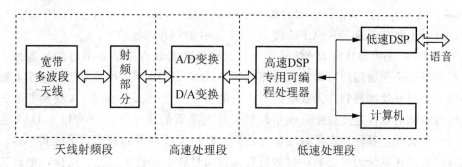

图 10.9 软件无线电硬件平台结构框图

由图 10.9 可见,一个标准的软件无线电台包括宽带多波段天线、射频前端、宽带 D/A 转换器、通用数字信号处理器等。

1) 宽带、射频模拟段

宽带、射频模拟段是软件无线电台中唯一的主要靠模拟硬件电路本身来完成的部分,主要包括宽带多波段天线(含双工器)和射频前端。宽带多波段天线要求覆盖全波段。射频前端技术包括宽带线性射频高功率放大器、宽带低噪声射频放大器、宽带模拟上/下变频器及宽带中放。

2) 高速、高分辨率、高质量的 A/D 变换和 D/A 变换

这部分的主要功能是将宽带模拟信号转换成高速的数字信号或将高速数字信号转换成宽带模拟信号。根据取样定理,对限带信号的取样率应大于信号最高频率的两倍,而实际上常采用过取样,即大于 2.5 倍。同时由于接收的宽带模拟信号强度相差很大,还要求有较大的动态范围和决定取样精度的分辨率。但这 3 个参数往往不能同时满足,因为对于一个给定精度的芯片,取样率与动态范围是成反比的,为了达到上述 3 个要求,往往采用并行取样和带通取样。

将宽带 A/D 取样放在中频变换之前有下列好处:可以在信号检测和解调部分使用数字处理;可利用可编程硬件完成部分数字处理功能;对有限计算资源可以统一进行优化分配,比如处理器容量、存储量、I/O 带宽等。

3) 高速中频处理部分

高速中频处理部分主要包括数字上/下变频(DUC/DDC)、中频滤波器和中频处理部分。数字上/下变频(DUC/DDC)主要起频率变换作用。中频滤波器配合 DUC/DDC 的中频滤波。中频处理部分是将一个含有多路信道的宽带信号变换成其中某一个特性信道的窄带信号,并将其取出。比如 GSM 系统中,就是要将整个 GSM 覆盖频段 25MHz(一般为 10MHz)通过中频处理,提取其中某一个 200kHz TDMA 信道信号,并将它送入基带进行处理。

4）基带处理

基带处理是将单一信道的信号进行调制/解调、编码/译码。这部分的运算量与复杂度远远低于中频数字信号处理，具体决定于基带信号的带宽、调制、编码方式以及具体处理的复杂度。

从图10.9可看出其关键思想以及与传统结构的重要区别在于：①将A/D和D/A向RF（射频）端靠近，由基带到中频对整个系统频带进行采样；②用高速DSP/CPU代替传统的专用数字电路与低速DSP/CPU做A/D变换后的一系列处理。

A/D和D/A变换器移向RF端只为软件无线电的实现提供了必不可少的条件，而真正关键的步骤是采用通用的可编程能力强的器件（DSP、CPU等）代替专用的数字电路，由此带来的一系列好处才是软件无线电的真正目的所在。宽带A/D和D/A变换器的放置位置以及电台功能的软件定义程度是衡量软件无线电品质的重要指标。A/D和D/A变换器的位置越接近天线，其软件定义程度就会越高。软件无线电台的最高目标是将A/D和D/A器件直接放置在宽带天线之后，射频就直接将信号转换成数字信号。这样，电台其他所有的部分都可以用软件来完成，实现通信电台的全部软件化。

7. 软件无线电中的关键技术

1）智能天线

理想的软件无线电系统的天线部分应该能够覆盖全部无线通信频段，这对天线技术提出了较高要求。对于第三代移动通信，一般认为其覆盖的频段为2～2000MHz。利用组合式多频段天线是可以实现覆盖的，即把2～2000MHz频段分为2～30MHz、30～500MHz、500～2000MHz这3段，这不仅在技术上可行，而且基本不影响战术使用要求。

此外，由于软件无线电具有智能的、可编程的数字信号处理核心，因此，可以充分利用此优势实现软件无线电系统中的智能天线技术，以达到提高信噪比、抑制同信道干扰、增大系统容量的目的。

理想的使用智能天线技术的软件无线电系统使用的是由 M 个全向天线阵元组成的天线阵。对应于每一个天线阵元，都有一套下变频器和宽带A/D/A采样器。接收信号通过下变频器将射频信号搬移至中频，再通过宽带A/D采样形成数字信号。此时，每一个天线阵元接收到的信号已变换为中频数字信号，此信号经过信道分离，分别得到 L 个信道的信号。也就是说，对应于每一个用户信道都有 M 个天线阵元的接收信号，这样就可以利用自适应波束形成算法对接收信号进行处理。每一个信道独立使用一个波束形成模块，如信道1的波束形成器，它所处理的信号包括第一个天线阵元接收到的信道1的信号，第二个天线阵元接收到的信道1的信号，……，第 M 个天线阵元接收到的信道1的信号。通过自适应的调整波束形成算法中的加权矢量，所有的这些信号分量可以合并，得到一个最佳的接收信号，从而可以提高接收信号的质量，有效抑制干扰，增加系统容量。目前，我们已经可以采用更为先进的波束形成与信道分配算法来替代简单的波束形成算法，使软件无线电中的智能天线技术得到更大的增益。

2）射频（RF）转换

射频转换部分主要完成输出功率的产生、接收信号的前置放大以及射频信号和中频信号的转换 3 项功能。现阶段 RF 转换依然采用模拟方式。

(1) 射频发射机。由通用平台和多只射频发射机模块组成,其工作频率范围应当足够宽,并用数字频率合成技术来设置,对每种标准应能多载波工作。此发射机还包括多只高功率放大器,所有发射机均应当具有高线性,可以用数字预失真等技术来解决自适应非线性补偿等问题。

(2) 射频接收机。由通用平台和多只射频接收机模块组成,其工作频率范围应当足够宽,并用数字频率合成技术来设置,对每种标准应能多载波工作。

(3) 高速数字链路。射频和基带平台之间的链路是多条高速数字链路。为支持第二代和第三代移动通信标准,此链路上的数字信号传输速率将超过 1~2Gbps,这个总线结构的设计直接关系到系统的成功与否。

3) A/D/A 模数转换技术

信号在中频甚至射频的数字化是用软件对信号进行处理,这是实现软件无线电的关键之一。宽带 A/D/A 转换器实现的正是这一功能。宽带 A/D/A 通常设置在中频处理部分和 RF 转换部分之间,完成对中频信号的数模转换,这给中频的数字处理带来了很高的灵活性,但同时对 A/D、D/A 的性能也提出了很高的要求。

一般来说,被采样信号的频率和带宽决定了采用何种 A/D 采样技术。为保证抽样后的信号保持原信号的信息,A/D 转换要满足 Nyquist 抽样准则,而在实际应用中,为保证系统更好的性能,通常抽样率为带宽的 2.5 倍。除采样率外,A/D 采样的参数指标还包括采样精度和采样信号的动态范围,同时 A/D/A 要具有较高的信噪比和无寄生动态范围。对于一个给定的 A/D 芯片,由于受处理速度的限制,它能够达到的采样频率与动态范围及采样精度是成反比的。当前流行的 A/D/A 采样率最高可达每秒数百兆抽样点,但仍不能满足宽带射频信号的要求。因此,在实用系统中,通常使用数字化带宽更窄的并行 A/D/A,而不是单一高速的 A/D/A 数字化的整个频带。由于动态范围与采样率的乘积基本上是常数,因此这种方法既降低了对 A/D/A 高抽样率的要求又可以保证 A/D/A 具有较宽的动态范围。

4) 数字中频处理

数字中频处理部分功能框图如图 10.10 所示。

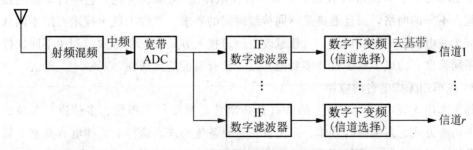

图 10.10 数字中频处理部分功能框图

5) 基带和比特流数字信号处理

基带信号处理部分把数据流变换成适合信道传输的基带信号和解调基带信号(含定时恢复),包括针对非线性信道的预失真、栅格编码和软判决参数估计等。比特流部分采用数字方式复接和分接多个用户的比特流，这些比特流经过信源编码，包括前向纠错码 FEC（如比特交织、分组或卷积编码、ARQ 等）、帧定时、比特填充、无线链路加密等。它还具备信令、控制、运营、管理和维护等功能。

如上所述，软件无线电的硬件采用了模块化结构，建立了 VME 公共硬件平台（VME (Versa Module Eurocard 是一种通用的计算机总线），支持并行、流水线及异种多处理机。同样，软件无线电的软件也需要模块化，它采用的是基于 OSI 参考模型的分层软件体系结构，支持开放式的设计。软件无线电包括以下几种软件包。

（1）控制软件包。如对基站进行配置、设置、管理等的软件。

（2）物理层软件包。对每一种标准和制式将有其物理层软件。

（3）高层软件包。分别对每一种标准和制式。

（4）系统接口软件包。针对多种接口要求。

这些软件都将存放在基带数字信号处理平台中，或通过网络加载进来。

8. 应用

1）模拟机上的应用

软件无线电台最被看好的就是在移动通信系统的基站模拟机和移动台模拟机上的应用。由于是用在开发阶段，主要还是为了确认功能，因此，可以不考虑经济性、低功耗性、小型性。

软件无线电台在这个领域的应用优点很多。首先是可以灵活地应对系统设计的变更，而且可以以最快的速度验证确认。其次是因为可不用硬件设计，故可以立刻着手软件设计，软件的生产性很高。而且硬件的设计不会出现重复，可大大地降低开发成本。当然软件无线电也有缺点，即 A/D 变换器、D/A 变换器、DSP 等器件的处理速度是有限的，所以模拟也是有限度的。

2）在通用移动电话机上的应用

在欧洲的 ACTS FIRST 项目中，软件无线电技术应用于设计多频/多模（可兼容 GSM、DCS1800、WCDMA 及现有的大多数模拟体制）可编程手机。它可自动检测接收信号，接入不同的网络，而且能满足不同接续时间的要求。软件无线电技术可用不同软件实现不同无线电设备的各种功能，可任意改变信道接入方式或调制方式，利用不同软件即可适应不同标准，构成多模手机和多功能基站，具有高度的灵活性。

3）在军用无线电台的应用

作为军用无线电台，其最大的特点是必须具备宽带、多频段、多信道、多模、多功能、多调制方式、多编解码方式、多协议、多业务等功能。这样的无线电台是基于软件无线电的概念进行设计。另外军用无线电台还要有很好的可编程性和高速运算能力，例如，跳频无线电台和要求很高运算能力的密码解密设备等。有时还要能灵活应对在设计阶段预想不到的新的调制方式和新的编解码方式。也正因为如此，对抗干扰性很高的军用无线电台自然选择软件无线电台。

第10章 第三代移动通信系统

4) 在 ITS 上的应用

智能传输系统(Intelligent Transport System,ITS)使用软件无线电台成为人们关注的焦点之一。以车辆自动收费的通信机为首,ITS 使用 GPS 接收机、光标用通信机等各种无线电技术,其对可编程性、重组性都有很高的要求,而这些又正是软件无线电台最本质的特征。

5) 在广播方面的应用

目前,广播也从模拟广播逐步发展到高质量、多功能的数字广播,其结果也和移动电话业务一样,出现了模拟式和数字式广播频率同在的状况,而使用软件无线电台就可以灵活地应对这种局面。

6) 在多媒体通信方面的应用

软件无线电台通过软件程序可以应对各种情况,因此可以应用到融合了通信和广播的系统中去。另一方面软件无线电台在其组成上有和计算机相同的功能,可以把通信和计算机融合在一起。所有这些表明,把通信、广播、计算机等手段融合起来,就可能提供多媒体通信环境。

9. 优点及存在问题

软件无线电具有下述特点。
(1) 具有可重配置性,实现灵活。
(2) 开放性、模块化和标准化。
(3) 可实现无缝连接、全球漫游。
(4) 具有集中性,节省费用。
(5) 软件升级,而硬件无须改动。
(6) 增强系统功能,提升服务质量。

10. 前景

(1) 全球软件无线电产业间的合作将加强。
(2) 可提供具有市场活力的新业务。
(3) 实现软天线和软基站技术。
(4) 增强自适应频谱管理。
(5) 对通信产业的影响力将加大。

11. 第三代移动通信系统中的软件无线电技术

软件无线电在通信系统中,特别是在第三代移动通信系统中的应用越来越成为研究的热点。例如,欧洲的 ACTS(Advanced Communications Technologies and Services)计划中,有 3 项计划是将软件无线电技术应用在第三代移动通信系统中的;FIRST(Flexible Integrated RadioSystemsTechnology)计划将软件无线电技术应用到设计多频/多模(可兼容

GSM、DSP1800、WCDMA、现有的大多数模拟体制）可编程手机，这种手机可自动检测接收信号以接入不同的网络，且适应不同接续时间的要求。

美国也正研究基于软件无线电技术的第三代移动通信系统的多频带多模式手机与基站，同时还注意到软件无线电技术与计算机技术的融合，为第三代移动通信系统提供良好的用户界面，如麻省理工学院的SpectrumWare计划；我国对软件无线电技术也相当重视，例如，我国提出的第三代移动通信系统方案TD-SCDMA，结合了智能天线、软件无线电及全质量语音压缩编码技术等20世纪90年代的通信新技术。

第三代移动通信系统具有多模、多频段、多用户的特点，面对多种移动通信标准，采用软件无线电技术对于在未来移动通信网络上实现多模、多频率、不间断业务能力方面将发挥重大作用。如基站可以承载不同的软件来适应不同的标准，而不用对硬件平台改动；基站间可以由软件算法协调，动态地分配信道与容量，网络负荷可自适应；移动台可以自动检测接入的信号，以接入不同的网络且能适应不同的接续时间要求。由于硬件器件技术的限制，目前要实现软件无线电必须进行适度的折中，尚未充分利用软件无线电的优势。因此，应针对软件无线电的特点，研究具有普遍意义的、不局限于特定硬件水平的长远技术，为第三代移动通信系统服务。

未来移动通信系统（4G系统）要求整个系统的各个部分都尽可能实现参数化，并可以进行参数的自适应调整和重新配置。软件无线电技术是实现这一构想的有力支持。软件无线电技术具有充分数字化（从信源基带信号到射频信号都尽可能实现数字化）、完全的可编程性、多频段转化、模块化设计、同时支持多种业务的特点，完全适应系统的性能要求。该技术将数字和软件技术引入无线链路及网络的各个实体中，实现各个实体的灵活配置。未来移动通信网络具有多种制式的无线接入系统相连接的能力，终端具有多模、多频的特点，软件无线电的实现显得尤为重要。

具体地讲，软件无线电技术在第三代移动通信系统中的应用体现在以下几个方面。

(1) 为第三代移动通信手机与基站提供了一个开放的、模块化的系统结构。

(2) 智能天线结构的实现。智能天线结构的空间特征矢量包括DOA的获得、每射频通道权重的计算和天线波束赋形。

(3) 各种信号处理软件的实现，包括各类无线信令规则与处理软件、信号流变换软件、调制解调算法软件、信道纠错编码软件、信源编码软件算法等。

开放的、模块化的系统结构是软件无线电技术的核心，对于第三代移动通信系统是非常重要的。它为第三代移动通信系统提供了通用的系统结构，功能实现灵活，系统改进与升级很方便；利用统一的硬件平台，不同的软件来满足"IMT-2000"家族概念的要求，实现不同标准之间的互操作；系统结构的一致性使得设计的模块化思想能很好地实现，且这些模块具有很大的通用性，能在不同的系统及升级时很容易地复用；由于系统结构功能的实现主要是由软件来实现的，软件的生存周期决定了通信系统的生存期，这样就能更快地跟踪市场变化，降低更新换代的成本。智能天线技术是第三代移动通信系统的关键技术之一，利用软件无线电来实现智能天线，可以提高智能天线的性能。各种信号处理软件是软件无线电的关键,应积极探索新的算法,为更好地解决多频多模问题铺平道路。

软件无线电技术是当今计算技术、超大规模集成电路和数字信号处理技术在无线电通信中应用的产物。它在我国提出的第三代移动通信系统 TD-SCDMA 中,应用更广泛,TD-SCDMA 系统的基站和终端都采用了高速数字处理器和高速 A/D 变换器,处理速度高于 5000 万次/秒,全部基带信号处理和变换都用软件来完成。

第三代移动通信系统是一个极富挑战性与创造性的未来标准的构想,而软件无线电技术是第三代移动通信系统的关键技术之一,故世界各国都投入巨大的力量研究软件无线电技术。在第三代移动通信系统中的应用,推动了软件无线电的发展。特别是近几年来,软件无线电的体系结构出现了一些新的发展趋势,主要表现在体系结构分层化、软件模块化、结构数学分析化、面向对象化、认知化、计算机化、网络化、信息安全化等方面。

10.3.2 智能天线

智能天线(Smart Antenna)原名自适应天线阵列(Adaptive Antenna Array),最初应用于雷达、声呐和军事方面,主要用来完成空间滤波和定位,大家熟悉的相控阵雷达就是一种较简单的自适应天线阵。不同于传统的时分多址(TDMA)、频分多址(FDMA)或码分多址(CDMA)方式,智能天线引入了第 4 维多址方式——空分多址(SDMA)方式。在相同时隙、相同频率或相同地址码情况下,仍可以根据信号不同的空间传播路径区分用户。

由于智能天线能根据信号的来波方向,自适应地调整其方向图、跟踪强信号、减少或抵消干扰信号、提高信干比、增加移动通信系统容量、提高移动通信系统频谱利用率、降低信号发射功率、提高通信的覆盖范围等,达到提高移动通信系统综合性能的效果,再加上实现智能天线的各项技术日趋成熟,因此,目前在第三代移动通信系统的研制中,智能天线技术受到广泛的关注,并作为主要后备技术之一。具体而言,智能天线将在以下方面提高未来移动通信系统的性能。

(1) 扩大系统的覆盖区域。

(2) 提高系统容量。

(3) 提高频谱利用效率。

(4) 降低基站发射功率,节省系统成本,减少信号间干扰与电磁环境污染。

虽然目前对智能天线技术的研究尚未达到实用化阶段,但是在提交国际电联 ITU 的 3GRTT 标准建议中,几乎都附有一条:如果有可能,本建议将采用智能天线技术。可见,智能天线技术在第三代移动通信以及未来的移动通信体制中占有重要地位。

1. 智能天线阵列的基本组成

智能天线的主要任务就是研究如何获取和利用接收信号中包含的空间方向信息,并通过阵列信号处理技术改善接收信号的质量,从而提高系统的性能。智能天线阵由多个天线单元组成,每一个天线后接一个加权器(即乘以某一个系数,这个系数通常是复数,既调节幅度又调节相位,在相控阵雷达中只有相位可调),最后用相加器进行合并。自适应或智能的主要含义是指这些加权系数可以恰当改变,自适应调整。当用它进行发射时结构稍有变化,加权器或加权网络置于天线之前,没有相加合并器。其基本组成如图10.11所示。

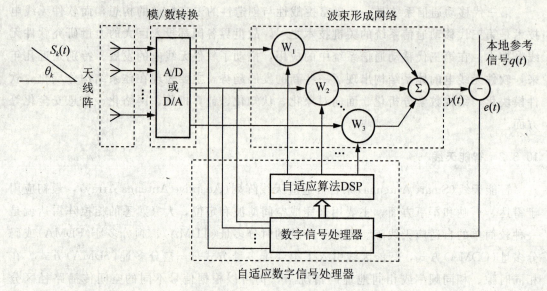

图 10.11 智能天线的基本组成(单个用户情况)

由图可见,智能天线系统由以下几部分组成。

(1)天线阵列部分:天线阵元数量 N 与天线阵元的配置方式,对智能天线的性能有着直接的影响,一般在移动通信中取 $N=8$、16 等。

(2)阵列形状:根据天线阵元之间的几何关系,阵列形状大致可划分为线阵、面阵、圆阵等,甚至还可以组成三角阵、不规则阵和随机阵等。

(3)模/数转换:下行时它将模拟信号转换成便于数字信号处理的数字信号,或者在上行时,将处理后的数字信号转换成模拟信号。

(4)智能天线的智能体现:主要体现在天线波束在一定范围内能够根据用户的需要和天线传播环境的改变而自适应地进行调整,它由两个主要部分组成,一部分是以数字信号处理器和自适应算法为核心的自适应数字信号处理器,用来产生自适应的最优权值系数 $W_1,W_2,\cdots,W_N$,另一部分是以动态自适应加权网络构成的自适应波束形成网络。

下面给出 $N=8$ 时直线智能天线阵列单个用户的方向图,如图10.12所示。已知参数:阵元间距 $\lambda/2$;期望信号 S_k 的入射角 $\theta_k=0°$;信噪比为 10dB;4个不相关干扰用户分别从 19°、360°、157°、326°入射,信干比为 20dB,在采用智能天线阵(直线阵)后,信干比大约改善 25.2dB。

第10章 第三代移动通信系统

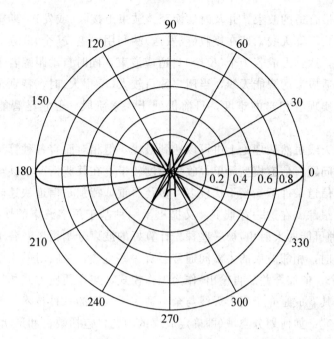

图 10.12 归一化阵列方向图

如果是 $N=8$ 的圆环智能天线阵列,当 4 个不相关干扰的用户入射角为 690°、103°、273°、305°,其余参数不变时,信干比大约改善 25.6dB。

实际智能天线原理结构图比图 10.11 复杂,因为图 10.11 是一个单用户情况,假若在一个小区中有 k 个用户,则图 10.11 中除了天线阵列和模/数转换部分可以共用一套以外,其余自适应数字信号处理器与相应的波束形成网络则每个用户需用一套,共 k 套,以形成 k 个自适应波束跟踪 k 个用户。在这 k 个用户中,被跟踪的用户为期望用户,剩下的 $k-1$ 个用户均为干扰用户。

2. 智能天线的基本原理

智能天线技术是利用信号传输的空间特性,达到抑制干扰、提取信号的目的。接收者可以利用信号与干扰的来波方向的不同,即信号与干扰的空间入射角来区分信号与干扰。这是由于在一般情况下,期望的信号和不希望的干扰往往来自不同的方向。智能天线所形成的波束可实现空间滤波的作用,它对期望的信号方向具有高增益,而对不希望的干扰信号实现近似零陷作用,以达到抑制和减少干扰的目的。智能天线的波束一般情况下是随着每个用户发出的期望信号的到达方向(最强路径),不断地随着时间在动态地改变。在移动通信中,至少要求智能天线跟踪变化的速率要大于用户移动及信道快衰落的变化速率,才能达到自适应跟踪用户的目的。

智能天线通常包括多波束智能天线和自适应阵智能天线。所谓多波束智能天线,是指在接收(或发送)端预先设置了一组(N 个)不同入射角方向的窄波束,再根据接收(或发送)所判断出的期望信号的来波方向(DOA),并根据一定的信号误差准则,在预置的 N 个窄波束中选取一个最合适的波束,并及时切换至该波束上接收(或发送)期望信号。所谓自适应阵列自动跟踪式智能天线,即在接收(或发送)端利用一组(N 个)阵列天线,通过不同自适应调整加权值,达到形成若干个(K 个)自适应波束,同时自动跟踪若干个(K 个)用户的目的。这种全自适应型的智能天线,当用户数目较大(K 很大)时,特别是在时变多径衰落信道条件下,其实现有相当的难度,目前仍处于探索阶段,但它是智能天线最终的发展方向。

自适应智能天线虽然从理论上讲可以达到最优,但相对而言各种算法均存在所需数据量、计算量大的问题,信道模型简单,收敛速度较慢,在某些情况下甚至可能出现错误收敛等缺点。实际信道条件下,当干扰较多、多径严重,特别是信道快速时变时,很难对某一用户进行实时跟踪。在这一背景下,又提出了一种基于预多波束的切换波束工作方式。此时全空域(各种可能的入射角)被一些预先计算好的波束分割覆盖,各组权值对应的波束有不同的主瓣指向,相邻波束的主瓣间通常会有一些重叠,接收时的主要任务是挑选一个(也有可能是几个,但需合并后再输出)作为工作模式,与自适应方式相比它显然更容易实现,实际上可将其看成是介于扇形天线与全自适应天线间的一种技术。波束切换天线中有以下内容值得研究:如何划分空域(即确定波束的问题,包括数目和形状),挑选波束的准则,波束跟踪的实现(主要指实现快速搜索算法等)以及切换波束与自适应波束成形的理论关系。

3. 常用智能算法及其性能

自适应智能天线研究的核心是自适应算法。目前已提出很多著名的算法,概括地讲,有非盲算法和盲算法两大类型。

所谓非盲算法,是指需要借用参考信号,如在第三代移动通信中,专门发送导频信道信号或导频符号序列信号,利用这些辅助的参考信号实现自适应的算法,即为非盲算法。这时接收端已知道发送的信号,在进行算法处理时,要么先确定信道响应,再按一定的准则,比如最优迫零准则来确定各加权值,要么直接按一定的准则确定或逐步调整权值,以使智能天线输出与已知输入相关性最大。最常用的相关准则有最小均方误差 MMSE 准则、最小均方 LMS 准则和最小二乘 LS 准则等。

所谓盲算法,则无须发送已知导频信号、训练序列等,收端可自己估计发送的信号并以此为参考信号进行处理,但应确保判决信号与实际传送的信号间有较小差错。盲算法一般利用调制信号本身固有的和与具体承载的信息比特无关的一些特征,如恒模 CM 算法、子空间算法以及循环平稳等,以调整权值使输出满足这些特征。

非盲算法相对于盲算法而言,通常误差比较小,收敛速度比较快,但需浪费一定的系统资源用于传送参考信号、训练序列等。即使非盲算法收敛速度快,也仍然跟不上快衰落变化的速率要求。因此,目前自适应智能天线技术的瓶颈仍在快速算法的研究和寻求上,现仍处于理论探索阶段。

目前又提出了一类半盲算法,即将非盲算法与盲算法相结合。先用非盲算法确定初始值,再用盲算法进行跟踪与调整,这样做一方面可综合两者的优点,另一方面它特别适合

第10章 第三代移动通信系统

于传送导频符号的通信系统,因为导频符号往往是在业务信道中与业务信息时分复用一起传送的。

4. 智能天线在移动通信中的应用

1) 移动通信中智能天线的特点

移动通信中采用智能天线技术的基本思想是通过自适应阵列天线跟踪并提取各移动用户的空间信息,利用用户位置的不同,在同一信道(频段/时隙/码道)中发送和接收各用户的信号而不发生相互干扰。它使通信资源拓展到了空间域,不再局限于时间域、频率域或码域。

现代数字信号处理技术发展迅速,利用数字技术在基带部分进行控制和形成天线波束成为可能,代替了模拟电路形成天线波束的方法,提高了天线系统的可靠性与灵活度,智能天线技术因此开始在移动通信中得到应用。使用智能天线可以在不显著增加系统复杂度的情况下满足扩充容量的需要,充分利用了信号发射功率,降低了信号全向发射带来的电磁污染与相互干扰。智能天线的另外一个好处是可减小多径效应。CDMA 中利用 RAKE 接收机可对时延差大于 1 个码片的多径进行分离和相干合并,再借助智能天线可以对时延不可分但角度可分的多径进行进一步分离,从而更有效地减小多径效应。

采用智能天线技术的主要目的是为了更有效地对抗移动通信信道,而时分、码分多址系统的信道传输环境从本质上讲是一样的,所以除了具体算法上的差异外,智能天线可广泛应用于各种时分、码分多址系统,包括已商用的第二代系统。另外,智能天线的另一个用途是进行紧急呼叫定位,并提供更高的定位精度。因为在获得可用于定位的时延、强度等信息的同时,它还可获得波达角信息。

与 TDMA 相比,智能天线更适用于 CDMA 系统。这首先是由于 CDMA 蜂窝系统的反向链路不需要同步,而且,对于蜂窝通信系统,一般只考虑在蜂窝基站用智能天线。这主要是由于 CDMA 蜂窝系统的反向链路是弱链路,基站接收到的每个用户信号不仅会受到本蜂窝小区内的多址干扰,而且还会受到相邻蜂窝小区内用户的干扰。蜂窝的正向链路(基站+用户)采用同步传输和正交码(Walsh 函数),用户受到的干扰较小。只在基站采用智能天线的另一个原因是基站对阵列的功率、体积没有严格的限制,而移动用户则不然。

由于目前智能天线技术并不很成熟,第三代移动通信的各种方案除了中国的 TD-SCDMA 外都只将智能天线作为可选技术,没有写入具体建议中,第二代系统也普遍未采用智能天线技术。智能天线作上行收时,由于对移动台的发并未提出新的要求,因此很容易将其作为全向天线、扇形天线的升级版本而用于已有基站系统,但当智能天线用于下行发时,通常会对移动台的收也提出新要求,牵涉面大,灵活性较小。

2) 智能天线的应用场合——上行收与下行发

智能天线主要应用于基站端的收发,即上行收与下行发。移动台特别是手机由于受到体积、电源等方面的限制,目前难以实现。

自适应天线阵最早引入移动通信的目的也是为了改善上行信道的质量与容量。智能天线上行接收主要有两种方式：自适应方式和波束切换方式。理论工作者对前者较感兴趣，而工程技术人员对后者则更加青睐。

在自适应方式中，应对空域或空、时域处理的各组权值系数，依据一定规则的自适应算法进行自适应调整，并与当前的传输环境进行最大可能的匹配，实现任意指向波束自适应接收。自适应虽然从理论上讲可以达到最优，但是实际上由于现有的各类算法计算量大，收敛速度慢，跟不上用户移动的车速和时变信道的快衰落变化速率，几乎很难达到对不同用户的跟踪。因此在目前未寻找到更优的快速收敛计算量较小的算法以前，很难达到工程实用化。鉴于以上现实，工程上更感兴趣的是基于预波束的波束切换工作方式，切换波束中的各权值系数只能从预先计算好的几组值中挑选，甚至波束成形也预先完成供挑选。这时，某一时刻智能天线的工作模式只能从预先设计好的几个波束中选择，而不是自适应中的任意指向，因此它只能实现与当前用户状态和传输环境的部分近似匹配，从理论上讲是准最优的，而不是最优的。

要实现智能天线的下行发相对较困难，这是因为智能天线在设计发波束时很难准确获知下行信道的特征信息，特别是主要传播路径的出射角度，而理想的天线工作模式应与信道相匹配。一种方法是像 IS-95 上行功控一样，做成闭环测试结构，但它有浪费宝贵的系统资源、附加时延以及受上行信道干扰等缺点。还有一种方法是利用上行信道信息来估计下行信道，在 TDD 系统中这显然行得通，这也是中国提交的 TD-SCDMA 第三代建议（TDD 方式）得到较多注意的主要原因。

但在 FDD 系统中情况却并非如此，由于上、下行信道使用的是不同频率（第三代系统相对第二代有更大的上、下行频差），因此上、下行信道的相关性是很弱的，很多参数并不相同。目前较多研究者认为上、下行信道主要传播路径的入射、出射角基本相同，所以只可能获得下行信道的部分信息，所形成的发波束也绝不会是最优的。

用智能天线实现下行发面临的另一难题是由于加权是在天线前端进行的（实际中多在基带或中频实现，因为这样更容易，更灵活），后级的滤波器、D/A 转换器、混频器和各路的天线阵元特性的变化必然使形成的发波束发生变化，而它又不可能也不容易用常用的反馈方法来调整加权系数以抵消这种变化。一种可行但并不是很好的方法是周期性地对后级特性进行测试和调整。

3) 智能天线的研究内容及发展现状

目前智能天线已成为移动通信领域的一个研究热点，许多大学、研究机构和通信公司都竞相致力于智能天线的研究和开发，如美国的斯坦福大学、弗吉尼亚大学、瑞典皇家理工学院、加拿大 McMaster 大学以及爱立信、诺基亚、北方电讯和 ArrayComm 等。

欧洲通信委员会（CEC）在 RACE（Research into Advanced Communication in Europe）计划中实施的第一阶段智能天线技术研究 TSUNAMI（The Technology in Smart Antennas for Universal Advanced Mobile Infra-structure），由德国、英国、丹麦和西班牙合作完成。项目组在 DECT 基站基础上构造智能天线试验模型，并于 1995 年初开始现场试验。天线阵由 8 个阵元组成，射频工作频率在 1.89GHz，阵元间距可调，天线阵列有直线型、

第10章 第三代移动通信系统

圆环型和平面型3种形式。该模型采用 ERA 技术有限公司的专用 ASIC 芯片 DBF1108 完成波束成形,使用 TMS320C40 芯片作为中央控制。现场测试表明圆阵等平面天线阵适于室内通信环境使用,而市区环境则更适合采用简单的直线阵。

日本的 ATR 光电通信研究所研制了基于波束空间处理方式的多波束智能天线,并且提出了基于智能天线的软件天线概念:根据用户所处环境不同,利用软件方法实现算法分集,利用 FPGA 实现实时天线配置,完成智能处理。

美国的 ArrayComm 公司将智能天线技术应用于无线本地环路(WLL)系统,采用可变阵元配置,有12元和4元环形自适应阵列,可供不同环境选用,在日本进行的现场实验表明,在 PHS 基站采用该技术可以使系统容量提高4倍。

另一家美国公司 Metawave 也已研制成功一种能同时适用于模拟与数字系统的智能天线,并着手准备在中国电信的 GSM 网上进行试验。Metawave 公司亦称其天线系统能将 CDMA 系统的容量和模拟系统的容量分别提高50%和100%。

德州大学奥斯汀 SDMA 小组建立了一套智能天线试验环境,着手理论与实际系统相结合。加拿大 McMaster 大学研究开发了采用 CMA 算法的4元阵列天线。

中国研究开发的 TD-SCDMA 系统将智能天线应用于 TDD 方式的 WLL 系统中,是国际上第一套应用智能天线的同步 CDMA 无线通信系统。系统根据相干接收到的、来自终端的信号在每个天线阵元及其连接的接收机的反应,进行相应的空间谱处理,获得此信号的空间特征矢量及矩阵,并得到信号的功率估值和 DOA 估值,在此基础上计算各个天线阵元的权值,实现上、下行波束赋形。

10.3.3 多用户检测

在 CDMA 移动通信系统中,存在着两种比较严重的干扰问题:一是由于不同的用户同时共享同一频段的带宽(各个用户之间由于其对应的地址码之间存在相关性,不能完全正交)而产生的多址干扰(MAI,Multiple Access Interference);二是由于信道特性的不理想而引起的符号间干扰(ISI,Inter Symbol Interference)。

传统的 CDMA 接收机,如匹配滤波器和 RAKE 接收机,大都采用的是单用户检测(Single User Detection)技术,对各个用户信息的接收都是相互独立进行的。也就是说,都是把除有用信号外的信号作为干扰来处理,而没有充分利用接收信号中的有用信息,如确知的用户信道码、各用户的信道估计等,因而导致接收信噪比严重恶化,系统容量也随之下降。

1. 分类

多用户信号检测技术中的最佳方法是最大似然序列(MLSE)检测,这已经在理论上被证实。但是,由于它的算法过于复杂,实现起来非常困难,因而实际应用的可能性不大。近年来,人们研究出了各种的次优化方法,力求在保证一定性能的条件下将实现的复杂度降低到工程上可以接受的程度。多用户检测方法分类图如图10.13所示。

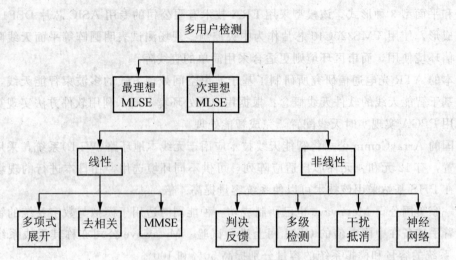

图 10.13　多用户检测方法分类图

由图可见，这些次优化方法大体可以分为两类：线性和非线性。线性的方法又包括去相关(简称 DEC)多用户检测、最小均方误差(MMSE)多用户检测和多项式展开(PE)多用户检测等；非线性方法又包括判决反馈多用户检测、多级检测、连续干扰抵消(包括串行 SIC 和并行 PIC)的多用户检测和基于神经网络的多用户检测等。

线性多用户检测方法的基本思想是使接收信号先通过传统的检测器，然后进行线性的映射(变换)以消除不同用户间的相关性，最终降低或消除多址干扰。线性多用户检测器的模型如图 10.14 所示。

图 10.14　线性多用户检测器模型

1) 去相关多用户检测

去相关又称解相关，它通过对各匹配滤波器输出的矢量(包括信号、噪声和多址干扰)进行去相关线性变换，以消除各扩频序列之间存在的相关性，最终降低多址干扰。

具体来讲，首先用一组匹配滤波器分别对应多个用户的输入信号进行检测。由于多个扩频序列之间存在相关性，各匹配滤波器的输出除所需信号和信道噪声外，还包含由互相关性引起的其他用户信号的干扰，即多址干扰。以 Y 表示匹配滤波器的输出矢量，可得

$$Y = RAB + N$$
$$B = [b^1\ b^2\ \cdots\ b^k]^T$$
(10-1)

式中，k 为用户数；b^k 是第 k 个用户的信息数据；N 为噪声；R 是表征扩频序列之间相关性的 $k \times k$ 阶相关矩阵，A 是表示信号强度(幅度与相位系数)的对角线矩阵。可以看出，如果用上式进行去相关线性变换，即对相关矩阵 R 求逆，可得

$$Y_v = Y = AB + N_v \tag{10-2}$$

$N_v = R^{-1}$,N_v 为变换后的噪声分量。显然,从理论上讲去相关检测器是能够把多址干扰完全消除的。

这种方法不用估计接收信号的幅度,计算量小,但是经线性变换后的噪声要增大,同样影响信号的接收质量。

2) 最小均方误差多用户检测

最小均方误差检测器的基本思想是计算经线性变换的接收数据和传统检测器的输出间的均方差,最小的均方差即为所求的线性变换。该检测器考虑了背景噪声的存在并利用接收信号的功率值进行相关计算,在消除多址干扰和不增强背景噪声之间取得了一个平衡点,但是它需要对信号的幅度进行估计,性能依赖于干扰用户的功率,因此在抗远—近效应方面的性能不如去相关检测器。

非线性多用户检测方法的基本思想是对接收信号进行非线性的处理。在此,我们仅介绍典型的连续干扰抵消(Interference Cancellation)多用户检测方法。

这种检测器的基本思想是把输入信号按功率的强弱进行排序,强者在前,弱者在后。首先,对最强的信号进行解调,接着利用其判决结果产生此最强信号的估计值,并从总信号中减去此估计值(对其余信号而言,相当于消除了最强的多址干扰);其次,再对次强的信号进行解调,并按同样方法处理;依此类推,直至把最弱的信号解调出来。因为相对而言,最强的信号对其他用户造成的多址干扰最强,所以从接收信号中首先把最强的多址干扰消除,对后续其他信号的解调最有利。同样的道理,先对最强信号的判决和估计也最可靠。这种按顺序消除多址干扰的方法叫做连续干扰抵消法。

干扰抵消多用户检测技术包括串行干扰消除和并行干扰消除。串行干扰消除多用户检测器在接收信号中对多个用户逐个进行数据判决,判决出一个就从总的接收信号中减去该信号,从而消除该用户信号造成的多址干扰。操作顺序是根据信号的功率大小决定的,功率较大的信号先进行操作,因此,功率弱的信号受益最大。该检测器在性能上比传统检测器有较大提高,但当信号功率强度发生变化时则需要重新排序,最不利的情况是:若初始数据判断不可靠将对下级产生较大影响。并行干扰消除多用户检测器具有多级结构,其第一级并行估计和去除各个用户造成的多址干扰,然后进行数据判决。由于采用了并行处理,克服了串行干扰消除多用户检测器延时大的缺点,而且无须在情况发生变化时进行重新排序。目前,最可行的办法是采用并行反馈干扰抵消法。

2. 结构

传统的检测技术完全按照经典直接序列扩频理论对每个用户的信号分别进行扩频码匹配处理,其接收端用一个和发送地址码(波形)相匹配的匹配滤波器(相关器)来实现信号分离,在相关器后直接解调判决。如果匹配滤波采用的是结合了信道响应的相关波形,相当于是 RAKE 接收机,则实现了利用多径响应的作用。这种方法只有在理想正交的情况下,才能完全消除多址干扰的影响,对于非理想正交的情况,必然会产生多址干扰,从而引起误码率的提高。多用户检测的系统模型如图 10.15 所示。

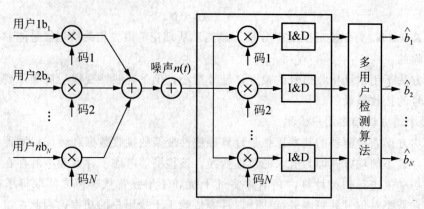

图 10.15 多用户检测的系统模型

3. 优点

（1）提高了带宽利用率，抑制了多径干扰。
（2）消除或减轻了远—近效应，降低了对功控高度精度的要求，可简化功控。
（3）弥补了扩频码互相关性不理想造成的影响。
（4）减小了发射功率，延长了移动台电池的使用时间，同时也减小了移动台的电磁辐射。
（5）改善了系统性能，提高了系统容量，增大了小区覆盖范围。

4. 局限性

（1）它只是消除了小区内的干扰，而对小区间的干扰还是无法消除。
（2）算法非常复杂，尤其是在下行链路上，大大增加了移动台的接收设备的复杂度。

尽管如此，相信多用户检测技术的局限性会是暂时的，随着数字信号处理技术和微电子技术的发展，降低复杂性的多用户检测技术必将在第三代移动通信系统中得到广泛的应用。

本 章 小 结

本章详细讨论了第三代移动通信系统的相关问题，主要包括：3G 的 4 个标准和 3 个关键技术。第三代移动通信系统（IMT－2000）是在第二代移动通信技术基础上进一步演进的以宽带 CDMA 技术为主，并能同时提供话音和数据业务的移动通信系统，亦即未来移动通信系统，是一代有能力彻底解决第一、二代移动通信系统主要弊端的最先进的移动通信系统。第三代移动通信系统一个突出特色就是，要在未来移动通信系统中实现个人终端用户能够在全球范围内的任何时间、任何地点，与任何人，用任意方式、高质量地完成任何信息之间的移动通信与传输。可见，第三代移动通信十分重视个人在通信系统中的自主因素，突出了个人在通信系统中的主要地位，所以又叫未来个人通信系统。可以预见，3G 通信系统将改变人们生活的方方面面。

第10章 第三代移动通信系统

习 题 10

10.1 IMT-2000有哪些主要特点?

10.2 画出 IMT-2000 的功能模型,并简述其系统组成。

10.3 CDMA与CDMA2000的主要区别是什么?

10.4 画出 GSM 网络演进为 WCDMA 的基本框图,并进行简单说明。

10.5 画出 IS-95CDMA 网络演进为 CDMA2000 的基本框图,并进行简单说明。

10.6 画出 WCDMA 中传输信道的结构,并说明各个信道的作用。

10.7 画出 WCDMA 中传输信道到物理信道的映射图。

10.8 什么是 SDMA? TD-SCDMA 中的"S"有哪些含义? 为何要将 SDMA 与 CDMA 结合使用?

10.9 简述 TD-SCDMA 系统的技术特点。

10.10 画出 TD-SCDMA 的帧结构图,并做简单说明。

10.11 简述 WiMAX 技术的主要优势。

第11章 移动通信系统的未来展望

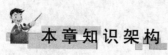

本章知识架构

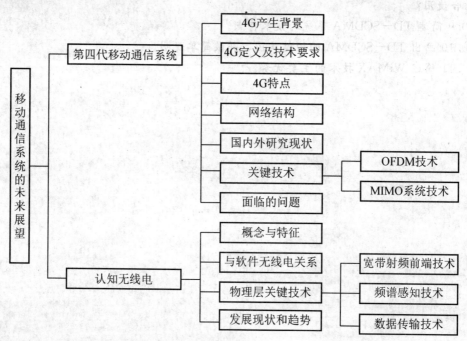

本章教学目标与要求

- 了解4G产生的背景、定义、特点
- 了解4G的关键技术
- 了解认知无线电的基本概念
- 了解认知无线电的关键技术及发展现状

第11章 移动通信系统的未来展望

引言

4G是第四代移动通信及其技术的简称,是集3G与WLAN于一体并能够传输高质量视频图像以及图像传输质量与高清晰度电视不相上下的技术产品。4G系统能够以100Mbps的速度下载,比拨号上网快2000倍,上传的速度也能达到20Mbps,并能够满足几乎所有用户对于无线服务的要求。而在用户最为关注的价格方面,4G与固定宽带网络在价格方面不相上下,而且计费方式更加灵活机动,用户完全可以根据自身的需求确定所需的服务。此外,4G可以在DSL和有线电视调制解调器没有覆盖的地方部署,然后再扩展到整个地区。很明显,4G有着不可比拟的优越性。

现代社会中,无线频谱已成为不可或缺的宝贵资源。美国联邦通信委员会(FCC)的大量研究表明,一些非授权频段如工业、科学和医用频段以及用于陆地移动通信的2GHz左右的频段过于拥挤,而有些频段却经常空闲。于是人们想到,若有一种系统,它能自动感知所处的频谱环境,发现频谱空洞(暂时没有被主用户使用的频段)并利用它,就能在很大程度上提高频谱利用率。基于这种思想,人们提出了认知无线电。

案例 11.1

1992年5月在美国通信系统会议上,JesephMitola(约瑟夫·米托拉)首次提出了"软件无线电"(Software Radio,SWR)的概念。1995年IEEE通信杂志(Communication Magazine)出版了软件无线电专集。当时,涉及软件无线电的计划有军用的SPEAKEASY(易通话),以及第三代移动通信(3G)开发的基于软件的空中接口计划,即灵活可互操作无线电系统与技术(FIRST)。1996年3月发起"模块化多功能信息变换系统"(MMITS)论坛,1999年6月改名为"软件定义的无线电"(SDR)论坛。1996年至1998年间,国际电信联盟(ITU)制订第三代移动通信标准的研究组对软件无线电技术进行过讨论,SDR也将成为3G系统实现的技术基础。从1999年开始,由理想的SWR转向与当前技术发展相适应的软件无线电,即软件定义的无线电(SoftwareDefinedRadio,SDR)。1999年4月IEEEJSAC杂志出版了一期关于软件无线电的选集。同年,无线电科学家国际联合会在日本举行软件无线电会议,同年还成立亚洲SDR论坛。1999年以后,集中关注使SDR的3G成为可能的问题。

案例 11.2

GNUradio是一个无线电信号处理方案,它遵循GNU的GPL的条款分发。它的目的是给普通的软件编制者提供探索电磁波的机会,并激发它们聪明的利用射频电波的能力,正如所有软件定义无线电系统的定义一样,可重构性是其最重要的功能。再也不需购买一大堆发射接收设备,只要一台可以装载信号处理软件通用的设备即可。目前它虽然只定义几个有限的无线电功能,但是只要理解无线发射系统的机理,便可以任意地配置并接受它。Gnuradio起源于美国的麻省理工学院的Spectrum Ware项目小组开发的Pspectra代码的分支,2004年被完全重写,所以今天的Gnuradio已不包含原Pspectra任何代码。另外值得一提的是Pspectra已被用作创立商业化的Vanu Software,Radio. Gnuradio开发了通用软件无线电外设(USRP和USRP2),它是一个包含4个64Ms/s的12位ADC、4个128Ms/s的14位的DAC,以及其他支持线路,包括高速的USB2.0接口。该USRP能够处理的信号频率高达16MHz宽。一些发射器和接收器的插件子板可覆盖0至5.9MHz频段。图11.1为通用软件无线电平台。

图 11.1　通用软件无线电平台

11.1　第四代移动通信系统

　　移动通信技术的发展已经历了 3 个主要的发展阶段。每一代的发展都是技术的突破和观念的创新。第一代起源于 20 世纪 80 年代，主要采用模拟和频分多址（FDMA）技术。第二代（2G）起源于 20 世纪 90 年代初期，主要采用时分多址（TDMA）和码分多址（CDMA）技术。第三代移动通信系统（3G）可以提供更宽的频带，不仅传输语音，还能传输高速数据，从而提供快捷方便的无线应用。然而，第三代移动通信系统仍是基于地面标准的不统一的区域性通信系统，尽管其传输速率可高达 2Mbps，但仍无法满足多媒体通信的要求，因此，第四代移动通信系统（4G）的研究随之应运而生。

11.1.1　4G 的产生背景

　　尽管目前 3G 的各种标准和规范已达成协议，并已开始商用，但 3G 技术仍存在一些不足。3G 的局限性主要体现如下。

　　（1）3G 仍缺乏全球统一标准；

　　（2）3G 所运用的语音交换架构仍承袭了 2G 的电路交换，而不是完全 IP 形式；

　　（3）由于采用 CDMA 技术，因此 3G 难以达到很高的通信速率，无法满足用户对高速多媒体业务的需求；

　　（4）由于 3G 空中接口标准对核心网有所限制，因此 3G 难以提供具有多种 QoS 及性能的各种速率的业务；

　　（5）由于 3G 采用不同频段的不同业务环境，因此需要移动终端配置有相应不同的软、硬件模块，而 3G 移动终端目前尚不能够实现多业务环境的不同配置，也就无法实现不同频段的不同业务环境间的无缝漫游。

　　所有这些局限性推动了人们对下一代通信系统——4G 的研究和期待。

11.1.2 4G 的定义及其技术要求

第四代移动通信可称为宽带接入和分布式的网络,它具有非对称的超过 2Mbps 的数据传输能力。它包括宽带无线固定接入、宽带无线局域网、移动宽带系统和交互式广播网络。第四代移动通信系统超越标准可以在不同的固定、无线平台和跨越不同的频带的网络中提供无线服务,可以在任何地方用宽带接入互联网(包括卫星通信和平流层通信),能够提供定位定时、数据采集、远程控制等综合功能。此外,第四代移动通信系统是多功能集成的宽带移动通信系统,是宽带接入 IP 系统。

1. 主要技术要求

(1) 通信速度提高,数据率超过 UMTS,上网速率从 2Mbps 提高到 100 Mbps。

(2) 以移动数据为主,面向 Internet 大范围覆盖的高速移动通信网络,改变了以传统移动电话业务为主的设计移动通信网络的设计观念。

(3) 采用多天线或分布天线的系统结构及终端形式,支持手机互助功能,采用可穿透无线电,可下载无线电等新技术。

(4) 发射功率比现有移动通信系统降低了 10~100 倍,能够较好地解决电磁干扰的问题。

(5) 支持更为丰富的移动通信业务,包括高分辨率实时图像业务、会议电视虚拟现实业务等,使用户在任何地方可以获得任何所需的信息服务,且服务质量得到保证。

2. 业界对第四代移动通信的共识

(1) 第四代移动通信以数据通信和图像通信为主。

(2) 数据通信的速率比第三代的要大大提高,室外移动通信的速率为 20Mbps 以上,室内移动通信速率为 100Mbps 以上。

(3) 与因特网结合,通信以 IP 协议为基础。

(4) 预计将是没有基站的完全与一、二、三代不同的网络结构,包括 Ad Hoc 网——自组织网络。

目前全球范围内有多个组织正在进行 4G 系统的研究和标准化工作,如 IPv6 论坛、SDR 论坛、3GPP、无线世界研究论坛、IETF 和 MWIF 等。一些全球著名的移动通信设备厂商也在进行 4G 的研究和开发工作。AT&T 已经开发了名为 4G 接入的实验网络。NORTEL 正在进行软件无线电功率放大器技术的研究,而 HP 实验室正在进行实验网络上传输多媒体内容的相关研究。Ericsson 在加州大学投入了 1000 万美元从事下一代 CDMA 和 4G 移动通信技术的研究。

11.1.3 4G 的特点

4G 主要具有以下特点。

(1) 高速率,高容量。对于大范围高速移动用户(250km/h),数据速率为 2Mbps;对于中速移动用户(60km/h),数据速率为 20Mbps;对于低速移动用户(室内或步行者),数据速率为 100Mbps。4G 系统容量至少应是 3G 系统容量的 10 倍以上。

（2）网络频带更宽。每个 4G 信道将占有 100MHz 频谱，相当于 WCDMA 3G 网络的 20 倍。

（3）兼容性更加平滑。4G 应该接口开放，能够跟多种网络互连，并且具备很强的对 2G、3G 手机的兼容性，以完成对多种用户的融合；在不同系统间进行无缝切换，传送高速多媒体业务数据。

（4）灵活性更强。4G 拟采用智能技术，可自适应地进行资源分配。采用智能信号处理技术对信道条件不同的各种复杂环境进行信号的正常收发。

（5）具有用户共存性。能根据网络的状况和信道条件进行自适应处理，使低、高速用户和各种用户设备能够并存与互通，从而满足多类型用户的需求。运营商或用户花费更低的费用就可随时随地地接入各种业务。

11.1.4 网络结构及关键技术

1. 4G 的网络体系结构

第四代移动通信系统的网络体系结构可以由下而上分为：物理网络层、中间环路层、应用层等 3 层。物理网络层提供接入和选路功能；中间环路层作为桥接层提供 QoS 映射、地址转换、安全管理等。物理网络层与中间环路层之间也可以提供开放式接口，用于提供其他服务。4G 的网络分层图如图 11.2 所示。

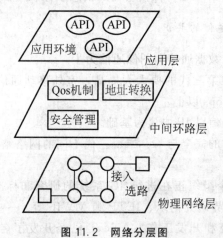

图 11.2 网络分层图

2. 4G 的关键技术

1) OFDM 技术

（1）OFDM 的基本原理。采用并行系统可以减小串行传输所遇到的上述困难。这种系统把整个可用信道频带 B 划分为 N 个带宽为 Δf 的子信道。把 N 个串行码元变换为 N 个并行的码元，分别调制这 N 个子信道载波进行同步传输，这就是频分复用。通常 Δf 很窄，若子信道的码元速率 $1/T_s \leqslant \Delta f$，各子信道可以看做是平坦性衰落的信道，从而避免严重的码间干扰。另外，若频谱允许重叠，还可以节省带宽而获得更高的频带效率，如

图11.3所示。

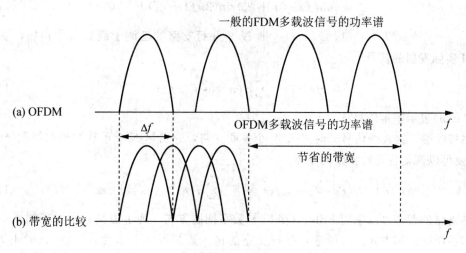

图 11.3　OFDM

OFDM 系统如图 11.4 所示。设串行的码元周期为 t_s，速率为 $r_s=1/t_s$。经过串/并变换后 N 个串行码元被转换为长度为 $T_s=Nt_s$、速率为 $R_s=1/T_s=1/Nt_s=r_s/N$ 的并行码。N 个码元分别调制 N 个子载波

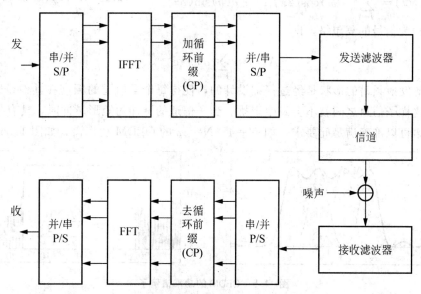

图 11.4　OFDM 系统框图

$$f_n = f_0 + n\Delta f \quad (n=0,1,2,\cdots,N-1) \tag{11-1}$$

式中：Δf 为子载波的间隔，设计为

$$\Delta f = \frac{1}{T_s} = \frac{1}{Nt_s} \tag{11-2}$$

它是 OFDM 系统的重要设计参数之一。当 $f_0 \gg 1/T_s$ 时，各子载波是两两正交的，即

$$\frac{1}{T_s}\int_0^{T_s}\sin(2\pi f_k t+\varphi_k)\sin(2\pi f_j t+\varphi_j)dt=0 \tag{11-3}$$

其中：$f_k-f_j=m/T_s(m=1,2,\cdots)$。把 N 个并行支路的已调子载波信号相加，便得到 OFDM 实际发射的信号

$$D(t)=\sum_{n=0}^{N-1}d(n)\cos(2\pi f_n t) \tag{11-4}$$

其中，$d(n)$ 表示基带信号

在接收端，接收的信号同时进入 N 个并联支路，分别与 N 个子载波相乘和积分(相干解调)便可以恢复各并行支路的数据

$$\hat{d}(k)=\int_0^{T_s}D(t)\cdot 2\cos\omega_k t\,dt=\int_0^{T_s}\sum_{n=0}^{N-1}d(n)2(\cos\omega_n t)^2 dt=d(k) \tag{11-5}$$

各支路的调制可以采用 PSK、QAM 等数字调制方式。为了提高频谱的利用率，通常采用多进制的调制方式。一般地，并行支路的输入数据可以表示为 $d(n)=a(n)+jb(n)$，其中 $a(n)$、$b(n)$ 表示输入的同相分量和正交分量的实序列，例如，QPSK 调制方式下，$a(n)$、$b(n)$ 取值 ± 1；16QAM 调制方式下取值 ± 1、± 3 等。它们在每个支路上调制一对正交载波，输出的 OFDM 信号便为

$$D(t)=\sum_{n=0}^{N-1}[a(n)\cos(2\pi f_n t)+b(n)\sin(2\pi f_n t)]=\mathrm{Re}\left\{\sum_{n=0}^{N-1}A(t)e^{j2\pi f_0 t}\right\} \tag{11-6}$$

式中：$A(t)$ 为信号的复包络，即

$$A(t)=\sum_{n=0}^{N-1}d(n)e^{jn\Delta\omega t} \tag{11-7}$$

系统的发射频谱的形状是经过仔细设计的，使得每个子信道的频谱在其他子载波频率上为零，这样子信道之间就不会发生干扰。当子信道的脉冲为矩形脉冲时，具有 sinc 函数形式的频谱可以准确满足此要求，如 $N=4$、$N=32$ 的 OFDM 功率谱，如图 11.5 所示。

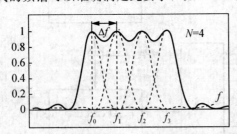
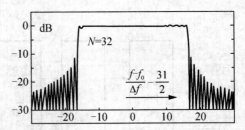

图 11.5 OFDM 的功率谱例子

由于频谱的重叠使得带宽效率得到了很大的提高，OFDM 信号的带宽一般可以表示为

$$B=f_{N-1}-f_0+2\delta=(N-1)\Delta f+2\delta \tag{11-8}$$

式中：δ 为子载波信道带宽的一半。设每个支路采用 M 进制调制，N 个并行支路传输的比特速率便为 $R_b=NR_s\mathrm{lb}M$，因此带宽效率为

$$\eta=\frac{R_b}{B}=\frac{NR_s\log_2 M}{(N-1)\Delta f+2\delta} \tag{11-9}$$

若子载波信道严格限带，且 $\delta=\Delta f/2=1/2T_s$，于是带宽效率为

$$\eta = \frac{R_b}{B} = \log_2 M \tag{11-10}$$

但在实际的应用中,子信道的带宽比这最小带宽稍大一些,即 $\delta=(1+\alpha)/2T_s$,这样

$$\eta = \frac{R_b}{B} = \frac{\log_2 M}{1+\alpha/N} \tag{11-11}$$

为了提高频带利用率可以增加子载波的数目 N 和减小 α。

$$s(t) = \begin{cases} \text{Re}\left\{\sum_{i=0}^{N-1} d_i \text{retc}(t-t_s-T/2)\exp\left[j2\pi f_i(t-t_s)\right]\right\} & t_s \leqslant t \leqslant t_s+T \\ 0 & \text{其他} \end{cases} \tag{11-12}$$

一旦将要传输的比特分配到各个子载波上,某一种调制模式将它们映射为子载波的幅度和相位,通常采用等效基带信号来描述 OFDM 的输出信号。即

$$s(t) = \begin{cases} \sum_{i=0}^{N-1} d_i \text{retc}(t-t_s-T/2)\exp\left[j2\pi \frac{i}{T}(t-t_s)\right] & t_s \leqslant t \leqslant t_s+T \\ 0 & t < t_s \wedge t > T+t_s \end{cases} \tag{11-13}$$

其中:$s(t)$ 的实部和虚部分别对应于 OFDM 符号的同相(In-phase)和正交(Quadrature-phase)分量,在实际中可以分别与相应子载波的 cos 分量和 sin 分量相乘,构成最终的子信道信号和合成的 OFDM 符号。在图 11.6 中给出了 OFDM 系统基本模型的框图,其中 $f_i = f_c + i/T$。在接收端,将接收到的同相和正交分量映射回数据消息,完成子载波解调。

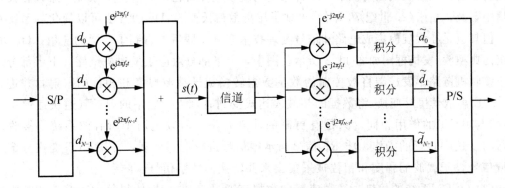

图 11.6 OFDM 系统基本模型框图

图 11.7 是在一个 OFDM 符号内包含的 4 个子载波的实例。其中,所有的子载波都具有相同的幅值和相位,但在实际应用中,根据数据符号的调制方式,每个子载波都有相同的幅值和相位是不可能的。从图 11.7 可以看出,每个子载波在一个 OFDM 符号周期内都包含整数倍个周期,而且各个相邻的子载波之间相差 1 个周期。这一特性可以用来解释子载波之间的正交性,即

$$\frac{1}{T}\int_0^T \exp\{j\omega_n t\}\exp\{j\omega_m t\}dt = \begin{cases} 0 & m=n \\ 1 & m \neq n \end{cases} \tag{11-14}$$

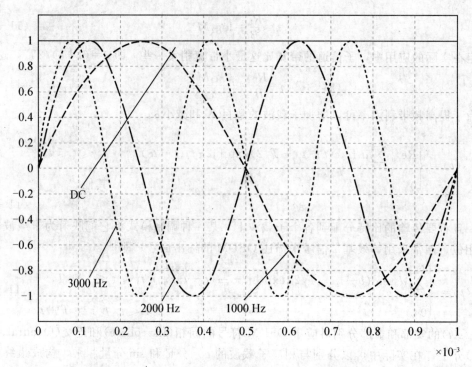

图 11.7　OFDM 符号内包括 4 个子载波的情况

（2）正交频分复用的 DFT 实现。OFDM 技术早在 20 世纪中期就已出现，但信号的产生及解调需要许多的调制解调器，硬件结构的复杂性使得在当时的技术条件下难以在民用通信中普及，后来（20 世纪 70 年代）出现了用离散傅氏变换（DFT）方法可以简化的系统结构，但其也是在大规模集成电路和信号处理技术充分发展后才得到了广泛的应用。OFDM 系统的典型收/发机框图如图 11.8 所示。图中，上半部分对应于发射机链路，下半部分对应于接收机链路。发送端将被传输的数字数据转换成子载波幅度和相位的映射，并进行 IDFT（反离散傅里叶变换）将数据的频域表达式变到时域上。图中的 IFFT（逆快速傅里叶变换）与 IDFT 的作用相同，只是有更高的计算效率，所以适用于所有的系统。接收端进行与发送端相反的操作，将 RF 信号与本振信号进行混频处理，并用 FFT 变换分解为时域信号，子载波的幅度和相位被采集出来并转换回数字信号。

（3）OFDM 系统的优势。①高速率的数据流通过串/并变换使得每个子载波的数据符号持续长度相对增加，这有效地减小了无线信道的时间弥散所带来的符号间干扰，从而减小了接收机内均衡的复杂度。有时甚至不采用均衡器，而仅仅通过插入循环前缀的方法即可消除符号间干扰的不利影响。②传统的频分多路传输方法是将频带分为若干个不相交的子频带来传输并行数据流，子信道之间要保留足够的保护频带。而 OFDM 系统由于各个子载波之间存在正交性，允许子信道的频谱相互重叠，因此与常规的频分复用系统相比，OFDM 系统可以最大限度地利用频谱资源。当子载波个数很多时，系统的频谱利用率趋于 2Baud/Hz。③各个子信道中的正交调制和解调可以通过反离散傅里叶变换（IDFT）和离散傅里叶变换（DFT）的方法来实现。对于子载波数目较大的系统，可以通过快速傅里叶变

第11章 移动通信系统的未来展望

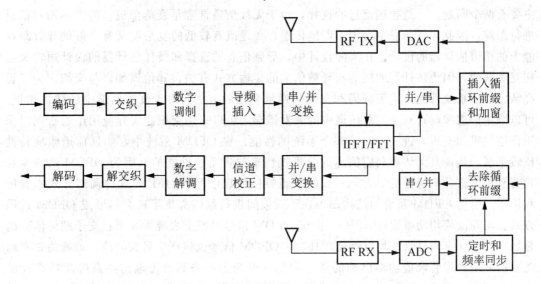

图 11.8 OFDM 收/发机框图

换(FFT)来实现。而随着大规模集成电路技术与 DSP 技术的发展，IFFT 与 FFT 都是容易实现的。④无线业务一般存在非对称性，即下行链路中的数据传输量大于上行链路中的数据传输量，这就要求物理层支持非对称高速率数据传输。OFDM 系统可以通过使用不同数量的子载波来实现上行和下行链路中不同的传输速率。⑤OFDM 可以容易地与其他多种接入方式结合使用，构成各种系统，其中包括多载波码分多址 MC-CDMA、跳频 OFDM 以及 OFDM-TDMA 等，从而使得多个用户可以同时利用 OFDM 技术进行信息传输。

(4) OFDM系统的缺点。OFDM 系统内存在有多个正交的子载波，而且其输出信号是多个子信道的叠加，因此与单载波系统相比存在如下缺点：①易受频率偏差的影响。子信道的频谱相互覆盖，这对其正交性提出了严格的要求。由于无线信道的时变性，在传输过程中出现无线信号的频谱偏移，或发射机与接收机本地振荡器之间存在的频率偏差，都会使 OFDM 系统子载波的正交性遭到破坏，导致子信道的信号相互干扰。这种对频率偏差的敏感是 OFDM 系统的主要缺点。②存在较高的峰值平均功率比。多载波系统的输出是多个子信道信号的叠加，如果多个信号的相位一致，所得到的叠加信号的瞬时功率就会远远高于信号的平均功率，这样会出现较大峰值平均比，可能带来信号畸变，使信号的频谱发生变化，从而导致各个子信道之间的正交性遭到破坏，产生干扰，使系统的性能恶化，这就对发射机内功率放大器提出了很高的要求。

(5) OFDM系统的主要技术。①时域和频域同步。OFDM 系统对定时和频率偏移敏感，特别是实际应用中可能与 FDMA、TDMA 和 CDMA 等多址方式结合使用时，时域和频域同步显得尤为重要。与其他数字通信系统一样，同步分为捕获和跟踪两个阶段。在下行链路中，基站向各个移动终端广播式发送同步信息，所以，下行链路同步相对简单，较易实现。在上行链路中来自不同移动终端的信号必须同步到达基站，才能保证载波间的正交性。基站根据各移动终端发来的子载波携带信息进行时域和频域同步信息的提取，再由基站发回移动终端，以便让移动终端进行同步。具体实现时，同步可以分别在时域或频域进行，也可以时频域同步同时进行。②信道估计。在 OFDM 系统中，信道估计器的设计主要有两个问题:一是导频信息的选择,由于无线信道常常是衰落信道,需要不断对信道进行跟踪,因此导频信息也必须不断地传送;二是既有较低的复杂度又有良好的导频跟踪能力的信道估计器的设计。在实际设计中,导频信息的选择和最佳估计器的设计通常又是相互关联的,因为估计器的性能与导频信息的传输方式有关。③信道编码与交织。为了提高数字通信系统性能,信道编码和交织是通常采用的方法。对于衰落信道中的随机错误,可以采用信道编码;对于衰落信道中的突发错误,可以采用交织。实际应用中通常同时采用信道编码和交织,进一步改善整个系统的性能。在 OFDM 系统中,如果信道频域特性比较平缓,均衡是无法再利用信道的分集特性来改善系统性能的,因为 OFDM 系统本身具有利用信道分集特性的能力,一般的信道特性信息已经被 OFDM 这种调制方式本身所利用了。但是 OFDM 系统的结构却为在子载波间进行编码提供了机会,形成 OFDM 编码方式。④降低峰均功率比(PAPR)。由于 OFDM 信号时域上表现为 n 个正交子载波信号的叠加,当这 n 个信号恰好均以峰值相加时,OFDM 信号也将产生最大峰值,该峰值是平均功率的 n 倍。尽管峰值功率出现的概率较低,但为了不失真地传输这些高峰均功率比的 OFDM 信号,发送端对高功率放大器的线性度要求很高,且发送效率极低,接收端对前置放大器以及 A/D 变换器的线性度要求也很高。因此,高的 PAPR 使得 OFDM 系统的性能大大下降,甚至直接影响实际应用。为了解决这一问题,人们提出了基于信号畸变技术、信号扰码技术和基于信号空间扩展等降低 OFDM 系统 PAPR 的方法。

2) 多输入多输出(MIMO)系统技术

多用户检测(MUD)技术能够有效地消除码间干扰,提高系统性能。多用户检测的基本思想是把同时占用某个信道的所有用户或某些用户的信号都当成是有用信号,而不是作为干扰信号处理,利用多个用户的码元、时间、信号幅度以及相位等信息联合检测单个用户的信号,即综合利用各种信息及信号处理手段,对接收信号进行处理,从而达到对多用户信号的最佳联合检测。多用户检测是 4G 系统中抗干扰的关键技术,能进一步提高系统容量,改善系统性能。随着不同算法和处理技术的应用与结合,多用户检测获得了更高的效率、更好的误码率性能和更少的条件限制。

在基站端放置多个天线,在移动台也放置多个天线,基站和移动台之间可形成 MIMO 通信链路。MIMO 技术在不需要占用额外的无线电频率的条件下,利用多径来提供更高的数据吞吐量,并同时增加覆盖范围和可靠性。它解决了当今任何无线电技术都面临的两个最困难的问题,即速度与覆盖范围。它的信道容量随着天线数量的增大而线性增大。也就是说,可以利用 MIMO 信道成倍地提高无线信道容量,在不增加带宽和天线发送功率的情况下,频谱利用率可以成倍地提高。

MIMO 技术可以分为两类:一类是成倍提高系统容量的空间复用技术,其代表是分层空时编码方案;另一类是提高链路增益的空时分集技术,其代表是空时格型编码和空时块型编码。

(1) 空间复用技术。空间复用技术的典型代表是分层空时编码技术(BLAST)。BLAST 对每个信号采用不同的发送天线,在接收端也用多个天线以及独特的信号处理技术,把这些互相干扰的信号分离出来。这样在给定的信道频段上的容量将随通信数量的增加而成比例地增加。空时编码方案有 3 种,它们是水平编码、垂直编码和对角线编码,下

第11章 移动通信系统的未来展望

面分别介绍。

假设发射天线数为 M，接收天线数为 N。①水平编码。水平编码方案如图 11.9 所示。在水平编码方案中，输入信号的比特流首先经过串/并变换分成 M 路平行的信号流。每一信号流都经过独立的信道编码、交织和调制，最后从各自的天线上发射出去。因为每个符号都经过一个天线发射出去，再被 N 个天线接收，所以水平编码方案最多可以获得 N 阶分集。水平编码的接收机算法比较简单。②垂直编码。垂直编码方案如图 11.10 所示。在垂直编码方案中，输入的数据流先经过信道编码、交织和调制，然后经串/并变换分解为 M 个数据流，再经各自的天线发射出去。由于每个信息比特扩展到了多个天线上，因此这一编码方案可以获得大于 N 的分集阶。但接收机端需要对各个子流进行联合译码，从而导致接收机复杂度会比较高。③对角线编码。对角线编码方案如图 11.11 所示。在对角线编码方案中，数据流先经过水平编码，然后再经过对角线编码，这样可以保证串/并变换后每个流上的码字都经过 M 个天线被发射出去。这一方案是最优的空间复用编码方案，可以获得最多 MN 阶分集。但同样地，在接收端需要联合译码，接收机的复杂度也最高。

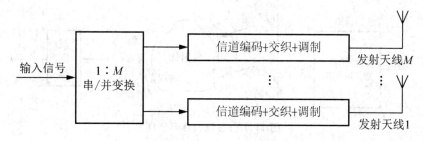

图 11.9 水平编码方案

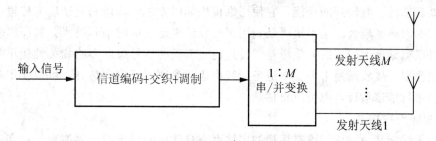

图 11.10 垂直编码方案

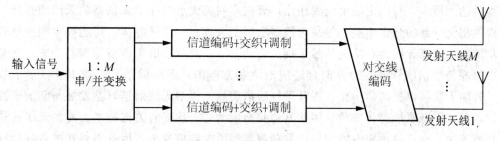

图 11.11 对角线编码方案

(2) 空间分集技术。空间分集也称天线分集，是指在接收端或者发送端使用多个天线接收或发送相同信号。使用空间分集时，接收天线元之间的间隔需要大于相干距离。

空间分集技术可以分为接收分集和发送分集，如图 11.12 和图 11.13 所示。发送分集可以将分集的负担从手机终端转移到基站。采用发送分集的主要问题是发送端不知道衰落信道的信道状态信息，因此必须利用信道编码以保证各信道的良好性能，这就是空时编码。空时码是信道编码设计与发送分集的结合。空时码在将一个数据流在多个天线上同时发射时，建立了空间分离信号（空域）与时间分离信号（时域）之间的关系。

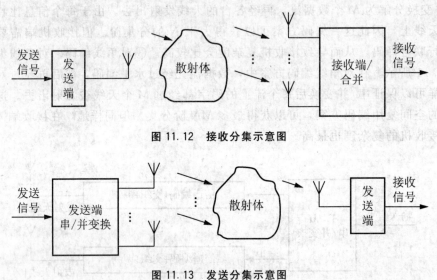

图 11.12　接收分集示意图

图 11.13　发送分集示意图

基于发送分集的空时码可以分为空时格码和空时块码。空时格码是在空时延时码的基础上发展起来的，有较好的性能，它使用维特比译码方法，其译码复杂度与传输速率呈指数关系，实现难度较大。空时块码是利用正交设计理论的空时编码技术，其译码复杂度很低，还可以得到最大的发射分集增益。经过空时编码的信号通过多路相关性较小的无线信道到达接收端，接收端通常需要知道各无线信道的参数，即信道估计，可以使用基于导频训练序列进行信道估计，也可以盲估计。

3) 智能天线技术

智能天线定义为波束间没有切换的多波束或自适应阵列天线。多波束天线在一个扇区中使用多个固定波束，而在自适应阵列中，多个天线的接收信号被加权并且合成在一起使信噪比达到最大。与固定波束天线相比，天线阵列的优点是除了提供高的天线增益外，还能提供相应倍数的分集增益。但是它们要求每个天线有一个接收机，还能提供相应倍数的分集增益。智能天线具有抑制信号干扰、自动跟踪以及数字波束调节等智能功能，其基本工作原理是根据信号来波的方向自适应地调整方向图，跟踪强信号，减少或抵消干扰信号。智能天线可以提高信噪比，提升系统通信质量，缓解无线通信日益发展与频谱资源不足的矛盾，降低系统整体造价，因此其势必会成为 4G 系统的关键技术。智能天线的核心是智能算法，而算法决定电路实现的复杂程度和瞬时响应速率，因此需要选择较好的算法来实现波束的智能控制。

4) 软件无线电技术

所谓软件无线电(Software Defined Radio，SDR)，就是采用数字信号处理技术，在可编程控制的通用硬件平台上，利用软件来定义实现无线电台的各部分功能，包括前端接收、中频处理以及信号的基带处理等。即整个无线电台从高频、中频、基带直到控制协议部分全部由软件编程来完成。其核心思想是在尽可能靠近天线的地方使用宽带的 D/A 转换器，尽早地完成信号的数字化，从而使得无线电台的功能尽可能地用软件来定义和实现。总之，软件无线电是一种基于数字信号处理(DSP)芯片的，以软件为核心的崭新的无线通信体系结构。

5) IPv6 技术

4G 通信系统选择了采用基于 IP 的全分组的方式传送数据流，因此 IPv6 技术将成为下一代网络的核心协议。选择 IPv6 协议主要基于以下几点考虑。

(1) 巨大的地址空间。在一段可预见的时期内，它能够为所有可以想象出的网络设备提供一个全球唯一的地址。

(2) 自动控制。IPv6 还有另一个基本特性，就是它支持无状态和有状态两种地址自动配置方式。无状态地址自动配置方式是获得地址的关键。在这种方式下，需要配置地址的节点使用一种邻居发现机制获得一个局部连接地址。一旦得到这个地址之后，它使用另一种即插即用的机制，在没有任何人工干预的情况下，获得一个全球唯一的路由地址。有状态配置机制，如 DHCP(动态主机配置协议)，需要一个额外的服务器，因此也需要很多额外的操作和维护。

(3) 服务质量(QoS)。它包含几个方面的内容。从协议的角度看，IPv6 与 IPv4 提供相同的 QoS，但是 IPv6 的优点体现在能提供不同的服务。这些优点来自于 IPv6 报头中新增加的字段流标志。有了这个 20 位长的字段，在传输过程中，各节点就可以识别和分开处理任何 IP 地址流。尽管对这个流标志的准确应用还没有制定出有关标准，但将来它可用于基于服务级别的新计费系统。

(4) 移动性。移动 IPv6(MIPv6)在新功能和新服务方面可提供更大的灵活性。每个移动设备设有一个固定的家区地址(Home Address)，这个地址与设备当前接入互联网的位置无关。当设备在家区以外的地方使用时，通过一个转交地址来提供移动节点当前的位置信息。移动设备每次改变位置，都要将它的转交地址告诉给家区地址和它所对应的通信节点。在家区以外的地方，移动设备传送数据包时，通常在 IPv6 报头中将转交地址作为源地址。

由于 4G 与 3G 相比具有通信速度更快、网络频谱更宽、通信更加灵活、智能性能更高、兼容性能更平滑等优点，因此 4G 日益成为人们关注的焦点。相信在不久的将来，4G 将一统移动通信系统的天下。

11.1.5 国内外对 4G 的研究现状

中国、日本、韩国以及欧洲等国家对第四代移动通信的研究工作已经启动。欧洲的项目为"第六框架"，日、韩两国都是自己独立研究。目前对 4G 的研究还处于初级阶段，并没有进入实质部分，还谈不上频段的划分。

在世界各国都在积极地对 4G 进行研究时，我国对第四代移动通信的研究也已经正式列入了 863 项目，并启动了"FUTURE 计划"。具体分为以下 3 个阶段。

（1）2001 年 12 月至 2003 年 12 月，开展 Beyond 3G/4G 蜂窝通信空中接口技术研究，完成 Beyond 3G/4G 无线传输系统的核心硬、软件研制工作，开展相关传输实验，向 ITU 提交有关建议。

（2）2004 年 1 月至 2005 年 12 月，使 Beyond 3G/4G 空中接口技术研究达到相对成熟的水平。进行与之相关的系统总体技术研究（包括与无线自组织网络、无线接入网络的互联互通技术研究等），完成联网试验和演示业务的开发，建成具有 Beyond 3G/4G 技术特征的演示系统。向 ITU 提交初步的新一代无线通信体制标准。

（3）2006 年 1 月至 2010 年 12 月，设立有关重大专项，完成通用无线环境的体制标准研究及其系统实用化研究，开展较大规模的现场试验。

在近几年的研究中，我国已经取得了喜人的成果。武汉汉网高新技术有限公司、华中科技大学和上海交通大学联手攻克的全 IP 蜂窝移动技术是国际公认的第四代移动通信技术的核心，其数据传输速率是 3G 移动电话的 50 倍，能同时传输语音、文字、视频图像等不同数据类型。这将使欧美移动通信技术在中国市场独领风骚的局面有所改变。本章对第四代移动通信技术及其系统的特性、核心技术等进行了讨论，并介绍了国内外对 4G 的研究现状。随着社会的不断进步，对 4G 研究的不断深入，相信第四代移动通信系统与我们的距离将越来越小。具有高数据率、高频谱利用率、低发射功率、灵活业务支撑能力的未来无线移动通信系统（4G），必将是通往未来无线与移动通信系统的必然途径。

11.1.6　第四代移动通信系统发展面临的问题

4G 系统投入实际应用将遇到技术和市场两方面的挑战。

1. 从技术角度来分析

4G 要实现高数据速率、高机动性和无缝隙漫游，就必须对现有的移动通信基础设施进行更新改造。首先，需要解决无线系统中的移动性管理、资源管理和核心网的移动 IP 技术等问题，还有 4G 的标准问题。其次，要开发新的频谱资源，提高频谱利用率并选择合适的传输技术。例如，利用 RAKE 接收、跳频以及 Turbo 码等技术来增强系统的性能，提高信噪比；提高检测可用的资源以及信号质量，动态分配频率资源和信号发射功率，增加移动通信系统容量，降低信号发射功率；提高通信的覆盖范围，并支持多媒体通信、无线接入宽带固定网以及在不同系统之间的漫游等。此外，4G 移动通信的数据传输将比 3G 高一个数量级，这也会引起一系列技术上的难题。

2. 从市场角度分析

有专家预测：到 2010 年后，2G 的多媒体服务将进入第三个发展阶段，此时覆盖全球的 3G 网络已经基本成形，全球至少有 25％ 以上的人使用 3G 系统，整个行业正在消化吸收第三代技术，利用 4G 的相关技术对 3G 进行改进与完善的工作也会同时进行。可见，对于 4G 系统的接受还需要一个逐步过渡的过程。

11.2 认知无线电 CR

11.2.1 引言

随着无线通信需求的不断增长，对无线通信技术支持的数据传输速率的要求越来越高。根据香农信息理论，这些通信系统对无线频谱资源的需求也相应增长，从而导致适用于无线通信的频谱资源变得日益紧张，成为制约无线通信发展的新瓶颈。另一方面，已经分配给现有的很多无线系统的频谱资源却在时间和空间上存在不同程度的闲置。因此，人们提出采用认知无线电（CR）技术，通过从时间和空间上充分利用那些空闲的频谱资源，从而有效解决上述难题。

这一思想在 2003 年美国联邦通信委员会（FCC）的《关于修改频谱分配规则的征求意见通知》中得到了充分体现，该通知明确提出采用 CR 技术作为提高频谱利用率的技术手段。此后，CR 技术受到了产业界和学术界的广泛关注，成为了无线通信研究和市场发展的新热点。然而，CR 技术从理论到大规模实际应用，还面临很多挑战。这些挑战包括了技术、政策和市场等诸多方面。本文从技术的角度，总结分析 CR 的基本原理、关键技术，并对将来技术发展趋势进行预测。

11.2.2 认知无线电基本原理

1. 认知无线电的概念与特征

自 1999 年"软件无线电之父" Joseph Mitola 博士首次提出了 CR 的概念并系统地阐述了 CR 的基本原理以来，不同的机构和学者从不同的角度给出了 CR 的定义，其中比较有代表性的包括 FCC 和著名学者 Simon Haykin 教授的定义。FCC 认为："CR 是能够基于对其工作环境的交互改变发射机参数的无线电"。Simon Haykin 则从信号处理的角度出发，认为："CR 是一个智能无线通信系统。它能够感知外界环境，并使用人工智能技术从环境中学习，通过实时改变某些操作参数（比如传输功率、载波频率和调制技术等），使其内部状态适应接收到的无线信号的统计性变化，以达到以下目的：任何时间、任何地点的高度可靠通信；对频谱资源的有效利用。"

总结上述定义，CR 应该具备以下两个主要特征。

1) 认知能力

认知能力使 CR 能够从其工作的无线环境中捕获或者感知信息，从而可以标识特定时间和空间的未使用频谱资源（也称为频谱空洞），并选择最适当的频谱和工作参数。此任务通常采用认知环进行表示，包括 3 个主要的步骤：频谱感知、频谱分析和频谱判决。频谱感知的主要功能是监测可用频段，检测频谱空洞；频谱分析估计频谱感知获取的频谱空洞的特性；频谱判决根据频谱空洞的特性和用户需求选择合适的频段传输数据。

2) 重构能力

重构能力使得 CR 设备可以根据无线环境动态编程，从而允许 CR 设备采用不同的无线传输技术收发数据。可以重构的参数包括：工作频率、调制方式、发射功率和通信协议等。

重构的核心思想是在不对频谱授权用户（LU）产生有害干扰的前提下，利用授权系统的空闲频谱提供可靠的通信服务。一旦该频段被 LU 使用，CR 有 2 种应对方式：一是切换到其他空闲频段通信；二是继续使用该频段，但改变发射功率或者调制方案避免对 LU 的有害干扰。

2. 认知无线电与软件无线电之间的关系

为了便于理解 CR 的基本原理，有必要将 CR 与软件无线电（SDR）进行区分。根据电子与电气工程师协会（IEEE）的定义，一个无线电设备可以称为 SDR 的基本前提是：部分或者全部基带或 RF 信号处理通过使用数字信号处理软件完成；这些软件可以在出厂后修改。

因此，SDR 关注的是无线电系统信号处理的实现方式；而 CR 是指无线系统能够感知操作环境的变化，并据此调整系统工作参数。从这个意义上讲，CR 是更高层的概念，不仅包括信号处理，还包括根据相应的任务、政策、规则和目标进行推理和规划的高层功能。

3. 认知无线电物理层关键技术

结合前文关于 CR 基本原理的讨论，可以发现，CR 物理层的关键技术包括：宽带射频前端技术、频谱感知技术和数据传输技术。

1）宽带射频前端技术

为了提供宽带频谱感知能力，CR 的射频前端必需能够调谐到大频谱范围内的任意频带。通用的宽带射频前端接收的信号通过放大、混频和 A/D 转换等步骤后送入基带处理，进行频谱感知或数据检测。其中，射频滤波器通过通带滤波选择所需要的频段的接收信号；低噪放大器（LNA）在放大所需信号的同时最小化噪声；锁相环（PLL）、压控振荡器（VCO）和混频器联合控制，将所需要的接收信号转换到基带或者中频处理；信道选择滤波器用于选择所需的信道并抑制邻道干扰；自动增益控制（AGC）维持很宽的动态范围内的输入信号经放大器的输出功率恒定。

针对 CR 应用，宽带射频前端面临的主要难题是射频前端需要在大的动态范围内检测弱信号。为此，需要采样速率高达几吉赫兹的高速 A/D 转换器，并且要求超过 12 比特的高分辨率。为了降低这一需求，可以考虑通过陷波滤波器滤出强信号，降低信号的动态范围；或采用智能天线技术，通过空域滤波来实现强信号滤出。

2）频谱感知技术

频谱感知技术是 CR 应用的基础和前提。现有的频谱感知技术可以分为单节点感知和协同感知。单节点感知是指单个 CR 节点根据本地的无线射频环境进行频谱特性标识；而协同感知则是通过数据融合，对基于多个节点的感知结果进行综合判决。

单节点感知技术包括匹配滤波、能量检测和循环平稳检测 3 种，其比较如表 11-1 所示。由于这些方法各有优缺点，实际应用时通常结合使用。

第11章 移动通信系统的未来展望

表11-1 频谱检测方法的优缺点

方法名称	优点	缺点
匹配滤波器	检测时间短、增益大	用户必须知道每一类授权用户的先验信息
能量检测器	准确度较高	判决门限较难确定，不适合弱信号检测
循环平稳检测法	检测性能好，能识别各类调制信号，适用于扩频信号检测	检测时间长，复杂度较高

检测算法优缺点：匹配滤波 CR 节点知道授权用户信号的信息检测时间短，需要先验信息；能量检测 CR 节点不知道授权用户的信号信息实现简单，不需要先验信息，受噪声不确定性影响，不能区别信号类型，检测时间长；周期特性检测 CR 用户信号具有周期自相关特性，可以区别噪声和信号类型，计算复杂度高；认知无线电要求频谱感知能够准确地检测出信噪比(SNR)大于某一门限值的授权用户信号，通常这个 SNR 的门限值是很低的，对于单节点感知来说，要达到这个要求并不容易。

为此，人们提出协同频谱感知，通过检测节点间的协作达到系统要求的检测门限，从而降低对单个检测节点的要求，降低单个节点的负担。协同频谱感知的另一个优点是可以有效地消除阴影效应的影响。协同感知可以采用集中或者分布式的方式进行。集中式协同感知是指各个感知节点将本地感知结果送到基站(BS)或接入点(AP)统一进行数据融合，做出决策；分布式协同感知则是指各节点间相互交换感知信息，各个节点独自决策。影响协同频谱感知的关键因素除了参与协同的单节点的感知性能外，还包括网络拓扑结构和数据融合方法。另外，在协同频谱感知中，不同感知节点的相关性和单个节点的不可靠性也会对频谱感知的性能产生重要影响。

随着 FCC 引入干扰温度模型来测量干扰，也有人提出通过测量干扰温度进行频谱感知，但这种方法通常要求 CR 节点知道授权用户的位置，目前尚面临很多问题。

3）数据传输技术

数据传输技术对于 CR 实现利用空闲频谱进行通信，从而整体上提高频谱利用率的主要目标非常关键。由于 CR 可用频谱可能位于很宽的频带范围，并且不连续，因此 CR 数据传输技术必需能够适应可用频谱的这一特性。

目前，实现频谱自适应 CR 数据传输有两个基本途径：采用多载波技术或采用基带信号发射波形设计。

在多载波传输技术中，正交频分复用(OFDM)是最佳候选技术。其基本思想是将整个可用频带划分成 OFDM 子载波，只利用没有被授权用户占用的子载波传输数据，构成所谓的非连续 OFDM(NC-OFDM)。子载波的分配则通过频谱感知和判决的结果，以分配矢量的方式实现。例如，在进行 OFDM 调制时，可以将已被授权用户占用的子载波置零，从而避免对授权用户产生干扰。同时，考虑到频谱渗漏的问题，还有必要留出足够的保护子载波。同时，由于很多子载波并没有使用，可以通过一些快速傅里叶变换(FFT)修剪算法降低系统实现的复杂度。

OFDM 技术的重要优点是实现灵活,但也面临同步、信道估计以及高峰平比的问题。为此,也可以通过在时、频或者码域设计特殊的发射波形,生成满足特定频谱形状的发射信号。例如,在频域合成波形的变换域通信系统(TDCS)、设计特殊扩频码片的扰测量法/码分多址(CI/CDMA)技术以及跳码/码分多址(CH/CDMA)技术等。虽然这些技术不如 OFDM 实现灵活,但在初始接入、收发双方不知道对方可用频谱特性时仍然有用。

11.2.3 认知无线电发展现状与趋势

当前,认知无线电技术已经得到了学术界和产业界的广泛关注。很多著名学者和研究机构都投入到认知无线电相关技术的研究中,启动了很多针对认知无线电的重要研究项目。例如:德国 Karlsruhe 大学的 F. K. Jondral 教授等提出的频谱池系统、美国加州大学 Berkeley 分校的 R. W. Brodersen 教授的研究组开发的 COVUS 系统、美国 Georgia 理工学院宽带和无线网络实验室 Ian F. Akyildiz 教授等人提出的 OCRA 项目、美国军方 DARPA 的 XG 项目、欧盟的 E2R 项目等。在这些项目的推动下,在基本理论、频谱感知、数据传输、网络架构和协议、与现有无线通信系统的融合以及原型开发等领域取得了一些成果。IEEE 为此专门组织了两个重要的国际年会 IEEE CrownCom 和 IEEE DySPAN 交流这方面的成果,许多重要的国际学术期刊也刊发关于认知无线电的专辑。目前,最引人关注的是 IEEE802.22 工作组的工作,该工作组正在制定利用空闲电视频段进行宽带无线接入的技术标准,这是第一个引入认知无线电概念的 IEEE 技术标准化活动。

结合上述认知无线电技术的现状,预计认知无线电未来会沿着以下几个方面发展。

(1) 基本理论和相关应用的研究,为大规模应用奠定坚实的基础。比较重要的研究包括:认知无线电的信息论基础和认知无线电网络相关技术,例如,频谱资源的管理、跨层联合优化等。

(2) 试验验证系统开发。目前,已经有多个试验验证系统正在开发中,这些系统的成功开发,将为验证认知无线电的基本理论、关键技术提供测试床,推动其大规模应用。

(3) 与现有系统的融合。虽然目前认为认知无线电的应用应该不要求授权用户作任何改变,但如果授权用户和认知无线电用户协同工作,将会便于实现并提高效率。目前,已经有一些研究工作在考虑将认知无线电集成到现有无线通信系统的方法,并取得了一些初步成果。预计未来这方面将会有大量的需求。

本 章 小 结

本章对第四代移动通信系统的现状进行了概况,并对其未来发展的相关问题进行了展望。另外对当前最热门的通信技术——认知无线电技术的相关问题进行了探讨。很少有哪一项技术的发展像认知无线电这样在 RF 无线设计人员和工程人员间引起如此大的关注。认知无线电网络是一种近乎神奇的网络,它能真正感知工作环境、调整工作条件(如频率和发射功率)来抑制干扰、维持所需通信。认知无线电概念、原理和应用方面的知识将成为 RF/无线专业人员必不可少的需求。通过本章的学习,对于大家了解当前移动通信技术

第11章 移动通信系统的未来展望

前沿,跟踪移动通信技术的关键技术将大有裨益。

习 题 11

11.1 第四代移动通信的特点是什么?

11.2 简述第四代移动通信系统的网络架构。

11.3 OFDM技术有哪些特点?

11.4 空时编码方案有哪几种?

11.5 MIMO技术有哪些特点?

11.6 为什么采用智能天线可以提高系统容量?

11.7 简述认知无线电的定义。

11.8 认知无线电的关键技术是什么?

11.9 认知无线电技术现在面临哪些挑战?

参 考 文 献

[1] 李建东,郭梯云,邬国扬. 移动通信[M]. 4版. 西安:西安电子科技大学出版社,2006.
[2] 吴彦文. 移动通信技术及应用[M]. 北京:清华大学出版社,2009.
[3] 崔雁松. 移动通信技术[M]. 西安:西安电子科技大学出版社,2004.
[4] 章坚武. 移动通信[M]. 2版. 西安:西安电子科技大学出版社,2007.
[5] 孙龙杰,刘立康. 移动通信技术[M]. 北京:科学出版社,2008.
[6] 李斯伟,贾璐,杨艳. 移动通信技术[M]. 北京:清华大学出版社,2008.
[7] 杨家玮,盛敏,刘勤. 移动通信基础[M]. 2版. 北京:电子工业出版社,2008.
[8] 韦惠民,李国民,暴宇. 移动通信技术[M]. 北京:人民邮电出版社,2006.
[9] 王华奎,等. 移动通信原理与技术[M]. 北京:清华大学出版社,2009.
[10] 曹达仲,侯春萍. 移动通信原理、系统及技术[M]. 北京:清华大学出版社,2004.
[11] 吴伟陵,牛凯. 移动通信原理[M]. 2版. 北京:电子工业出版社,2009.
[12] 袁超伟,陈德荣,冯志勇. CDMA蜂窝移动通信[M]. 北京:北京邮电大学出版社,2003.
[13] 窦中兆,雷湘. CDMA无线通信原理[M]. 北京:清华大学出版社,2003.
[14] 张乃通,等. 移动通信系统[M]. 哈尔滨:哈尔滨工业大学出版社,2001.

北京大学出版社电气信息类教材书目(已出版)
欢迎选订

序号	标准书号	书名	编著者	定价
1	978-7-301-10759-1	DSP 技术及应用	吴冬梅 张玉杰	26
2	978-7-301-10760-7	单片机原理与应用技术	魏立峰 王宝兴	25
3	978-7-301-10765-2	电工学	蒋 中 刘国林	29
4	978-7-301-19183-5	电工与电子技术(上册)(第2版)	吴舒辞	30
5	978-7-301-19229-0	电工与电子技术(下册)(第2版)	徐卓农 李士军	32
6	978-7-301-10699-0	电子工艺实习	周春阳	19
7	978-7-301-10744-7	电子工艺学教程	张立毅 王华奎	32
8	978-7-301-10915-6	电子线路 CAD	吕建平 梅军进	34
9	978-7-301-10764-1	数据通信技术教程	吴延海 陈光军	29
10	978-7-301-18784-5	数字信号处理(第2版)	阎 毅	32
11	978-7-301-18889-7	现代交换技术(第2版)	姚 军 李佳森	36
12	978-7-301-10761-4	信号与系统	华 容 隋晓红	33
13	978-7-301-10762-5	信息与通信工程专业英语	韩定定 赵菊敏	24
14	978-7-301-10757-7	自动控制原理	袁德成 王玉德	29
15	978-7-301-16520-1	高频电子线路(第2版)	宋树祥 周冬梅	35
16	978-7-301-11507-7	微机原理与接口技术	陈光军 傅越千	34
17	978-7-301-11442-1	MATLAB 基础及其应用教程	周开利 邓春晖	24
18	978-7-301-11508-4	计算机网络	郭银景 孙红雨 段 锦	31
19	978-7-301-12178-8	通信原理	隋晓红 钟晓玲	32
20	978-7-301-12175-7	电子系统综合设计	郭 勇 余小平	25
21	978-7-301-11503-9	EDA 技术基础	赵明富 李立军	22
22	978-7-301-12176-4	数字图像处理	曹茂永	23
23	978-7-301-12177-1	现代通信系统	李白萍 王志明	27
24	978-7-301-12340-9	模拟电子技术	陆秀令 韩清涛	28
25	978-7-301-13121-3	模拟电子技术实验教程	谭海曙	24
26	978-7-301-11502-2	移动通信	郭俊强 李 成	22
27	978-7-301-11504-6	数字电子技术	梅开乡 郭 颖	30
28	978-7-301-18860-6	运筹学(第2版)	吴亚丽 张俊敏	28
29	978-7-5038-4407-2	传感器与检测技术	祝诗平	30
30	978-7-5038-4413-3	单片机原理及应用	刘 刚 秦永左	24
31	978-7-5038-4409-6	电机与拖动	杨天明 陈 杰	27
32	978-7-5038-4411-9	电力电子技术	樊立萍 王忠庆	25
33	978-7-5038-4399-0	电力市场原理与实践	邹 斌	24
34	978-7-5038-4405-8	电力系统继电保护	马永翔 王世荣	27
35	978-7-5038-4397-6	电力系统自动化	孟祥忠 王 博	25
36	978-7-5038-4404-1	电气控制技术	韩顺杰 吕树清	22
37	978-7-5038-4403-4	电器与 PLC 控制技术	陈志新 宗学军	38
38	978-7-5038-4400-3	工厂供配电	王玉华 赵志英	34
39	978-7-5038-4410-2	控制系统仿真	郑恩让 聂诗良	26
40	978-7-5038-4398-3	数字电子技术	李 元 张兴旺	27
41	978-7-5038-4412-6	现代控制理论	刘永信 陈志梅	22
42	978-7-5038-4401-0	自动化仪表	齐志才 刘红丽	27
43	978-7-5038-4408-9	自动化专业英语	李国厚 王春阳	32
44	978-7-5038-4406-5	集散控制系统	刘翠玲 黄建兵	25
45	978-7-301-19174-3	传感器基础(第2版)	赵玉刚 邱 东	30
46	978-7-5038-4396-9	自动控制原理	潘 丰 张开如	32
47	978-7-301-10512-2	现代控制理论基础(国家级十一五规划教材)	侯媛彬	20
48	978-7-301-11151-3	电路基础学习指导与典型题解	公茂法 刘 宁	32
49	978-7-301-12326-3	过程控制与自动化仪表	张井岗	36
50	978-7-301-12327-0	计算机控制系统	徐文尚	28
51	978-7-5038-4414-0	微机原理及接口技术	赵志诚 段中兴	38

序号	标准书号	书名	编著者	定价
52	978-7-301-10465-1	单片机原理及应用教程	范立南	30
53	978-7-5038-4426-4	微型计算机原理与接口技术	刘彦文	26
54	978-7-301-12562-5	嵌入式基础实践教程	杨 刚	30
55	978-7-301-12530-4	嵌入式ARM系统原理与实例开发	杨宗德	25
56	978-7-301-13676-8	单片机原理与应用及C51程序设计	唐 颖	30
57	978-7-301-13577-8	电力电子技术及应用	张润和	38
58	978-7-301-12393-5	电磁场与电磁波	王善进 张涛	25
59	978-7-301-12179-5	电路分析	王艳红 蒋学华 戴纯春	38
60	978-7-301-12380-5	电子测量与传感技术	杨 雷 张建奇	35
61	978-7-301-14461-9	高电压技术	马永翔	28
62	978-7-301-14472-5	生物医学数据分析及其MATLAB实现	尚志刚 张建华	25
63	978-7-301-14460-2	电力系统分析	曹 娜	35
64	978-7-301-14459-6	DSP技术与应用基础	俞一彪	34
65	978-7-301-14994-2	综合布线系统基础教程	吴达金	24
66	978-7-301-15168-6	信号处理MATLAB实验教程	李 杰 张 猛 邢笑雪	20
67	978-7-301-15440-3	电工电子实验教程	魏 伟 何仁平	26
68	978-7-301-15445-8	检测与控制实验教程	魏 伟	24
69	978-7-301-04595-4	电路与模拟电子技术	张绪光 刘在娥	35
70	978-7-301-15458-8	信号、系统与控制理论(上、下册)	邱德润 等	70
71	978-7-301-15786-2	通信网的信令系统	张云麟	24
72	978-7-301-16493-8	发电厂变电所电气部分	马永翔 李颖峰	35
73	978-7-301-16076-3	数字信号处理	王震宇 张培珍	32
74	978-7-301-16931-5	微机原理及接口技术	肖洪兵	32
75	978-7-301-16932-2	数字电子技术	刘金华	30
76	978-7-301-16933-9	自动控制原理	丁 红 李学军	32
77	978-7-301-17540-8	单片机原理及应用教程	周广兴 张子红	40
78	978-7-301-17614-6	微机原理及接口技术实验指导书	李干林 李 升	22
79	978-7-301-12379-9	光纤通信	卢志茂 冯进玫	28
80	978-7-301-17382-4	离散信息论基础	范九伦 谢 勰 张雪锋	25
81	978-7-301-17677-1	新能源与分布式发电技术	朱永强	32
82	978-7-301-17683-2	光纤通信	李丽君 徐文云	26
83	978-7-301-17700-6	模拟电子技术	张绪光 刘在娥	36
84	978-7-301-17318-3	ARM嵌入式系统基础与开发教程	丁文龙 李志军	36
85	978-7-301-17797-6	PLC原理及应用	缪志农 郭新年	26
86	978-7-301-17986-4	数字信号处理	王玉德	32
87	978-7-301-18131-7	集散控制系统	周荣富 陶文英	36
88	978-7-301-18285-7	电子线路CAD	周荣富 曾 技	41
89	978-7-301-16739-7	MATLAB基础及应用	李国朝	39
90	978-7-301-18352-6	信息论与编码	隋晓红 王艳营	24
91	978-7-301-18260-4	控制电机与特种电机及其控制系统	孙冠群 于少娟	42
92	978-7-301-18493-6	电工技术	张 莉 张绪光	26
93	978-7-301-18496-7	现代电子系统设计教程	宋晓梅	36
94	978-7-301-18672-5	太阳能电池原理与应用	靳瑞敏	25
95	978-7-301-18314-4	通信电子线路及仿真设计	王鲜芳	29
96	978-7-301-19175-0	单片机原理与接口技术	李 升	46
97	978-7-301-19320-4	移动通信	刘维超 时 颖	39

请登录 www.pup6.com 免费下载本系列教材的电子书(PDF版)、电子课件和相关教学资源。

欢迎免费索取样书,并欢迎到北京大学出版社来出版您的著作,可在 www.pup6.com 在线申请样书和进行选题登记,也可下载相关表格填写后发到我们的邮箱,我们将及时与您取得联系并做好全方位的服务。

联系方式:010-62750667,pup6_czq@163.com,fl05888339@163.com,linzhangbo@126.com,欢迎来电来信咨询。